“十四五”职业教育国家规划教材

“十二五”职业教育国家规划教材
经全国职业教育教材审定委员会审定 （修订版）

供热通风与空调工程施工技术

第3版

主　编　毛　辉　贾永康
副主编　孙长胜　黄泽敏
参　编　丁维华　王　培
主　审　袁艳平

机械工业出版社

本书是“十四五”职业教育国家规划教材。全书主要介绍了室内外给排水工程、消防工程、供热工程、通风与空调工程、锅炉房工程、燃气工程中各种管道系统的安装工艺，包括管道、管件的加工连接方法及系统安装工艺流程，安装质量通病分析，水泵、风机、箱类、罐类安装工艺，各种支吊架类型及做法，常用工机具和设备的操作要点，管道与设备的防腐保温做法和起重搬运基本知识。

本书可作为普通高等学校、高等职业学校、专科学校、成人高校及中等职业学校建筑环境与能源应用工程专业、供热通风与空调工程技术专业、制冷与空调专业、供热与燃气专业的教材，也可作为建筑业生产一线的管理人员、监理人员及安装工人培训和自学用书。

为便于教学，本书配套有 PPT 电子课件、二维码视频和习题答案，凡使用本书作为教材的教师均可登录机械工业出版社教育服务网（www.cmpedu.com）注册下载，或拨打编辑电话 010-88379375 索取。

图书在版编目（CIP）数据

供热通风与空调工程施工技术/毛辉，贾永康主编. —3版（修订本）. —北京：机械工业出版社，2021.5（2025.1重印）
“十二五”职业教育国家规划教材
ISBN 978-7-111-68301-8

Ⅰ. ①供… Ⅱ. ①毛… ②贾… Ⅲ. ①供热设备－工程施工－职业教育－教材 ②通风设备－工程施工－职业教育－教材 ③空气调节设备－工程施工－职业教育－教材 Ⅳ. ①TU83

中国版本图书馆CIP数据核字（2021）第097472号

机械工业出版社（北京市百万庄大街 22 号 邮政编码 100037）
策划编辑：陈紫青 责任编辑：陈紫青
责任校对：张晓蓉 封面设计：马精明
责任印制：常天培
固安县铭成印刷有限公司印刷
2025 年 1 月第 3 版第 6 次印刷
184mm×260mm · 20.5 印张 · 482 千字
标准书号：ISBN 978-7-111-68301-8
定价：56.00 元

电话服务 网络服务
客服电话：010-88361066 机 工 官 网：www.cmpbook.com
010-88379833 机 工 官 博：weibo.com/cmp1952
010-68326294 金 书 网：www.golden-book.com
 机工教育服务网：www.cmpedu.com

关于“十四五”职业教育
国家规划教材的出版说明

为贯彻落实《中共中央关于认真学习宣传贯彻党的二十大精神的决定》《习近平新时代中国特色社会主义思想进课程教材指南》《职业院校教材管理办法》等文件精神，机械工业出版社与教材编写团队一道，认真执行思政内容进教材、进课堂、进头脑要求，尊重教育规律，遵循学科特点，对教材内容进行了更新，着力落实以下要求：

1. 提升教材铸魂育人功能，培育、践行社会主义核心价值观，教育引导学生树立共产主义远大理想和中国特色社会主义共同理想，坚定“四个自信”，厚植爱国主义情怀，把爱国情、强国志、报国行自觉融入建设社会主义现代化强国、实现中华民族伟大复兴的奋斗之中。同时，弘扬中华优秀传统文化，深入开展宪法法治教育。

2. 注重科学思维方法训练和科学伦理教育，培养学生探索未知、追求真理、勇攀科学高峰的责任感和使命感；强化学生工程伦理教育，培养学生精益求精的大国工匠精神，激发学生科技报国的家国情怀和使命担当。加快构建中国特色哲学社会科学学科体系、学术体系、话语体系。帮助学生了解相关专业和行业领域的国家战略、法律法规和相关政策，引导学生深入社会实践、关注现实问题，培育学生经世济民、诚信服务、德法兼修的职业素养。

3. 教育引导学生深刻理解并自觉实践各行业的职业精神、职业规范，增强职业责任感，培养遵纪守法、爱岗敬业、无私奉献、诚实守信、公道办事、开拓创新的职业品格和行为习惯。

在此基础上，及时更新教材知识内容，体现产业发展的新技术、新工艺、新规范、新标准。加强教材数字化建设，丰富配套资源，形成可听、可视、可练、可互动的融媒体教材。

教材建设需要各方的共同努力，也欢迎相关教材使用院校的师生及时反馈意见和建议，我们将认真组织力量进行研究，在后续重印及再版时吸纳改进，不断推动高质量教材出版。

机械工业出版社

前　言

本书为四川建筑职业技术学院高水平专业群（建筑工程技术专业群）建设成果，用于建筑设备工程技术专业特色模块课程“管道施工技术”的教学配套，亦可用于供热通风与空调工程技术专业等相关专业的课程配套教材。

本书以学生为中心，以建筑设备工程技术专业学生的专业和岗位能力提升为目标，校企深度合作，四川建筑职业技术学院与四川双弘空调设备有限公司实现教学团队共建、资源共享、专业人才共育，将电子课件、微课视频和习题答案等现代信息技术和党的二十大精神全面融入教材的各个项目，探索和实践线上线下混合式教学。本书特色如下。

1. 项目式教材

本书采用项目—任务式编写模式，尽量减少理论知识，增加实践操作内容，使教材具有更强的实用性，适应高职教育特色教学和社会需求。

2. 融入党的二十大精神

教材从结构体系、教材内容设计及选择上全面贯彻党的教育方针，全面坚持了“为党育人、为国育才”的总基调。

教材每个项目均设置了“职业素养提升要点”，将诚实守信、严谨负责、建筑行业职业道德规范、质量意识、绿色、环保生活、爱国主义、工程师素养、工匠精神、习近平总书记的生态文明思想、节能减排和安全意识融入教材之中，全面落实了立德树人的根本任务。

3. 校企合作“双元”开发

本书编写团队中除了教师以外，还有企业一线工作人员，使得教材内容与企业需求紧密结合，可以更好地培养学生的职业技能。

4. 配套信息化资源

本书配套了电子课件、微课视频和习题答案等信息化资源，读者可以通过扫描书上对应位置的二维码观看视频，授课教师也可以登录 www.cmpedu.com 注册下载配套资源；如有疑问，可以拨打 010-88379375 咨询。

本书由四川建筑职业技术学院毛辉和山西工程科技职业大学贾永康任主编，山西工程科技职业大学孙长胜和四川双弘空调设备有限公司黄泽敏任副主编；此外，江苏建筑职业技术学院丁维华和河南城建学院王培也参与了编写。

本书由西南交通大学袁艳平教授主审，袁艳平教授对本书内容提出了许多宝贵意见，在此深表感谢。此外，本书参考了许多相关文献，谨向这些文献作者表示感谢。

由于编者水平有限，书中不妥之处在所难免，敬请读者和同行批评指正。

编　者

微课视频列表

（续）

序号	二维码	页码	序号	二维码	页码
15	冷却塔的安装	144	22	基础画线的步骤	249
16	套管	157	23	钢架的安装	256
17	热熔连接	162	24	胀管工艺	267
18	分户热计量安装的可行性分析	196	25	保温材料	292
19	低温热水地板辐射采暖	201	26	索具与吊具	302
20	散装锅炉安装规范	245	27	滑轮与滑轮组	305
21	基础的验收与画线	248	28	倒链	307

目　录 CONTENTS

绪　论

一、课程的性质与任务

“供热通风与空调工程施工技术”是供热通风与空调工程技术专业的主要专业课之一，具有内容丰富，综合性、实践性强的特点。这些特点在后续内容中会不断体现。其任务是使学生熟悉和掌握本专业所涉及的各种室内外管道系统安装工程的施工技术知识，包括国家相关施工验收规范、标准、通用图集，以及常用的管材、管件、机具，在施工管理岗位上能根据工程性质、施工图纸要求、现场实际情况选择相应的施工工艺、施工机具，确定施工技术措施和安全措施，确保工程质量、工程进度、工程成本和施工安全的有效控制；在设计、绘图岗位上，能够合理选择管材及连接方法，准确进行管线布置，提出恰当的施工技术要求和设计交底；在物业管理岗位上，能及时发现设计、运行问题，提出合理的运行管理和维护维修方案，对相关管道系统的日常维护做到心中有数。总之，在本专业工作岗位范围内，毕业上岗后是否能尽快地合格顶岗，由本课程获取的知识和能力所应起的支撑作用是不容忽视的。

二、建筑安装行业的现状

近几年来，我国建筑市场不断发生重大变革。对于建筑安装行业来说，国有企业改制，施工企业内部管理层与劳务层分离，导致一线技术管理人员和劳务层技术工人流动性增大，许多情况下，基层技术管理人员与施工班组之间的相互了解与磨合几乎是空白；另外，随着国民经济的快速发展，建筑业整体设计水平和施工水平不断提升，导致建筑行业分工进一步细化，产生了许多更加专门化的民营施工企业，毕业生上岗后，几乎没有见习期，不具备原国有大的施工企业以老带新的“传、帮、带”过程，上岗即顶岗。基于上述原因，技术含量相对较高的建筑安装行业面临新的挑战，也对毕业生应具有的施工技术、施工管理的知识与能力提出了更高的要求。

三、学习内容及几点建议

从内容构成的角度来说，我们已学过的各门课程基本上可以分成两大部分：基础知识和实际应用。本课程的基础知识部分包括前面已学的供热工程、通风工程、空调工程、室内给排水工程等各门专业课内容及本书的项目一～项目三，这正是本课程综合性较强特点的具体体现。本书前三个项目介绍了本专业常涉及的各类管道系统所用管材及其连接操作方法；项目四～项目八则介绍了各种管道系统及常用设备的安装工艺、施工要求、检验方法，包括系统安装过程中常涉及的防腐保温做法和现场起吊运输的基本知识。

不同的管道安装工程有不同的要求，而不同材质的管道又应采用不同的施工工艺，这就决定了管道安装工程施工的复杂性。随着经济建设和安装技术的不断发展，管道工程施工技术日趋复杂，不论是具体的基本操作，还是综合性的管道系统安装工艺，单凭教材、课堂教学是绝对不可能学会和掌握的，必须通过大量的具体实践环节，包括各种实习、参观、现场教学、实况录像观摩，只有实践环节与课堂教学有机地结合起来，才能更有效地体现本课程、本书的价值。为此，提出几点教学建议供参考。

1）本书应在进行第一次实习时就发到学生手里，以便在各种实践性教学环节中通过学生自学和教师辅导，使学生掌握诸如套螺纹之类的具体操作性内容，在其他专业课讲述、课程设计、大作业、现场参观过程中初步熟悉管材、管件、工机具的种类、性能和系统安装工艺内容。

2）教学过程中应及时介绍相关的现行施工质量验收规范、规程、标准及通用图集，结合行业实践，体现高等职业教育特点。

3）学时安排建议如下：

序号	课程内容	总学时	学时分配			
			讲授	习题课	录像观摩	现场实训
1	绪论	1	1			
2	常用金属管及其加工连接	19	13		2	4
3	常用非金属管及复合管的加工连接	6	4			2
4	风管及其加工连接	6	4			2
5	阀门、水泵、风机、箱类、罐类及管道支吊架的安装	14	10		2	2
6	管道系统的安装	24	14	2	4	4
7	民用锅炉及其附属设备的安装	12	10			2
8	管道及设备的防腐与保温	4	4			
9	起重搬运的基本知识	4	4			
	总　计	90	64	2	8	16

项目一
常用金属管及其加工连接

案例导入

小张刚从学校毕业，到施工单位实习，空调安装施工项目的项目经理给了小张空调冷冻水施工图，要求小张根据施工图，统计空调冷冻水管及管件的工程量，并编制空调冷冻水系统安装施工工艺，给工人进行技术交底。如果你是小张，你会怎么做?

在管道工程中，所用的管材种类很多，连接方式也不同，施工材料一般占到工程造价的70%左右，而管材又是施工材料中的主要材料。因此，工程材料选用是否合理，连接方式是否恰当，加工工艺是否正确，都直接关系到工程质量、施工效率和投资效益。管道材料根据材质不同，分为金属管、非金属管和复合管。本项目主要介绍暖卫工程中常见的金属管材、管件及其连接方式与辅助材料。

任务一 管道与管道附件的通用标准

管道工程中的各类管道系统主要由管道、管件和管道附件组成。管道附件是指疏水器、减压器、除污器、蒸汽喷射器、伸缩器、阀门、压力表、温度计、管道支架等。由于管道和管道附件的种类繁多，生产厂家也很多，为了便于生产、设计、施工和维修，国家有关部门对管道和管道附件的生产和安装制造制定了统一的技术标准，使其标准化、规范化和系列化，便于管道和管道附件在使用中实现互换和通用。我国使用的管道及管道附件的统一技术标准有：《管道元件　公称尺寸的定义和选用》（GB/T 1047）和《管道元件　公称压力的定义和选用》（GB/T 1048）。

一、公称尺寸标准

为了使管道和管道附件及设备的进出口能够相互连接，在连接处的口径应保持一致，这种能相互连接的口径就称为公称尺寸，又称为公称直径。同一公称尺寸的管道和管道附件均能相互连接，且具有互换性和通用性。公称尺寸的国际通用代号为 *DN*，符号后面的数字注明公称尺寸的数值，如公称尺寸为100mm的管道，表示为 *DN*100。我国现行管道及其附件的公称尺寸标准，按《管道元件　公称尺寸的定义和选用》(GB/T 1047—2019)的规定执行，见表1-1。

表1-1　管道和管道附件的公称尺寸　（单位：mm）

公称尺寸	公称尺寸	公称尺寸	公称尺寸	公称尺寸	公称尺寸
DN 6	*DN* 80	*DN* 500	*DN* 1000	*DN* 1800	*DN* 2800
DN 8	*DN* 100	*DN* 550	*DN* 1050	*DN* 1900	*DN* 2900
DN 10	*DN* 125	*DN* 600	*DN* 1100	*DN* 2000	*DN* 3000
DN 15	*DN* 150	*DN* 650	*DN* 1150	*DN* 2100	*DN* 3200
DN 20	*DN* 200	*DN* 700	*DN* 1200	*DN* 2200	*DN* 3400
DN 25	*DN* 250	*DN* 750	*DN* 1300	*DN* 2300	*DN* 3600
DN 32	*DN* 300	*DN* 800	*DN* 1400	*DN* 2400	*DN* 3800
DN 40	*DN* 350	*DN* 850	*DN* 1500	*DN* 2500	*DN* 4000
DN 50	*DN* 400	*DN* 900	*DN* 1600	*DN* 2600	
DN 65	*DN* 450	*DN* 950	*DN* 1700	*DN* 2700	

各种管材的公称尺寸（公称直径）既不等于其实际内径，也不等于其实际外径，只是个名义直径。但无论管材的实际内径和外径的数值是多少，只要其公称直径相等，就可用相同直径的管件相连接。有些管道也可以用管道外径乘以壁厚来表示，如无缝钢管等。

二、公称压力和试验压力标准

1. 公称压力

管道和管件在使用过程中，受到工作介质的压力和温度的共同作用。温度升高，材料的强度要下降。同一管道和管件在不同温度下具有不同的耐压强度。管道和管件在一定温度下（钢制品为200℃），承受介质压力的允许值，作为其耐压强度标准，称为公称压力，用符号 *PN*（*PN*：与管道系统元件的力学性能和尺寸特性相关、用于参考的字母和数字组合的标识，由字母 *PN* 和后跟无因次的数字组成）表示。如公称压力为1.6MPa，表示为 *PN* 16。公称压力 *PN* 的分级，根据《管道元件　公称压力的定义和选用》(GB/T 1048—2019)的规定，可从表1-2中选择。

表1-2　管道及其附件的公称压力　（单位：MPa）

PN 系列	Class 系列
PN 2.5	Class 25①
PN 6	Class 75
PN 10	Class 125②
PN 16	Class 150
PN 25	Class 250②
PN 40	Class 300

（续）

PN 系列	Class 系列
PN 63	(Class 400)
PN 100	Class 600
PN 160	Class 800③
PN 250	Class 900
PN 320	Class 1500
PN 400	Class 2000④
—	Class 2500
—	Class 3000⑤
—	Class 4500⑥
—	Class 6000⑤
—	Class 9000⑦

注：带括号的公称压力数值不推荐使用。
①适用于灰铸铁法兰和法兰管件。
②适用于铸铁法兰、法兰管件和螺纹管件。
③适用于承插焊和螺纹连接的阀门。
④适用于锻钢制的螺纹管件。
⑤适用于锻钢制的承插焊和螺纹管件。
⑥适用于对焊连接的阀门。
⑦适用于锻钢制的承插焊管件。

2. 试验压力

管道和管件出厂前，为检验其机械强度和严密性能，用来进行压力试验的压力值，称为试验压力，用符号 *Ps* 表示。试验压力一般为公称压力的 1.5~2 倍，它是在常温条件下制定的检验管道机械强度和严密性的标准。

3. 工作压力

管道和管件不仅承受介质的压力作用，同时还承受介质的温度作用。材料在不同温度条件下具有不同的机械强度，因而其允许承受的介质工作压力是随介质温度不同而变化的。根据介质温度确定管道承受压力的强度标准，称为工作压力，以符号 *P* 表示。通常情况下，工作压力小于或等于公称压力。因此，在工程中，试验压力、公称压力、工作压力之间的关系应满足：$P \leqslant PN < Ps$，这是保证管路系统安全运行的必要条件。

管道与管道附件的通用标准

任务二　钢管及其管件

金属管按材质不同分为钢管、铸铁管、有色金属管及特殊钢管（如不锈钢管）。其中以钢管应用最为广泛，用量也最大，其次是铸铁管。这里先来介绍钢管及其管件。钢管按其制作方法不同，可分为焊接钢管、无缝钢管、螺旋缝卷制焊接钢管、直缝卷制焊接钢管等。

一、常用钢管及其管件

（一）低压流体输送用焊接钢管

1. 管道

低压流体输送用焊接钢管（简称焊接钢管）属于有缝钢管，一般以普通碳素钢经焊接而成，用来输送工作压力和温度较低的介质，如水、煤气、空气、油和取暖蒸汽等低压介质。这种钢管按其表面质量分为镀锌和非镀锌两种，过去把镀锌钢管称为白铁管，非镀锌钢管称为黑铁管；按其管壁厚度不同分为普通钢管和加厚钢管，普通钢管的公称压力 $PN \leqslant 1.0\text{MPa}$，加厚钢管的公称压力 $PN \leqslant 1.6\text{MPa}$；按其管端形式分为带螺纹钢管和不带螺纹钢管。不管是镀锌焊接钢管，还是非镀锌焊接钢管，都有普通和加厚、带螺纹和不带螺纹之分。

焊接钢管的材料为Q195、Q215A和Q235A等软碳素钢，易于套螺纹、切割、锯割、焊接等。非镀锌管可以焊接，镀锌管由于焊接时镀锌层易熔化，焊缝处易生锈，一般不宜采用焊接连接，确需焊接连接时，必须做好防腐处理。

镀锌钢管的通常长度为3~12m，定尺长度应在通常长度范围内；非镀锌钢管的通常长度为3~12m，定尺长度应在通常长度范围内。带螺纹的钢管出厂时加工成圆锥形螺纹，并带上管箍。焊接钢管的规格尺寸见表1-3。

镀锌焊接钢管的质量比非镀锌焊接钢管的质量大2.3%~6.4%，具体情况见表1-4。

表1-3 外径不大于219.1mm的钢管公称直径、外径、公称壁厚和不圆度 （单位：mm）

公称口径 *DN*	外径 *D*			最小公称壁厚 *t*	不圆度不大于
	系列1	系列2	系列3		
6	10.2	10.0	—	2.0	0.20
8	13.5	12.7	—	2.0	0.20
10	17.2	16.0	—	2.2	0.20
15	21.3	20.8	—	2.2	0.30
20	26.9	26.0	—	2.2	0.35
25	33.7	33.0	32.5	2.5	0.40
32	42.4	42.0	41.5	2.5	0.40
40	48.3	48.0	47.5	2.75	0.50
50	60.3	59.5	59.0	3.0	0.60
65	76.1	75.5	75.0	3.0	0.60
80	88.9	88.5	88.0	3.25	0.70
100	114.3	114.0	—	3.25	0.80
125	139.7	141.3	140.0	3.5	1.00
150	165.1	168.3	159.0	3.5	1.20
200	219.1	219.0	—	4.0	1.60

注：表中的公称口径系近似内径的名义尺寸，不表示外径减去两倍壁厚所得的内径。

系列1是通用系列，属推荐选用系列；系列2是非通用系列；系列3是少数特殊、专用系列。

表 1-4　镀锌层的重量系数

	公称壁厚 /mm	2.0	2.2	2.3	2.5	2.8	2.9	3.0	3.2	3.5	3.6
镀锌层 300g/m²	系数 *c*	1.038	1.035	1.033	1.031	1.027	1.026	1.025	1.024	1.022	1.021
	公称壁厚 /mm	3.8	4.0	4.5	5.0	5.4	5.5	5.6	6.0	6.3	7.0
	系数 *c*	1.020	1.019	1.017	1.015	1.014	1.014	1.014	1.013	1.012	1.011
	公称壁厚 /mm	7.1	8.0	8.8	10	11	12.5	14.2	16	17.5	20
	系数 *c*	1.011	1.010	1.009	1.008	1.007	1.006	1.005	1.005	1.004	1.004
镀锌层 500g/m²	公称壁厚 /mm	2.0	2.2	2.3	2.5	2.8	2.9	3.0	3.2	3.5	3.6
	系数 *c*	1.064	1.058	1.055	1.051	1.045	1.044	1.042	1.040	1.036	1.035
	公称壁厚 /mm	3.8	4.0	4.5	5.0	5.4	5.5	5.6	6.0	6.3	7.0
	系数 *c*	1.034	1.032	1.028	1.025	1.024	1.023	1.023	1.021	1.020	1.018
	公称壁厚 /mm	7.1	8.0	8.8	10	11	12.5	14.2	16	17.5	20
	系数 *c*	1.018	1.016	1.014	1.013	1.012	1.010	1.009	1.008	1.007	1.006

不带螺纹的焊接钢管与无缝钢管在外观上非常相似，施工现场堆放材料时应注意分开。如有混淆，应从管道内壁是否有焊缝来识别。

2. 管件

焊接钢管的螺纹连接是用管件进行组合的。管件大多采用可锻铸铁制造，也有的采用软钢制造，并经车床车制出内螺纹，分为镀锌和非镀锌两种，分别用在镀锌管和非镀锌管的连接上，允许的承压值为 1.6MPa。

管件上的螺纹均采用圆锥形管螺纹，只有锁紧根母及通丝外接头必须采用圆柱形管螺纹，螺纹又有右螺纹（正丝扣）、左螺纹（反丝扣）两种。除连接散热器的堵头和补心有左、右两种螺纹规格外，常用管件均为右螺纹。管件规格用公称直径 *DN* 表示，根据管件在管道安装连接中的作用分为下列几种：

1）管道延长连接用：如管箍、外螺纹。

2）管道分支连接用：如三通、四通，它们又有同径、异径之分。

3）管道改变方向连接用：如各种不同规格的弯头，也有同径、异径之分。

4）管道碰头连接用：如活接头、长丝根母，而活接头连接时应注意安装方向。

5）管道变径连接用：如补心、异径管箍。

6）管道堵口用：如丝堵等。

各种管件的形状构造如图 1-1 所示。

（二）输送流体用无缝钢管

1. 管道

输送流体用无缝钢管（简称无缝钢管）是用 10、20、Q235、Q345 牌号的钢制成的，按其制造的方法不同分为热轧（热挤压、热扩）管和冷拔（冷轧）管两种。冷拔管有公称直径 5~200mm、壁厚 0.25~14mm 的各种规格。热轧（热挤压、热扩）管有公称直径

32~630mm、壁厚2.5~75mm的各种规格。同一公称直径的无缝钢管有多种壁厚（如公称直径100mm，壁厚有4mm、4.5mm、5mm），可满足不同压力和温度的需要，适用的场合较为广泛。另外，同一公称直径的无缝钢管有些规格的管道有两种外径，因此无缝钢管的规格一般不用公称直径表示，而用“外径 × 壁厚”表示，如$\phi76\times3.5$。热轧（热挤压、热扩）管的通常长度为3~12m，冷拔（冷轧）管的通常长度为3~10.5m。钢管的定尺长度应在通常长度范围内，也可根据工程需要向厂家订货。表1-5列出了常用无缝钢管的规格。详细情况可查阅《无缝钢管尺寸、外形、重量及允许偏差》（GB/T 17395—2008）。

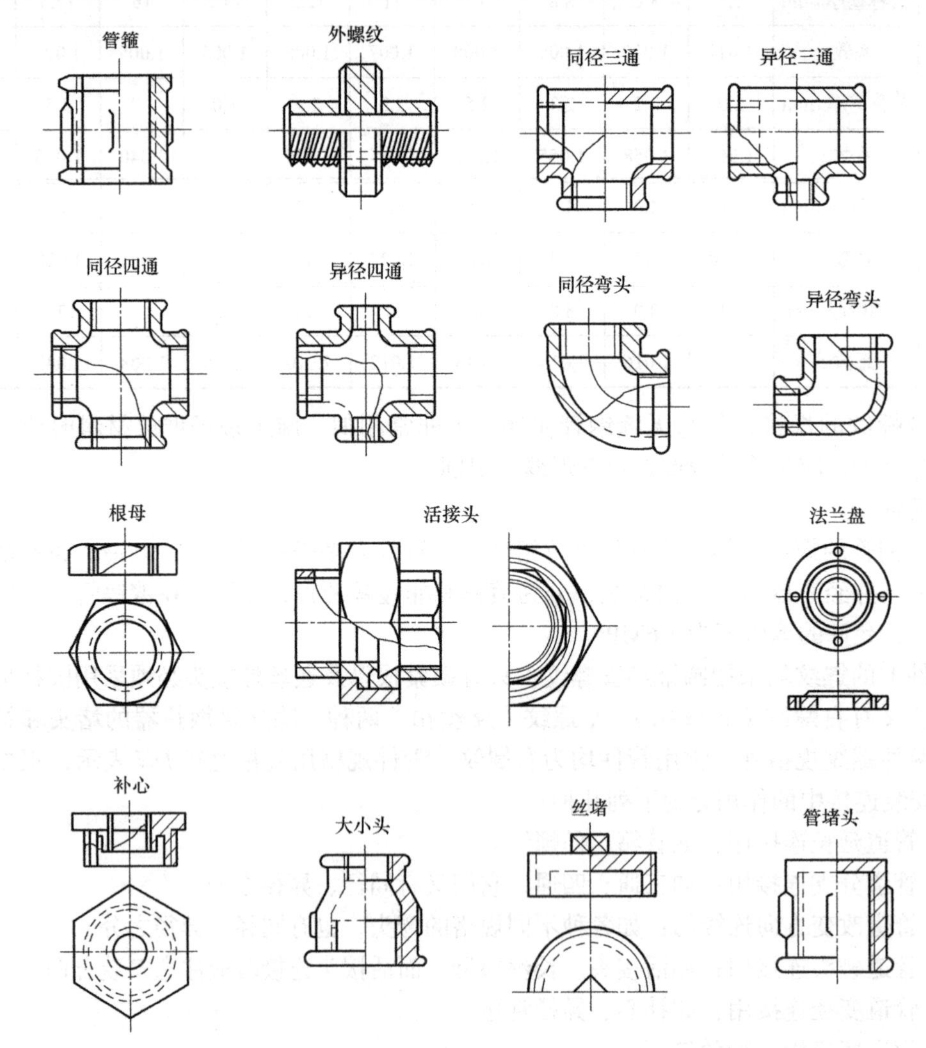

图1-1　螺纹连接管件构造图

表1-5　常用无缝钢管的规格

公称直径/mm	外径/mm	壁厚/mm	质量/（kg/m）	壁厚/mm	质量/（kg/m）	壁厚/mm	质量/（kg/m）	壁厚/mm	质量/（kg/m）	壁厚/mm	质量/（kg/m）
10	14	2	0.592	2.5	0.709	3	0.814				
	17		0.74		0.894		1.04				

（续）

公称直径/mm	外径/mm	壁厚/mm	质量/（kg/m）	壁厚/mm	质量/（kg/m）	壁厚/mm	质量/（kg/m）	壁厚/mm	质量/（kg/m）	壁厚/mm	质量/（kg/m）
15	18	2.5	0.956	3	1.11	3.5	1.25	4	1.38		
	22		1.20		1.41		1.60		1.78		
20	25	2.5	1.39	3	1.63	3.5	1.86	4	2.07		
	27		1.51		1.78		2.03		2.27		
25	32	2.5	1.82	3	2.15	3.5	2.46	4	2.76	5	3.33
	34		1.94		2.29		2.63		2.96		3.53
32	33	3	2.69	3.5	2.98	4	3.35	4.5	3.76	5.5	4.41
	42		2.89		3.32		3.75		4.16		4.95
40	45	3	3.11	3.5	3.58	4	4.04	5	4.93	6	5.77
	48		3.33		3.84		4.34		5.30		6.21
50	57	3	4.00	3.5	4.62	4	5.23	5.5	6.99	7	8.63
	60		4.22		4.88		5.52		7.39		9.15
65	76	3.5	6.26	4	7.10	4.5	7.93	7	11.91	8	13.84
80	89	3.5	7.38	4	8.38	5	10.36	7	14.16	10	19.48
100	108	4	10.26	4.5	11.41	6	15.09	9	21.97	12	28.41
	114		10.35		12.15		15.98		23.30		30.18
125	133	4	12.73	4.5	14.26	5	15.78	7	21.75	10	30.33
	140		13.42		15.04		16.65		22.96		32.06
150	159	4.5	17.15	5	18.97	7	26.24	8	29.79	10	36.74
	168		18.15		20.10		27.79		31.57		38.96
200	219	6	31.54	8	41.63	10	51.54	12	61.62	15	75.46

2. 管件

无缝钢管的连接方法一般为焊接连接和焊接法兰连接。其管件也用焊接连接，所以，相应的接头管件较少，主要有90°压制焊接弯头、90°无缝冲压弯头、压制无缝异径管等。

（1）90°压制焊接弯头　这种压制焊接弯头是用两块钢瓦冲压成形后焊接而成的，其材料为优质碳素结构钢，适用于公称压力小于4MPa、温度低于200℃的管道。

（2）90°无缝冲压弯头　这种弯头是用无缝钢管加热冲压而成的，主要适用于4MPa、6.4MPa和10MPa三种公称压力、温度小于200℃的管道。焊接钢管安装中，若用90°无缝冲压弯头，一定要选用与外径相同或接近的弯头。

（3）压制无缝异径管　压制无缝异径管又称无缝大小头，是用无缝钢管拉制而成的，有同心和偏心两种（图1-2），常用的公称压力为4MPa。

（三）卷板钢管

1. 螺旋缝焊接钢管

螺旋缝焊接钢管是用碳素结构钢板或低合金结构钢板经螺旋卷制焊接而成的。这类管道的管径为219~720mm，厚度为6~10mm，一般适用于工作压力不超过1.6MPa、介质温度不超过200℃的范围。其规格与无缝钢管一样，不用公称直径表示，而用“外径 × 壁厚”表示。在暖通空调工程中，螺旋缝焊接钢管一般用于蒸汽、凝结水、热水、煤气、天然气等室外工程和长距离输送管道。管道的长度一般为8~18m，其规格见表1-6。

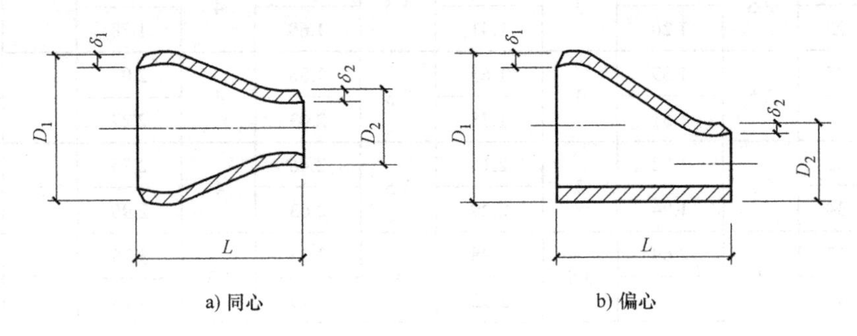

图1-2 压制无缝异径管

表1-6 螺旋缝焊接钢管的规格

管道外径/mm	壁厚/mm				
	6	7	8	9	10
	理论质量/（kg/m）				
219	31.52				
273	39.51	45.92	52.28		
325	47.20	54.90	62.54		
377	54.90	63.87	—	81.67	
426	62.15	72.33	82.47	92.55	
478	69.84	81.31	92.73	104.09	
529	77.39	90.11	102.90	115.40	
630	92.33	107.55	122.72	137.83	152.90
720	105.65	123.50	140.50	157.80	175.10

2. 直缝电焊钢管

直缝电焊钢管是用钢板分块卷制焊接而成的，其直焊缝裸露于钢管的外表面。其公称直径为5~500mm，壁厚为0.5~12.7mm。通常长度：外径小于30mm时，长度为2~6m；外径为30~70mm时，长度为2~8m；外径大于70mm时，长度为2~10m。在暖通空调工程中多用于室外蒸汽、水、燃气等管道，适用于公称压力不超过1.6MPa、温度不超过200℃的范围。其常用规格见《直缝电焊钢管》（GB/T 13793—2016）。

螺旋缝焊接钢管和直缝电焊钢管的管件主要根据现场需要制作。

二、钢管的连接

各类钢管常见的连接方式有螺纹连接、法兰连接、焊接连接三种。

（一）螺纹连接

螺纹连接又称丝扣连接，是将管端加工的外螺纹和所连接管件的内螺纹紧密连接。它适用于所有的镀锌钢管连接，直径较小（如室内采暖 $DN \leqslant 32\text{mm}$）和工作压力较小（如 $P \leqslant 1.0\text{MPa}$）的焊接钢管连接，以及带螺纹的阀类和设备接管的连接。外径与焊接钢管相同或接近的无缝钢管也可以用来加工管螺纹，但管的壁厚不得小于同规格的焊接钢管。

1. 螺纹连接形式

由于螺纹有圆锥形和圆柱形两种，所以管螺纹的连接方式有三种。

（1）圆柱形接圆柱形螺纹　管端外螺纹和管件内螺纹都是圆柱形螺纹的连接，如图 1-3a 所示。这种连接在内外螺纹之间存在平行而均匀的间隙，这一间隙靠填料压紧而获得一定的严密性。当管道的长螺纹（长丝管）用车床加工时，多加工成圆柱形，再与通螺纹管箍、根母等圆柱形内螺纹连接，就为这种形式。

（2）圆柱形接圆锥形螺纹　管件为圆柱形管螺纹，管端为圆锥形管螺纹的连接，如图 1-3b 所示。整个螺纹间的连接间隙明显偏大，应特别注意用填料来达到要求的严密性。将一些管件（如管箍、根母等）内螺纹加工成圆柱形，与管道的圆锥形螺纹连接时，就为这种形式，在实际中较为常见。

（3）圆锥形接圆锥形螺纹　在管道安装中，由于管道铰板加工的螺纹为圆锥形，管件又采用圆锥形内螺纹的较多，因此这种连接方式的应用最为广泛。而且这种连接方式内外螺纹面能密切接触，连接的严密性非常好，如图 1-3c 所示。

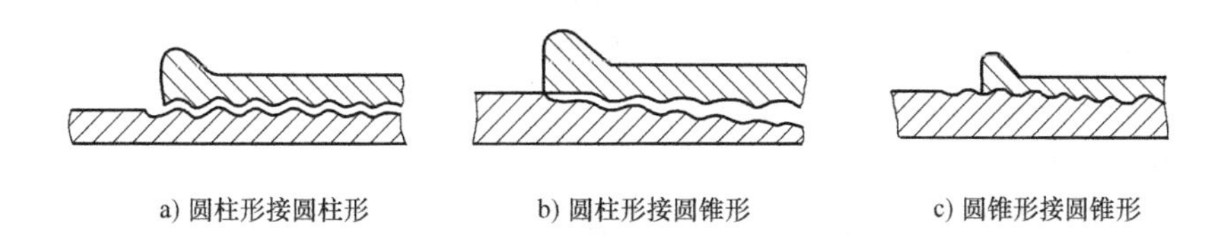

a) 圆柱形接圆柱形　　b) 圆柱形接圆锥形　　c) 圆锥形接圆锥形

图 1-3　螺纹连接的三种形式

2. 管螺纹的加工

管螺纹的加工方法有手工和机械两种。

（1）手工套螺纹　手工套螺纹的工具称为管道铰板，分为 1 号（114 型）和 2 号（117 型）两种。1 号铰板配有 3 套（1/2″~3/4″、$1\sim1^{1}/_{4}$″、$1^{1}/_{2}$″~2″）（″表示 in）板牙，能套出 6 种（15mm、20mm、25mm、32mm、40mm、50mm）不同规格的管螺纹。2 号铰板配有 2 套（$2^{1}/_{2}$″~3″、$4^{1}/_{2}$″）板牙，能套出 3 种（65mm、80mm、100mm）不同规格的管螺纹。

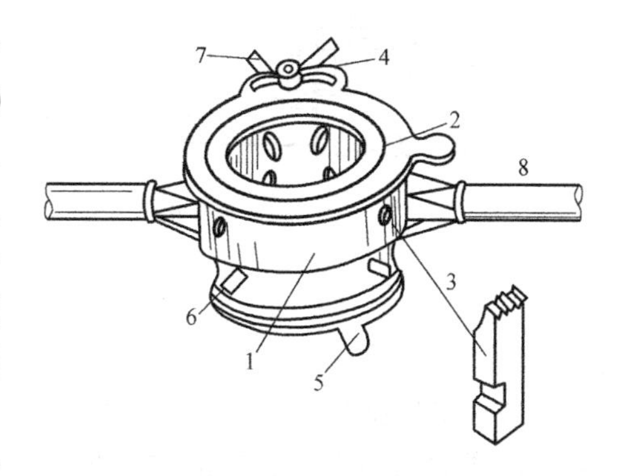

图 1-4　管道铰板的组成

1—本体　2—前卡板　3—板牙　4—前卡板压紧螺钉　5—后卡板　6—卡爪　7—板牙松紧螺钉　8—手柄

管道铰板主要由机身、板牙、手柄三个部分组成，其结构如图 1-4 所示。每套板牙为四块，分别刻有 1~4 序号，在机身上的每个板牙孔口处也刻有 1~4 的标号。安装板牙时，先将刻有固定盘“0”

的位置对准，然后按照板牙的顺序号对应插入孔内，再顺时针转动固定盘就可以使四个板牙同时向中心靠近，且一定要确保四个板牙同心，否则，套出的螺纹是不合格的。套螺纹时，每一套板牙又可以套出两种规格的螺纹，这样先根据管径选择管道铰板和板牙，根据管径的大小，将固定盘“0”的位置对准相应的前卡板的管径（1/2″或3/4″等）刻度线上。

管道台钳又称压力钳、龙门钳，是管道加工时不可缺少的工具，其规格是以能夹持的最大管道外径来表示的，习惯上称为号数，常见的有1号、2号、3号、4号、5号，分别可夹持的最大管道外径为50mm、75mm、100mm、125mm、150mm。管道台钳的机构如图1-5所示。加工时，先把管道用龙门钳夹紧，管端伸出钳面150mm，调整好后卡爪滑盘将管道卡住，对好管道的口径，铰板在沿管道轴向加力的同时，按顺时针方向转动手柄，待出现螺纹时，只要转动手柄即可，等达到所要的螺纹长度时，提起板牙松紧螺钉，套出螺尾2~3扣。在套螺纹工程中，应在板牙上加少许机油，以便润滑和降温。

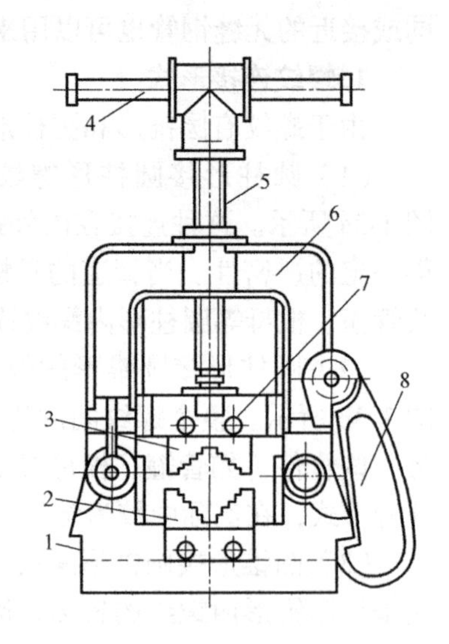

图1-5 管道台钳

1—底座 2—下虎牙 3—上虎牙 4—手柄 5—丝杠 6—龙门架 7—滑动块 8—弯钩

（2）机械套螺纹 套螺纹机按结构形式的不同分为两类：一类是板牙架旋转，用卡具夹持管道纵向滑动，送进板牙内加工管螺纹；另一类是卡具夹持管道旋转，纵向滑动板牙架加工管螺纹，而市场上出售的套螺纹机这种类型的较多。其板牙的选择、装配，管道的夹持同手工套螺纹的方法一样，加工过程可以用电开关控制。

3. 螺纹的连接方法

（1）连接工具 常用的螺纹连接工具有管道钳和链条钳（图1-6）。链条钳用于大管径的连接，而大管径的连接又多采用焊接，所以链条钳现在很少采用。管道钳的规格以钳口中心到手柄尾部的长度（用英寸表示）表示。

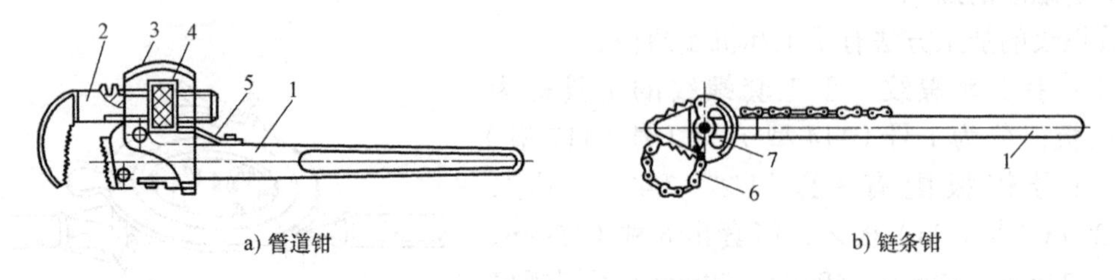

图1-6 管道钳和链条钳

1—手柄 2—活动钳口 3—外套 4—螺母 5—弹簧片 6—链条 7—钳头

（2）接口材料 为了保证接口的严密性，防止锈蚀和便于检修拆卸，在连接时，应在螺纹之间加入填料。选用的填料种类与介质的种类（水、热水、蒸汽等）和参数（温度、压力）有关。

低温（$t \leqslant 120$℃）水暖管道：选用麻丝厚白铅油或聚四氟乙烯生料带等。

高温（$t > 120$℃）水暖管道：选用石棉绳厚白铅油，或只抹厚白铅油即可。

氧气、制冷、石油等管道：选用黄粉（一氧化铅）和甘油的调和物。

煤气、乙炔等管道：选用聚四氟乙烯生料带。

（二）法兰连接

法兰连接是通过螺栓、螺母将法兰连接起来，并将法兰中间的垫片压紧而使管道密封的连接方法。法兰连接具有拆卸方便、连接强度高、严密性好等优点，一般适用于凡是需要拆卸的部位、带法兰的设备进出口、管径较大（$DN \geqslant 100$mm）的镀锌钢管和法兰附件与管道的连接。

1. 法兰的种类

根据法兰与管道的连接形式可分为下列几种：

（1）平焊法兰（图 1-7） 法兰与管道直接焊在一起，多用钢板制作，加工容易，成本低，但法兰刚度低，一般用于 $P \leqslant 1.6$MPa、$t \leqslant 250$℃的管道连接。管端插入法兰后，距密封面应有 1.3~1.5 倍管壁厚度。这种法兰在暖卫工程中应用最为普遍。

（2）对焊法兰（图 1-8） 对焊法兰又称高颈法兰，是法兰本身的管道（颈部）与管道对口焊接在一起，如图 1-8 所示。这种法兰的强度和刚度较大，经得住高温、高压及反复弯曲和温度波动，适用于 $P \leqslant 16$MPa、t=350~450℃的管道连接。

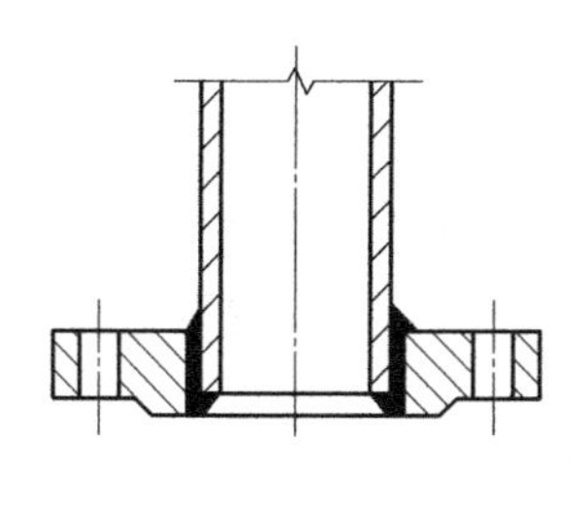

图 1-7 平焊法兰

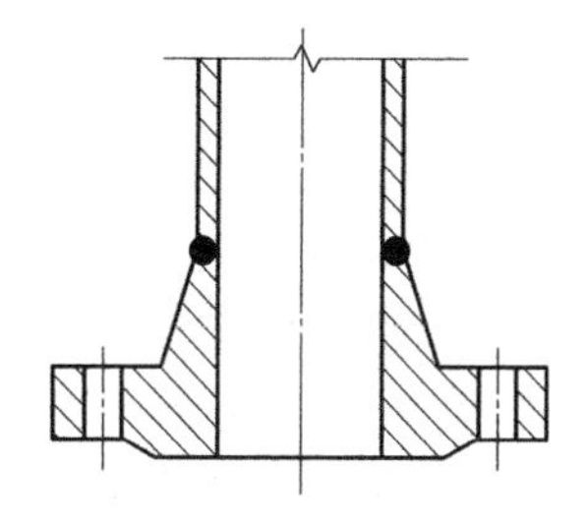

图 1-8 对焊法兰

（3）松套法兰 松套法兰又称活套法兰或活动法兰。法兰本身不与管道固接，如图 1-9 所示，适用于有色金属管道和不锈钢管道的连接，法兰本身不与管内介质接触。

（4）螺纹法兰 螺纹法兰是管端与法兰间采用螺纹连接在一起，这种螺纹在机车上加工而成，如图 1-10 所示。该法兰适用于高压管道或镀锌钢管的连接。

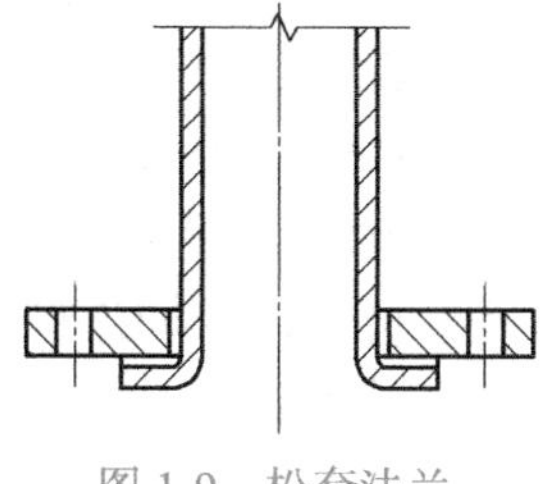

图 1-9 松套法兰

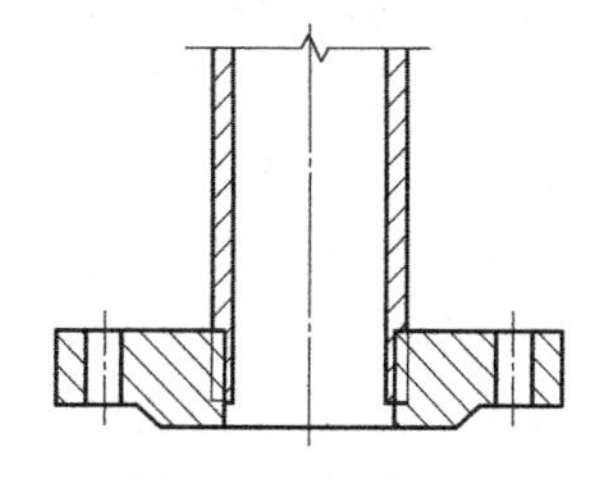

图 1-10 螺纹法兰

2. 法兰与法兰的连接

法兰与法兰的连接包括法兰、垫片、螺栓之间的连接。

（1）法兰密封面的形式 法兰密封面的形式主要有光滑式、凸凹式、榫槽式和梯形槽式等，如图 1-11 所示。

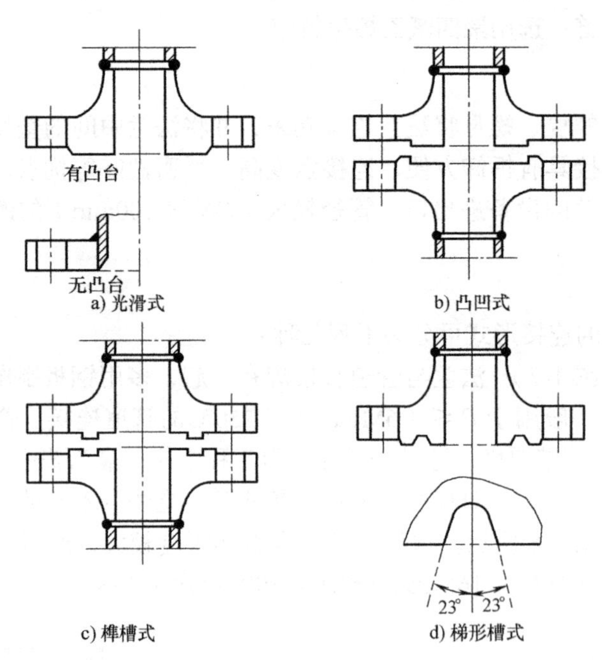

图 1-11 法兰密封面的形式

光滑式密封面适用于压力不大的场合，有凸台的密封面适用于公称压力小于 2.5MPa 的场合，无凸台的密封面适用于公称压力小于 1.0MPa 的场合。为了提高连接的严密性，在密封面上一般都车有 2~3 条密封线，又称密封水线。

凹凸式密封面适用于温度和压力较高、密封要求严格的场合。安装时垫片置于法兰凹面内，使垫片更加牢固和严密。

榫槽式密封面不仅限制了垫片的移动，同时也使垫片少受管内流体的冲蚀，提高了管道连接的严密性，因此，它的适用场合与凹凸式相同。

梯形槽式密封面适用于公称压力为 6.4~10MPa，金属垫片的中、高压管道系统。

（2）法兰垫片　为使法兰密封面严密压合，以保证连接的严密性，两法兰之间必须加垫片。要求垫片的材料具有一定的刚度、韧性和弹性，不腐蚀法兰，也不被介质腐蚀。垫片的材料应根据管道输送介质的性质、温度和压力进行选择；在无设计规定的情况下，可参考表 1-7。法兰垫片的厚度根据管径的大小进行选择，当管道 $DN \leqslant 80\text{mm}$ 时，厚度采用 1.5~2mm；DN=100~350mm 时，厚度采用 2~3mm；$DN > 350\text{mm}$ 时，厚度采用 3~4mm。有时根据需要，安装垫片时可分别涂以石墨粉机油、白铅油等涂料，以增加连接的严密性，以及更换时容易拆卸。对于风管法兰的连接垫料将在本书项目三中介绍。

表 1-7　常用法兰垫片的材料及适用范围

垫片材料	牌号	颜色	适用介质	最高工作压力 /MPa	最高工作温度 /℃
橡胶板	—	黑色	水、压缩空气、惰性气体	0.6	60
夹布橡胶板	—	黑色	水、压缩空气、惰性气体	1.0	60

（续）

垫片材料	牌号	颜色	适用介质	最高工作压力 /MPa	最高工作温度 /℃
低压橡胶石棉板	XB200	咖啡色	水、压缩空气、惰性气体、蒸汽、煤气	1.6	200
中压橡胶石棉板	XB300	红色	水、压缩空气、惰性气体、蒸汽、煤气、具有氧化性的气体（二氧化硫、氧化氮、氯等）、酸、碱稀溶液、氨等	4.0	350
高压橡胶石棉板	XB450	灰色	蒸汽、压缩空气、惰性气体、煤气	10.0	450

另外，软聚氯乙烯塑料板、聚四氟乙烯垫、金属垫片也经常使用，但用量不是很大。

在法兰垫片的下料、安装时应注意：一副法兰只能垫一片垫片，不允许加双垫片或偏垫片，垫片内径应大于法兰管孔的内径，且应装正，不得凸入管孔内，垫片外径不得影响螺栓的安装。

（3）螺栓的选用　螺栓的材质和品种规格选用，应和已选定的法兰技术条件配套，一般情况下：$PN \leqslant 0.6\text{MPa}$，选用粗制螺栓；$PN$=0.6~2.5MPa，工作温度 $t \leqslant 350℃$时，选用半精致螺栓；$PN > 2.5\text{MPa}$，工作温度 $t > 350℃$时，选用精致双头螺栓。

螺栓的规格是以“螺杆的直径 × 长度”来表示的，螺杆的长度为净长，不包括六角方头的厚度，而螺杆的长度，应使法兰拧紧后，螺杆突出螺母的长度不得小于螺杆直径的一半，如常用的 M6 × 20、M8 × 25 等。

（三）焊接连接

焊接连接是钢制管道安装过程中最常见、应用最广泛的连接方法。其主要优点是接口牢固耐久，不易渗漏，接头强度和严密性高，不需接头配件，成本低；缺点是这种接口是不可分离的固定接口，拆卸时必须把管道切断，接口工艺复杂。

1. 焊接方法的选择

在管道安装过程中，首先选择的焊接方法是气焊和电焊。随着焊接技术的进步，在加热焊接方面，出现了电渣焊、气体保护焊、等离子弧焊等。在加压焊接方面，出现了电阻焊、摩擦焊、冷压焊等。在高科技领域，出现了电子束焊、激光焊、超声波焊等。

（1）气体焊接　气体焊接常用的是氧气 - 乙炔火焰焊接。气体焊接设备主要由氧气瓶、减压阀、乙炔瓶、回火阀、氧气和乙炔胶管、焊矩等组成。气体焊接适用于公称直径小于50mm，管壁厚度小于 3.5mm 的场合。对于风管，适用于厚度为 0.8~3mm 钢板的焊接。气体焊接尤其适用于无电源地区的野外施工。但气焊火焰温度低，热量比较分散，生产效率低，焊接变形大，接头性能较差。

（2）电弧焊接　电弧焊接设备主要由电焊机（交流电焊机、直流电焊机等）、焊钳、连接导线等组成。

由于电焊比气焊的焊接强度高且又经济，因此，一般优先选择电焊。电焊适用于焊接管壁厚度 4mm 以上的管道和各种型钢，以及厚度大于 1.2mm 的钢板。

2. 管道的焊接

管道焊接连接的主要操作工序为：管道坡口加工、对口、定位焊、平直度的检查与校正、施焊等。

（1）管端坡口加工　在进行钢管的焊接连接时，当管壁厚度小于 4mm 时，可以不开坡口，对口间隙应根据管壁厚度留有 1.5~3mm；当管壁厚度大于等于 4mm 时，应将管端切割成 V 形坡口，以增大对口焊接的焊缝断面积，从而使焊接强度增大，同时应留出坡口余量（钝边），见表 1-8。坡口的加工可用手工铲、气割和坡口机械等加工方法。

表 1-8　管道的对口间隙与 V 形坡口

图　形	管壁厚 s/mm	坡口角度 α/(°)	钝　边 b/mm	对口间隙 /mm	
				a	允许偏差
	<4			1.5~3	
	4~6	6	1.5 ± 0.5	2	+0.5 −0.0
	7~8			2.5	+0.5 −0.0
	9~10			3	+1.0 −0.5
	11~12			3	+1.0 −0.5

（2）对口　对口是管道连接的重要环节，直接影响管道连接和安装平直度。为达到对口间隙的要求，可在对口处夹废锯条或厚度为 2~3mm 的石棉橡胶板等，点焊一点后取出。对口的偏差值 a 不得大于管壁厚度的 10%，如图 1-12 所示。不同管壁厚度的管道对口时应符合 $L=5(b_2-b_1)$mm 的要求，对厚壁管进行预加工后，方可对口焊接，如图 1-13 所示。螺旋缝或直缝卷焊管对口时，应使焊缝错开 100mm 以上。

图 1-12　对口的检查　　图 1-13　不同壁厚管道的对口

（3）定位焊及校正　管道对口后，应立即定位焊，使其初步固定，并检查对口的平直度，发现错口偏差过大时，应打掉焊点重新对口。定位焊时，每个接口至少点 3~5 处，每处定位焊长度为管壁厚度的 2~3 倍，定位焊高度不超过管壁厚度的 70%。

（4）接口的焊接　焊接时，应将管道垫牢，不得在管道悬空或受外力作用的情况下施焊。凡可转动的管道应转动焊接，应尽量减少仰焊死口。焊接时，还应根据管壁厚度的不同，采用分层焊接。当管壁厚度小于 6mm 时，用底层和加强层两道焊接；当管壁厚度大于 6mm 时，应采用增加中间层的三层焊接，并使每层焊缝厚度均匀，各层间焊缝搭接缝错开。焊接过程中，应堵死一端管口，防止有穿堂风从管内流动。焊接的焊缝应自然冷却，严禁浇水骤冷。室外焊接时，应有防风、防雨的措施。

3. 质量检查

电焊和气焊的焊缝都应有一定的焊缝宽度和加强面高度，分别见表 1-9、表 1-10。焊缝质量检查有外观检查、密封性试验以及无损检测、机械强度检验等。外观检查可以用肉眼察看表面的平整，宽度和高度应均匀一致，无明显缺陷。而常见的缺陷类型有：咬肉

（咬边）、未熔合、未焊透、夹渣、焊瘤、裂纹、气孔等。密封性试验有：水压试验、气压试验和煤油白垩粉渗透试验等。无损检测有：X 射线检测、超声波检测等。机械强度检验有：拉伸试验、弯曲试验、压扁试验等。在实际工程中，应依据工程情况的不同做具体的要求。暖卫管道工程中，常以外观检查和水压试验的方法对管道焊缝进行检验。

表 1-9　电焊焊缝的宽度和加强面高度　（单位：mm）

厚　度		2~3	4~6	7~10	焊缝形式
无坡口	焊缝宽度 b	5~6.0	7~9	—	
	加强面高度 h	1~1.5	1.5~2	—	
有坡口	焊缝宽度 b	盖过每边坡口约 2			
	加强面高度 h	—	1.5~2	2	

表 1-10　氧气 - 乙炔焊焊缝的宽度和加强面高度　（单位：mm）

厚　度	1~2	3~4	5~6	焊缝形式
焊缝宽度 b	4~6	8~10	10~14	
加强面高度 h	1~1.5	1.5~2	2~2.5	

（四）沟槽连接

前面讲到的三种连接方式都对管道存在一定的破坏，螺纹连接会使连接部位的管壁减薄，而法兰连接和焊接连接也会对管道连接端产生破坏，尤其是对镀锌钢管镀锌层的破坏，会对管道的使用寿命产生较大影响。尽管可以对被破坏的管端采用二次镀锌的方式加以修复，但在实际操作中也存在一定困难。

现场加工螺纹的最大口径是 *DN*100，对于 *DN*100 以上的镀锌钢管，目前采用的连接方式是沟槽连接，也称为卡箍连接。

沟槽连接如图 1-14a 所示，管道内介质进入 C 形橡胶圈，利用介质自身的压力使橡胶圈压紧在管箍腔内，保证密封，另外橡胶圈的尺寸略大于管箍和管道形成的空腔，螺栓拧紧后，橡胶圈进一步被挤压，密封效果进一步加强。

1. 沟槽管件连接的特点

（1）操作简单　沟槽管件的连接操作是非常简易的，普通工人经过简单的培训即可操作。这是因为产品已将大量精细的技术部分以工厂化方式融入到了成品中。一处管件连接仅需几分钟时间，最大限度地简化了现场操作的技术难度，节省工时，从而也稳定了工程质量，提高了工作效率。

（2）原有管道的特性不受影响　沟槽管件连接，仅在被连接管道外表面用滚槽机挤压出一个沟槽，而不破坏管道内壁结构，这是沟槽管件连接特有的技术优点。如果采用传统的焊接操作，许多内壁做过防腐层的管道都将遭到破坏。

（3）施工安全便捷　采用沟槽管件连接技术，现场仅需要切割机、滚槽机和拧紧螺栓用的扳手，施工组织方便。

（4）系统稳定性好，维修方便　沟槽管件连接方式具有独特的柔性特点，使管路具有抗震动、抗收缩和膨胀的能力，与法兰连接和焊接连接相比，管路系统的稳定性增加，更适合温度的变化，从而保护了管路阀件，也减少了管道应力对结构件的破坏。

（5）综合经济效益高 操作简单，省工省时，因此具有良好的经济效益。虽然卡箍的单个配件价格较高，但整个管网安装的综合效益高于法兰连接。

2. 沟槽管件连接的适用范围

沟槽管件连接作为一种先进的管道连接方式，既可以明设也可以埋设，既有刚性接头也有柔性接头，因此具有广泛的适用范围，可用于消防水系统、空调冷热水系统、给水系统、污水处理管道系统等。

3. 沟槽管件

沟槽管件主要包括机械三通、机械四通、机械异径四通、90° 弯头、45° 弯头、22.5° 弯头、正三通、异径三通、正四通、异径四通、同心大小头、偏心大小头、单片法兰、短管法兰、盲片等系列，如图 1-14b 所示。

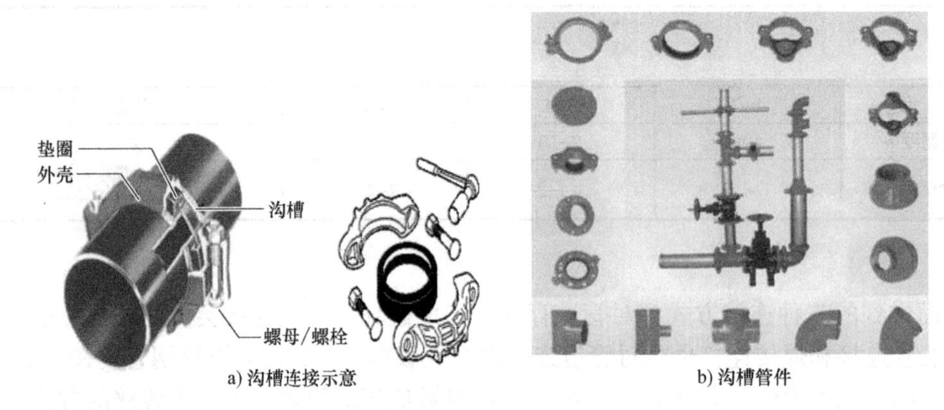

a) 沟槽连接示意　　b) 沟槽管件

图 1-14 沟槽连接

4. 沟槽连接的加工

（1）安装准备

① 检查滚槽机（图 1-15a）、开孔机（图 1-15b）、切管机，确保安全使用。

② 材料、工具的准备，包括管道、钢卷尺、扳手、游标卡尺、水平仪、润滑剂、木榔头、脚手架等。

③ 按设计要求装好待装管道的支吊架。

④ 管道切割及管口检查、处理。

（2）滚槽

① 用切管机将钢管按需要的长度切割，用水平仪检查切口断面，确保切口断面与钢管中轴线垂直。

② 将需要加工沟槽的钢管一端架设在滚槽机上卡紧压槽，另一端需架设在滚槽机尾架上，用水平仪抄平，使钢管处于水平位置。

③ 将钢管加工端断面紧贴滚槽机，使钢管中轴线与滚轮面垂直。

④ 缓缓压下千斤顶，使上压轮贴紧钢管，开动滚槽机，使滚轮转动一周，此时注意观察钢管断面是否仍与滚槽机贴紧，如果未贴紧，应调整管道至水平。如果已贴紧，缓缓压下千斤顶，使上压轮均匀滚压钢管至预定沟槽深度为止。滚槽后的管端如图 1-15c 所示。检查沟槽深度和宽度，确认符合标准要求后，将千斤顶卸载，取出钢管。

a) 滚槽机

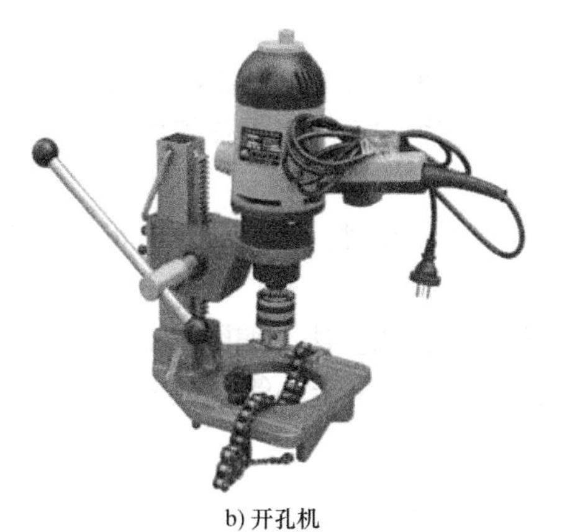
b) 开孔机

c) 滚槽后的管端

图 1-15　沟槽连接常用机具

（3）开孔（加工三通、四通）

① 在钢管上确定接头支管开孔位置。

② 将链条开孔机固定于钢管预定开孔位置处。

③ 启动电动机，转动手轮，使钻头缓慢靠近钢管，同时在开孔钻头处添加润滑剂，以保护钻头，完成在钢管上开孔。

④ 停机，摇动手轮，打开链条，取下开孔机，清理钻落金属块和开孔部位残渣，并用砂轮机将孔洞打磨光滑。

5. 沟槽连接的施工要点

按照先装大口径、总管、立管，后装小口径、分管的原则，在安装过程中，必须按顺序连续安装，不可跳装、分段装，以免出现段与段之间连接困难和影响管路的整体性能。

钢管及其管件的种类与连接

1）将钢管固定在支吊架上，并将无损伤橡胶密封圈套在一根钢管端部。

2）将另一根端部周边已涂抹润滑剂的钢管插入橡胶密封圈，转动橡胶密封圈，使其位于接口中间部位。

3）在橡胶密封圈外侧安装上下卡箍，并将卡箍凸边送进沟槽内，用力压紧上下卡箍耳部，在卡箍螺孔位置上螺栓并均匀轮换拧紧螺母，在拧螺母过程中用木榔头锤打卡箍，确保橡胶密封圈不会起皱，卡箍凸边需全圆周卡进沟槽内。

4）在刚性沟槽接头 500mm 范围内的管道上需设置支吊架。

三、钢管的加工

钢管的加工是管道施工中的主要工作内容，而这些内容大多在施工现场进行。它的工作内容包括：管道的调直、画线与下料、切割、弯曲和管件加工。

（一）管道的调直

管道由于在运输、装卸以及堆放过程中的不当操作，容易产生弯曲，因此在安装和加工前，先要进行调直。

1. 检查管道弯曲的方法

（1）眼睛观察法　可将管道一端抬起，用一只眼睛从一端向另一端看，即可判断其是否弯曲。这种方法适用于短管的检查。

（2）滚动法 将管道平放在两根平行的角钢（钢管）上，并滚动，同时用眼睛从侧面进行观察判断管道是否歪曲。这种方法适用于长管的检查。

2. 管道调直的方法

一般来说，当管径 $DN>100\text{mm}$ 时，管道的弯曲可能性不大；当管径 $DN<100\text{mm}$ 时，调直的方法有冷调法和热调法。

（1）冷调法 冷调法有：杠杆调直法，如图1-16所示，该法适用于小管径的场合；锤击调整法，如图1-17所示，该法适用于小管径的长管；调直工作台法，如图1-18所示，该法适用于管径较大的场合。

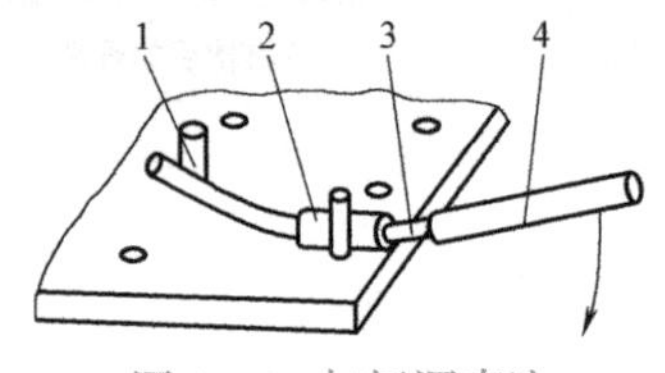

图1-16 杠杆调直法

1—铁柱 2—弧形垫板 3—钢管 4—套管

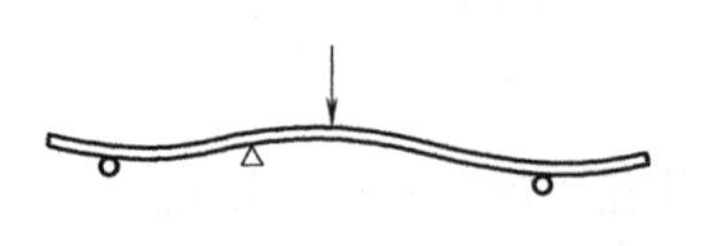
图1-17 锤击调直法

（2）热调法 当管径较大（$DN>100\text{mm}$）时，用冷调法不易调直，可以采用热调法，既可采用烘炉上加热，也可采用氧气-乙炔加热的方法。大概加热到600~800℃，呈樱桃红色，放置在平行设置的钢管上来回滚动，依靠管道的自身重量调直。加热后应在直管和弯管结合部位用水或废机油冷却，防止在调直过程中产生变形。

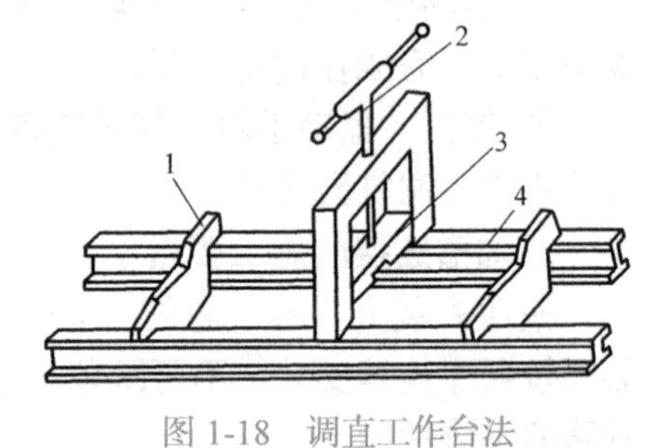

图1-18 调直工作台法

1—支块 2—丝杠 3—压块 4—工作台架

（二）管道的画线与下料

管段的下料长度（即管段的加工长度），应使管道与管件连接后符合管段长度的要求。管段是由两管件（或阀门）之间的管道与管件组成的一段管道。两管件中心线之间的长度称为管段的构造长度。管段中管道在轴线方向的有效长度称为管段安装长度。管段安装长度的展开长度称为管段的下料长度。当管段为直管时，下料长度就等于安装长度；当管段中有弯时，则下料长度大于安装长度。

由于在管道安装中，管件（或阀门）自身占有长度，且连接时管道又要伸入管件内一定长度，因此要使管道的下料长度准确，必须掌握正确的下料方法。常用的有计算下料法、比量下料法与BIM模型下料法三种。

1. 计算下料法

（1）钢管螺纹连接 钢管螺纹连接如图1-19所示，管道的下料长度应符合安装长度的要求。

当管段中有弯管时，应将其展开计算，图中的下料长度为

$$l_1'=L_1-(a+b)+(a'+b')+(L-A)$$

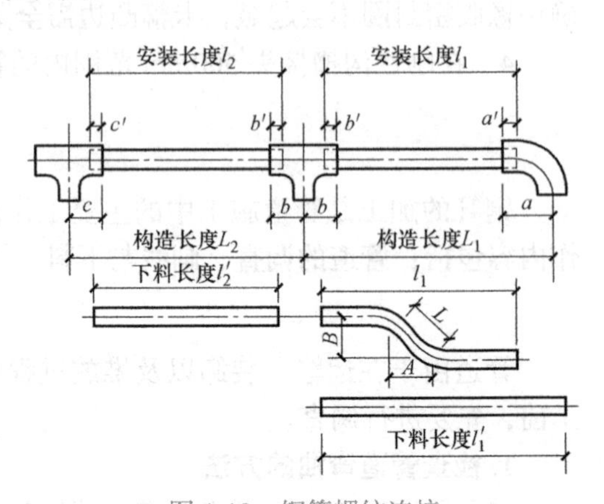

图1-19 钢管螺纹连接

当管段为直管时，图中的下料长度为

$$l_2' = L_2 - (b + c) + (b' + c')$$

式中　a、b、c——管件的构造尺寸，可根据有关资料或实测确定，如 DN 15、DN 20、DN 25 的弯头、三通分别为 26mm、31mm、35mm；

a'、b'、c'——管螺纹拧入的深度，具体的长度见表 1-11。

表 1-11　管螺纹拧入的深度

公称直径 /mm	15	20	25	32	40	50
拧入深度 /mm	11	13	15	17	18	20

（2）钢管法兰连接　钢管法兰连接的下料长度计算方法取决于法兰与钢管的连接形式。平焊法兰连接的管段下料长度为

$$l' = L - S_1 - 2 \times (1.3\sim1.5)\, S_2$$

式中　S_1——垫片的厚度；

S_2——管壁厚度，（1.3~1.5）S_2 即管端插入法兰后距密封面的距离。

2. 比量下料法

钢管螺纹连接的比量下料，在下料之前先在钢管的一端加工好螺纹，并将管件（或阀门）拧紧，用此管与连接后方的管件（已安装固定的管件）比量，使两管件的中心距离等于管段的构造长度，从管件的边缘量出拧入深度，在管道上画出切断线，经切断、套螺纹后即可安装，如图 1-20a 所示。铸铁管的下料方法如图 1-20b 所示。

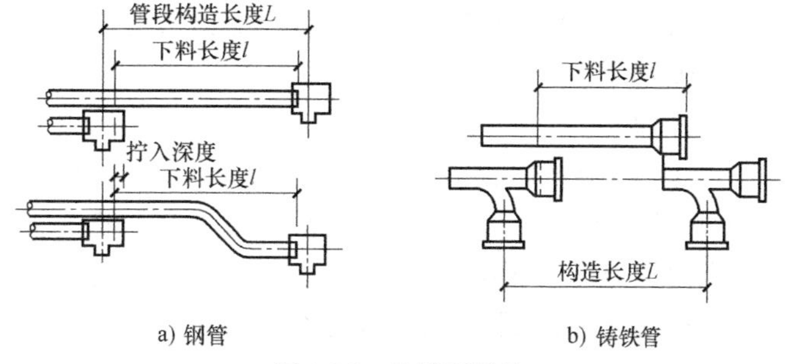

a) 钢管　b) 铸铁管

图 1-20　比量下料法

3. BIM 模型下料法

建立管道系统的 BIM 模型，对 BIM 模型分段处理，生成预制材料清单，算出管段的下料长度。

（三）管道的切割

管道切割的方法有很多，如锯割、刀割、气割、錾切、等离子气割、砂轮切割机切割等。但无论采用哪种方法，气割后的质量都应符合下列要求：切口表面平整，不得有裂纹、重皮、毛刺、凹凸等。切口平面倾斜偏差不大于管径的 1%，最大不超过 3mm。

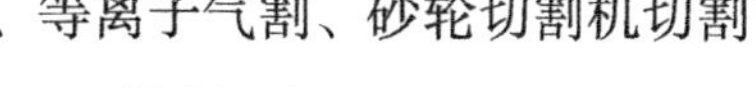
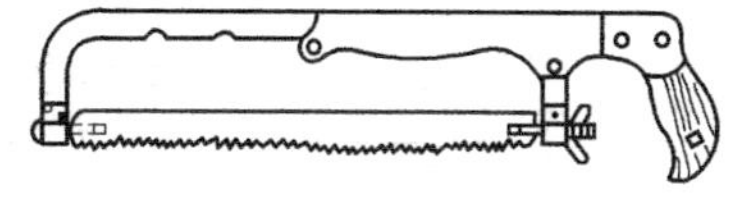
a) 活动式

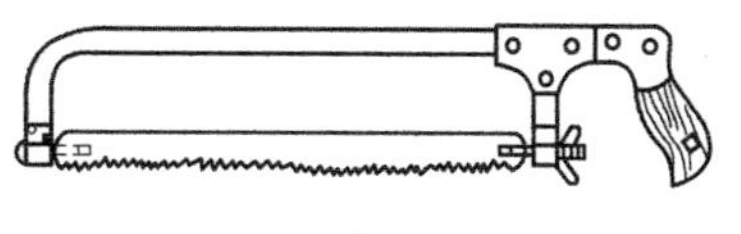
b) 固定式

图 1-21　手工钢锯架

1. 锯割

锯割是切割中常用的方法之一，它不但能切断钢管、有色金属管，还能切断塑料管，可分为手工切断和机械切断。

（1）手工切断　手工切断的机具为手锯，其钢锯有固定式和活动式两种，如图 1-21 所示。固定式只能装 300mm 锯条，活动式可装 200mm、250mm、300mm 三种锯条。

手工切断主要适用于小批量小管径管道的切断。手工的细齿锯条适用于 *DN* ≤ 40mm 管道，粗齿锯条适用于 *DN* ≥ 50mm 的管道。

手工切断向前推时才能起到切割作用，因此，锯条安装时，应使锯齿的方向向前，不得装反，如图 1-22 所示。

（2）机械切断　用机械切断管道时，将管道固定在锯床上，锯条对准切断线，即可切断。

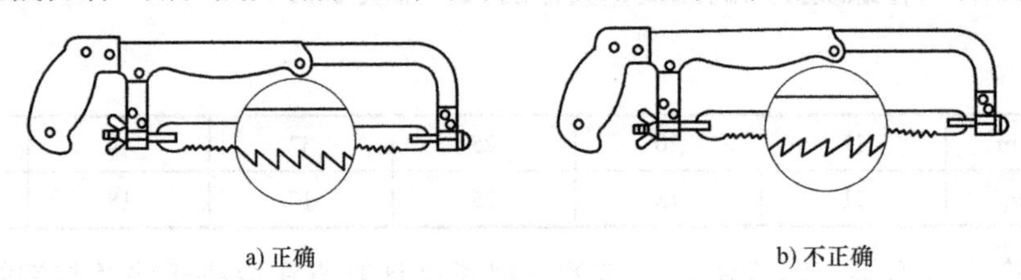

图 1-22　锯条的安装

2. 刀割

刀割是用管道割刀切断管道，比锯条切断管道的速度快，端面平整，但有缩口。它分为手工管道割刀和机械管道割刀，手工管道割刀的构造如图 1-23 所示，主要由弓形刀架、圆形刀片、托滚、螺杆、手柄等组成。而机械管道割刀与手工管道割刀的构造差别不大，一般安装在机械套螺纹机上，且设有铣刀铣去管口内径缩口边缘部分。它适用于切断 *DN* ≤ 100mm 的钢管、有色金属管等。

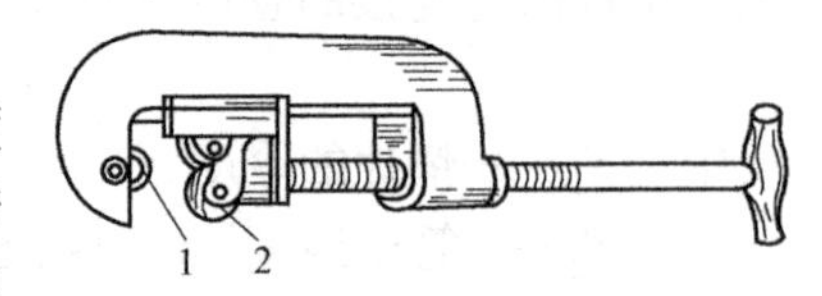

图 1-23　手工管道割刀的构造

1—圆形刀片　2—托滚

3. 气割

气割是利用氧气和乙炔混合气的火焰，先将金属加热至红热，使其剧烈燃烧，然后开启割矩高压氧气阀，用高压氧气吹射切割处，使其剧烈燃烧成液体的氧化铁，并随着高压氧气流被吹掉，从而将金属切开。它主要用于切断碳素钢管、板材、型材。其加工用的机具——割矩，根据乙炔气压力的不同，分为射吸式（低压）和等压式（高压）两种。我们常用的是射吸式割矩，其构造如图 1-24 所示。

4. 錾切

錾切又称凿切，是用錾子按标记沿整个管道圆周凿出一定深度的沟槽，然后用錾子和锤子把管道沿凿出的沟槽用力打击，就可以把管道打断，如图 1-25 所示。錾切主要适用于材质较脆的管道，如铸铁管、混凝土管、陶土管等。

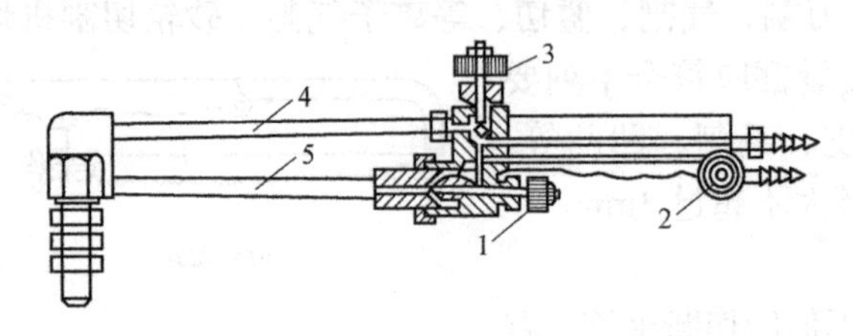

图 1-24　射吸式割矩

1—氧气调节阀　2—乙炔阀　3—高压氧气阀　4—氧气管　5—混合气管

图 1-25　管道錾切

5. 等离子气割

等离子弧的温度高达 1500~3300℃，能量比电弧更加集中。现有的高熔点金属和非金属材料，在等离子弧的高温下都能被熔化。切割时生产效率高，热影响区小，变形小，质量好。等离子气割可以切割氧气 - 乙炔焰和电弧所不能切割或比较难切割的材料，如不锈钢、铜、铝、铸铁等管材和板材。

6. 砂轮切割机切割

砂轮切割机切割是利用砂轮片对所需要切割材料的摩擦，使其磨断的切割方法，又称磨割。其构造如图 1-26 所示，由电动机、砂轮片、夹钳、底座、操纵杆和带开关的手柄等组成，主要适用于碳素管材、型材，以及铸铁管、有色金属管、塑料管等材料的切割，是工程中较为理想的切割机械。但一定要注意操作的安全、砂轮片的旋转方向、操作者的站位等。

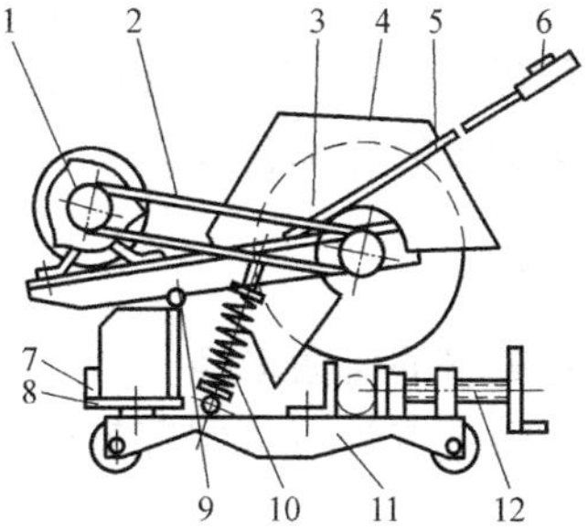

图 1-26　砂轮切割机

1—电动机　2—三角带　3—砂轮片　4—护罩　5—操纵杆　6—带开关的手柄　7—配电盒　8—扭转轮　9—中心轴　10—弹簧　11—底座　12—夹钳

（四）管道的弯曲

按制作方法可分为煨制弯头、冲压弯头、焊接弯头。现场制作的是煨制弯头和焊接弯头，这里主要介绍煨制弯头。焊接弯头将在管件的加工中叙述。

1. 钢管弯曲时的应力分析

如图 1-27 所示，取一直管段，未弯曲时的纵、横端面如图 1-27a、b 所示，弯曲变形后的断面如图 1-27c、d 所示。

（1）从纵断面上分析　从纵断面图变形前后看，管壁内侧各点均受压力的作用，因而管壁增厚，直线 CD 变成弧线 $C'D'$ 压缩变短；管壁外侧各点均受拉力的作用，因而管壁变薄，直线 AB 变成弧线 $A'B'$ 拉伸变长。即 $CD > C'D'$，$AB < A'B'$。

（2）从横断面上分析　从横断面图变形前后看，横断面 $M—N$ 由圆形截面（图 1-27c）变成椭圆形截面（图 1-27d）。截面上有四点 H、I、J、K 无变形，弯曲前后位置保持不变，把这四个点称为零点，其纵向延伸线称为“安全线”，因此，在弯曲焊接钢管时，应把纵向焊缝置于“安全线”的位置。

2. 质量要求

通过上面的分析，横断面上各点的壁厚变化不同，承受的应力类型、大小也不同，强度也就不同。为了保证弯管变形后的强度，必须对管壁的变薄量和端面的椭圆率进行限制。

1）表面无裂纹、折皱、重皮、鼓包等。

2）壁厚减薄率：高压管不超过 10%，中、低压管不超过 15%。

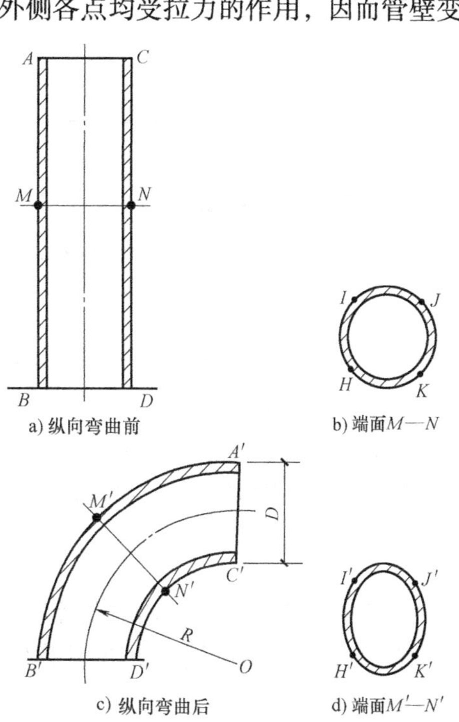

图 1-27　钢管弯曲变形图

壁厚减薄率的计算公式为

$$壁厚减薄率=\frac{弯制前壁厚-弯制后壁厚}{弯制前壁厚}\times 100\% \tag{1-1}$$

3）椭圆率：高压管不超过5%，中、低压管不超过8%。对于一般暖卫管道，其弯制后的椭圆率：$DN\leqslant 150$mm时，不超过5%；$DN>150$mm时，不超过6%。

椭圆率的计算公式为

$$椭圆率=\frac{最大外径-最小外径}{最大外径}\times 100\% \tag{1-2}$$

3. 弯管的弯曲半径

如果把弯管看成圆环管的一部分，那么这个圆环管的半径就是弯管的弯曲半径，通常用R表示。

弯曲变形的大小与弯曲半径成反比，即弯曲半径越大，管道的受力和变形越小，管道的减薄率和椭圆率越小，因而流体的压力损失越小；反之亦然。因此，选择合适的弯曲半径就成为管道弯曲的重要因素。弯管的最小弯曲半径见表1-12。

表1-12 弯管的最小弯曲半径

<table>
<tr><th>管道类别</th><th>弯管制作方式</th><th colspan="2">最小弯曲半径</th></tr>
<tr><td rowspan="7">中、低压钢管</td><td>热弯</td><td colspan="2">3.5D</td></tr>
<tr><td>冷弯</td><td colspan="2">4.0D</td></tr>
<tr><td>褶皱弯</td><td colspan="2">2.5D</td></tr>
<tr><td>压制</td><td colspan="2">1.0D</td></tr>
<tr><td>热推弯</td><td colspan="2">1.5D</td></tr>
<tr><td rowspan="2">焊　制</td><td>DN>250mm</td><td>0.75D</td></tr>
<tr><td>DN≤250mm</td><td>1.0D</td></tr>
<tr><td rowspan="2">高压钢管</td><td>冷、热弯</td><td colspan="2">5.0D</td></tr>
<tr><td>压　制</td><td colspan="2">1.5D</td></tr>
<tr><td>有色金属管</td><td>冷、热管</td><td colspan="2">3.5D</td></tr>
</table>

注：DN为公称直径；D为管外径。

4. 弯管的下料长度

弯管的弯曲部分展开长度计算公式为

$$L=\frac{\alpha\pi R}{180}=0.01745\alpha R \tag{1-3}$$

式中 L——弯曲部分的展开长度（mm）；

α——弯曲角度（°）；

R——弯曲半径（mm）。

当α=90°，R=4D时，弯曲长度为

$$L=\frac{90\pi R}{180}=1.57R=6.28D \tag{1-4}$$

在实际弯管时，由于约束条件不同、受力不同、是否加热等因素的影响，管道在弯曲时略有伸长。加热伸长量ΔL的计算公式为

$$\Delta L=R\tan\frac{\alpha}{2}-\frac{\pi}{360}\alpha R \tag{1-5}$$

当 $\alpha=90°$，$R=4D$，热弯时，弯曲伸长量为

$$\Delta L=0.858D$$

当 $\alpha=90°$，冷弯时，弯曲伸长量为

$$\Delta L=0.5D$$

5. 弯管的弯曲方法

弯管的弯曲方法有冷弯法、热弯法、人工弯曲法、机械弯曲法等。

（1）冷弯法　冷弯法是指管段在常温下，依靠机具对管道进行弯曲的方法。目前冷弯弯管机的最大直径为 250mm。根据弯管的驱动动力分为人工弯管和机械弯管。

1）人工弯管是指借助简单的弯管机具，由手工操纵进行弯管作业。人工弯管的方法有：

① 弯管板煨弯法。如图 1-28 所示，弯管板可用硬质木板或钢板制作，适用于弯曲 DN=15~20mm、小角度的煨弯，如散热器连接支管来回弯的制作。

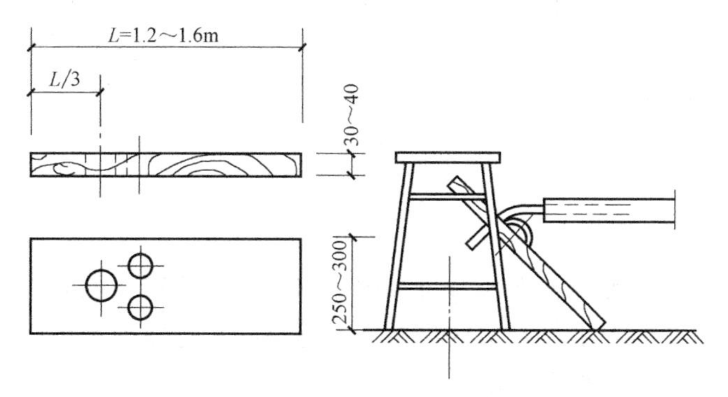

图 1-28　弯管板

② 手动弯管器煨弯法。如图 1-29 所示，手动弯管器主要由定胎轮、动胎轮、管道夹持器、手柄组成。当弯曲不同直径的管道时，所用的定胎轮和动胎轮应根据管道的外径来更换，它适用于弯曲 $DN \leqslant$ 25mm 的管道。

③ 油压顶管器煨弯法。如图 1-30 所示，油压顶管器主要由顶杆、胎膜、挡轮、手柄和回油阀等组成。两个挡轮的孔距应与所弯曲的管道弯型相适应。一般适用于弯曲 DN=15~100mm 的管道。

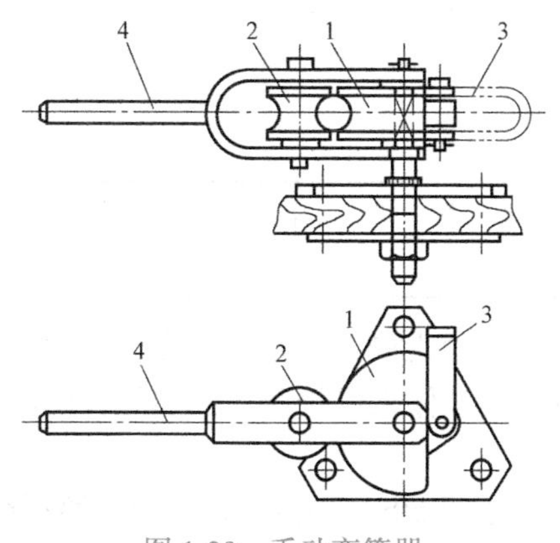

图 1-29　手动弯管器

1—定胎轮　2—动胎轮　3—管道夹持器　4—手柄

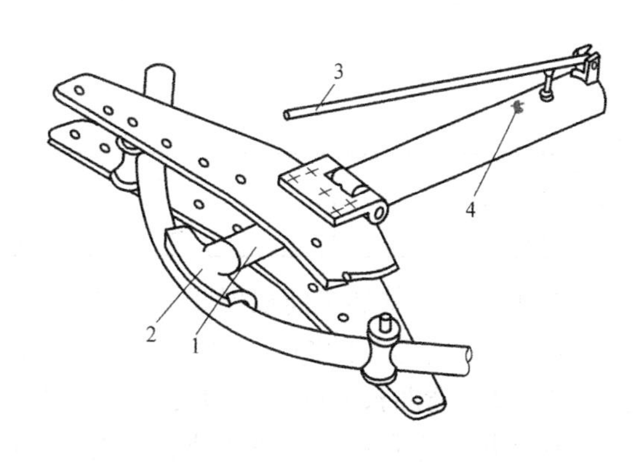

图 1-30　油压顶管器

1—顶杆（活塞）　2—胎膜　3—手柄　4—回油阀

2）机械弯管。为了克服人工弯管耗费体力大、工效低，大管径难以实现人工弯曲的缺点，人们生产制造了各种弯管机械。各种型号的电动弯管机主要由传动系统和弯管机构组成，图1-31所示为弯管机构示意图。弯管机构由弯管模、导板、压紧模组成。而弯管模可以不同规格的管径成套配备，安装时可按照相应的管径选用。同时，为防止弯管弯曲时产生椭圆度，在管内插入芯轴，其直径比管道的内径小1~1.5mm，且在管道内壁和芯轴上涂少许机油，以减少芯轴和管壁的摩擦。它适用于弯曲 *DN*=25~250mm 的管道。

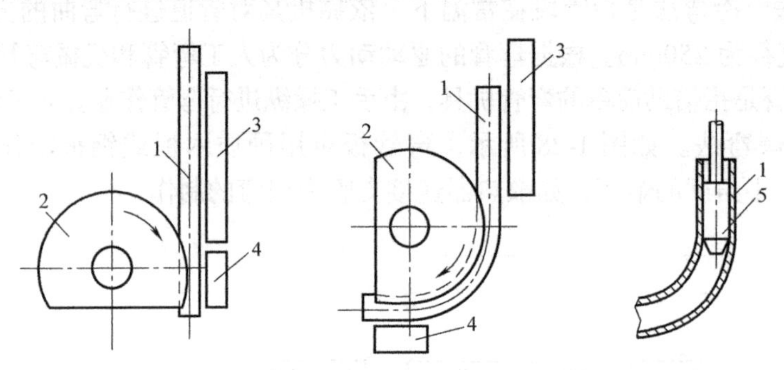

图1-31 电动弯管机的弯管机构示意图

1—管道 2—弯管模 3—导板 4—压紧模 5—芯轴

金属管道具有一定的弹性，在冷弯过程中，当施加在管道上的外力撤去后，弯头会弹回一个角度，弹回角度的大小与管道的材料、管壁厚度、弯曲半径等因素有关，因此，在弯曲时应考虑增加2°~4°的回弹角度。

（2）热弯法 热弯法是利用钢材加热后强度降低，塑性增加，从而可大大降低弯曲所需动力的特性。因此，热弯法适用于大管径的弯曲加工。钢材的最佳加热温度为800~950℃。

1）人工热弯的工序有准备工作、充砂、画线、加热、弯曲成形、检查和去砂等。

① 准备工作：包括管材、机具、砂子的准备等。

② 充砂：为了防止弯管时管道断面扁化变形，弯管前必须用烘干的砂子将管腔填实（*DN*≤32mm时，可以不填）。充砂时，将管道一端堵死，竖起管道从上往下灌砂，并用锤子敲打管道的四周，直到声音脆实，灌入砂子的面不再下沉为止，最后封好上管口。砂子的粒度按表1-13选用。

表1-13 钢管填充砂子的粒度

管道公称直径/mm	<80	80~150	>150
砂子粒度/mm	1~2	3~4	5~6

③ 画线：弯管加热前根据弯曲长度，用白铅油在管道上画出起弯点、弧长及弯管中心线的做法，称为弯管的画线。对于热弯弯头，弯曲长度又称火口长度，而加热长度应稍大于弯曲长度，弯曲长度的计算参见式（1-3）。

④ 加热：弯管加热一般在地炉中进行，对于管径小于50mm的管道，且弯管数量较少时，也可用氧气-乙炔加热。用地炉加热钢管时，可用优质焦炭燃料。在加热过程中，要经常转动管道，使之受热均匀，并且在加热管段上盖薄钢板，以减少热损失。一般碳素钢

的加热温度为950~1000℃，弯曲的操作温度为750~1050℃，低于750℃时不得进行弯曲。弯曲的加热长度一般为弯曲长度的1.2倍。当把管道加热成橙红色，且加热范围内颜色均匀时，即可进行弯曲。管道烧成颜色与温度的关系可参照表1-14的近似值。

表1-14　管道烧成颜色与温度的关系

温度/℃	550	650	700	800	900	1000	1100	>1200
管道的烧成颜色	微红	深红	樱红	浅红	桔红	橙红	浅黄	白亮

⑤ 弯曲成形：弯曲成形是在弯曲平台上进行的，将加热好的直管段一头卡在平台的两个固定桩之间，画线标记露出管桩（1~1.5）D，用水或废机油将画线以外的部分浇冷，即可用人工或机械进行弯曲。弯曲过程中，应有专人负责浇水并观测管道的变形情况，并用样板测量弧度大小，当弧度达到要求时，应及时浇水定形。考虑到管道冷却后有回弹现象和在弯管的背部稍加烘烤也可回弹到满足使用的角度，样板的角度一般可小于弯曲角度2°~3°，即弯曲角度为90°时，样板角度可为87°~88°。因此，在弯曲90°弯管时，按照“宁勾不敞”的原则控制弯曲角度是十分必要的。弯管弯成后，趁热在弯曲部分涂上一层废机油防止氧化。

在热弯过程中，当发现起弯不均匀时，可以在弯得较快的部分点上些水或废机油冷却，以使弯曲均匀美观；当出现椭圆度过大、有鼓包或明显皱折时，应立即停止操作，趁热用锤子修正重新再弯。

⑥ 去砂：弯曲成形的弯管，应让它自然冷却，不得浇水促使冷却。冷却后拆开堵头，倾斜放置，用手锤轻轻振动，将管内的砂子倒干净，再用圆形钢丝刷系上铁丝拉扫，将黏结在管内的砂粒刷净，保证管内清洁与畅通。

2）机械热弯使用火焰弯管机和中频感应弯管机，多在工厂内进行制作。机械热弯管道不需装砂子，适用于较大管径的弯管加工，而且质量好，效率高，节省人力，同时也减轻了劳动强度。

火焰弯管机和中频感应弯管机，有电动机通过齿轮驱动主轴和液压系统驱动主轴两大类。火焰弯管是用火焰圈的火焰加热管道，中频感应弯管是用中频电磁场加热管道。

① 火焰弯管机主要由传动系统、弯管机构和火焰圈组成。

传动系统：由电动机、减速箱、齿轮系统组成，如图1-32所示，通过一系列的传动带动主轴旋转。

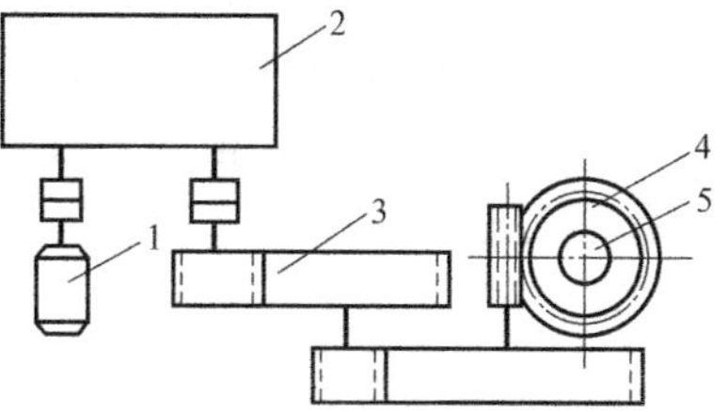

图1-32　火焰弯管机传动系统示意图

1—电动机　2—减速箱　3—齿轮系统　4—蜗轮传动　5—主轴

弯管机构：由主轴、夹头、拐臂、靠轮和托滚组成，如图1-33所示，拐臂固定在主轴上，带有长孔，以便按照需要位置安装夹头。夹头距主轴的水平距离，按弯曲半径来确定，夹头的规格按弯管的管径大小来更换。

火焰圈：火焰圈是用黄铜板焊接而成的圆圈，是用来加热和冷却弯管的，由气室和水室两部分组成，也是火焰弯管机的关键部件，如图1-34所示。气室由预先经过混合器胶管供给氧气-乙炔，并从内壁周围下孔喷出，点燃后形成火焰，沿四周加热管道。水室通入两根管道，水沿周围下孔呈45°角喷出，冷却弯曲后的管道，同时也冷却火焰圈自身。这样形成加热、煨弯、喷水冷却三个工序同步、缓慢、连续进行的过程。

管道弯曲角度达到要求后，靠限位开关切断电源自动停车，松开夹头便可取出弯管。同时回车使拐臂复位，准备弯曲下一个管道。

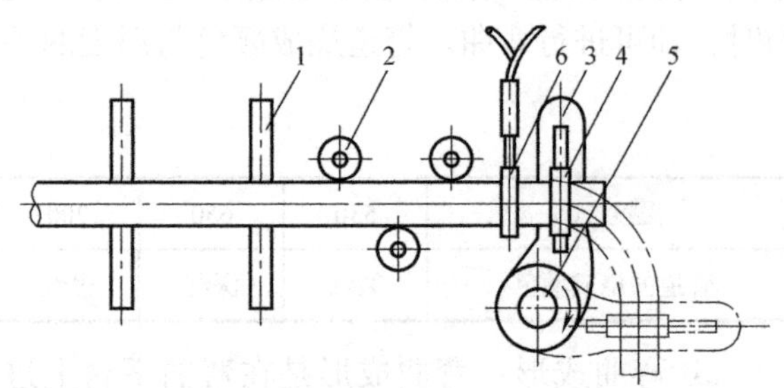

图 1-33 火焰弯管机弯管机构示意图

1—托滚 2—靠轮 3—拐臂 4—夹头 5—主轴 6—火焰圈

② 中频感应弯管机的构造与火焰弯管机基本相同，所不同的只是将火焰圈换成中频感应圈。感应圈是用方形纯铜管绕成的，中间通入冷却水，并从感应圈的内壁四周呈45°角喷出，冷却弯后的管道；感应圈的两端通入中频电流，与感应圈对应处的管壁中产生相应的感应涡流电，由于管材电阻较大，使涡流电能转变为热能，把管壁加热，如图1-35所示。这样管段弯曲形成的加热、煨弯、冷却定形完全通过自控系统同步连续进行。而感应圈的宽度（对应于管道的轴向宽度）关系到加热面的宽度，一般随着管径的增大而增大，即当管径为 DN=65~100mm 时，感应圈的宽度为12~13mm；当管径为 DN=125~200mm 时，感应圈的宽度为15mm。

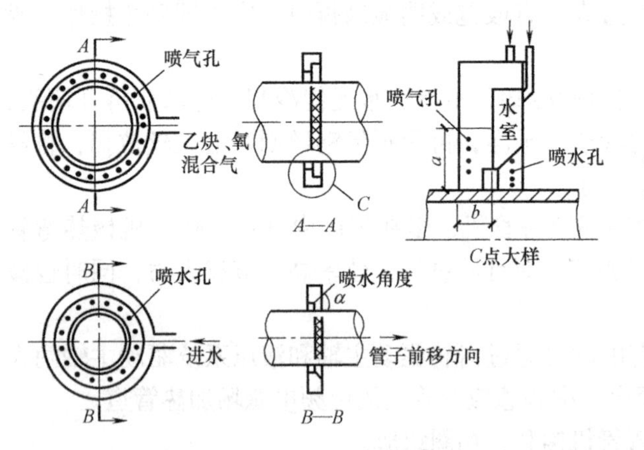

图 1-34 火焰圈构造示意图

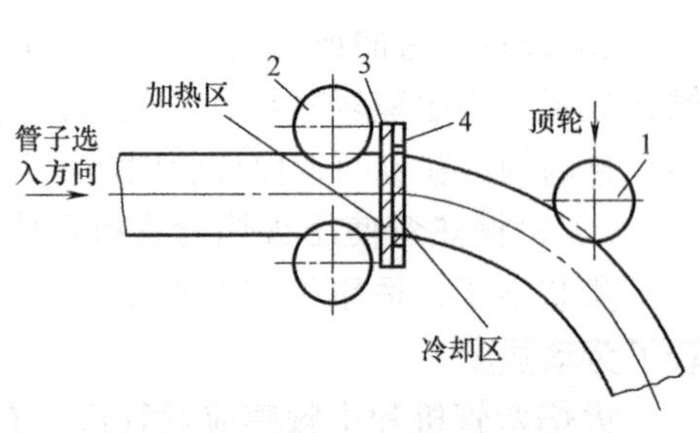

图 1-35 中频感应弯管原理

1—顶轮 2—导轮 3—中频感应圈的电加热器 4—中频感应圈的盘环管冷却器

6. 常见弯管的制作

（1）来回弯的制作 来回弯又称灯叉弯，是暖卫管道安装中使用较多的一种弯管，如图1-36所示。通常是把两平行直管的中心距 B 作为已知条件，则来回弯的中间短管长 L 的计算公式为

$$L=\frac{B}{\sin\alpha}-2R\tan\frac{\alpha}{2} \tag{1-6}$$

式中 B——来回弯中心距（mm）

R——弯管的弯曲半径（mm）；

α——弯管的弯曲角度，一般采用30°、45°、60°等。

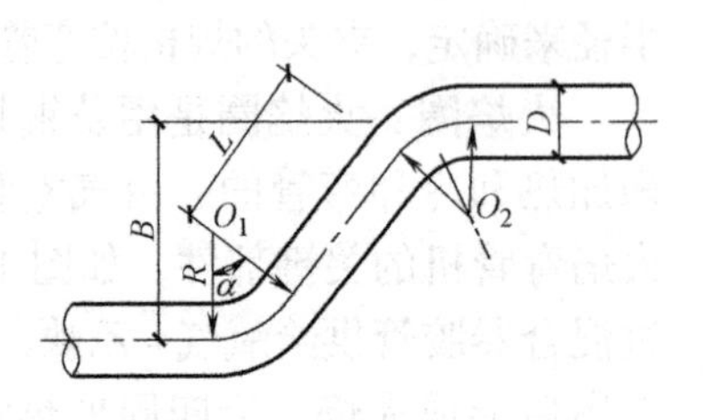

图 1-36 来回弯的组成

（2）勺弯的制作 勺弯又称羊角弯，是一种角度不规则的弯管，而在暖卫管道工程中经常使用。制作时很难用

固定角度的测尺控制，因此，可用钢筋按现场管道的实际情况，做一个弯型样板，以此样板来控制弯曲角度。由于勺弯的弯曲角度一般都不大，因此画线长度可按 L=3D 来确定。

（3）半圆弯的制作　半圆弯由两个弯曲半径相同的 60° 弯管及一个 120° 弯管组成，如图 1-37 所示，其展开长度为

$$L=\frac{4}{3}\pi R \tag{1-7}$$

可用胎模具通过管道压杠压制，如图 1-38a 所示。另一种方法是单弯煨制，其过程是先加热煨制两个 60° 的弯，再用钢管做胎具煨制中间 120° 的弯，如图 1-38b 所示，其画线长度及钢管胎具规格见表 1-15。

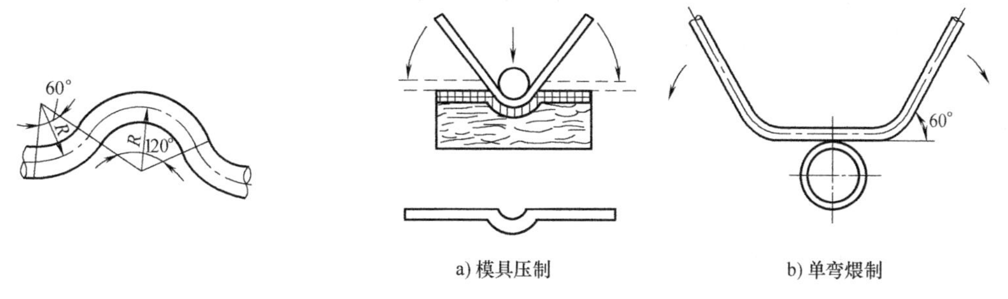

图 1-37　半圆弯的组成　　图 1-38　半圆弯的煨制

表 1-15　钢管半圆弯制作的技术规格

管径	公称直径 /mm	15	20	25	32
	外径 D/mm	21.25	26.75	33.5	42.25
弯曲半径（R）	标准值 /mm	33	42	49	75
	实用值 /mm	40.6	43.4	54.5	75
半圆弯画线长度（L）	L/mm	170	181.6	228.2	314.6
	用外径表示	8D	6.8D	6.8D	7.5D
60° 弯画线长度（L_1）	L_1/mm	42.5	45.5	57	78.5
	用外径表示	2D	1.7D	1.7D	1.8D
钢管胎具规格	焊接或无缝钢管	DN50	DN50	DN70	DN108

（五）管件的加工

这里主要介绍焊接弯头、焊接三通及变径管的加工。

1. 焊接弯头

（1）焊接弯头的结构形式　焊接弯头又称虾米弯，是由若干个带有斜截面的直管段组对焊接而成的。如图 1-39 所示，90° 的焊接弯头是由两个端节和一个中间节组成的，其中端节为中间节的一半，为了减少焊口，端

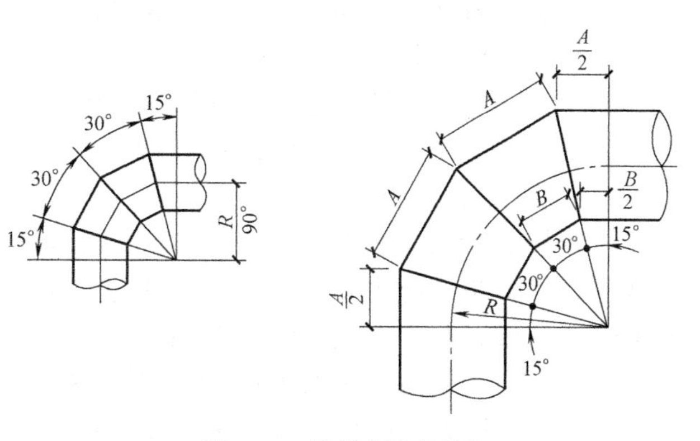

图 1-39　焊接弯头的结构

节应尽可能在直管段上。不同角度的焊接弯头都是由两个端节和若干个（可取0、1、2）中间节组成的。焊接弯头的最少节数见表1-16。

表1-16 焊接弯头的最少节数

弯头角度	节数	其中	
		中间节	端节
90°	4	2	2
60°	3	1	2
45°	3	1	2
30°	2	0	2

（2）焊接弯头的放样 焊接弯头的样板按1∶1的比例进行制作。

1）结构尺寸的计算公式为

$$\frac{A}{2}=\left(R+\frac{D}{2}\right)\tan\frac{\alpha}{2(n+1)} \quad (1\text{-}8)$$

$$\frac{B}{2}=\left(R-\frac{D}{2}\right)\tan\frac{\alpha}{2(n+1)} \quad (1\text{-}9)$$

式中 $\frac{A}{2}$——端节背高（mm）；

$\frac{B}{2}$——端节腹高（mm）；

R——弯头的弯曲半径（mm）；

D——管道的外径（mm）；

α——弯头的弯曲角度（°）；

n——弯头的中间节数。

也可采用近似计算法

$$A=\frac{1}{2}\pi\left(R+\frac{D}{2}\right)/n' \quad (1\text{-}10)$$

$$B=\frac{1}{2}\pi\left(R-\frac{D}{2}\right)/n' \quad (1\text{-}11)$$

式中各符号的意义同上面一样，n'指弯头的分节数（两个端节算一个节数）。

2）具体步骤如图1-40所示，各步骤如下：

① 在一油毡纸上画一条水平线，取直径1-7等于管道的外径（D），以1-7线为直径画一半圆，且将圆周六等分，逆时针取作1~7点。

② 先分别过1、7点作垂线使$1\text{-}1'=B/2$，$7\text{-}7'=A/2$，且连接1′-7′点，再分别过2~6点作1-7的垂线交1′-7′线于2′~6′点。

③ 延长1-7线，画EF线段，并使EF线长等于$\pi(D+\delta)$（δ为样板材料厚度），并将其12等分，得1~7~1点共13个点，再分别过这13个点作EF线的垂直线，过1′~7′各点作EF线的平行线，对应的交点为1″~7″~1″。

④ 将1″~7″~1″各点用光滑的曲线连接起来，即可得到焊接弯头端节展开图。

⑤ 同理，以EF线为基准做1″~7″~1″各点的对称点，将所得的各点用光滑的曲线连接起来，即可得到完整的中间节展开图。

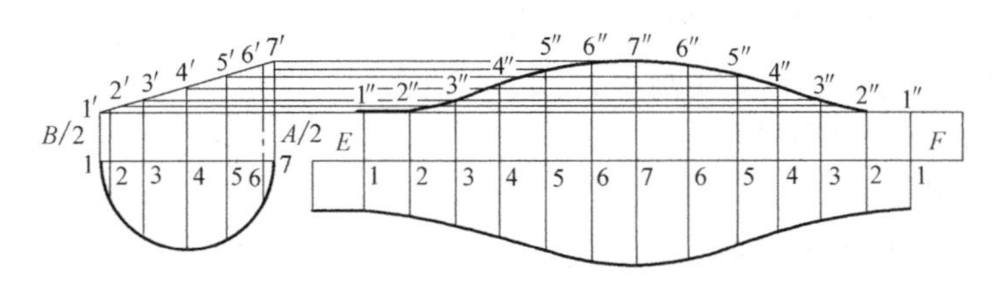

图 1-40　焊接弯头端节（中间节）展开图

各节组对后，常常会出现勾头现象（小于 90°），故放样时，可适当增加腹长。

（3）焊接弯头的下料　先在管道上弹画两条对称的中心线，并用样冲轻轻冲之，把样板中心线 7″-7″ 对准管道中心线画出实样，进行切割，如图 1-41 所示。

（4）焊接弯头的焊接　将切割的各段进行坡口，坡口角度背部为 20°~50°，两侧为 30°~35°，腹部为 40°~45°。完成坡口后，将管端中心对准，进行点焊，并用角尺校正其角度，防止出现勾头现象。

焊接弯头的主要尺寸偏差应符合下列规定：

周长偏差：$DN > 1000$mm 时，周长偏差不应超过 ±6mm；$DN \leqslant 1000$mm 时，周长偏差不应超过 ±4mm。

端面与管道中心线的垂直偏差 Δ 如图 1-42 所示，其值不应大于管道外径的 1%，且不大于 3mm。

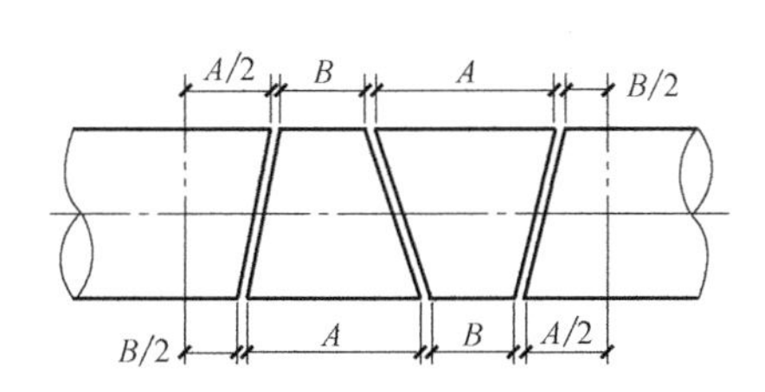

图 1-41　焊接弯头的下料与气割线

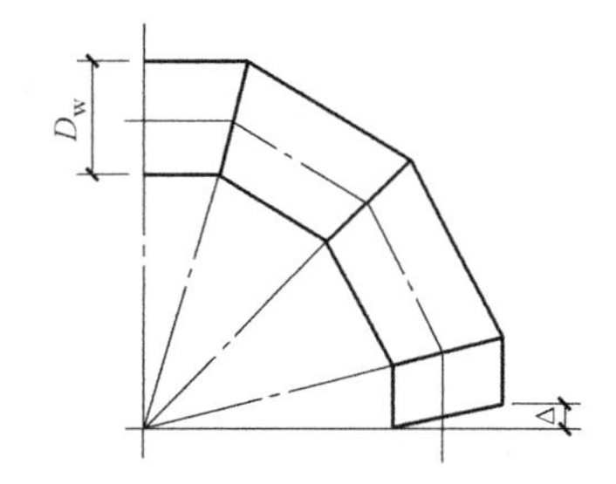

图 1-42　焊接弯头端面垂直偏差

2. 焊接三通

焊接三通在管道工程的分流与合流中经常使用。三通有同径和异径之分，还有正斜之分。在暖卫工程中，常常使用同径正三通和异径正三通，下面将讨论这两种三通的展开与制作。

（1）同径正三通

1）展开图的制作。展开图的作图步骤如下：

① 以 O 为圆心，以 D（管道外径）为直径画一半圆，并将圆周六等分，等分点分别为 4′、3′、2′、1′、2′、3′、4′。

② 在 4′-4′ 的延长线上取 AB 线段，使 $AB=\pi D$，且将其 12 等分，从左至右等分点的顺序标号为 1~4~1~4~1。

③ 在线段 AB 上，过各等分点向下作 AB 的垂线，与半圆上各等分点（4′~4′）向右作 AB 的水平线，对应（1 对 1′、2 对 2′ 等）相交于 13 个点。将这所得的 13 个点连成光滑的曲线，即可得到支管切割展开图，又称雄头样板，如图 1-43 管 I 所示。

④ 将4~1~4的曲线，以AB为基准对称画出，所得的椭圆形即为主管气割展开图，又称雌孔样板，如图1-43管Ⅱ所示。

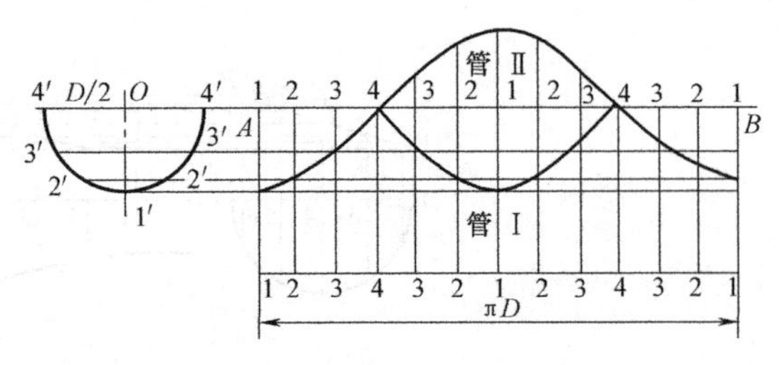

图1-43 同径正三通的展开图

2）画线与气割

先在主管和支管上分别画出定位十字线，并用样冲轻轻冲之。再分别把主管和支管样板中心对准管道中心线画出气割线，即可进行切割。气割后，应根据不同部位对坡口的要求不同进行处理，如图1-42所示。支管端上全部做坡口，坡口角度在角焊处为45°，在对焊处为30°，从角焊处向对焊处逐渐缩小坡口角度，均匀过渡。在主管开口处部分做坡口，部分不做坡口。在角焊处不做坡口，如图1-44的A节点图所示，在向对焊处伸展的中心点处开始做坡口，到对焊处为30°，如图1-44的B节点图所示。

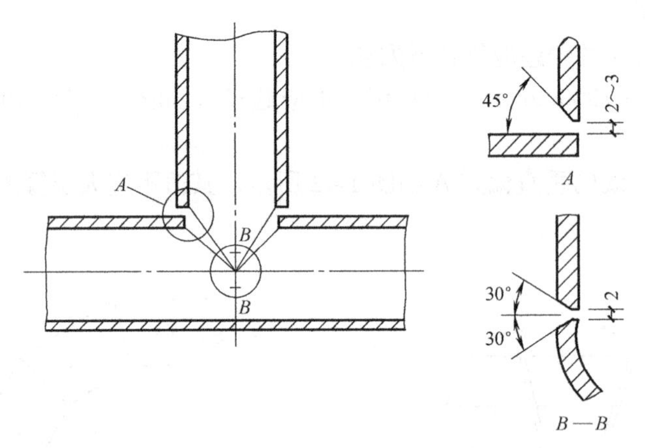

图1-44 正三通坡口处理简图

（2）异径正三通

1）展开图的制作。根据主管和支管的外径，在一垂直线上，按支管高度分别画出横向轴线和主、支管的两个不同直径的半圆。

① 将支管上半圆弧六等分，各等分点分别为4、3、2、1、2、3、4，然后从各等分点向下作垂线，与主管圆相交，得相应交点为4′、3′、2′、1′、2′、3′、4′。

② 将支管圆直径4-4向右延长，并取线段$AB=\pi d$（支管外径），分成12等份，各等分点从左至右依次为1、2、3、4、3、2、1、2、3、4、3、2、1。

③ 由直线AB上各点向下作垂线，通过主管圆周上各点向右作AB线的水平线，对应相交于1″、2″、3″、4″、3″、2″、1″、2″、3″、4″、3″、2″、1″各点，将各交点连成光滑的曲线，即可得到支管展开图。

④ 延长支管圆中心的垂线，在此线上，以1″为中心，上下对称量取主管圆周上的弦长1′2′、2′3′、3′4′，得交点4″、3″、2″、1″、2″、3″、4″这7个点。

⑤ 通过这些交点分别作垂直于该线的平行线，同时将支管半圆上的六等分垂线延长，与这些平行线分别相交（注意：1″对4′、2″对3′、3″对2′、4″对1′），用光滑的曲线连接各交点，即可得到主管开孔的展开图，如图1-45所示。

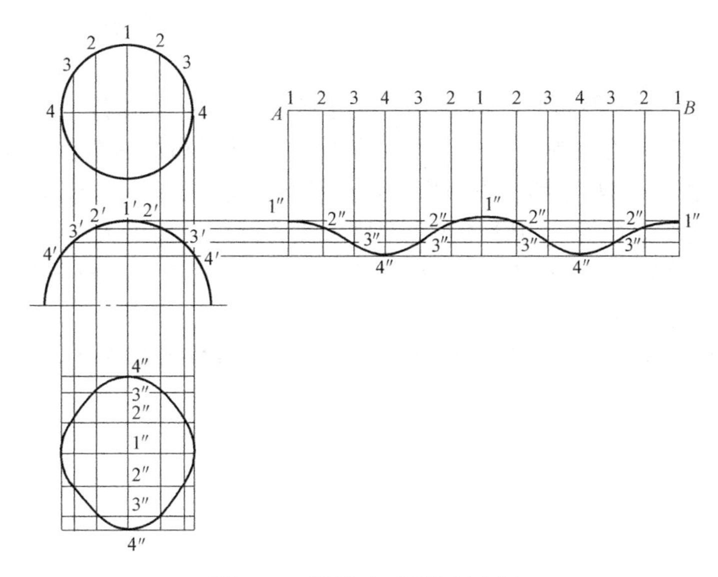

图 1-45　异径正三通的展开图

2）画线下料。先在主管和支管上画出中心线和定位十字线，并用样冲轻轻冲之。将样板中心线对准管道中心线，画出气割线。当支管口径与主管口径相差不大时，按支管内径开孔，如图 1-46a 所示；当支管口径在主管的 1/3 以下时，将支管插入主管孔内，如图 1-46b 所示。

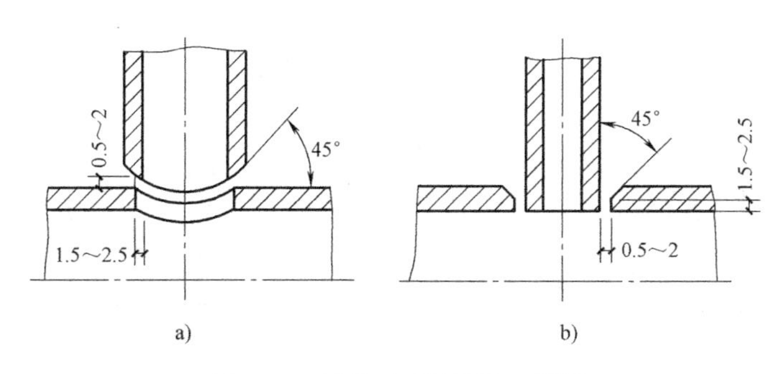

图 1-46　异径正三通的坡口简图

3. 变径管

变径管又称大小头，用来改变管道的管径。根据大管轴线与小管轴线是否在同一直线上，分为同心变径管和偏心变径管。

（1）钢板卷制同心变径管　作图步骤如下：

① 作同心变径管正投影图 *EFGH*，使 *EF*=*D*，*HG*=*d*，高度 =*h*，其中 *D*、*d*、*h* 为已知。

② 分别延长 *EH*、*FG* 相交于 *O* 点。

③ 以 *O* 为圆心，分别以 *OG*、*OF* 为半径画圆弧，再分别在大圆弧上取 *FI* 弧长等于大管端面周长，在小圆弧上取 *GK* 弧长等于小管端面周长，连接 *KI*，则 *GFIK* 为同心变径管的展开图，如图 1-47 所示。

（2）摔管法制作变径管　当管径变化幅度不大（两管径差值小于等于小管径的15%）时，可用摔管法，用与大管直径相同的管道进行制作，即将管端部分加热，用手锤锻打使其缩口到与小管径相同。

摔管法制作变径管，既可制作同心的，也可制作偏心的，但需要一根管道做胎膜。其具体方法为：用氧气-乙炔焊矩烘烤，并控制好加热温度和加热范围。加热温度一般为800℃左右（浅红色）；加热范围，每一烘烤点宽度不宜超过30mm，长度不宜超过50mm。

（3）抽条法制作变径管　当管径变化幅度较大（两管径差值大于小管径的15%）时，可用抽条法加工变径管，即按一定的抽条宽度和长度，把管道切割掉一部分，再加热收口成大小头，最后将各收口焊缝焊接。

同心变径管的抽条放样与展开图如图1-48所示，其抽取条宽度A、剩余条宽度B及抽条长度L的计算公式分别为

$$A=\pi(D_0-d_0)/n \tag{1-12}$$

$$B=\pi d_0/n \tag{1-13}$$

$$L=3\sim4(D_0-d_0) \tag{1-14}$$

式中　D_0——大直径管外径（mm）；

d_0——小直径管外径（mm）；

n——分瓣数，对DN=50~80mm的管道取n=4~6；对DN=100~400mm的管道取n=6~8。

钢管及其管件的主要加工方法及所用机具

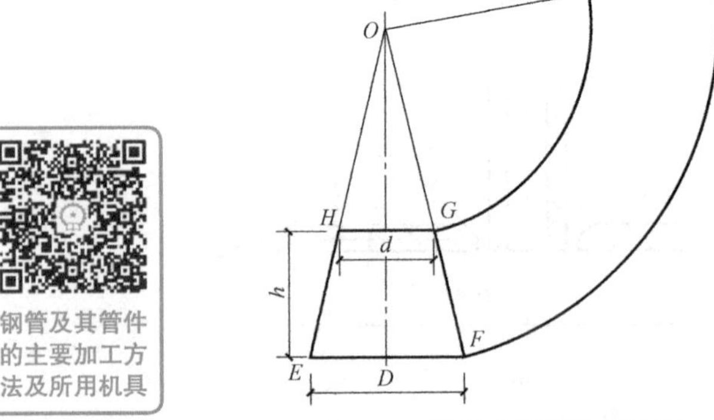

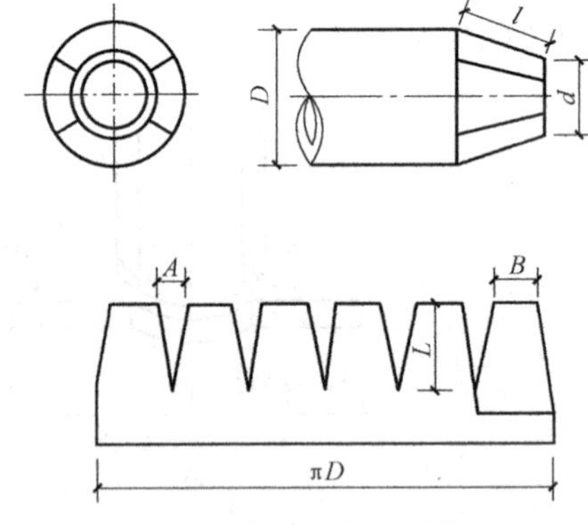

图1-47　同心变径管的展开图　　　图1-48　同心变径管的抽条放样与展开图

将同心变径管的放样展开图剪下来，围在大直径管口处，即可画出抽条气割线，气割抽条后加热收口，即可进行抽条缝隙的焊接。

任务三　铸铁管及其管件

一、常用铸铁管及其管件

铸铁管按使用场合不同，可分为给水铸铁管和排水铸铁管；按制造材质的不同，可分为灰口铸铁管和球墨铸铁管；根据其制造工艺，又可分为砂型离心铸铁管和连续铸造铸铁管。

（一）给水铸铁管及其管件

给水铸铁管及其管件为承压管材，其接口形式有承插连接、法兰连接等，应用较多的是承插连接，而法兰连接只是用在需要拆卸检修和与阀门等配件连接处。给水铸铁管及其管件质地较为匀密，内外壁较为光滑，壁厚均匀一致，出厂时在管内外喷涂沥青防腐层。

1. 给水铸铁管

（1）砂型离心铸铁管　砂型离心铸铁管按壁厚不同分为P级（低压）和G级（高压）。若需要其他厚度的管，可以用改变内径的方法予以生产。这种产品管壁薄、重量轻，可用于室外的给水工程和煤气管道工程，但主要用于室外煤气管道工程。其产品规格见表1-17。

表1-17　砂型离心铸铁管的壁厚与质量

公称直径 /mm	壁厚 /mm		内径 /mm		外径 / mm	有效长度 /mm 5000 总质量 /kg		有效长度 /mm 6000 总质量 /kg		承口凸部质量 /kg	插口凸部质量 /kg	直部每米质量 /kg	
	P级	G级	P级	G级		P级	G级	P级	G级			P级	G级
200	8.8	10.0	202.4	200	220.0	227.0	254.0			16.30	0.382	42.0	47.5
250	9.5	10.8	252.6	250	271.6	303.0	340.0			21.30	0.626	56.3	63.7
300	10.0	11.4	302.8	300	322.8	381.0	428.0	452.0	509.0	26.10	0.741	70.8	80.3
350	10.8	12.0	352.4	350	374.0			566.0	623.0	32.60	0.857	88.7	98.3
400	11.5	12.8	402.6	400	425.6			687.0	757.0	39.00	1.460	107.7	119.5
450	12.0	13.4	452.4	450	476.8			806.0	892.0	46.90	1.640	126.2	140.5
500	12.8	14.0	502.4	500	528.0			950.0	1030.0	52.70	1.810	149.2	162.8
600	14.2	15.6	602.4	599.6	630.8			1260.0	1370.0	68.80	2.160	198.0	217.1
700	15.5	17.1	702.0	698.8	733.0			1600.0	1750.0	86.00	2.510	251.6	276.9
800	16.8	18.5	802.6	799.0	836.0			1980.0	2160.0	109.00	2.860	311.3	342.1
900	18.2	20.0	902.6	899.0	939.0			2410.0	2630.0	136.00	3.210	379.1	415.7
1000	20.5	22.6	1000.0	955.8	1041.0			3020.0	3300.0	173.00	3.550	473.2	520.6

注：1. 计算质量时，铸铁比重采用7.20。
2. 总质量 = 直部每米质量 × 有效长度 + 承插口凸部质量（计算结果四舍五入，保留三位有效数字）。

（2）连续铸造铸铁灰口管　连续铸造铸铁灰口管按壁厚不同分为LA级（低压，$P \leqslant 0.45$MPa）、A级（中压，$P \leqslant 0.75$MPa）和B级（高压，$P \leqslant 1.0$MPa）三级，分别适用于不同压力的室外给水和煤气管道工程，但主要用于室外给水管道工程，产品规格见表1-18。

表1-18　连续铸造铸铁管的壁厚与质量

公称直径 /mm	外径 /mm	壁厚 /mm			承口凸部质量 /kg	直部每米质量 /kg		
		LA级	A级	B级		LA级	A级	B级
75	93.0	9.0	9.0	9.0	6.66	17.1	17.1	17.1
100	118.0	9.0	9.0	9.0	8.26	22.2	22.2	22.2
150	169.0	9.0	9.2	10.0	11.43	32.6	33.3	36.0
200	220.0	9.2	10.1	11.0	15.62	43.9	48.0	52.0

（续）

公称直径 /mm	外径 /mm	壁厚 /mm			承口凸部质量 /kg	直部每米质量 /kg		
		LA级	A级	B级		LA级	A级	B级
250	271.6	10.0	11.0	12.0	23.06	59.2	64.8	70.5
300	322.8	10.8	11.9	13.0	28.30	76.2	83.7	91.1
350	374.0	11.7	12.8	14.0	34.01	95.9	104.6	114.0
400	425.6	12.5	13.8	15.0	42.31	116.8	128.5	139.3
450	476.8	13.3	14.7	16.0	50.49	139.4	153.7	166.8
500	528.0	14.2	15.6	17.0	62.10	165.0	180.8	196.5
600	630.8	15.8	17.4	19.0	83.53	219.8	241.4	262.9
700	733.0	17.5	19.3	21.0	110.79	283.2	311.6	338.2
800	836.0	19.2	21.1	23.0	139.64	354.7	388.9	423.0
900	939.0	20.8	22.9	25.0	176.79	432.0	474.5	516.9
1000	1041.0	22.5	24.8	27.0	219.98	518.4	570.0	619.3
1100	1144.0	24.2	26.6	29.0	268.41	613.0	672.3	731.4
1200	1246.0	25.8	28.4	31.0	318.51	712.0	782.2	852.0

注：1. 计算质量时，铸铁比重采用7.20。
2. 总质量＝直部每米质量×有效长度＋承口凸部质量。

（3）离心铸造球墨铸铁管　离心铸造球墨铸铁管简称球铁管，均采用柔性接口。按其接口形式分为机械式、滑入式两类。机械式又分为N1型、N型和X型三种，滑入式为T型。而机械式的三种类型的不同主要表现在承插间隙的密封材料不同，然后通过法兰压盖和螺栓使其紧密相连；T型接口只要在承插间隙填以专用的胶圈即可，主要适用于输送水、煤气及其他流体管道。其标准工作长度为4m、5m、5.5m、6m四种。机械式N1型、X型接口球铁管质量见表1-19，T型接口球铁管质量见表1-20。

表1-19　N1型、X型接口球铁管质量

公称直径 /mm	外径 /mm	壁厚 /mm				承口凸部近似质量 /kg	直部每米质量 /kg			
		K8	K9	K10	K12		K8	K9	K10	K12
100	118.0	6.0	6.1			10.1	14.9	15.1		
150	169.0		6.3			14.4	21.7	22.7		
200	220.0		6.4			17.6	28.0	30.6		
250	271.6		6.8	7.5	9.0	26.9	35.3	40.2	43.9	52.3
300	322.8	6.4	7.2	8.0	9.6	33.0	44.8	50.8	55.74	66.6
350	374.0	6.8	7.7	8.5	10.2	38.7	55.3	63.2	68.8	82.2
400	425.6	7.2	8.1	9.0	10.8	46.8	66.7	75.5	83.0	99.2
500	528.0	8.0	9.0	10.0	12.0	64.0	92.0	104.3	114.7	137.1
600	630.8	8.8	9.9	11.0	13.2	88.0	121.0	137.1	151.0	180.6
700	733	9.6	10.8	12.0	14.4	96.0	153.8	173.9	191.6	229.2

表 1-20　T 型接口球铁管质量

公称直径/mm	外径/mm	壁厚/mm				承口凸部近似质量/kg	直部每米质量/kg			
		K8	K9	K10	K12		K8	K9	K10	K12
100	118	6.0	6.1			4.3	14.9	15.1		
150	170		6.3			7.1	21.8	22.8		
200	222		6.4			10.3	28.7	30.6		
250	274		6.8	7.5	9.0	14.2	35.6	40.2	44.3	53
300	326	6.4	7.2	8.0	9.6	18.9	45.3	50.8	56.3	67.3
350	378	6.8	7.7	8.5	10.2	23.7	55.9	63.2	69.6	83.1
400	429	7.2	8.1	9.0	10.8	29.5	67.3	75.5	83.7	100
500	532	8.0	9.0	10.0	12.0	42.8	92.8	104.8	115.6	138
600	635	8.8	9.9	11.0	13.2	59.3	122	137.3	152	182
700	738	9.6	10.8	12.0	14.4	79.1	155	173.9	193	231
800	842	10.4	11.7	13.0	15.6	102.6	192	215.2	239	286
900	945	11.2	12.6	14.0	16.8	129.0	232	260.2	289	345
1000	1048	12.0	13.5	15.0	18.0	161.3	275	309.3	343.2	411
1200	1255	13.6	15.3	17.0	20.4	237.7	374	420.1	466.1	558

给水铸铁管有承插口管和法兰盘管两大类。法兰盘管中有双盘管和单盘管（插盘管）两种，承插口管中有刚性和柔性（机械式、滑入式）接口，不同管材承口的构造是不同的。管道出厂前要经过水压试验，不同种类、不同壁厚、不同公称直径的试验压力值是不同的。

2. 给水铸铁管件

（1）承插和法兰连接铸铁管件　各种管件的构造如图 1-49 所示。

（2）柔性机械接口铸铁管件　柔性机械接口铸铁管件接口形式分为三种：N 型、N1 型、X 型，其接口构造如图 1-50 所示。

柔性机械接口铸铁管件的名称、图示符号见表 1-21。

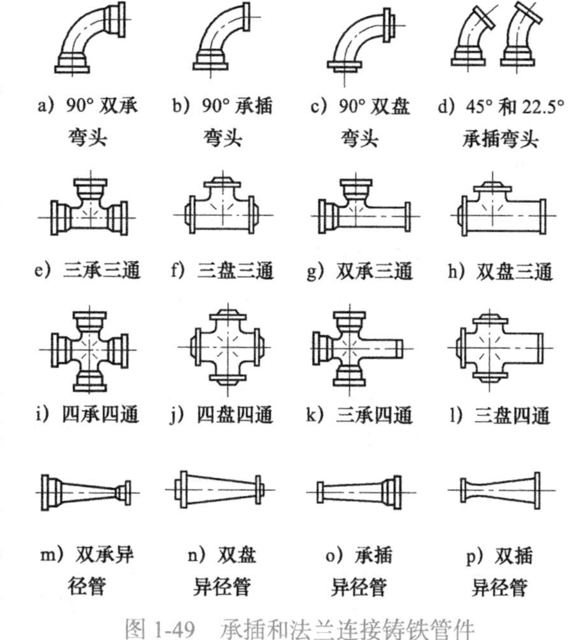

图 1-49　承插和法兰连接铸铁管件

（二）排水铸铁管及其管件

排水铸铁管及其管件为非承压管材，用灰口铸铁和球墨铸铁铸造而成，接口形式为承插连接，其内外表面较为粗糙，在管壁外部两侧留有凸起的直棱（铸造肋），管壁比给水铸铁管薄，出厂时不喷涂沥青防腐层，一般也不做压力试验。常常用于排除室内生活污水、雨水（雪水）和生产污废水等重力流管道。

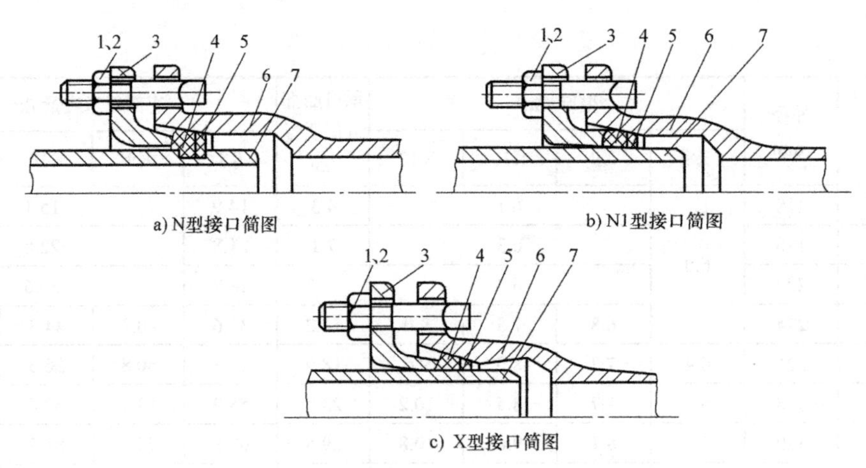

a) N型接口简图　b) N1型接口简图　c) X型接口简图

图 1-50 柔性机械接口铸铁管件接口形式简图

1—螺栓 2—螺母 3—压兰 4—胶圈 5—支承环 6—管体承口 7—管体插口

表 1-21 柔性机械接口铸铁管件的名称、图示符号

序号	名称	图示符号	公称口径 /mm
1	插盘短管		100~600
2	承盘短管		100~600
3	可卸接头		100~600
4	90° 双承弯管		100~600
5	90° 单承弯管		100~600
6	45° 双承弯管		100~600
7	45° 单承弯管		100~600
8	$22^1/_2$° 双承弯管	22 1/2°	100~600
9	$22^1/_2$° 单承弯管	22 1/2°	100~600
10	$11^1/_4$° 双承弯管	11 1/4°	100~600
11	$11^1/_4$° 单承弯管	11 1/4°	100~600

（续）

序号	名称	图示符号	公称口径 /mm
12	全承丁字管		100~600
13	双承丁字管		100~600
14	三承十字管		100~600
15	插堵		100~600
16	承堵		100~600
17	插承渐缩管		150~600
18	乙字管		100~600

1. 排水铸铁管

（1）柔性接口铸铁管　这种直管及管件按其接口形式分为A型和W型（管箍式）两种。图1-51为A型柔性接口安装图，图1-52为W型接口安装图。

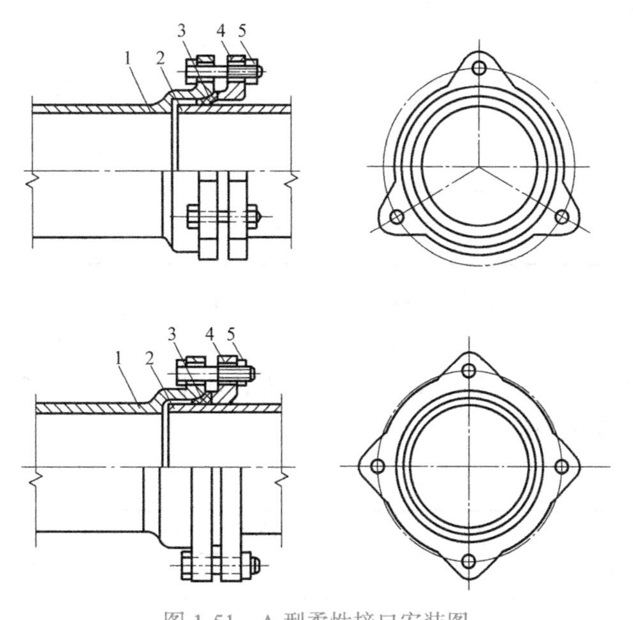

图1-51　A型柔性接口安装图

1—承口　2—插口　3—密封胶圈　4—法兰压盖　5—螺栓螺母

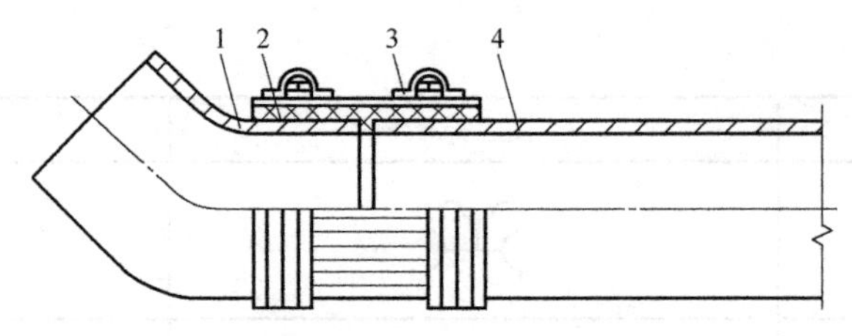

图 1-52 W 型接口安装图

1—无承口管件 2—密封橡胶套 3—不锈钢管箍 4—无承口直管

A 型直管和管件的壁厚以及直管的质量见表 1-22，长度有 0.5m、1m、1.5m 及 2m。

表 1-22 A 型直管和管件的壁厚以及直管的质量

公称直径 /mm	外径 /mm	壁厚 /mm		承口凸部质量 /kg	直部每米质量 /kg	
		TA 级	TB 级		TA 级	TB 级
50	61	4.5	5.5	0.90	5.75	6.90
75	86	5.0	5.5	1.00	9.16	10.02
100	111	5.0	5.5	1.40	11.99	13.13
125	137	5.5	6.0	2.30	16.36	17.78
150	162	5.5	6.0	3.00	19.47	21.17
200	214	6.0	7.0	4.00	23.23	32.78

W 型直管的壁厚和质量见表 1-23。

表 1-23 W 型直管的壁厚和质量

公称直径 /mm	管外径 /mm	壁厚 /mm	质量 /kg	
			（L）=1500mm	（L）=3000mm
50	61	4.3	8.3	16.5
75	86	4.4	12.2	24.4
100	111	4.8	17.3	34.6
125	137	4.8	21.6	43.1
150	162	4.8	25.6	51.2
200	214	5.8	41.0	81.9
250	268	6.4	56.8	113.6
300	318	7.0	74.0	148.0

（2）灰口铸铁管 排水灰口铸铁管及其管件均采用承插式，可以采用连续铸造、离心铸造和砂模铸造，其灰口铸铁直管简称排水直管，灰口铸铁管件简称排水管件。排水直管按管道的承口部位形状分为 A 型和 B 型两种，其壁厚和质量见表 1-24，其构造如图 1-53 所示，承口凹槽和凸缘可根据工艺要求不铸出。

表 1-24 排水直管的壁厚及质量

公称直径 /mm	外径 /mm	壁厚 /mm	承口凸部质量 /kg		插口凸部质量 /kg	直部每米质量 /kg
			A 型	B 型		
50	59	4.5	1.13	1.18	0.05	5.55
75	85	5.0	1.62	1.70	0.07	9.05

（续）

公称直径 /mm	外径 /mm	壁厚 /mm	承口凸部质量 /kg		插口凸部质量 /kg	直部每米质量 /kg
			A 型	B 型		
100	110	5.0	2.33	2.45	0.14	11.88
125	136	5.5	3.02	3.16	0.17	16.24
150	161	5.5	3.99	4.19	0.20	19.35
200	212	6.0	6.10	6.40	0.26	27.96

注：1. 计算质量时，铸铁比重采用 7.20。
2. 总质量 = 直部每米质量 × 有效长度 + 承插口凸部质量。

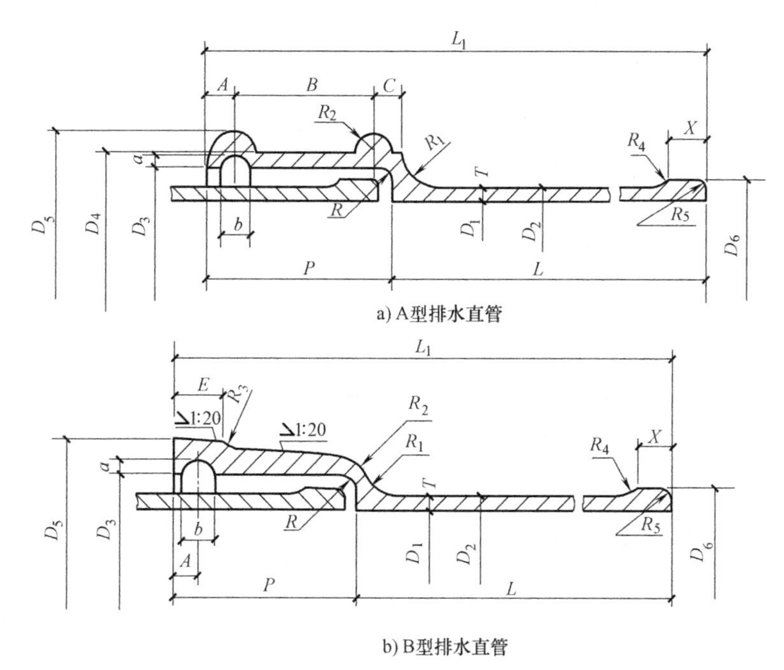

图 1-53　排水直管承口部位形状

2. 排水铸铁管件

（1）排水灰口铸铁管件　排水灰口铸铁管件按其用途和形式分为：

① 各种弯头：45°、90° 的承插弯头。

② 各种三通：45°（斜）、90°（正）的承插三通。

③ 各种四通：45°（斜）、90°（正）的承插四通。

④ 各种存水弯：S 型和 P 型（可以改变流体方向）存水弯。

⑤ 各种套管：又称管箍，有同径和异径两种。

⑥ 带检查口的承插短管。

⑦ 乙字弯：用以改变立管的位置。

常用排水灰口铸铁管件的形式如图 1-54 所示。

铸铁管承口深度从 DN=50~200mm，依次为 65mm、70mm、75mm、80mm、85mm、95mm。

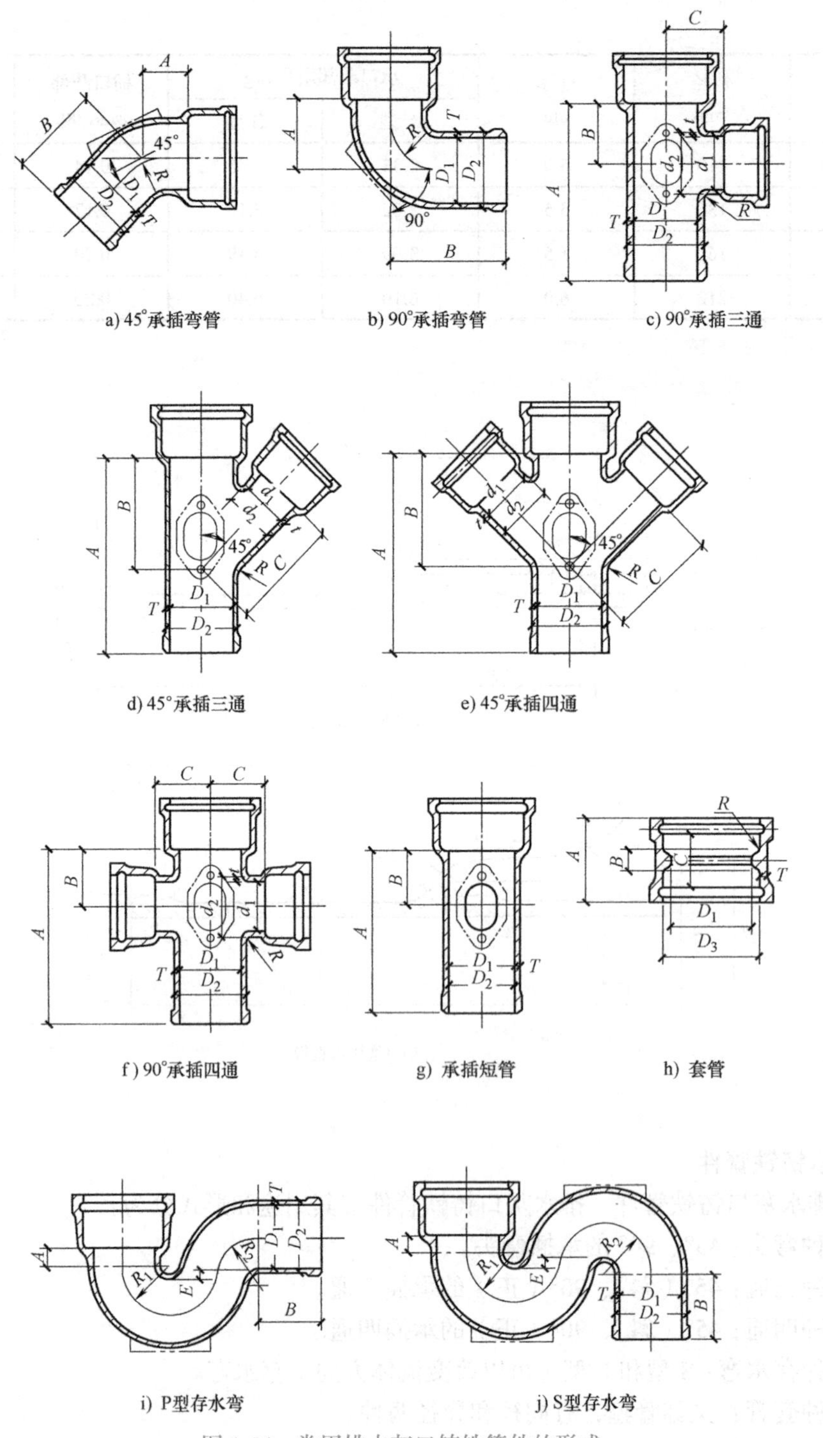

图 1-54 常用排水灰口铸铁管件的形式

（2）排水柔性接口铸铁管件 排水柔性接口铸铁（A型）管件按其形式和用途可分为下列几种，见表1-25。

A型管件的形状、尺寸分别如图1-55和表1-26所示。

表 1-25　A 型管件的名称、图形标示

<table>
<tr><th>序号</th><th colspan="2">名称</th><th>图形标示</th><th>公称口径 D_g/mm</th></tr>
<tr><td>1</td><td colspan="2">45° 弯头</td><td> </td><td>50~200</td></tr>
<tr><td>2</td><td colspan="2">90° 弯头</td><td> 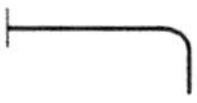</td><td>50~200</td></tr>
<tr><td>3</td><td colspan="2">大小头</td><td> 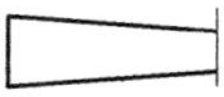</td><td>50~200</td></tr>
<tr><td>4</td><td colspan="2">套袖</td><td> 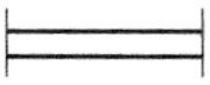</td><td>50~200</td></tr>
<tr><td>5</td><td colspan="2">P 型存水弯</td><td> 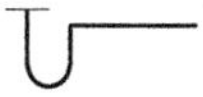</td><td>50~125</td></tr>
<tr><td>6</td><td colspan="2">S 型存水弯</td><td> 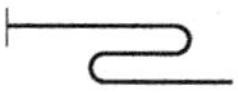</td><td>50~125</td></tr>
<tr><td>7</td><td colspan="2">检查口及盖</td><td> </td><td>50~200</td></tr>
<tr><td>8</td><td colspan="2">Y 型三通</td><td> 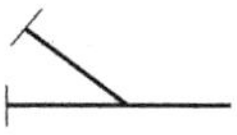</td><td>50~200</td></tr>
<tr><td>9</td><td colspan="2">TY 型三通</td><td> </td><td>50~200</td></tr>
<tr><td>10</td><td colspan="2">斜四通</td><td> 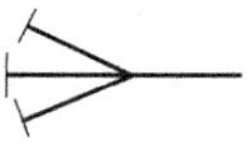</td><td>50~200</td></tr>
<tr><td>11</td><td colspan="2">90° 四通</td><td> </td><td>50~150</td></tr>
<tr><td>12</td><td colspan="2">TY 型四通</td><td> 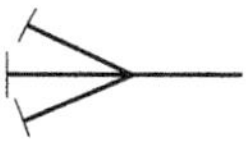</td><td>50~200</td></tr>
<tr><td rowspan="3">13</td><td>H</td><td rowspan="3">透气管</td><td rowspan="3"> </td><td rowspan="3">75~150</td></tr>
<tr><td>Y</td></tr>
<tr><td>h</td></tr>
<tr><td>14</td><td colspan="2">立管检查口</td><td> </td><td>50~200</td></tr>
</table>

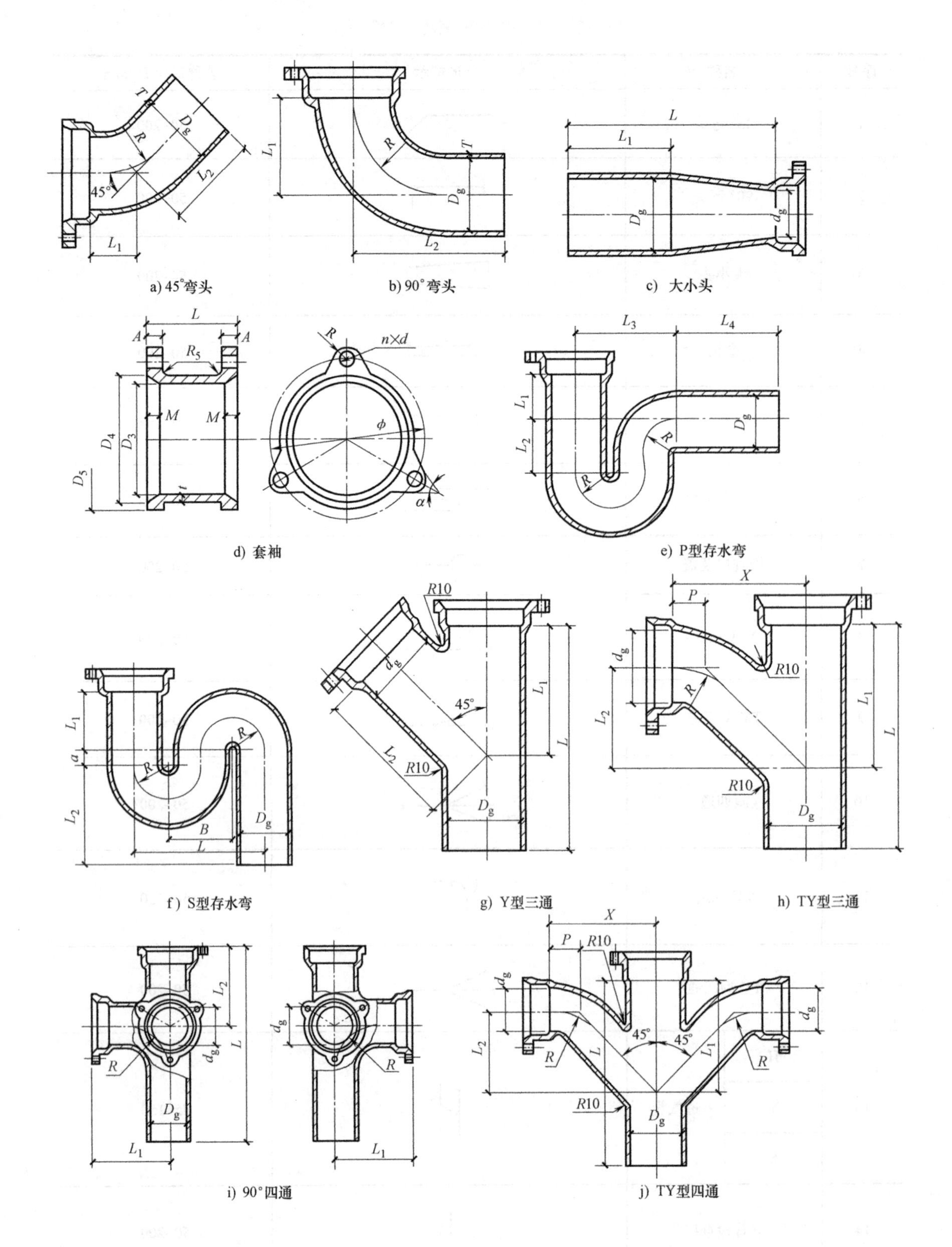

图 1-55 A 型管件的形状

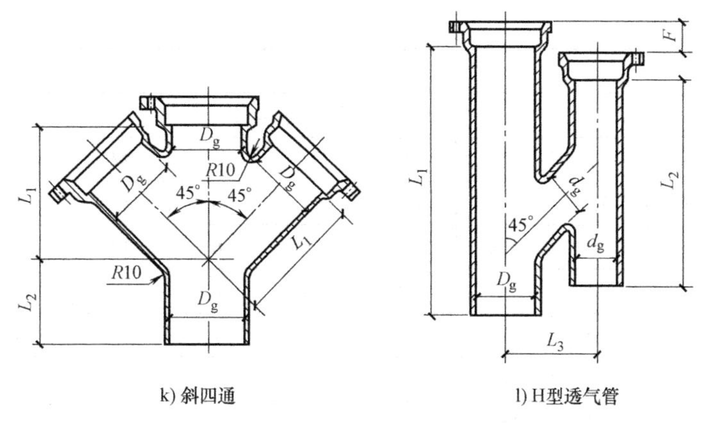

图 1-55　A 型管件的形状（续）

表 1-26　A 型管件的主要尺寸

（一）45° 弯头

公称直径 /mm	尺寸 /mm		
DN	L_1	L_2	*R*
50	50	110	80
75	56	120	90
100	60	130	100
125	63	130	110
150	65	165	125
200	80	195	140

（二）90° 弯头

公称直径 /mm	尺寸 /mm		
DN	L_1	L_2	*R*
50	105	175	105
75	117	187	117
100	130	210	130
125	142	222	142
150	155	235	155
200	180	270	180

（三）大小头

公称直径 /mm		尺寸 /mm		公称直径 /mm		尺寸 /mm	
DN	d_g	L_1	*L*	*DN*	d_g	L_1	*L*
75	50	65	159	150	75	65	166
100	50	65	159		100	65	166
	75	65	159		125	65	164
125	50	65	164	200	100	65	173
	75	65	164		125	65	173
	100	65	164		150	65	171

（续）

（四）套袖

公称直径 /mm	尺寸 /mm							
DN	D_3	D_4	D_5	ϕ	*A*	*t*	*M*	*L*	$n \times d$
50	67	83	93	110	15	6	12	100	3×12
75	92	108	118	135	15	6	12	100	3×12
100	117	133	143	160	18	6	12	100	3×12
125	145	165	175	197	18	7	15	150	4×16
150	170	190	200	221	20	7	15	150	4×16
200	224	244	258	278	21	8	15	150	4×16

（五）P型存水弯

公称直径 /mm	尺寸 /mm				
DN	L_1	L_2	L_3	L_4	*R*
50	60	80	127.5	120	42.5
75	72	92	165	125	55
100	80	105	195	135	65
125	97	117	247.5	135	82.5

（六）S型存水弯

公称直径 /mm	尺寸 /mm					
DN	L_1	*a*	L_2	*B*	*L*	*R*
50	90	30	145	80	160	40
75	90	30	160	105	210	52.5
100	115	30	190	130	260	65
125	152	30	233	157	314	78.5

（七）Y型三通

公称口径 /mm	尺寸 /mm			
DN	d_g	L_1	L_2	*L*
50	50	130	130	230
75	50	145	140	255
	75	145	145	273
100	50	170	150	270
	75	170	155	305
	100	180	180	318
125	50	185	190	305
	75	190	185	315
	100	210	195	315
	125	225	220	345

（续）

（七）Y 型三通				
公称口径 /mm	尺寸 /mm			
DN	d_g	L_1	L_2	L
150	50	215	220	345
	75	210	220	345
	100	220	210	355
	125	245	220	375
	150	262	255	395
200	200	325	340	460

（八）TY 型三通							
公称口径 /mm		尺寸 /mm					
DN	d_g	L_1	L_2	X	P	L	R
50	50	110	85	110	25	200	60
75	50	110	55	110	25	220	60
	75	170	115	170	50	275	85
100	50	165	150	175	25	270	60
	75	203	158	208	45	305	85
	100	203	147	203	57	320	100
125	50	198	188	213	25	315	60
	75	199	159	209	45	315	85
	100	199	147	204	57	355	100
	125	231	173	231	58	355	127
150	50	231	221	246	25	355	60
	75	231	191	241	45	355	85
	100	231	173	236	57	355	100
	125	231	173	231	58	355	121
	150	263	200	263	63	398	127
200	200	293	215	293	65	470	140

（九）90° 四通											
公称直径 /mm	尺寸 /mm					公称直径 /mm	尺寸 /mm				
DN	d_g	L_1	L_2	L	R	DN	d_g	L_1	L_2	L	R
75	50	118	96	273	78	125	50	118	88	365	78
	75	133	115	293	89		75	133	107	365	89
100	50	138	110	78	78		100	148	125	365	110
	75	133	110	318	89	150	50	118	107	387	78
	100	148	128	368	110		75	133	127	407	89
							100	148	160	407	110

（续）

（十）TY 型四通							
公称直径 /mm		尺寸 /mm					
DN	d_g	L_1	L_2	*X*	*P*	*L*	*R*
50	50	110	85	110	25	200	60
75	50	100	55	110	25	220	60
	75	170	115	170	50	275	85
100	50	165	150	175	25	270	60
	75	203	158	208	45	305	85
	100	203	147	203	57	320	100
125	50	198	188	213	25	315	60
	75	199	159	209	45	305	85
	100	199	147	204	57	355	100
	125	231	173	231	58	355	127
150	50	231	221	246	25	355	60
	75	231	191	241	45	355	85
	100	231	173	236	57	315	100
	125	231	173	231	58	355	121
	150	263	200	263	63	398	127
200	200	293	215	293	65	470	140

（十一）斜四通							
公称直径 /mm		尺寸 /mm		公称直径 /mm		尺寸 /mm	
DN	L_1	L_2	*L*	*DN*	L_1	L_2	*L*
50	130	125	105	125	211	211	140
75	145	145	110	150	240	240	150
100	184	184	125	200	305	305	160

（十二）H 型透气管					
公称直径 /mm		尺寸 /mm			
DN	d_g	L_1	L_2	L_3	*F*
100	75	432	327	150	50
100	100	461	350	160	60
150	100	561	340	241	48.5

铸铁管及其加工连接

二、铸铁管的连接

根据给水铸铁管、排水铸铁管的管材和管件形式，其连接形式有法兰连接、承插连接和管箍连接等。法兰连接的基本操作方法与钢管的法兰连接一样，这里不再叙述，而只介绍承插连接。

承插连接是将管道或管件的插口（俗称小头）插入承口（俗称喇叭头），并在其插接的环行间隙内填以接口材料的连接。承插口的填料有两层：内层为油麻、白麻或橡胶圈，其作用是使承口的间隙均匀并使外层填料不至于落入管内；外层填料主要起密封和增强作用。根据外层接口材料的不同，承插连接分为石棉水泥接口、青铅接口和柔性机械接口等。

承插连接的操作工序为：准备工作、对口、打麻（打橡胶圈，$DN \geqslant 300$mm）、填灰打灰口（填铅打铅）、灰口养护和柔性机械接口等。

1. 承插连接的操作工序

（1）准备工作　准备工作主要包括：工具准备、管材的检查、管口清理。而管口清理主要是将管道承口和插口的铁锈、沥青、黏砂、泥土清理干净。可以采用氧气 - 乙炔火焰或喷灯烧烤，然后再用钢丝刷将管口刷净。

（2）对口　对口时，插口不要顶死承口，应留有 2~3mm 的收缩间隙，并使承插口的间隙均匀，如图 1-56 所示。

（3）打麻（或橡胶圈）

1）打麻是将油麻拧成比管口间隙大 1.5 倍、比管道外圆周长长 100~150mm 的结实麻丝股，一般塞打 2~3 圈，用锤子敲击捻口凿，依次打实，填实深度一般为承口深度的 1/3，保持深浅一致，但不得将麻丝打断。

2）打橡胶圈。当 $DN \geqslant 300$mm 时，可采用橡胶圈代替油麻。橡胶圈的内环直径一般为插口外径的 0.85~0.90 倍，宽度为承口缝隙的 1.4~1.6 倍，厚度为承插口缝隙的 1.35~1.45 倍。施工时，先把橡胶圈套入铸铁管的插口，对准承口将管道插入，橡胶圈同时进入，然后用捻口凿均匀地打至插口凸台，或者（无凸台）捻至距边缘 10~20mm 处。

（4）填灰打灰口　油麻打实后，将配置好的填料填入接口内，并分层用手锤和捻口凿打实，一般分 4~6 层完成。打好后的填料表面应与承口齐平，一天内应避免碰撞。承插铸铁管的接口构造如图 1-57 所示。

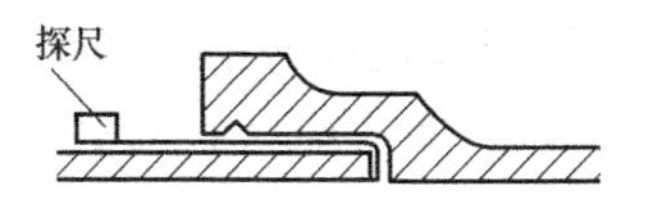

图 1-56　承插连接的对口间隙

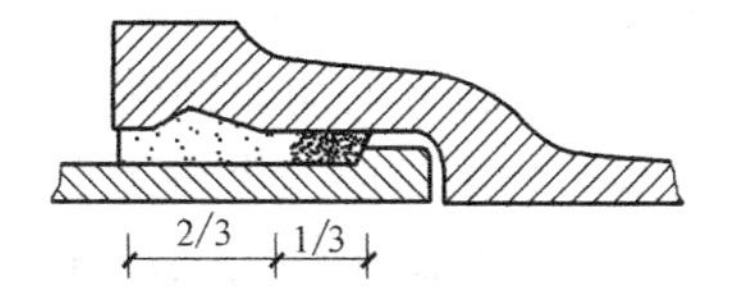

图 1-57　承插铸铁管的接口构造

（5）灰口养护　以水泥为主要填料的接口，打好后应立即进行潮湿性养护。养护的方法是在接口处缠上草绳，或盖上草帘、湿土，并在接口处洒少量的水，促使水泥强度上升。

在铸铁管中，柔性机械接口灰口铸铁管、排水用柔性接口铸铁管、离心球墨铸铁管，均采用柔性接口。不同管材均有配套的螺栓、螺母、压兰、胶圈、支承圈等，连接时，只要将压兰和胶圈、支承圈等套入管体插口处，然后利用人工或机械方法把管体插口插入管体承口，再用螺栓、螺母把压兰和管体承口拧紧便可。

2. 填料的配置

（1）石棉水泥接口　石棉水泥接口的材料为石棉：水泥 =3∶7。采用 4 级或 5 级石棉绒，水泥采用不低于 42.5 号的硅酸盐水泥。石棉和水泥搅拌均匀后，再加入 10%~12% 的水揉成潮湿状态，能用手捏成团而不松散，扔在地上即散为宜。一次用水拌好的量应在 1h 内用完。

（2）青铅接口 青铅接口通常是指熔铅接口，是将熔铅灌入承插口的环行间隙内，待熔铅冷却后，再用手锤和捻口凿打实。其特点是接口质量好、强度高、抗震性能好，操作完毕后可以立即通水或进行水压试验，无须养护。但耗用有色金属量大，成本高，所以一般只在工程抢修或管道抗震要求高时采用。

青铅接口的操作方法：先要打约承口深度一半的油麻，如果是用橡胶圈应再加一股油麻，以免熔铅烧坏橡胶圈；然后用卡箍或涂抹黄泥的麻股封住承口，并在上部留出浇铅口，卡箍可用帆布或钢板制作；将铅在铅锅内加热熔化至表面呈紫红色（大约600℃），并清除铅液面漂浮的杂质，然后用铅勺向承口内灌入，一次性将接口灌满，同时注意排气；待熔铅完全凝固后，即可拆除卡箍或麻股，再用锤子和捻口凿打实，直至表面光滑并凹入承口内2~3mm。

铸铁管及其管件的主要连接方法及所用机具

在青铅接口操作过程中，一是要防止铅中毒，二是要注意防水，以免发生爆炸事故，必要时也可在接口内灌入少量机油，可以起到防止铅液飞溅的作用。

任务四 铜管、铜合金管及其管件

有色金属管的种类很多，其产量和使用量虽不及黑色金属，但是它具有很多的特殊性能，如高导电性和导热性、较低的密度和融化温度、良好的力学性能和工艺性能，因此也是现代建筑管道系统中不可缺少的材料。

一、管材和管件

1. 管材

纯铜呈紫红色，故又称紫铜管。铜合金根据合金成分的不同主要有黄铜（铜锌合金）、青铜（其他成分的合金，如铜与锡）和白铜（铜镍合金），应用较多的是纯铜管和黄铜管。铜及铜合金管具有较好的耐腐蚀性和低温性能，它在水中和非氧化性酸中是稳定的，主要用于生活给水、热水供应、供热（小于等于135℃的高温水）、输送氧气、氟利昂制冷剂、机械设备的润滑油和制作热交换器等，纯铜管常用于仪表的二次信号管及气管。铜管的牌号、状态、规格见表1-27，外形尺寸见表1-28。

表1-27 铜管的牌号、状态、规格

牌号	状态	种类	规格/mm		
			外径	壁厚	长度
T2、TP2	硬（Y）	直管	6~219	0.6~6	3000
	半硬（Y_2）		6~54		5800
	软（M）		6~35		
	软（M）	盘管	≤19		≥15000

表 1-28　铜管的外形尺寸

公称直径 /mm	外径 /mm	壁厚 /mm			理论质量 /（kg/m）		
		类型					
		A	B	C	A	B	C
5	6	1.0	0.8	0.6	0.140	0.116	0.091
6	8	1.0	0.8	0.6	0.196	0.161	0.124
8	10	1.0	0.8	0.6	0.252	0.206	0.158
10	12	1.2	0.8	0.6	0.362	0.251	0.191
15	15	1.2	1.0	0.7	0.463	0.391	0.280
20	22	1.5	1.2	0.9	0.860	0.698	0.531
25	28	1.5	1.2	0.9	1.111	0.899	0.682
32	35	2.0	1.5	1.2	1.845	1.405	1.134
40	42	2.0	1.5	1.2	2.237	1.699	1.369
50	54	2.5	2.0	1.2	3.600	2.908	1.772
65	67	2.5	2.0	1.5	4.509	3.635	2.747
80	85	2.5	2.0	1.5	5.138	4.138	3.125

2. 管件

1）各种三通接头：异径接头、同径接头、内螺纹接头等。

2）各种弯头：45° 弯头、45° 单承口弯头、90° 弯头、90° 单承口弯头、90° 内螺纹弯头、180° 弯头、180° 单承口弯头、180° 承口弯头等。

3）各种直线连接的接头：套管接头、内螺纹接头、外螺纹接头、承口内螺纹接头、异径接头、承口外螺纹接头等。

4）各种活接头：承口外螺纹、承口内螺纹、内螺纹活接头、外螺纹活接头等。

5）插管、连接管等。

有关铜管管件的构造尺寸，可查阅标准图集或《建筑用承插式金属管管件》（CJ/T 117）。

二、铜管及铜合金管的连接

铜管及铜合金管的连接有螺纹连接、焊接连接和法兰连接，更多的还是采用焊接连接。

1. 螺纹连接

螺纹连接的螺纹与焊接钢管的螺纹标准相同，但用于高压铜管的螺纹，必须在车床上加工，按高压管道的要求施工。连接时，其螺纹部分必须涂以石墨、甘油。

2. 焊接连接

焊接连接时，可采用插入焊接（管口扩张成承插口插入焊接）或套管焊接。大口径铜管对口焊接采用加衬焊环的方法。焊环的材质与管材应一致。下面简单介绍钎料钎焊工艺。

（1）焊前准备　要求铜管的气割面必须与铜管中心线垂直，铜管顶部、外表面与铜管管件重叠的一段应光泽、清洁、无油污，否则应表面清理后才能焊接。一般可采用钢锉修平、纱布或不锈钢丝绒打光；严重氧化时，可采用5%~10%硫酸液清洗，去除表面残酸、烘干后才能使用。

（2）装配间隙的控制　管件和铜管装配间隙的大小直接影响到钎焊质量和钎料的用量，为了保证通过毛细管作用的钎料得以散布，在套接时，应调整铜管自由端和管件承口（或插口）处，使其装配间隙符合表1-29的要求。

表1-29　装配间隙标准　（单位：mm）

<table>
<tr><td colspan="2">铜管外径 D_w</td><td>8~10</td><td>12~16</td><td>19</td><td>22</td><td>28</td><td>35</td></tr>
<tr><td rowspan="2">间隙</td><td>最大</td><td>0.20</td><td>0.26</td><td>0.39</td><td>0.42</td><td>0.44</td><td>0.55</td></tr>
<tr><td>最小</td><td>0.03</td><td colspan="4">0.05</td><td>0.10</td></tr>
<tr><td colspan="2">铜管外径 D_w</td><td>44</td><td>55</td><td>70</td><td>85~105</td><td>133~159</td><td>219</td></tr>
<tr><td rowspan="2">间隙</td><td>最大</td><td>0.55</td><td colspan="2">0.70</td><td>0.80</td><td>1.50</td><td>2.00</td></tr>
<tr><td>最小</td><td colspan="6">0.10</td></tr>
</table>

（3）焊料的形式　根据不同规格的管件，可以采用钎焊条或钎焊环的形式，见表1-30。

表1-30　钎焊料形式的选择

公称直径 *DN*/mm	钎焊料形式
6~50	钎焊环
65~200	钎焊条

（4）加热连接

1）焊接方法的选择。当铜管外径小于等于55mm时，选用氧气-丙烷火焰焊接；当铜管外径大于55mm时，允许采用氧气-乙炔火焰焊接。

2）加热过程。均匀加热被焊管件，尽可能加快母材的加热，当温度在650~750℃时送入钎料，切勿用火焰直接加热钎料；当钎料全部熔化后立即停止加热，否则，由于钎料的流动性好，会不断地往里渗透，不容易形成饱满的焊角。注意，在加热时，应避免超过必要的温度，且加热时间不要过长，以免使管件强度降低。管道安装时，尽量避免倒立焊，同时为避免钎料下淌，可采用石棉绳捆扎在钎料下面进行阻流。

3）焊后处理。钎焊结束后，先用湿布擦拭连接部分，这样既可稳定钎焊部分，又可避免烫伤，再在焊缝连接部分用10%柠檬酸溶液清洗，用热水毛巾擦净。最后用流水冲洗管道，以免残余熔渣滴在管路内引起事故。

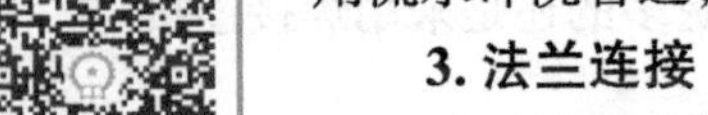

铜管、铜合金管及其管件

3. 法兰连接

法兰连接有焊接法兰、翻边活套法兰和焊环活套法兰。焊环的材质应与管材一致。铜法兰的垫片一般采用石棉橡胶板或铜垫片，也可根据输送介质温度和压力选择其他材质的垫片。

任务五　不锈钢管及其管件

在钢中添加铬和其他金属元素，并达到一定量时，除金属内部发生变化外，还在钢的表面也会形成一层致密的保护膜，可以防止金属进一步被腐蚀。这种具有一定耐腐蚀性能的合金钢材通常称为不锈钢。不锈钢按其中添加金属元素的不同可分为铬不锈钢、铬镍不锈钢和铬锰氮系不锈钢三类。铬不锈钢只能抵抗大气和弱酸的腐蚀，但价格便宜一些。铬镍不锈钢耐酸性较好，而价格贵一些，外观上与铬不锈钢没有什么区别。铬镍不锈钢在常温下是无磁性的，在安装中可以根据这一特点来区别。

一、管材和管件

不锈钢管有铬镍不锈钢无缝管，还有用不锈钢板制成外径为150~820mm的直缝卷制电焊管。这里主要介绍流体输送用不锈钢无缝钢管，按其加工工艺不同分为热轧（挤、扩）和冷拔（轧）两种，规格用“外径 × 壁厚”表示。

热轧（挤、扩）的钢管外径从68~426mm共28个规格，壁厚从4.5~18mm共15个规格，每一种规格的管道都有7种以上的壁厚，通常长度为2~12m；冷拔（轧）的钢管外径从6~159mm共61个规格，壁厚从0.5~15mm共32个规格，每一种规格的管道都有9种以上的壁厚，通常长度为2~8m。详细情况可查阅《流体输送用不锈钢无缝钢管》(GB/T 14976—2012)。无缝不锈冷拔（轧）钢管常用规格见表1-31。

不锈钢管路上的管件和阀门，一般都是用不锈钢材料制成的，但有时为了降低造价，在不影响使用要求的条件下，允许使用其他材料。管件有压制弯或热推弯成品弯头。

表1-31 无缝不锈冷拔（轧）钢管常用规格 （单位：mm）

外径	壁厚																					
	0.5	0.6	0.8	1.0	1.2	1.4	1.5	1.6	2.0	2.2	2.5	2.8	3.0	3.2	3.5	4.0	4.5	5.0	5.5	6.0	6.5	7.0
15	●	●	●	●	●	●	●	●	●	●	●	●	●	●	●							
16	●	●	●	●	●	●	●	●	●	●	●	●	●	●	●	●						
17	●	●	●	●	●	●	●	●	●	●	●	●	●	●	●	●						
18	●	●	●	●	●	●	●	●	●	●	●	●	●	●	●	●	●					
19	●	●	●	●	●	●	●	●	●	●	●	●	●	●	●	●	●					
20	●	●	●	●	●	●	●	●	●	●	●	●	●	●	●	●	●					
21	●	●	●	●	●	●	●	●	●	●	●	●	●	●	●	●	●	●				
22	●	●	●	●	●	●	●	●	●	●	●	●	●	●	●	●	●	●				
23	●	●	●	●	●	●	●	●	●	●	●	●	●	●	●	●	●	●				
24	●	●	●	●	●	●	●	●	●	●	●	●	●	●	●	●	●	●	●			
25	●	●	●	●	●	●	●	●	●	●	●	●	●	●	●	●	●	●	●	●		
27	●	●	●	●	●	●	●	●	●	●	●	●	●	●	●	●	●	●	●	●		
28	●	●	●	●	●	●	●	●	●	●	●	●	●	●	●	●	●	●	●	●	●	
30	●	●	●	●	●	●	●	●	●	●	●	●	●	●	●	●	●	●	●	●	●	●
32	●	●	●	●	●	●	●	●	●	●	●	●	●	●	●	●	●	●	●	●	●	●

二、不锈钢管道的连接

不锈钢管道一般采用焊接连接和法兰连接。

1. 管道加工

（1）管道的切割 铬镍不锈钢具有较高的韧性和耐磨性，硬度较大，且在切削处容易产生冷硬倾向。可采用手锯、砂轮切割机、锯床及等离子切割机机具进行切割。锯条应采用耐磨的锋钢条，禁止采用氧气 - 乙炔火焰进行切割。

（2）弯管加工 不锈钢管道应尽量采用压制弯或热推弯等成品弯头。当必须采用煨制弯管时，只能采用机械冷弯法制作。

（3）管道开孔 当管道需要开孔接出支管时，一般用钻床或铣床、镗床进行加工。用钻床钻孔时，如果孔径较小，应根据画线一次钻好；如果孔径较大，可按孔径轮廓钻出若干 ϕ8~ϕ12mm 的小孔径，然后用锋钢凿凿去残留部分。

2. 管道安装

不锈钢管道的安装应尽量扩大预制量，以减少固定焊口，力求做到整体安装。组对好的管道及管件的焊口，应便于施焊，尽量减少仰焊。不锈钢管与碳素钢支架之间应垫入不锈钢、不含氯离子的塑料或橡胶垫片。不锈钢管道穿过墙壁或楼板时，均应加装套管，套管和管道之间的间隙不小于 10mm，并填充石棉绳。一般情况下，禁止将碳素钢制品焊接在不锈钢管道上。焊接时必须采用不锈钢焊条。

任务六 常用型钢及其他材料

一、常用型钢的种类

常用的型钢主要有圆钢、扁钢、角钢、槽钢和工字钢。其断面图如图 1-58 所示。

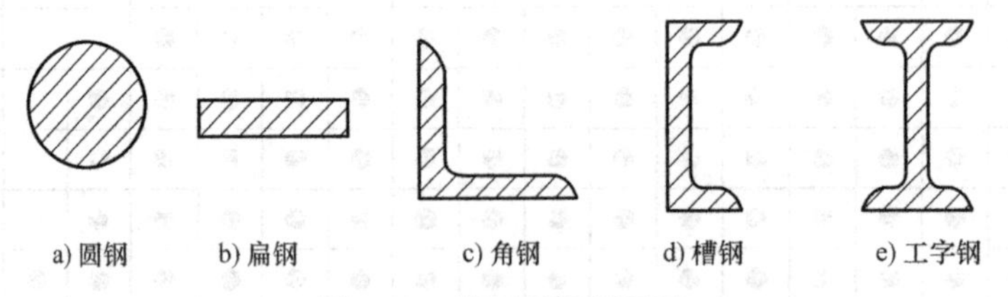

图 1-58 常用型钢断面图

1. 圆钢

圆钢又称钢筋，在管道工程中主要用来制作吊钩、卡环和拉杆等。圆钢的断面图如图 1-58a 所示，用“ϕ”表示其直径大小，常用的圆钢规格及质量见表 1-32。

表 1-32 常用的圆钢规格及质量

圆钢直径 /mm	6	8	10	12	14	16	18	20	22
理论质量 /（kg/m）	0.222	0.395	0.617	0.888	1.210	1.580	2.000	2.470	2.980

2. 扁钢

扁钢在管道工程中主要用来制作吊环、卡环、法兰、加固圈和管道支座等，扁钢的断面图如图 1-58b 所示，规格用“宽度 × 厚度”表示，符号为—，如—20×4。常用的扁钢规格及质量见表 1-33。

表 1-33　常用的扁钢规格及质量

扁钢规格 /mm	质量 /(kg/m)	扁钢规格 /mm	质量 /(kg/m)	扁钢规格 /mm	质量 /(kg/m)	扁钢规格 /mm	质量 /(kg/m)
20×4	0.63	30×5	1.18	40×6	1.88	50×6	2.36
22×4	0.69	36×4	1.14	45×5	1.77	50×7	2.75
25×4	0.79	36×5	1.41	45×6	2.12	60×5	2.36
25×5	0.98	40×4	1.26	45×7	2.47	60×6	2.83
30×4	0.94	40×5	1.57	50×5	1.96	60×8	3.77

3. 角钢

角钢在管道工程中主要用来制作支架、法兰、各种箱体设备框架、风管的加固等，角钢断面图如图 1-58c 所示，规格用“边宽 × 厚度”表示，符号为∟，如∟40×4。它又分为等边角钢和非等边角钢。常用的等边角钢规格及质量见表 1-34。

表 1-34　常用的等边角钢规格及质量

规格 /mm	质量 /(kg/m)	规格 /mm	质量 /(kg/m)	规格 /mm	质量 /(kg/m)	规格 /mm	质量 /(kg/m)
25×4	1.46	45×4	2.73	70×6	6.40	80×10	11.87
30×4	1.78	50×5	3.77	70×7	7.39	90×6	8.35
40×3	1.85	63×6	5.72	80×6	7.39	90×8	10.94
40×4	2.42	70×5	5.38	80×8	9.55	90×10	13.47

4. 槽钢

槽钢在管道工程中主要用来制作箱体框架、设备机座、管道的支架和支座等。槽钢的断面图如图 1-58d 所示，规格用其高度的 1/10 数值表示，符号为 [，如 [8 表示槽钢的高度为 80mm。常用的槽钢规格及质量见表 1-35。

表 1-35　常用的槽钢规格及质量

型　号		5	6.3	6.5	8	10	12	14a	14b	16a	16	18a	18	20
尺寸 / mm	高 *h*	50	63	65	80	100	120	140	140	160	160	180	180	200
	宽 *b*	37	40	40	43	48	53	53	60	63	65	68	70	75
	厚 *d*	4.5	4.8	4.8	5.0	5.3	5.5	6.0	6.0	6.5	8.5	7.0	9.0	9.0
质量 /(kg/m)		5.44	6.63	6.70	8.04	10.00	12.06	14.53	16.73	17.23	19.74	20.17	22.99	25.77

5. 工字钢

工字钢在管道工程中主要用于制作支架、支座。工字钢的断面图如图 1-58e 所示，规格用其高度的 1/10 数值表示，符号为 工，如 工 10 表示工字钢的高度为 100mm。常用的工字钢规格及质量见表 1-36。

表 1-36　常用的工字钢规格及质量

型　号		10	12b	14	16	18	20a	20b	22a	22b	25a
尺寸 / mm	高 *h*	100	120	140	160	180	200	200	220	220	250
	宽 *b*	68	74	80	88	94	100	102	110	112	116
	厚 *d*	4.5	5.0	5.5	6.0	6.5	7.0	9.0	7.5	9.5	8.0
质量 /(kg/m)		11.2	14.2	16.9	20.5	24.1	27.9	31.1	33.0	36.1	38.1

二、其他材料

在管道工程中，除使用型钢等金属材料外，还大量使用金属板材和一些非金属材料。关于金属板材将在本书项目三中叙述；这里主要介绍水泥、石棉、橡胶等材料。

1. 水泥

水泥是常用的建筑材料。在管道工程中，除大量用来浇灌设备基础、混凝土支墩外，还用于各种钢支架的埋设、设备就位时地脚螺栓的二次浇灌，另外还普遍用来作承插式管道的接口材料。

水泥呈粉末状，与水拌和后，经物理化学反应过程，能由塑性浆体变成坚硬的固体，并能把砂子、石料等散粒状材料牢牢地胶结一起，形成水泥砂浆和混凝土。在水泥的硬化过程中，其结构逐渐密实，强度不断增加。因此在适当的温度和湿度环境中进行养护是非常重要的。水泥的种类很多，在管道工程中，应用较多的是普通硅酸盐水泥和膨胀水泥等。

普通硅酸盐水泥简称普通水泥，它是在硅酸盐水泥磨细工程中掺入了少量混合材料制成的。在管道工程中，应用较多的是32.5号和42.5号水泥。

膨胀水泥又称自应力水泥。它是在硅酸盐水泥熟料中加入适量的膨胀剂混合磨细而成的，具有硬化时体积增大、早期强度高、抗渗透性好的特点。

2. 石棉

石棉是一种矿物纤维，具有隔热、不燃烧、耐腐蚀的特点，是优良的天然保温材料。用石棉和水泥可以制成石棉水泥管，石棉绒经纺纱可编制成各种石棉绳，石棉与其他材料混合还可以制成石棉板、石棉纸、石棉布等，可用作法兰垫片、手套、石棉水泥接口等。国际癌症研究机构将石棉归为一类致癌物，使用石棉或石棉制品时，应做好严密防护。

3. 橡胶

橡胶是高分子化合物，在一定的温度范围内具有良好的弹性，还具有良好的扯断强度、撕裂强度和耐疲劳强度，具有不透水性、不透气性、耐酸性和电绝缘性等。

在橡胶制品中多为橡胶板，主要有普通橡胶板、耐酸橡胶板、耐油橡胶板、耐热橡胶板等 。在管道工程中，橡胶板常用来制作法兰垫片、接头垫片、承插连接接口密封圈，以及用于设备基础的减震等。

石棉橡胶板，常用作蒸汽管道和高温热水管道系统中的法兰垫片、活接头垫片、散热器垫片等。

4. 铅油、铅粉

在管道工程中使用的铅油有白色、红色和灰色等几种。常用的是白色的，称为白铅油，又称厚百漆。在管螺纹连接中，常在螺纹上涂抹白铅油，以增加连接的严密性，也便于维修时的拆卸与连接。另外，以石棉绳做成的手孔垫或人孔垫，安装时均在石棉绳外面涂抹一层铅油。

铅粉又称石墨粉，呈碎片状，性能滑，用机油搅拌后，可以涂抹石棉橡胶板的垫片，增加垫片的弹性和连接的严密性，同时，垫片更换时也容易拆卸。

5. 线麻和油麻

线麻的纤维长，强度也大，常用在螺纹连接的填充材料。将线麻在5%的石油沥青与95%的汽油混合物中浸透晾干后，即为油麻，可用作铸铁管承口的填料。油麻具有防腐能力，同时也能起到防止压力水的渗透作用。

复习思考题

1-1 管道材料的类型有哪几种？

1-2 什么是管道附件？

1-3 什么是公称直径？管道和管件的公称直径分别表示的实际尺寸是什么？

1-4 什么是公称压力、试验压力？公称压力、试验压力、工作压力三者之间的关系如何？

1-5 金属管的类型有哪几种？

1-6 简述焊接钢管的管件及其作用。

1-7 钢管的连接方法有几种？

1-8 管螺纹的结构有几种？管螺纹的连接形式有几种？

1-9 管螺纹的填料有哪些？各适用于什么场合？

1-10 法兰的形式有哪几种？各适用于什么场合？

1-11 简述焊接连接的操作工序。

1-12 管道焊接对口时应注意哪些问题？

1-13 什么是管道的构造长度、安装长度、下料长度？

1-14 钢管的切断方法有几种？各适用于什么场合？

1-15 弯管的方法有哪几种？人工热弯的操作工序包括哪些？

1-16 简述焊接弯头的制作要点。

1-17 给水铸铁管的连接形式有哪些？

1-18 排水铸铁管的连接形式有哪些？

1-19 常用排水铸铁管的管材有哪些？

1-20 排水铸铁管的管件有哪些？与给水铸铁管的管件有哪些不同？

1-21 铜管的连接方法有哪些？

1-22 铜管的焊接连接包括哪些内容？

1-23 不锈钢管安装时有哪些注意事项？

1-24 在暖卫与通风空调工程中，常用哪些型钢？各适用于什么场合？

1-25 普通工字钢与H型钢有何区别？

☆职业素养提升要点

在管材的使用中，切忌出现“以次充好”“偷工减料”现象，坚持“诚实守信”原则，严守职业道德，严把质量关。

项目二

常用非金属管及复合管的加工连接

案例导入

小张所在的公司承接了一个机电工程总承包项目，甲方指定给水排水系统分包给A公司，给水管材为PE管，采用热熔连接，排水管材为PVC管，黏结。A公司施工完成后，小张作为总包单位的设备安装施工员，检查A公司给水排水工程的施工质量。如果你是小张，你会怎么做？

任务一 塑料管及其管件

塑料管一般是以合成树脂（也就是聚酯）为原料，加入稳定剂、润滑剂、增塑剂等，以热塑的方法在制管机内经挤压加工而成的。由于它具有耐腐蚀、外形美观、质轻而坚、无不良气味、加工容易、施工方便等特点，在实际工程中获得了越来越广泛的应用，主要用作室内外给排水管道、生活热水管道、供热管道、室外燃气管道、雨水管以及电线安装配套用的穿线管等。

常用的塑料管道材料按其受热后表现出的性能不同可分成两类：热塑性塑料和热固性塑料。

热塑性塑料的特点是遇热即软化或熔化，冷却后变硬，此过程可反复进行。目前常用于管道的工程塑料大多属于此类，如聚氯乙烯、聚乙烯、聚丙烯等。

热固性塑料的特点是在一定的温度下，经过一定时间的加热或加入固化剂后即固化，固化后的塑料，质地坚硬而不溶于溶剂中，也不能用加热的方法再使之软化，遇高温则分解，如酚醛塑料、环氧塑料及聚氨酯塑料等，多用于金属管道的防腐、保温材料。

当前用在管道工程方面的主要热塑性塑料管有：聚氯乙烯管（PVC管）、聚乙烯管（PE管）、丙烯腈-丁二烯-苯乙烯管（ABS管）、聚丙烯管（PP管）、聚丁烯管（PB管）、耐酸酚醛塑料管等。

一、常用塑料管及其管件

（一）聚氯乙烯管（PVC 管）

1. 管材

聚氯乙烯管是当今被广泛应用的一种合成材料管材，主要成分为聚氯乙烯，另外加入其他成分来增强其耐热性、韧性、延展性等。聚氯乙烯塑料管分为硬聚氯乙烯管和软聚氯乙烯管两种。软聚氯乙烯管一般用作电器套管和流体输送管。水暖施工中通常用到的硬聚氯乙烯管材（PVC-U），有较高的化学稳定性，并有一定的机械强度，主要优点是耐蚀性能好、重量轻、成型方便、加工容易，缺点是强度较低，耐热性差。

按照《建筑排水用硬聚氯乙烯（PVC-U）管材》（GB/T 5836.1—2018）生产的排水管尺寸及规格见表 2-1。

表 2-1 塑料排水管尺寸及规格 （单位：mm）

公称外径	平均外径		壁厚		不圆度
	最小平均外径	最大平均外径	公称壁厚	允许偏差	
32	32.0	32.2	2.0	+0.4 0	≤ 0.8
40	40.0	40.2	2.0	+0.4 0	≤ 1.0
50	50.0	50.2	2.0	+0.4 0	≤ 1.2
75	75.0	75.3	2.3	+0.4 0	≤ 1.8
90	90.0	90.3	3.0	+0.5 0	≤ 2.2
110	110.0	110.3	3.2	+0.6 0	≤ 2.6
125	125.0	125.3	3.2	+0.6 0	≤ 3.0
160	160.0	160.4	4.0	+0.6 0	≤ 3.8
200	200.0	200.5	4.9	+0.7 0	≤ 4.8
250	250.0	250.5	6.2	+0.8 0	≤ 6.0
315	315.0	315.6	7.7	+1.0 0	≤ 7.6

2. 管件

按照《建筑排水用硬聚氯乙烯（PVC-U）管件》（GB/T 5836.2—2018）生产的塑料排水管件有：45°、90° 弯头，45°、90° 斜三通，顺水三通，瓶型三通，45°、90° 斜四通，正四通，异径管，管箍，乙字弯，P 型存水弯，S 型存水弯等。部分管件的构造尺寸及规格见表 2-2。

表 2-2　部分管件的构造尺寸及规格

（一）

名称	图例	构造尺寸 /mm		
		公称外径	Z	L
45° 弯头		50	12	50
		75	17	60
		110	25	85
90° 弯头		50	40	68
		75	50	90
		110	74	124

（二）

名称	图例	尺寸						
		公称外径	Z_1	Z_2	Z_3	L_1	L_2	L_3
90° 正三通		50 × 50	30	26	35	70	65	73
		110 × 110	68	55	77	130	120	130
正四通		110 × 110	68	55	77	130	120	130

（二）聚乙烯管（PE 管）

1. 管材

聚乙烯管具有显著的耐化学性能，由于它的耐化学性能好，所以不能采用溶剂胶接法连接，管材可采用热熔法、插入法连接。管材中一般添加 2% 的碳黑，以增加管材的抗老化稳定性。

聚乙烯管根据壁厚分为 SDR11 和 SDR17.6 系列。前者适用于输送气态的人工煤气、天然气、液化石油气，后者主要用于输送天然气。与钢管比较，其施工工艺简单，有一定的柔韧性，更主要的是不用做防腐处理，将节省大量的工序，缺点是承压能力不如钢管。

近年来，随着高分子材料技术的发展，又推出了新型的聚乙烯管：交联聚乙烯管（PEX 管）、高密度聚乙烯管（HDPE 管）、耐热聚乙烯管（PE-RT 管）等。

PEX 管又称交联聚乙烯管，它由聚乙烯材料制成，将聚乙烯线性分子结构通过物理及化学方法变为三维网络结构，从而使聚乙烯的性能得到提高，可以耐受更高的压力和温度。PEX 管材在不同使用温度下的最高使用压力见表 2-3，其规格见表 2-4。

表 2-3　PEX 管材在不同使用温度下的最高使用压力　（单位：MPa）

种类	使用温度 /℃						
	0~20	21~40	41~60	61~70	71~80	81~90	91~95
*PN*10	1.00	0.80	0.65	0.55	0.50	0.45	0.40
*PN*15	1.50	1.25	0.95	0.85	0.75	0.70	0.65

注：种类是在水温 20℃时出现的最高使用压力等级，并且用 *PN* 连接的数字，表示耐压力（bar，1bar=10^5MPa）。

表 2-4　PEX 管材的规格

等级	公称直径 /mm	外径 /mm	壁厚 /mm	参　考	
				内径 /mm	质量 /（kg/m）
*PN*10	12	16	2.0	12.0	0.090
	15	20	2.0	16.0	0.116
	20	25	2.3	20.4	0.169
	25	32	2.9	26.2	0.268
	32	40	3.7	32.6	0.425
	40	50	4.6	40.8	0.659
	50	60	5.0	50.0	0.871
*PN*15	6	10	1.8	6.4	0.047
	8	12	2.0	8.0	0.064
	12	16	2.2	11.6	0.098
	15	20	2.8	14.4	0.153
	20	25	3.5	18.0	0.238
	25	32	4.4	23.2	0.382
	32	40	5.5	29.0	0.594
	40	50	6.9	36.2	0.926
	50	60	8.8	42.4	1.315

高密度聚乙烯管（HDPE 管）较普通聚乙烯管密度大，低温抗冲击性好。高密度聚乙烯的低温脆化温度极低，可在 -60~60℃温度范围内安全使用。冬期施工时，因 HDPE 材料抗冲击性好，不会发生管道脆裂，同时具有优异的抗刮痕能力和较好的耐候性能。

PE-RT 即耐热聚乙烯，是一种可以用于热水管的非交联聚乙烯，它保留了 PE 良好的柔韧性、高热传导性和惰性、同时使之耐压性更好，这种改性方法和目前市场上常见的PP-R类似。PE-RT管材主要应用于建筑内的低温热水采暖系统，其耐久性能最低可达50年，同时也具有良好的回收性，附加值高。

2. 管件

PE管根据管件的生产方式可以分为注射管件、焊接管件。根据施工方法与用途可以分为电热熔管件、热熔对接管件、承插管件、钢塑转换接头。

常用的聚乙烯管件主要有：套筒、弯头、三通、鞍形三通、变径、端堵、法兰等。

（三）聚丙烯管（PP管）

1. 管材

聚丙烯管的特性与聚乙烯的特性相似，只不过仅有硬塑料管。

聚丙烯管又分为轻型管和重型管两种，它们的尺寸、壁厚和推荐使用压力见表2-5。

国际标准中，聚丙烯冷热水管分为PP-H、PP-B、PP-R三种，PP-R是聚丙烯无规共聚物的简称，与PP均聚物相比，无规共聚物提高了抗冲击性能，增加了挠性，降低了熔化温度，从而也降低了热熔接温度；同时在化学稳定性、水蒸气隔离性能和器官感觉性能（低气味和味道）方面与均聚物基本相同。

表2-5 聚丙烯管的尺寸、壁厚和推荐使用压力

管型	公称直径/mm	外径/mm	壁厚/mm	推荐使用压力/MPa				
				20℃	40℃	60℃	80℃	100℃
轻型	15	20	2	≤1.0	≤0.6	≤0.4	≤0.25	≤0.15
	20	25	2					
	25	32	3					
	32	40	3.5					
	40	51	4					
	50	66	4.5					
	66	76	6					
	80	90	6					
	100	114	7	≤0.6	≤0.4	≤0.26	≤0.25	≤0.1
	125	140	8					
	150	166	8					
	200	218	10					
重型	8	12.5	2.25	≤1.6	≤1.0	≤0.6	≤0.4	≤0.25
	10	16	2.5					
	15	20	2.5					
	25	32	3					
	32	40	5					
	40	51	6					
	50	65	7					
	65	76	8					

PP-R管化学稳定性好，不影响水质，流阻小，耐压耐热性能优于聚氯乙烯管，一般采用热熔连接，连接质量好，施工效率高，且不容易漏水。PP-R管分为PP-R冷水管和PP-R热水管两种，热水管表面涂刷一条红线，冷水管涂刷一条蓝线。PP-R管出厂长度一般为4m，且不易弯曲施工，如果管道铺设距离长或者转角处多，在施工中就要用到大量接头，管材便宜但配件价格相对较高。

2. 管件

PP-R 管件分为热熔管件和内铜螺纹管件，主要包括直接、弯头、三通、变径、管堵等，采用热熔连接时选用热熔管件，当与管道上的设备或者阀门连接时，一般选用内铜螺纹专用管件，采用螺纹连接。

二、塑料管道的连接安装

水暖工程中使用的管道基本都为热塑性塑料管，其特点是遇热即软化或熔化，冷却后变硬，此过程可反复进行。塑料管道的加工、制作和安装连接，正是利用了塑料的良好塑性和受热后容易成型加工的特点。

（一）塑料管的连接形式

塑料管具有良好的热塑性，常用的连接形式有承插连接、焊接连接、热熔连接、螺纹连接。

1. 承插连接

目前，承插连接塑料管材成品均一端为承口，一端为插口，连接时将插口按产品说明书要求的插入深度打毛，涂专用黏结剂插入即可。对于不带承口和插口的塑料管承插连接，如图 2-1 所示，需先将连接的管端，一个做成承口，一个做成插口，在承插口结合面上涂胶后插接在一起，最后在承口处采用焊接封口。

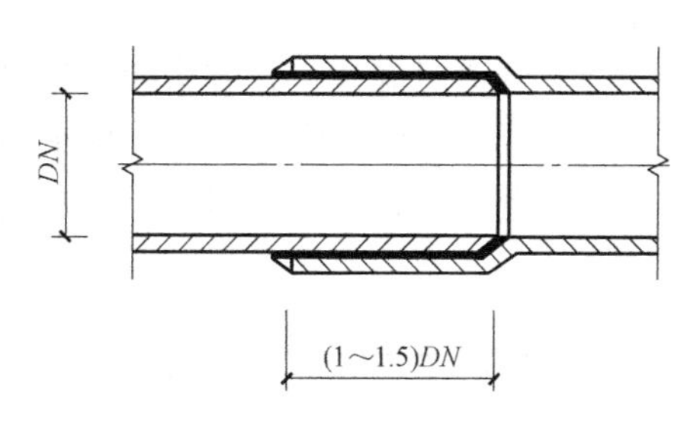

图 2-1　塑料管承插连接

需现场加工承插接口连接作业的方法如下：

（1）制作承插口　将要接口的管端，一个加工成内坡口（坡口度数为 35°~40°）作承口，另一个加工成外坡口（坡口度数为 30°~35°）作插口。将作承口的管端放入甘油加热锅内加热软化，加热温度为 140~150℃，加热长度为（1~1.5）DN，加热时间随管径大小而定，见表 2-6。

表 2-6　管端加热时间

管径 /mm	20	25~40	50~100	125~200
加热时间 /min	3~4	4~8	8~12	10~15

取出已加热软化好的管道，平放在角钢制作的 V 形架上，如图 2-2 所示。将外坡口管端插入已软化的管内，插入时注意保证接口的同轴心和直线性。待承插口冷却成型后拔出插入管。

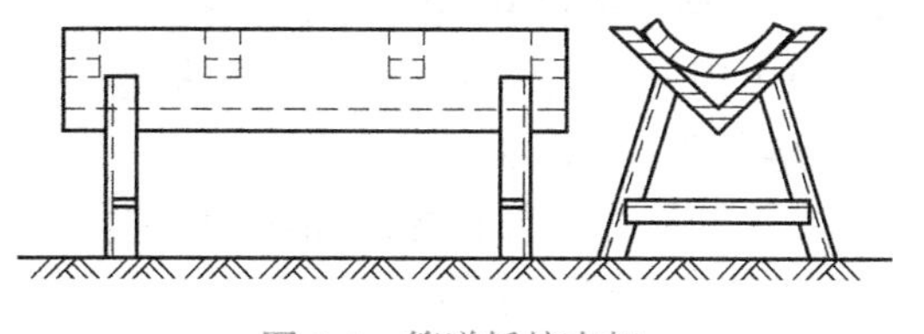
图 2-2　管道插接支架

（2）涂胶　制作好的承插口，插接前用酒精或丙酮将承口内壁、插口外壁清洗干净，然后分别均匀涂上一层 PVC 塑料胶。

（3）插接　将插口插入承口，承插间隙不大于 0.3mm，管端插入承口必须有足够的深度，见表 2-7，目的是保证有足够的黏合面，然后用抹布擦去接口处被挤出的塑料胶，再用塑料焊条进行熔化焊接封口。

表 2-7 管端插入深度

代号	管道外径 /mm	管端插入深度 /mm	代号	管道外径 /mm	管端插入深度 /mm
1	40	25	4	110	50
2	50	25	5	160	60
3	75	40			

2. 焊接连接

焊接连接有对焊连接和带套管对焊连接。

（1）对焊连接　对焊连接像钢管焊接连接一样，在管端坡口，然后利用焊条将接口熔接在一起，如图 2-3 所示。这种接口强度比承插接口差，但施工简便，严密性也好。一般用在工作压力较低和 *DN* > 200mm 的管道工程中。

（2）带套管对焊连接　带套管对焊连接是针对对焊连接强度较低的弱点，在对焊接口外边再加焊一个套管增加接口强度，如图 2-4 所示。这种接口用在压力较高或检修工程中。套管采用与管壁同厚的塑料板制作，制成两个半圆瓦形，长度为管径的 2.2 倍，接口接连方法如下：

1）管道对焊连接，方法同对焊接口。

2）焊口修整，焊缝铲平并用细砂布磨光。

3）套管结合面涂塑料胶，方法同插接涂胶。

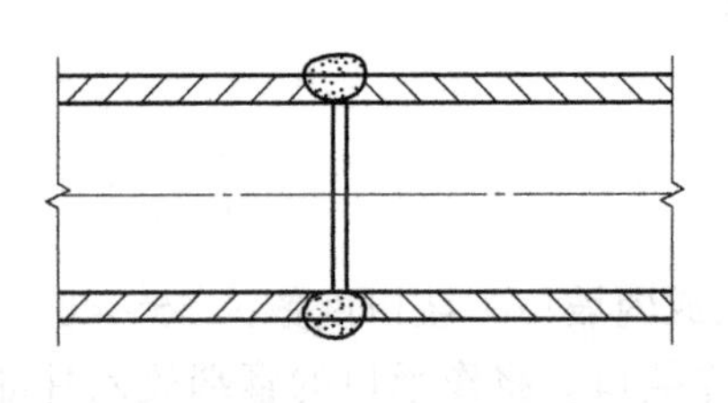

图 2-3　对焊连接

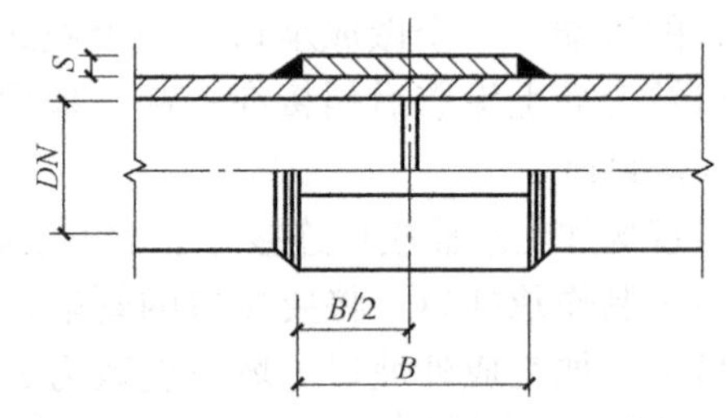

图 2-4　带套管对焊连接

4）套管粘接贴合，扣接时两端与焊缝等距。

5）套管封口焊接，将两个端缝、纵缝封焊。

3. 热熔连接

常见的热熔连接工具如图 2-5 所示，主要用于连接 PP-R 管、PB 管。

1）用卡尺与笔在管端测量并标绘出热熔深度，如图 2-5a、b 所示。

2）管材与管件连接端面必须无损伤、清洁、干燥、无油。

3）热熔工具接通普通单相电源加热，升温时间约 6min，焊接温度自动控制在 260℃左右，到达工作温度、指示灯亮后方能开始操作。

4）做好熔焊深度及方向记号，在

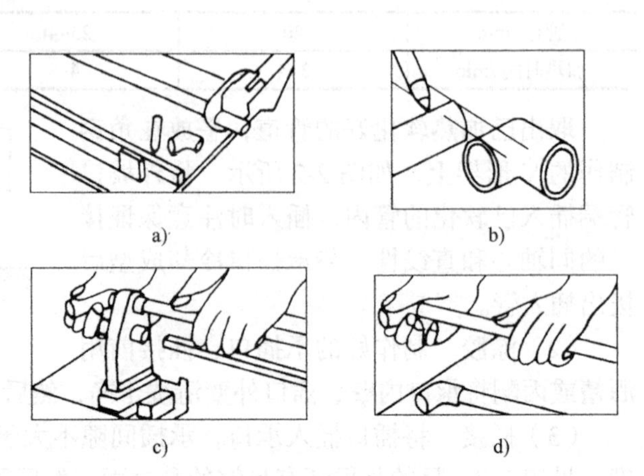

图 2-5　管道热熔连接示意图

焊头上把整个熔焊深度加热，包括管道和接头，如图 2-5c 所示。无旋转地把管端导入加热套内，插入到所标志的深度，同时无旋转地把管件推到加热头上，达到规定标志处。

5）达到加热时间后，立即把管材与管件从加热套与加热头上同时取下，迅速无旋转地直线均匀插入到所标深度，使接头处形成均匀凸缘，如图 2-5d 所示。

6）工作时应避免被焊头和加热板烫伤，保持焊头清洁，以保证焊接质量。

7）热熔连接技术要求见表 2-8，实际施工操作时应以厂家产品说明书为准。

表 2-8　热熔连接技术要求

公称直径 /mm	热熔深度 /mm	加热时间 /s	加工时间 /s	冷却时间 /min
20	14	5	4	3
25	16	7	4	3
32	20	8	4	4
40	21	12	6	4
50	22.5	18	6	5
63	24	24	6	6
75	26	30	10	8
90	32	40	10	8
110	38.5	50	15	10

4. 螺纹连接

PP-R 管（无规聚丙烯管）与金属管件连接，应采用带金属嵌件的聚丙烯管件作为过渡，如图 2-6 所示。该管件与 PP-R 管采用热熔连接，与金属管件或卫生洁具五金配件采用螺纹连接。

塑料管的连接形式

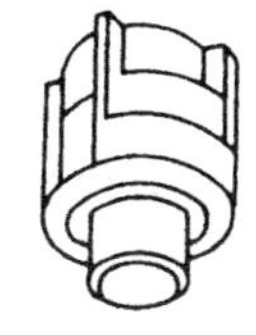

a) 阳螺纹接头

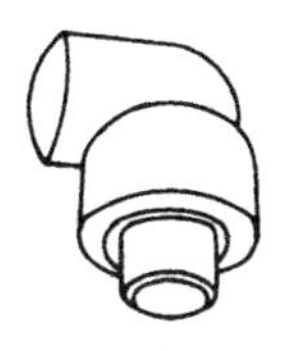

b) 阳螺纹弯头

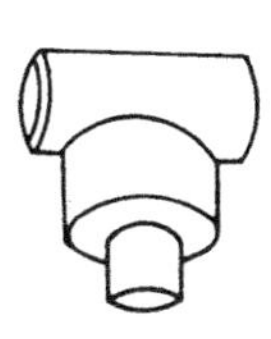

c) 阳螺纹三通

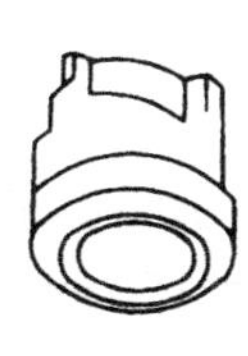

d) 阴螺纹接头

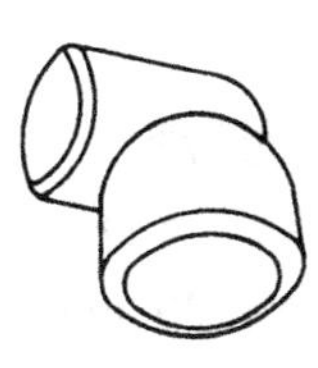

e) 阴螺纹弯头

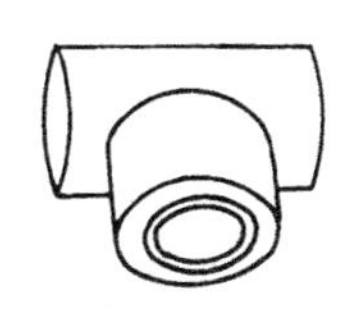

f) 阴螺纹三通

图 2-6　聚丙烯管件

（二）塑料管安装

1. 安装管段加工

（1）塑料管的调直　塑料管在安装加工前，应进行管道的弯曲检查和调直。检查方法同钢管。调直方法用热调法，一般向管内通入蒸汽来加热软化管道，然后将管道放在平台上滚动，靠管道自重调直。

（2）塑料管的切断　塑料管一般用木工锯或粗齿钢锯手工切断，也可用机械切断。

（3）塑料管的弯曲加工　塑料管的弯曲成型，一般根据塑料的特性采取热弯成型。为防止弯曲加工时弯头扭曲，可设置弯曲平台进行弯曲加工。小管径直接加热弯曲，管径 $DN \geqslant 50$mm 时，应灌砂煨弯。砂子加热温度为 120℃，煨弯方法与钢管热煨法相同，但冷却时不能用冷水浇，而要用抹布浸冷水擦拭冷却。

2. 塑料管安装注意事项

塑料管强度低、脆性大，在与其他管道共架敷设时，为减少意外损伤，可最后安装。

塑料管线胀系数大，不要与高温管道相邻平行敷设，也不要靠近表面温度大于60℃的设备和炉体等。

塑料管的温度应力补偿。塑料管虽然限制了其介质温度范围，但由于其强度低和线胀系数较大，仍须设置补偿器。常用的塑料管补偿器如图2-7所示，有Ω形补偿器、波纹形补偿器、半硬塑料软管节补偿器。其中Ω形补偿器用于小型塑料管道上，采用同径塑料管煨制；波纹形补偿器有成品出售；半硬塑料管节补偿器可在工地自制。

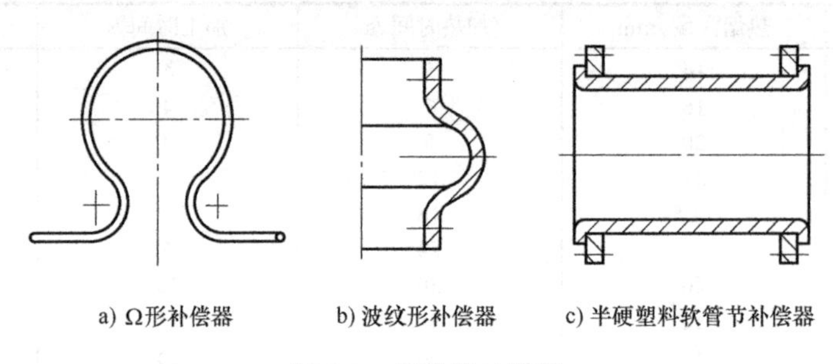

a) Ω形补偿器 b) 波纹形补偿器 c) 半硬塑料软管节补偿器

图2-7 塑料管补偿器

（三）塑料管的质量检验

1. 系统强度及严密性检验

室内塑料管给水系统施工完毕后需进行水压试验，检验系统强度及严密性，水压试验压力为工作压力的1.5倍，但不得小于0.6MPa，并应在试验压力下稳压1h，压力降不得超过0.05MPa，然后在工作压力的1.15倍状态下稳压2h，压力降不得超过0.03MPa，同时检查各连接处不得渗漏。

2. 安装加工质量检验

1）弯管：椭圆度允许偏6%。折皱不平度：*DN* < 50mm时，允许2mm；*DN* < 100mm时，允许3mm；*DN* < 200mm时，允许4mm。

2）翻边：折弯处应为圆角，表面不得有皱折、裂纹和刮伤等缺陷，外径应等值，与中心线垂直偏差不应大于1mm。

常用塑料管的种类

3）焊缝：表面光洁，焊条排列均匀、紧密，宽窄一致，不得有断裂、烧焦变色、分层鼓包和凸瘤等缺陷。

4）连接：粘接时，结合面紧密无孔隙，粘合牢固。螺纹连接时，接口严密，管端清洁无乱丝，并外露2~3扣螺纹。法兰连接时，法兰应平行且与管道中心线垂直，垫片不许使用双层，且结合面应严密，螺母位于同侧，螺纹露出长度不大于螺栓直径的1/2。

任务二 复合管及其管件

常用管道按材质的不同可分为金属管、非金属管和复合管。而复合管又可分为铝塑管、钢塑管、玻璃钢-塑料复合管、钢管-玻璃复合管等，实际上就是将一种金属或非金属主管材的性能与另外的非金属类材质的性能复合在一起。一般复合管同时具备两种管材的优点，因而越来越受到人们的重视。本节主要介绍常用的几种复合管。

一、铝塑管

铝塑管（图 2-8）是由五层复合而成的，从外层至内层依次为：交联聚乙烯层、粘接层、铝层（铝合金层）、粘接层、（交联）聚乙烯层。外壁和内壁为交联聚乙烯，中间为一层薄铝板或铝合金板焊接管；铝管与内外层聚乙烯之间各由一层胶黏剂牢固粘接。这种复合管具有重量轻、强度高、耐腐蚀、耐高温、寿命长、高阻隔性、抗静电、流阻小、不回弹、安装简单等特点。其质量仅为同种规格镀锌钢管的 1/10；在常温下，爆破压力可达 6MPa；可耐大多数强酸强碱的腐蚀；可在 95℃、压力小于 1MPa 的环境下长期工作；最高使用温度可达 110℃；使用寿命可达 50 年；聚乙烯的摩擦系数极小，对液体的阻力仅为普通钢管的 1/5，具有很好的输送能力。

图 2-8　铝塑管

铝塑管与镀锌钢管安装对比：虽然铝塑管单位长度的售价要比镀锌钢管高，但由于铝塑管刚柔兼备，而且每卷有 100m 长，可任意弯曲，因而安装时省去了不少弯头、直通、活接头等管件及其他安装材料，随之也节省了人工。相反，镀锌钢管较短且不具备柔性，因而大大增加了管接头种类与数量。所以综合经济分析，铝塑管反而比镀锌钢管更为经济，更加上复合管可避免锈蚀，能使水质保持纯净，因此铝塑管在室内水暖系统相比镀锌钢管具有更为广阔的应用前景。

根据铝塑管中间层铝管焊接方法的不同，铝塑管可分为搭接式焊接和对接式焊接两种。搭接式铝塑复合管是由铝带卷成带有重叠部分的带缝铝管后再进行焊接。这种结构的铝管通常采用大功率超声波焊机进行焊接。对接式铝塑复合管是由铝带经成型装置卷成对缝形式的铝管再进行焊接。焊接方法可采用钨极惰性气体保护焊或激光焊。

铝塑管按复合组分的材料不同，分为 PAP1、XPAP2、RPAP3 和 PPAP4 四类。PAP1：聚乙烯 / 铝合金 / 聚乙烯铝塑管，即一型铝塑管；XPAP2：交联聚乙烯 / 铝合金 / 交联聚乙烯铝塑管，即二型铝塑管；RPAP3：耐热聚乙烯 / 铝合金 / 耐热聚乙烯铝塑管，即三型铝塑管；PPAP4：无规共聚聚丙烯 / 铝合金 / 无规共聚聚丙烯对焊铝塑管，即四型铝塑管。铝塑管的规格见表 2-9~ 表 2-12。

二、钢塑管

钢塑管（图 2-9）是一种内外以高密度聚乙烯或交联聚乙烯作为防腐层，中间以对接焊钢管作为加强层，层间采用专用热熔胶紧密粘接，通过挤出成型方法或直接喷涂方法复合成一体的一种新型绿色环保复合管材。其特点有：耐高压、抗冲击性能优良，双面防腐，具有与塑料管相同的防腐性能，而且耐腐蚀、耐高温；导热系数低，冬季使用时外壁不需保温，夏季使用亦不结露；

图 2-9　钢塑管

重量轻、运输及施工方便；内壁光洁，不结垢，水头损失比钢管低30%；中间层可100%隔绝气体、液体的渗透，使管道同时具有金属管和塑胶管的优点，剔除了各自的缺点；符合国家饮用水管道卫生标准，永久性防止管道生锈腐蚀，保证水质卫生，使用安全可靠；用金属探测器可以探测出管材埋藏位置，方便维护更换。钢塑管与其他管材性能比较见表2-13。钢塑管规格尺寸与公称压力见表2-14。

表2-9 PAP、XPAP、RPAP搭接铝塑管尺寸要求 （单位：mm）

公称外径 d_n	平均外径 d_{em}		参考内径 d_e①	不圆度②		总壁厚 e_m	公差	铝层最小搭接宽度	内层塑料最小壁厚 e_i	外层塑料最小壁厚 e_w	铝管层最小壁厚 e_a		
	$d_{em,min}$	$d_{em,max}$		盘管 ≤	直管 ≤						热水用	非热水用	公差
12	12.0	12.3	8.3	0.8	0.4	1.6	+0.50	2.8	0.7	0.4	0.20	0.18	+0.090
14	14.0	14.3	10.1	0.9	0.4	1.6			0.8		0.20		
16	16.0	16.3	12.1	1.0	0.5	1.7			0.9		0.21		
18	18.0	18.3	13.9	1.1	0.5	1.8		3.0	0.9		0.24		
20	20.0	20.3	15.7	1.2	0.6	1.9			1.0		0.26	0.23	
25	25.0	25.3	19.9	1.5	0.8	2.3		3.2	1.1		0.33		
32	32.0	32.3	25.7	2.0	1.0	2.9			1.2		0.37	0.28	
40	40.0	40.3	31.6	2.4	1.2	3.9	+0.60	4.5	1.7		0.40	0.33	+0.100
50	50.0	50.3	40.5	3.0	1.5	4.4	+0.70	4.5	1.7		0.50	0.47	
63	63.0	63.4	50.5	3.8	1.9	5.8	+0.90	5.5	2.1		0.60	0.57	
75	75.0	75.6	59.3	4.5	2.3	7.3	+1.10	6.0	2.8		0.70	0.67	

注：燃气和压缩空气属于非热水。

① 表中的参考内径 d_e 仅供管件设计参考。

② 盘管的不圆度仅在管材下线时测量。

表2-10 PPAP搭接铝塑管的尺寸要求 （单位：mm）

公称外径 d_n	平均外径 d_{em}		参考内径 d_e①		不圆度 ≤	管系列				内层塑料最小壁厚 e_i	外层塑料最小壁厚 e_w	铝管层最小壁厚 e_a
						S3.2		S2.5				
	$d_{em,min}$	$d_{em,max}$	S3.2	S2.5		总壁厚 e_m	公差	总壁厚 e_m	公差			
20	20.0	20.3	14.2	12.9	1.0	2.8	+0.40	3.4	+0.50	1.0	1.0	0.23
25	25.0	25.3	17.7	16.2	1.2	3.5	+0.50	4.2	+0.60	1.2	1.2	0.23
32	32.0	32.3	22.8	20.7	1.5	4.4	+0.60	5.4	+0.70	1.5	1.5	0.28
40	40.0	40.4	28.5	26.0	1.9	5.5	+0.70	6.7	+0.80	1.9	1.9	0.33
50	50.0	50.5	35.7	32.7	1.5	6.9	+0.80	8.3	+1.00	2.3	2.3	0.47
63	63.0	63.6	45.1	41.1	1.9	8.6	+1.00	10.5	+1.20	3.0	3.0	0.57
75	75.0	75.7	53.6	49.0	2.3	10.3	+1.20	12.5	+1.40	3.5	3.5	0.67

① 表中的参考内径 d_e 仅供管件设计参考。

表 2-11　PAP1、XPAP2、RPAP3 对焊铝塑管结构尺寸要求　（单位：mm）

公称外径 d_n	平均外径 d_{em}		参考内径 d_e ①	不圆度②		总壁厚 e_m	公差	内层塑料壁厚 e_i		外层塑料最小壁厚 e_w	铝管层壁厚 e_a	
	$d_{em,min}$	$d_{em,max}$		盘管 ≤	直管 ≤			公称值	公差		公称值	公差
16	16.0	16.3	10.9	1.0	0.5	2.3	+0.5 0	1.4	± 0.1	0.3	0.28	± 0.04
20	20.0	20.3	14.5	1.2	0.6	2.5		1.5			0.36	
25	25.0	25.3	18.5	1.5	0.8	3.0		1.7			0.44	
32	32.0	32 .3	25.5	2.0	1.0	3.0		1.6			0.60	
40	40.0	40.4	32.4	2.4	1.2	3.5	+0.6 0	1.9		0.4	0.75	
50	50.0	50.5	41.4	3.0	1.5	4.0		2.0			1.00	

① 表中的参考内径 d_e 仅供管件设计参考。
② 盘管的不圆度仅在管材下线时测量。

表 2-12　PPAP4 对焊铝塑管的尺寸要求　（单位：mm）

公称外径 d_n	平均外径 d_{em}		参考内径 d_e ①		不圆度 ≤	管系列				内层塑料最小壁厚 e_i	外层塑料最小壁厚 e_w	铝管层最小壁厚 e_a
						S3.2		S2.5				
	$d_{em,min}$	$d_{em,max}$	S3.2	S2.5		总壁厚 e_m	公差	总壁厚 e_m	公差			
20	20.0	20.3	14.2	12.9	1.0	2.8	+0.4 0	3.4	+0.5 0	1.0	1.0	0.23
25	25.0	25.3	17.7	16.2	1.2	3.5	+0.5 0	4.2	+0.6 0	1.2	1.2	0.23
32	32.0	32.3	22.8	20.7	1.5	4.4	+0.6 0	5.4	+0.7 0	1.5	1.5	0.28
40	40.0	40.4	28.5	26.0	1.9	5.5	+0.7 0	6.7	+0.8 0	1.9	1.9	0.33
50	50.0	50.5	35.7	32.7	1.5	6.9	+0.8 0	8.3	+1.0 0	2.3	2.3	0.47

① 表中的参考内径 d_e 仅供管件设计参考。

表 2-13　钢塑管与其他管材性能比较表

材质	钢塑管	纯塑料管	镀锌钢管	铝塑管	球墨铸铁管
连接方式	可靠	易渗水	可靠	易渗水	可靠
抗冲击性	高	低	较高	一般	较高
耐压力	高	低	高	中等	高
耐腐蚀性	强	强	较强	强	较强
热膨胀系数	低	高	低	中	低
阻燃性	好	差	好	中	好
自重	较轻	轻	重	轻	重
裁切	容易	容易	困难	容易	困难
渗透性	无	透氧	无	无	无
寿命	很长	较长	短	长	短
施工	简单、无污染	简易	困难、有污染	简单、无污染	困难、有污染
卫生性能	极好	好	一般	极好	差

表2-14 钢塑管规格

公称外径 d_n/mm	最小平均外径 $d_{em,min}$/mm	最大平均外径 $d_{em,max}$/mm	公称压力									
			1.25					1.6				
			内层聚乙（丙）烯最小厚度/mm	钢带最小厚度/mm	外层聚乙（丙）烯最小厚度/mm	管壁厚/mm	管壁厚偏差/mm	内层聚乙（丙）烯最小厚度/mm	钢带最小厚度/mm	外层聚乙（丙）烯最小厚度/mm	管壁厚/mm	管壁厚偏差/mm
16	16.0	16.3	—	—	—	—	—	—	—	—	—	—
20	20.0	20.3	—	—	—	—	—	—	—	—	—	—
25	25.0	25.3	—	—	—	—	—	1.0	0.2	0.6	2.5	+0.4 −0.2
32	32.0	32.3	—	—	—	—	—	1.2	0.3	0.7	3.0	+0.4 −0.2
40	40.0	40.4	—	—	—	—	—	1.3	0.3	0.8	3.5	+0.5 −0.2
50	50.0	50.5	1.4	0.3	1.0	3.5	+0.5 −0.2	1.4	0.4	1.1	4.0	+0.8 −0.2
63	63.0	63.6	1.6	0.4	1.1	4.0	+0.7 −0.2	1.6	0.5	1.2	4.5	+0.9 −0.2
75	75.0	75.7	1.6	0.5	1.1	4.0	+0.7 −0.2	1.7	0.6	1.4	5.0	+1.0 −0.2
90	90.0	90.8	1.7	0.6	1.2	4.5	+0.8 −0.2	1.8	0.7	1.5	5.5	+1.2 −0.2
100	100.0	100.8	1.7	0.6	1.2	5.0	+0.8 −0.2	—	—	—	—	—
110	110.0	110.9	1.8	0.7	1.3	5.0	+0.9 −0.2	1.9	0.8	1.7	6.0	+1.4 −0.2
160	160.0	161.6	1.8	1.0	1.5	5.5	+1.0 −0.2	1.9	1.3	1.7	6.5	+1.6 −0.2
200	200.0	202.0	1.8	1.3	1.7	6.0	+1.2 −0.2	2.0	1.7	1.7	7.0	+1.8 −0.2
250	250.0	252.4	1.8	1.6	1.9	6.5	+1.4 −0.2	2.0	2.1	1.9	8.0	+2.2 −0.2
315	315.0	317.6	1.8	2.0	1.9	7.0	+1.6 −0.2	2.0	2.7	1.9	8.5	+2.4 −0.2
400	400.0	403.0	1.8	2.6	2.0	7.5	+1.8 −0.2	2.0	3.4	2.0	9.5	+2.8 −0.2

尺寸与公称压力

PN/MPa

2.0					2.5				
内层聚乙（丙）烯最小厚度/mm	钢带最小厚度/mm	外层聚乙（丙）烯最小厚度/mm	管壁厚/mm	管壁厚偏差/mm	内层聚乙（丙）烯最小厚度/mm	钢带最小厚度/mm	外层聚乙（丙）烯最小厚度/mm	管壁厚/mm	管壁厚偏差/mm
0.8	0.2	0.4	2.0	+0.4 −0.2	0.8	0.3	0.4	2.0	+0.4 −0.2
0.8	0.2	0.4	2.0	+0.4 −0.2	0.8	0.3	0.4	2.0	+0.4 −0.2
1.0	0.3	0.6	2.5	+0.4 −0.2	1.0	0.4	0.6	2.5	+0.4 −0.2
1.2	0.3	0.7	3.0	+0.4 −0.2	1.2	0.4	0.7	3.0	+0.4 −0.2
1.3	0.4	0.8	3.5	+0.5 −0.2	1.3	0.5	0.8	3.5	+0.5 −0.2
1.4	0.5	1.5	4.5	+0.8 −0.2	1.4	0.6	1.5	4.5	+0.8 −0.2
1.7	0.6	1.7	5.0	+0.9 −0.2	—	—	—	—	—
1.9	0.6	1.9	5.5	+1.0 −0.2	—	—	—	—	—
2.0	0.8	2.0	6.0	+1.2 −0.2	—	—	—	—	—
—	—	—	—	—	—	—	—	—	—
2.0	1.0	2.2	6.5	+1.4 −0.2	—	—	—	—	—
2.0	1.6	2.2	7.0	+1.6 −0.2	—	—	—	—	—
2.0	2.0	2.2	7.5	+1.8 −0.2	—	—	—	—	—
2.0	2.6	2.3	8.5	+2.2 −0.2	—	—	—	—	—
2.0	3.3	2.3	9.0	+2.4 −0.2	—	—	—	—	—
2.0	4.3	2.3	10.0	+2.8 −0.2	—	—	—	—	—

三、玻璃钢 - 塑料复合管

玻璃钢 - 塑料耐腐蚀复合管以聚氯乙烯管作为主管材，环氧玻璃钢为加强层，它既具有聚氯乙烯管的耐蚀性强、阻力小等优点，又具有玻璃钢的耐老化、耐压高、耐热、耐冲击性能好等优点，可以部分代替不锈钢管，用于工作温度在85℃以下，工作压力 P 为0.6~1.0MPa的工作环境。玻璃钢 - 聚氯乙烯复合管的物理力学性能见表2-15。某玻璃钢化工设备厂生产的玻璃钢 - 聚氯乙烯复合直管的规格见表2-16。

表 2-15 玻璃钢 - 聚氯乙烯复合管的物理力学性能

材质		物理性能					
外套	内衬	吸水性/(mg/cm²)	抗拉强度/MPa	抗弯强度/MPa	线膨胀系数/(1/℃)	比热/(J/kg·K)	热传导率/(W/m·K)
环氧玻璃钢厚2mm	硬聚氯乙烯管	0.05~0.06	100~120	150~175	(3~4)×10^{-5}	200~500 830~2100	0.16

表 2-16 玻璃钢 - 聚氯乙烯复合直管的规格

公称直径/mm	工作压力/MPa	工作温度/℃	管长/mm	外径/mm	环氧玻璃钢外套层厚度/mm	质量/(kg/m)
15				20	3	0.67
25				32	3	1.28
32				40	2.5	1.28
40				50	1	1.66
					2	1.82
					2.5	2.19
50				65	1	2.29
					2	2.74
65				76	1	3.29
					2	3.79
80	0.6~1.0	≤85	4000	90	1	3.07
					2	3.73
100				114	1	4.51
					2	5.30
125				140	1	5.93
					2	6.00
150				166	1	7.35
					2	8.49
200				218	1	11.69
					2	13.16
250				264	1	14.50
					2	16.29

注：1. 生产厂产品名称为PVC/FRP耐腐蚀复合管道。
2. 管道连接方式：直管与直管、直管与管件推荐用扩口承插式（加胶黏剂）连接，也可用焊接或法兰连接；管道与泵、阀门、其他设备之间宜采用活套式法兰连接。

四、复合管的连接

铝塑管的连接有两种形式：螺纹连接和压力连接，需配用专门的接口零件。

1. 螺纹连接

螺纹连接步骤如图 2-10 所示。

1）用剪管刀将管道剪成合适的长度。

2）穿入螺母及 C 形铜环。

3）将整圆器插入管内到底，用手旋转整圆，同时完成管内圆倒角。整圆器按顺时针方向转动，对准管道内部口径。

4）用扳手将螺母拧紧。

2. 压力连接

压制工具有电动压制工具与电池供电压制工具。当使用承压和螺钉管件时，将一个带有外压套筒的垫圈压制在管末端。用 O 形密封圈和内壁紧固起来。压制过程分为两种，使用螺钉管件时，只需拧紧旋转螺钉；使用承压管件时，需用压制工具和钳子压接外层不锈钢套管。

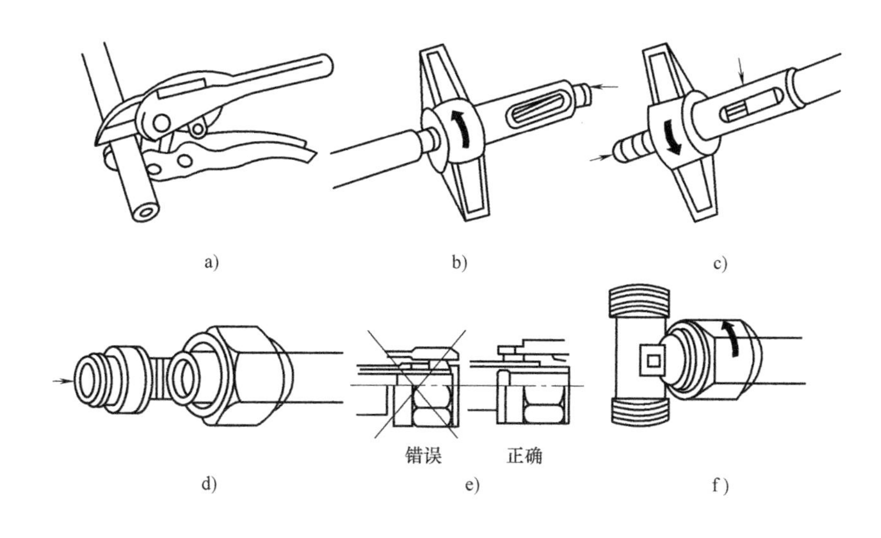

图 2-10　铝塑管螺纹连接示意图

钢塑管常用的连接方法为螺纹连接、压力连接。进行螺纹连接时，钢塑管需要专门的套丝工具，而铝塑管由于铝层具有很好的可塑性，因而可使管材很容易地伸直和弯曲，并保持不回弹，安装时可不必套螺纹。钢塑管其余连接方法与铝塑管相同。

复习思考题

2-1　塑料管按其受热后表现出的性能不同可分成哪两类？它们各自有什么特点？

2-2　当前用在管道工程方面的热塑性塑料有哪些？为什么受到越来越广泛的应用？

2-3 聚氯乙烯塑料管的加工方法及其主要特点是什么？

2-4 聚氯乙烯塑料管的型号规格有哪两种不同表示方法？

2-5 塑料管常用的连接方法有哪些？

2-6 试述塑料管承插接口连接作业方法及其注意事项。

2-7 简述塑料管热熔连接的方法及步骤。

2-8 塑料管的安装注意事项是什么？

2-9 常见的复合管有哪些？试述其各自特点。

2-10 试述钢塑管和铝塑管的连接方法。

☆职业素养提升要点

复合管既具有钢管的各项机械强度，又兼顾了塑料管表面光滑、流体阻力小、化学稳定性好、防腐不结垢、耐高温的特点，符合“绿色、环保”的理念，在实际工程中应优先选用，为创建绿色城市作出自己应有的贡献。

项目三
风管及其加工连接

案例导入

小张所在的机电总承包项目远离市区，项目附近没有风管加工企业。综合考虑加工和运输成本后，项目部决定风管的加工由项目通风班组实施，今天小张深入到通风班组检查风管的加工制作。如果你是小张，你会怎么检查?

风管是对通风与空调管道系统的总称，它包括风管、风道和系统的部件、配件等。风管是指用金属、非金属板材或其他材料加工而成的管道，其断面形式有圆形和矩形两种，根据通风管道定型化的统一规定，风管的制作尺寸，圆形风管以外径为准，矩形风管以外边长为准；风道是指用砖、石、混凝土或其他材料砌筑而成的通道，其断面尺寸以内径或内边长为准；配件是指通风、空调系统的各种弯管、三通、四通、变径管、导流叶片和法兰等；风管部件是指通风、空调系统中各类风口、阀门、排气罩、风帽、检查门和测定孔等。

风管的加工是指构成整个系统的风管及部件、配件的制作过程，也就是从原材料到成品、半成品的成型过程。

任务一 金属风管及其配件的加工连接

金属风管的加工连接是指在风管的加工制作过程中，板材与板材之间连接闭合缝的连接方法。

一、常用材料

通风与空调工程所用的材料一般分为主材、辅材和消耗材料三种。

（一）主材

主材主要是指板材和型钢，板材又分为金属板材和非金属材料两类。常用的主材有：

（1）金属板材　金属板材是制作风管和风管配件的主要材料，其表面应平整、光滑，厚度应均匀一致，无凹凸及明显的压伤现象，不得有裂纹、结疤、砂眼、夹层和刺边等情况，但允许有紧密的氧化铁薄膜。常用的金属板材有普通薄钢板、镀锌薄钢板、铝及铝合金板、不锈钢板和塑料复合钢板等。

1）普通薄钢板：普通薄钢板俗称黑铁皮，其厚度一般为0.5～5.0mm，具有良好的机械强度和加工性能，价格比较便宜，所以在通风工程中应用最为广泛。但其表面较易生锈，故在应用前应进行刷油防腐。

2）镀锌薄钢板：镀锌薄钢板是用普通薄钢板在表面镀锌制成的，因其表面呈银白色，故又称白铁皮，厚度为0.25～5.0mm，通风与空调工程中常用的厚度为0.5～1.5mm。镀锌薄钢板的表面有不低于$80g/m^2$的锌层，具有良好的防腐性能，故使用时一般不需做防腐处理。镀锌薄钢板的表面应光滑洁净，且有热镀锌特有的结晶花纹，其表面不得有大面积的白花、锌层粉化等严重损坏的现象。镀锌薄钢板一般用于制作不受酸雾作用的，在潮湿环境中使用的风管。镀锌薄钢板施工时，应注意使镀锌层不受破坏，以免腐蚀钢板。

3）铝及铝合金板：用于通风空调工程中的铝板多以纯铝制作，有退火的和冷作硬化的两种。铝板的加工性能好，有良好的耐腐蚀性，但纯铝的强度低，它的用途受到了限制。铝合金板以铝为主，加入一种或几种其他元素制作而成。铝合金板具有较强的机械强度，比重轻，塑性及耐腐蚀性能也很好，易于加工成型。铝及铝合金板在摩擦时不易产生火花，因此常用于通风工程中的防爆系统。铝板风管和配件加工时，应注意保护材料的表面，不得出现划痕等现象，画线时应采用铅笔或色笔。

4）不锈钢板：不锈钢板又称不锈耐酸钢板，其表面有铬元素形成的钝化保护膜，起隔绝空气、使钢不被氧化的作用。它具有较高的强度和硬度，韧性大，可焊性强，在空气、酸及碱性溶液或其他介质中有较高的化学稳定性。由于不锈钢板具有表面光洁、不易锈蚀和耐酸等特点，所以不锈钢板多用在化学工业输送含有腐蚀性介质的通风系统中。但是，为了不影响不锈钢板的表面质量，特别是它的耐腐蚀性能，在加工和存放过程中都应特别注意，不应使板材的表面产生划痕、刮伤和凹穴等现象，因为其表面的钝化膜一旦被破坏就会降低它的耐腐蚀性。加工时不得使用铁锤敲打，避免破坏合金元素的晶体结构，否则在被铁锤敲击处会出现腐蚀中心，产生锈斑并蔓延破坏其表面的钝化膜，从而使不锈钢板表面成片腐蚀。

5）塑料复合钢板：塑料复合钢板是在普通薄钢板的表面上喷一层0.2～0.4mm厚的软质或半硬质塑料膜。这种复合板既有普通薄钢板的切断、弯曲、钻孔、铆接、咬合、折边等加工性能和较强的机械强度，又有较好的耐腐蚀性能，常用于防尘要求较高的空调系统和−10～70℃的耐腐蚀系统的风管。

金属风管板材

（2）非金属材料　在通风与空调工程中，常用的非金属材料有玻璃钢风管、硬聚氯乙烯板等。

1）玻璃钢风管：玻璃钢是由玻璃纤维与合成树脂组成的一种轻质高强度的复合材料，具有较好的耐腐蚀性、耐火性和成型工艺简单等优点，广泛应用于纺织、印染等生产车间，以及含有腐蚀性气体和大量水蒸气的通风管道系统。玻璃钢风管及配件的加工制作，一般在玻璃钢厂用模具生产，保温玻璃钢风管可将管壁制成夹层，中间可采用聚苯乙烯、聚氨酯泡沫塑料、蜂窝纸等材料填充。

玻璃钢风管及配件制品的内外表面应平整光滑，外表面应整齐美观，无裂纹，厚度均匀，边缘无毛刺，不得有气泡、分层现象。法兰与风管、配件应形成一个整体，并与风管轴线成直角。法兰平面的不平度允许偏差不应大于 2mm。

2）硬聚氯乙烯板：硬聚氯乙烯板又称硬塑料板，具有一定的机械强度、弹性和良好的耐腐蚀性以及良好的化学稳定性，又便于加工成型，所以在通风工程中得到广泛的应用。但硬聚氯乙烯板的热稳定性较差，一般在 -10 ~ 60℃之间使用。

硬聚氯乙烯板表面应平整、光滑、无伤痕，厚度应均匀，不得含有气泡和未塑化杂质，颜色为灰色，允许有轻微的色差、斑点及凹凸等。

（3）复合材料　在通风与空调工程中，常用的复合材料有酚醛铝箔复合材料、聚氨酯铝箔复合材料和玻璃纤维复合材料等。

酚醛铝箔复合材料是由中间层为酚醛泡沫，内外层为压花铝箔复合而成的。酚醛泡沫材料具有阻燃性能好、导热系数小、吸声性能优良、使用年限长的特点。酚醛铝箔复合风管与传统风管相比，绝热性较好，可大大减少空调的散热损失，消声性好，重量轻，安装方便，经久耐用，使用寿命长，可缩短施工周期，且卫生。酚醛铝箔复合风管可广泛适用于工民用建筑、酒店、医院、写字楼以及其他特殊要求场所。

聚氨酯铝箔复合材料中的聚氨酯是一种高分子化合物。聚氨酯泡沫塑料分为硬泡和软泡两种，具有优良的弹性、伸长率、压缩强度和柔软性，以及良好的化学稳定性。聚氨酯泡沫塑料还有优良的加工性、黏合性、绝热性等性能，属于性能优良的缓冲材料。

玻璃纤维复合材料以叶腊石、石英砂、石灰石、白云石、硼钙石、硼镁石六种矿石为原料，经高温熔制、拉丝、络纱、织布等工艺制造成，其单丝的直径为几微米到二十几微米，每束纤维原丝都由数百根甚至上千根单丝组成，是一种性能优异的无机非金属材料，具有不燃，抗腐，隔热、隔声性好，抗拉强度高，电绝缘性好等优点，但它性脆，耐磨性较差。

（4）型钢　通风空调工程中，除了采用板材用于加工制作风管和配件外，还需用大量的型钢来制作风管法兰、支架和部件的框架等。常用的型钢有扁钢、角钢、圆钢、槽钢等。型钢的外观应全长等形、均匀，无裂纹和气泡，无严重的锈蚀现象。

（5）其他材料　在通风与空调工程中，常用的其他材料主要包括用于砌筑各种风道的砖、石、混凝土等材料。

（二）辅材

1. 垫料

垫料主要用于风管法兰接口连接、空气过滤器与风管的连接以及通风、空调器各处理段的连接等部位作为衬垫，以保持接口处的严密性。它应具有不吸水、不透气和较好的弹性等特点，其厚度为 3 ~ 5mm，空气洁净系统的法兰垫料厚度不能小于 5mm，一般为 5 ~ 8mm。

（1）垫料的种类　工程中常用的垫料有橡胶板、石棉绳、石棉橡胶板、乳胶海绵板、闭孔海绵橡胶板、耐酸橡胶板、软聚氯乙烯塑料板和新型密封垫料等，可按风管壁厚、所输送介质的性质以及要求密闭程度的不同来选用。

1）橡胶板。常用的橡胶板除了在 -50 ~ 150℃温度范围内具有极好的弹性外，还具有良好的不透水性、不透气性、耐酸碱性、电绝缘性能和一定的耐扯断强度及耐疲劳强度。其厚度一般为 3 ~ 5mm。

2）石棉绳（图3-1）。石棉绳是由矿物中的石棉纤维加工编制而成的，可用于空气加热器附近的风管及输送温度大于70℃的排风系统，一般使用直径为3～5mm。石棉绳不宜作为一般风管法兰的垫料。

图3-1 石棉绳

3）石棉橡胶板。石棉橡胶板可分为普通石棉橡胶板和耐油石棉橡胶板两种，应按使用对象的要求来选用。石棉橡胶板的弹性较差，一般不作为风管法兰的垫料。但高温（大于70℃）排风系统的风管采用石棉橡胶板作为风管法兰的垫料比较好。

4）闭孔海绵橡胶板（图3-2）。闭孔海绵橡胶板是由氯丁橡胶经发泡成型，构成闭孔直径小而稠密的海绵体，其弹性介于一般橡胶板和乳胶海绵板之间，用于要求密封严格的部位，常用于空气洁净系统风管、设备等连接的垫片。

图3-2 闭孔海绵橡胶板

近年来，有关单位研制的以橡胶为基料并添加补强剂、增黏剂等填料，配置而成的浅黄色或白色黏性胶带，用作通风、空调风管法兰的密封垫料。这种新型密封垫料（XM-37M型）与金属、多种非金属材料均有良好的黏附能力，并具有密封性好、使用方便、无毒、无味等特点。XM-37M型密封黏胶带的规格为：7500mm×12mm×3mm、7500mm×20mm×3mm，用硅酮纸成卷包装。

另外，8501 型阻燃密封胶带也是一种专门用于风管法兰密封的新型垫料，多年来已被市场认可，使用相当普遍。

（2）垫料的选用方法　在实际工程应用中，风管垫料的种类若无具体设计要求时，可参照下列规定进行选用：

1）输送介质温度低于 70℃的风管，应选用橡胶板或闭孔海绵橡胶板等。

2）输送介质温度高于 70℃的风管，应选用石棉绳或石棉橡胶板等。

3）输送含有腐蚀性介质的风管，应选用耐酸橡胶板或软聚氯乙烯板等。

4）输送会产生凝结水或含有蒸汽的潮湿空气的风管，应选用橡胶板或闭孔海绵橡胶板。

5）除尘系统的风管，应选用橡胶板。

6）输送洁净空气的风管，应选用橡胶板或闭孔海绵橡胶板，严禁使用厚纸板、石棉绳、铅油麻丝及油毛毡等易产生尘粒的材料作为风管的垫料。

2. 螺栓和螺母

螺栓和螺母用于风管法兰的连接和通风设备与支架的连接，一般使用六角螺栓和六角螺母配套使用。

六角螺栓按产品等级（精度）分为 C 级、A 级和 B 级。C 级主要适用于表面比较粗糙、对精度要求不高的钢（木）结构、机械和设备上；A 级和 B 级主要适用于表面光洁、对精度要求较高的机械、设备上。六角螺栓按螺纹的长短分为部分螺纹和全螺纹两种，通常采用部分螺纹螺栓，在要求较长螺纹长度的场合，可采用全螺纹螺栓。螺栓的规格用“螺栓的公称直径 × 螺杆长度”表示。

C 级螺母（粗制螺母）应用于表面比较粗糙、对精度要求不高的机械设备或结构上，A 级、B 级螺母（精致螺母）应用于表面粗糙度小、对精度要求较高的机械设备或结构上。

3. 铆钉

在通风与空调工程中，铆钉主要用于板材与板材、风管或部件与法兰之间的连接。常用的铆钉有抽芯铆钉、半圆头铆钉和平头铆钉等几种。

（三）消耗材料

消耗材料主要是指在通风与空调工程的加工制作和施工过程中使用，但安装完成后又无其原形存在，在工程中被消耗掉的材料，如在工程中使用的氧气、乙炔气、锯条、焊条等。

二、金属风管的加工连接

风管的加工制作可以在加工厂或预制厂进行，也可以在施工现场与安装联合进行，风管的加工制作可参考 BIM 模型。采用何种方法加工风管，要根据工程量的大小、工程所用材料的类型、施工队伍的机械化程度、工人的技术水平和施工现场的具体情况等来确定。一般工程量较小、施工人员的技术水平较高而施工现场场地又允许时，可采用现场制作的方法加工风管，这种方法多半采用手工操作和使用一些小型轻便的施工机械，由现场工人手工完成。这样可以减少风管及部件、配件的运输费用，也可以避免因重复装卸、堆放和远距离运输而造成风管和部件、配件的损坏变形。同时，这种方法还具有制作灵活、操作方便的特点，可以根据现场情况的变化，随时调整风管的加工尺寸，以便于风管的安装。对于工程量较大或安装要求较高的工程，一般采用加工和安装分开进行的方式。在加工厂或预制厂内集中加工制作成成品或半成品后运到施工现场，然后由现场的施工队伍来完成安装任务。这种组织形式要求安装企业应具有严密的技术管理、组织和机械化程度比较高的后方基地，这样可以充分利用各种小型和大型加工机械，提高风管加工制作的机械化程度，提高产品的质量和产量。有时为了减少加工件、成品和半成品的运输量，避免因重复装卸、堆放和远距离运输而造成风管和部件、配件的损坏变形，也可根据现场条件和需要，在施工区内暂设加工厂。这种形式有利于提高工程质量和劳动生产率，有利于提高企业的管理水平和施工技术水平。

1. 风管和部件、配件的加工制作过程

通风管道及部件、配件的加工制作是通风空调工程安装施工的主要工序。风管和部件、配件的加工制作过程是一个由平面图形到空间立体、由设计蓝图到实际物体的变化过程。在加工过程中，由于使用材料的不同、形状的变化而各有要求，但其加工的基本工序可划分为：画线、剪切、成型（折方或卷圆）、连接和制作与安装法兰等步骤。概括起来讲，风管和部件、配件的加工制作可分为四个阶段，即准备阶段、加工制作阶段、装配阶段和完成阶段。

（1）准备阶段　风管及配件在加工和制作前，应事先做好准备工作，为施工创造良好的条件。准备工作主要包括绘制加工草图、创建BIM模型、选料、配备好加工机具和人员、安排好运输工具、加工场地、板材的整平、除锈、画线等工作。

风管和部件、配件在加工制作之前，应对所选用的材料进行检查，不能有弯曲、扭曲、波浪形变形及凹凸不平等缺陷，否则它将会影响制作和安装的质量。对于有变形缺陷的材料，在放样加工之前必须进行校正。由于板材在运输和堆放的过程中，易于产生卷曲和变形，因此在使用之前应进行整平，使其变成平面后方可使用。板材的校正方法一般常用手工校正和机械校正。风管和配件的制作所采用的板材有时是供应卷材，常采用钢板校平机，用多辊反复弯曲来校正钢板。一般平板的弯曲变形则用锤击的手工校正法进行校正。板材的变形有凸起、边缘呈波浪形、弯曲等现象，校正前应分析产生变形的原因，再确定手工校正的方法，如校正薄钢板凸起时，可采用锤击的方法，从凸起的四周逐渐向外围锤击，锤点由里向外逐渐加密，锤击力也逐渐加强；若钢板呈波浪形变形，在校正时应从四周向中间逐步锤击，锤击点密度从四周向中间逐渐增加，同时锤击力也逐渐增大，以使中间伸长而达到矫平钢板的目的；若钢板产生弯曲变形，在校正时应沿着没有弯曲翘起的另一个对角线锤击，使钢板组织延伸而达到矫平的目的。

（2）加工制作阶段　这个阶段是风管加工制作过程的主要阶段，包括板材的剪切、折方或卷圆、连接等工序。

（3）装配阶段　这个阶段是将已经加工制作好的各种部件、配件和风管，组合装配成成品的过程。

（4）完成阶段　这个阶段是风管加工制作过程的收尾阶段，是对加工制作好的产品进行质量检查、刷油防腐、管段编号和运输等。

2. 画线

画线工作是风管加工的第一个环节，也是至关重要的一环。画线的正确与否直接关系到风管和配件的尺寸大小和制作质量，直接影响整个工程的质量，对节约原材料、提高劳动生产率、保证产品质量也十分重要。因此，负责画线工作的人必须要有高度的责任心和较高的技术水平，必须严格控制其精度，只有这样才能确保成品的质量。

画线就是利用几何作图的基本方法，画出各种线段和几何图形的过程。在风管和配件的加工制作时，按照风管和配件的空间立体的外形尺寸，把它的表面展成平面，在平板上根据它的实际尺寸画成平面图，这个过程称为风管的展开画线。风管的画线尺寸可以用于建立风管 BIM 模型，并将模型转换成装配图，得到风管加工料单。在画线工作中常用的工具有：

（1）不锈钢直尺　不锈钢直尺的长度一般为 1m，用不锈钢板制作而成，画线时主要用来度量直线长度和画直线。

（2）钢板直尺　钢板直尺的长度一般为 2m，用于画直线。

（3）直角尺　直角尺主要用于画垂线或平行线，也可用来检查直角的垂直度或找正直角。

（4）画规、地规　画规、地规主要用于画圆、画弧线或截取线段长度。

（5）量角器　量角器主要用于测量和划分角度。

（6）画针　画针主要用工具钢制作，长为 130mm，针直径为 8.5mm，端部磨尖，用于在钢板上画线。

（7）样冲　样冲主要用于在钢板上冲点做记号，一般用于定圆心。

（8）弹簧曲线板　弹簧曲线板是用带弹簧的钢片条制成的，弯成弧形，两端穿在有调节螺母的长杆上，可调节弧线的曲率，用于画曲线。

为了准确地画线，所有的工具应保持清洁和精确度，对于画规及画针，端部应保持尖锐度，否则，画线太粗，误差太大。钢板尺、直尺的边一定要直，角尺的角度应当是直角，画线工具在使用前均应进行检查。

3. 剪切

板材的剪切就是将板材按照画线的形状进行裁剪下料的过程。剪切前，必须对已画好的线进行复核，剪切时必须按照画线形状进行裁剪，避免下错料造成浪费。剪切应做到切口准确、整齐、直线平直、曲线圆滑。剪切的方法可分为手工剪切和机械剪切两种。

（1）手工剪切　手工剪切是机械化水平不高的施工队伍中常用的一种方法，使用工具简单，操作方法简捷，但工人的劳动强度大，施工速度慢。常用的工具有：手剪、铡刀剪、电剪、手动滚轮剪等。

1）手剪：手剪分为直线剪和弯剪两种，如图 3-3 所示。直线剪用于剪直线和圆以及弧线的外侧边；弯剪用于剪曲线以及弧线的内侧边。手剪用于剪切厚度不超过 1.5mm 的薄钢板。

操作时，把剪刀下部的勾环抵住地面或平台，这样剪切较为稳定，而且省力。剪切时用右手操作剪刀，用左手将板材向上台起，用右脚踩住右半边，以利于剪刀的移动；剪刀的刀刃应彼此紧密地靠紧，以便将板材剪断，否则，板材便是被拉扯下来的，容易产生毛刺。在板材中间剪孔时，应先用扁錾在板材的废弃部分开出一个孔，以便剪刀插入，然后按画线进行剪切。

2）铡刀剪：如图 3-4 所示，用于剪直线，适用于剪切厚度为 0.6 ~ 2.0mm 的钢板。

3）电剪：用于薄钢板的直线切割与曲线切割。

4）手动滚轮剪：可以切割直线及曲线薄钢板，其构造如图 3-5 所示。它在铸钢机架下部固定有下滚刀，机架上部固定有上滚刀、棘轮和手柄。利用上、下两个互成角度的滚轮相切转动，可将板材剪开。操作时，一手握住钢板，将钢板送入两滚刀之间，一手扳动手柄，使上下滚刀旋转把钢板剪下。

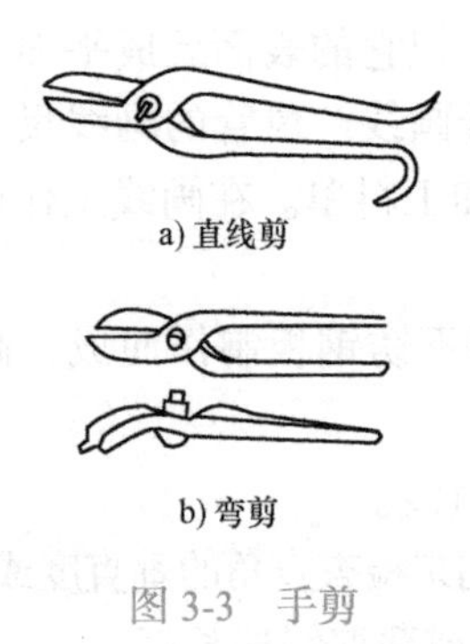

图 3-3 手剪

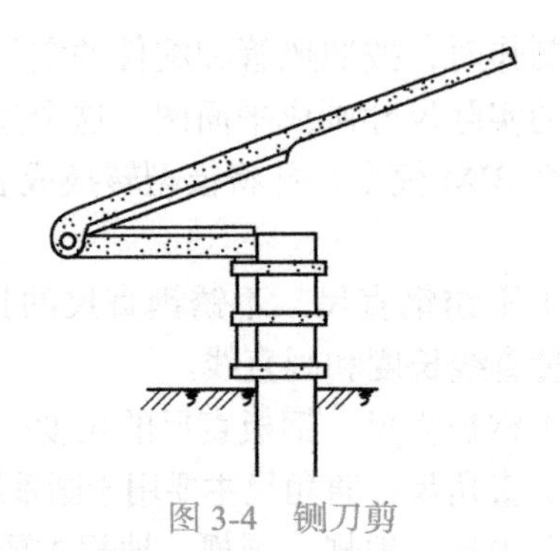
图 3-4 铡刀剪

（2）机械剪切 机械剪切就是用机械设备对金属板材进行剪切，这种方法可以成倍地提高工作效率，且切口质量较好。常用的剪切机械有：龙门剪板机、联合冲剪机、双轮直线剪板机和振动式曲线剪板机等。

图 3-5 手动滚轮剪

龙门剪板机（图 3-6）适用于剪切直线板材，剪切宽度为 2000～2500mm，厚度不超过 5mm。龙门剪板机由电动机通过带轮和齿轮减速，经离合器动作，由偏心连杆带动滑动刀架梁上的上刀片和固定在机床上的下刀片进行剪切。切板机可以一下一下地切割，也可以自动地连续进行切割。使用前，应按剪切的板材厚度调整好上下刀片间的间隙。因为间隙过小时，剪厚钢板会增加剪板机负荷，或易使刀刃局部破裂。反之，会把钢板压进上下刀刃的间隙中而剪不下来。因此，必须经常调整剪板机上下刀刃间隙的大小，间隙一般取被剪板厚的 5% 左右，当钢板厚度小于 2.5mm 时，间隙为 0.1mm；钢板厚小于 4mm 时，间隙为 0.16mm。

图 3-6 龙门剪板机

振动式曲线剪板机适用于剪切厚度在 2mm 以内的低碳钢板及有色金属板材，该机可以用于切割复杂的封闭曲线，也可以在板材的中间直接剪切内孔，还能剪切直线，但效率较低。它是由电动机通过带轮带动传动轴旋转，使传动轴端部的偏心轴及连杆带动滑块做上下往复运动，固定在滑块上的上刀片和固定在机身上的下刀片进行剪切。在剪切的过程中，应将切割的钢板放在下刀片上，以获得优质的切割。

双轮直线剪板机适用于剪切厚度在2mm以内的直线和曲线板材。该机使用范围较宽，操作灵活。

4. 连接

在用平面板材加工制作风管和各种配件时，必须把板材的各种纵向闭合缝或横向闭合缝进行连接。根据连接的目的不同，可将连接分为拼接、闭合接和延长接三种。

拼接是把两张板材的板边相连，以增大板材的面积，适应风管及配件的加工要求。

闭合接是把板材围合成风管和配件时，其板边相连的纵向对口缝的连接。

延长接是把短管连成长管或将配件的各分段节拼装成成品或半成品的连接。

在通风空调工程中，用金属薄板加工制作风管和配件时，其加工连接的方法有咬口连接、焊接和铆接三种，咬口连接是最常见的连接方式。

（1）咬口连接　咬口连接就是用折边法，把要相互连接的两个板材的板边折曲成能相互咬合的各种钩形，然后相互钩挂咬合后压紧折边即可。咬口连接是通风空调工程中最常用的一种连接方法，在可能的情况下，应尽量采用咬口连接，这种连接方法不需要其他辅助材料，且可以增加风管的强度，变形小，外形美观。

1）适用条件：咬口连接适用于板厚$\delta \leqslant 1.2$mm的普通薄钢板和镀锌薄钢板、板厚$\delta \leqslant 1.0$mm的不锈钢板和板厚$\delta \leqslant 1.5$mm的铝板。

2）咬口的种类及其适用场合：根据咬口断面结构的不同，常见的咬口形式可分为单平咬口、单立咬口、转角咬口、联合角咬口和按扣式咬口，如图3-7所示。

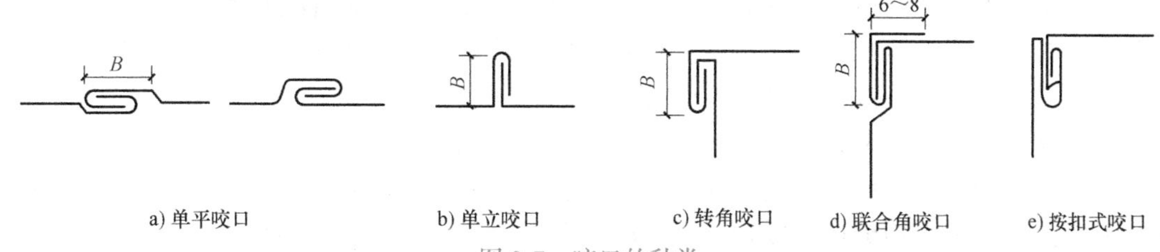

图3-7　咬口的种类

单平咬口适用于微压、低压、中压、高压系统的圆形风管及板材拼接。

单立咬口适用于圆形、矩形风管横向连接或纵向接缝，弯管横向连接。

转角咬口适用于微压、低压、中压、高压系统的矩形风管或配件四角咬口连接。

联合角咬口适用于微压、低压、中压、高压系统的矩形风管或配件四角咬口连接。

按扣式咬口适用于低压、中压的矩形风管或配件四角咬口连接，但空气洁净度等级为N1级～N5级净化空调系统的风管不得使用。

3）咬口宽度的确定：风管和配件的咬口宽度B（图3-7）与所选板材的厚度和加工咬口的机械性能有关，一般应符合表3-1的要求。

表3-1　咬口宽度表

钢板厚度/mm	单平、单立咬口宽度B/mm	角咬口宽度B/mm
$\delta \leqslant 0.7$	6～8	6～7
$0.7 < \delta \leqslant 0.85$	8～10	7～8
$0.85 < \delta \leqslant 1.2$	10～12	9～10

4）咬口留量的确定：咬口留量的大小与咬口的宽度 B、重叠层数和加工方法以及使用的加工机械等有关。一般对于单平咬口、单立咬口和转角咬口，其总的咬口留量等于三倍的咬口宽度，在其中一块板材上的咬口留量等于一倍的咬口宽度，而在另一块板材上是两倍的咬口宽度。联合角咬口和按扣式咬口的总咬口留量等于四倍的咬口宽度，在其中一块板材上的咬口留量为一倍的咬口宽度，而在另一块板材上为3倍的咬口宽度。例如，选用0.5mm厚的钢板加工制作风管，若采用单平咬口连接，选用的咬口宽度为7mm，则咬口留量为7mm×3=21mm，在其中的一块板上为7mm，在另一块板上为7mm×2=14mm；若采用联合角咬口连接，则咬口宽度选定为6mm，咬口留量为6mm×4=24mm，在其中的一块板上为6mm，而在另一块板上为6mm×3=18mm。

5）咬口的加工过程：板材咬口的加工过程主要是折边（打咬口）和咬合压实。折边的质量应能保证咬口的严密和牢固，要求折边的宽度应一致，平直均匀，不得出现含半咬口和张裂现象。折边宽度应稍小于咬口宽度，因为压实时一部分留量将变为咬口的宽度。当咬口宽度小于10mm时，折边宽度应比咬口宽度少1mm；当咬口宽度大于或等于10mm时，折边宽度应比咬口宽度少2mm。咬口的加工可分为手工加工和机械加工两种。

① 手工咬口：手工咬口就是利用简单的加工工具，靠手工操作的方法进行风管和配件加工的过程。手工咬口使用的工具有硬质木锤、木方尺、钢制小方锤和各种型钢等。木方尺又称硬木拍板，规格为45mm×35mm×450mm，用硬木制成，主要用来平整板材和拍打咬口，以免使板面受到损伤；硬制木锤用来打紧打实咬口；钢制小方锤用来碾打圆形风管单立咬口或咬合修整角咬口；工作台上设置固定的槽钢、角钢或方钢等型钢，用作拍制咬口的垫铁，各种型钢垫铁必须平直，保持棱角锋利；制作圆形风管时，用圆管固定在工作台上作垫铁，用来卷圆或修整圆弧。

加工时，先把要连接的板边按咬口宽度和咬口留量的要求在板上画线，然后放在有垫铁的工作台上，用木拍板将钢板拍打成90°的折边，再将其翻过来拍打成约130°，伸出咬口宽度打成钩状。以同样的方法将另一块钢板的一边也打成钩状，合口时，先将两块钢板的钩挂起来，然后用木锤或咬口套打紧即可。单平咬口的加工过程如图3-8所示，联合角咬口的加工过程如图3-9所示。

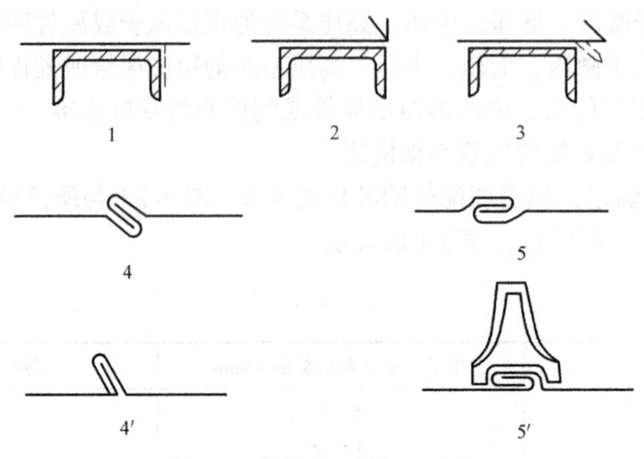

图3-8 单平咬口的加工过程

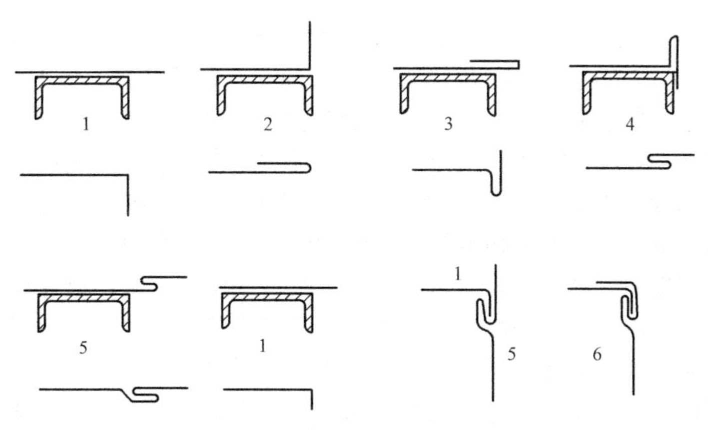

图 3-9　联合角咬口的加工过程

手工咬口工作效率低，噪声大，工人的劳动强度大，产品的质量不稳定，但其使用的工具简单，在机械化程度不高的情况下，仍可采用这种方法。

② 机械咬口：机械咬口常用的加工机械有多种型号，性能各不相同，如图 3-10 所示为多功能咬口机。利用咬口机、压实机等机械加工的咬口，成型平整光滑，生产效率高，操作简便，无噪声，大大改善了劳动条件。目前生产的咬口机体积小，搬动方便，既适用于集中预制加工，也适合于施工现场使用。

图 3-10　多功能咬口机

（2）焊接连接　风管及其配件在利用板材进行加工制作时，除采用咬口连接之外，对于通风或空调管道密封要求较高或板材较厚不宜采用咬口连接时，还广泛地采用焊接连接。

1）适用条件：在风管及配件加工所选板材厚度较厚时，若仍采用咬口连接，则会因机械强度较高而难以加工，且咬口质量也较差，这时应采用焊接。一般情况下，焊接连接适用于板厚 $\delta > 1.2$mm 的普通薄钢板、$\delta > 1.5$mm 的镀锌钢板、板厚 $\delta > 1.0$mm 的不锈钢板和板厚 $\delta > 1.5$mm 的铝板。

2）焊接方法及其选择：可根据工程需要、工程量大小、选用材料的类型及厚度以及装备条件等，选用适当的焊接方法。常用的焊接方法有电焊、气焊（氧气 - 乙炔焊）、锡焊、氩弧焊等。

电焊一般用于厚度大于 1.2mm 的普通薄钢板的焊接，或用于钢板风管与法兰之间的连接。电焊的预热时间短、穿透力强、焊接速度快，焊接变形比气焊小，但较薄的钢板容易烧透。为了保持风管表面的平整，特别是矩形风管，应尽量采用电焊焊接。焊接时，焊缝两边的铁锈、污物等应用钢丝刷清除干净。在对接焊时，因为风管板材较薄，不必做坡口，但应在焊缝处留出 0.5 ~ 1mm 的对口间隙；搭接焊时应留出 10mm 左右的搭接量。焊接前，将两个板边全长平直对齐，先把两端和中间每隔 150 ~ 200mm 点焊好，用小锤进一步把焊缝不平处打平，然后再进行连续焊接。

气焊用于板材厚度为 0.8 ~ 3mm 的钢板的焊接，特别是厚度在 0.8 ~ 1.2mm 之间的钢板，在用于制作风管或配件时，可采用气焊焊接。由于气焊的预热时间长，加热面积大，焊接后板材的变形大，将会影响风管表面的平整，因此一般只在板材较薄、电焊容易烧穿且严密性要求较高时采用。气焊也可用于板材厚度大于1.5mm的铝板连接，但不得用于不锈钢板的连接，因为气焊时，在金属内发生增碳作用或氧化作用，使接缝处金属的耐腐蚀性能降低，而且不锈钢的导热系数小，线膨胀系数较大，在气焊时加热范围大，易使板材发生挠曲。

锡焊是利用熔化的焊锡使金属连接的方法（属于钎焊）。锡焊仅用于镀锌薄钢板咬口连接的配合使用。由于它的焊缝强度低，耐温性能低，所以在通风与空调工程中很少单独使用。在用镀锌钢板加工制作风管时，尽量采用咬口或铆接连接，只有在对严密性要求较高或咬口补漏时才采用锡焊。一般是把锡焊作为咬口连接的密封用。锡焊用的烙铁或电烙铁、锡焊膏、盐酸或氯化钠等用具和涂料必须齐备，锡焊必须严格进行接缝处的除锈，方可焊接牢固。焊接时，应先把焊缝附近的铁锈、污物等清除干净，当烙铁加热后，再用烙铁熔化焊锡进行焊接。锡焊时应掌握好烙铁的温度，若温度太低，焊锡不易完全熔化，使焊接不牢；若温度太高，会把烙铁端部的焊锡烧掉。一般烙铁加热到冒绿烟时，就能使焊锡保持足够的流动性，这时的温度比较合适。焊接前，应在薄钢板施焊处涂上氯化锌溶液，如为镀锌钢板则涂上50%的盐酸溶液，然后即可进行锡焊。焊接后，应用热水把焊缝处的锡焊药水冲洗干净，以免焊药继续腐蚀钢板。

氩弧焊是利用氩气作保护气体的气电焊。由于有氩气保护了被焊接的金属板材，所以熔焊接头有很高的强度和耐腐蚀性能，且由于加热量集中，热影响区域小，板材焊接后不易发生变形，因此该焊接方法更适合用于不锈钢板及铝板的焊接。铝板焊接时，焊接口必须脱脂及清除氧化膜，可以使用不锈钢丝刷进行除锈，然后用航空汽油、工业酒精、四氯化碳及木精等清洗剂进行脱脂处理。焊口清除干净后应尽快进行焊接，否则，焊口又会重新受污而影响质量。

风管的拼接缝和闭合缝还可以用点焊机或缝焊机进行焊接。

点焊机是用来进行钢板的接触焊的一种焊机。它是由上下挺杆、两根铜棒触头和踏板等组成的，工作部分用水冷却。操作时，应打开冷却水，接通电源，再进行焊接操作，点好一点，再移动钢板焊接下一点。

缝焊机用于钢板搭接缝接触焊缝的焊接，是用固定在上下挺杆的辊子进行焊接的。焊辊可以横向或纵向装置，焊接时也需通水冷却。

3）焊缝形式及其选择：风管焊接时应根据风管和配件的结构形式和焊接方法的不同来选择焊缝形式。常用的焊缝形式有对接焊缝、搭接焊缝、扳边焊缝、角焊缝、搭接角焊缝和扳边角焊缝，如图3-11所示。

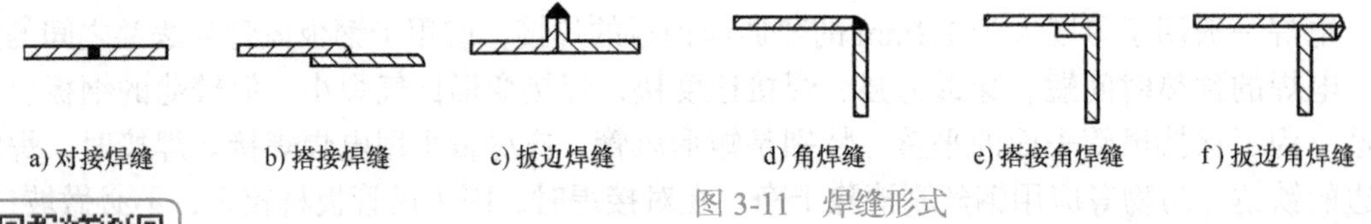

图3-11 焊缝形式

对接缝主要适用于板材的拼接缝、横向缝或纵向闭合缝；角缝主要适用于矩形风管及配件的纵向闭合缝和转角缝；搭接缝及搭接角缝主要适用于板材厚度较薄的矩形风管和配件以及板材的拼接；扳边缝及扳边角缝主要适用于板材厚度较薄的矩形风管和配件以及板材的拼接，且焊接形式为

气焊焊接。

4）焊接的质量要求：风管焊接时，其焊缝的表面应平整光滑，不应有烧穿、气孔、裂纹、咬边、结瘤及未焊透等现象，同时也要求焊缝严密，不得有漏气现象发生。

（3）铆接连接　铆接是将两块要连接的板材扳边搭接，用铆钉穿连并铆合在一起的连接方法，如图 3-12 所示。在通风与空调工程中，板材的铆接一般在板材较厚、采用咬口无法进行，或板材虽然不厚，但性能较脆，不能采用咬口连接时才采用。在实际工程中，随着焊接技术的发展，板材之间的铆接已逐步被焊接所取代。但在设计要求采用铆接或镀锌钢板厚度超过咬口机械的加工性能时，还需使用。铆接除用于板材之间的连接外，还常用于风管、部件或配件与法兰之间的固定连接。当管壁厚度 $\delta \leq 1.2$mm 时，常采用翻边铆接，为避免管外侧受力后产生脱落，铆接部位应在法兰的外侧。

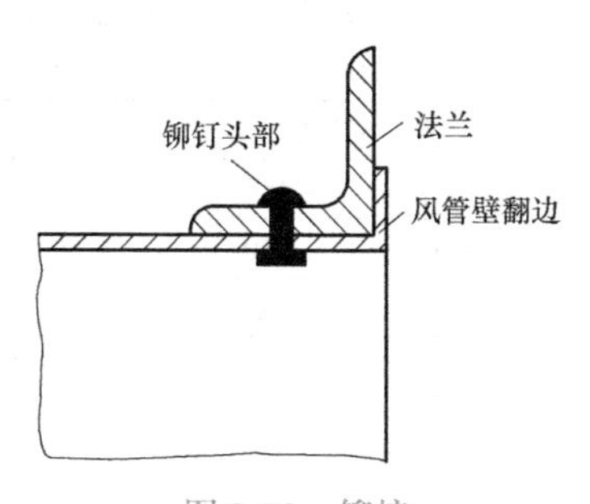

图 3-12　铆接

铆接前，应根据板材的厚度来选择铆钉的直径、铆钉的长度以及铆钉之间的间距等。铆钉的直径应为板厚的 2 倍，但不得小于 3mm。为了能打成压帽以压紧板材，铆钉长度 $L=2\delta+(1.5\sim2.0)d$，其中 d 为铆钉的直径，δ 为连接钢板的厚度。铆钉与铆钉之间的中心距一般为 40 ~ 100mm，严密性要求较高时，其间距还应小一些。铆钉孔中心到板边的距离应保持为（3 ~ 4）d。

铆接时，必须使铆钉中心垂直于板面，铆钉帽应把板材压紧，使板缝密合，并且铆钉应排列整齐，间距一致，铆钉应打牢，不得歪斜。铆接的方法有手工铆接和机械铆接两种。

手工铆接时，先将板材画好线，再根据铆钉之间的间距和铆钉孔中心到板边的距离来确定铆钉孔的位置，再按铆钉直径用手电钻打铆钉孔，把铆钉自内向外穿过，垫好垫铁，用手锤打堆钉尾，然后用罩模罩上，把钉尾打成半圆形的钉帽。为了防止铆接时产生位移，造成错孔，可先钻出两端的铆钉孔，并先铆好，然后再把中间的铆钉孔钻出并铆好。这种方法工序较多，工效低，锤打噪声大。

板材之间的铆接，一般中间可不加垫料，设计若有特殊要求时，应按设计的规定进行。

机械铆接是通风与空调工程中常用的铆接方法之一，其中手提式电动液压铆接钳是一种效果良好的铆接机械。它主要由液压系统、电气系统、铆钉弓钳三部分组成，如图 3-13 所示。其使用方法和工作原理是：先将铆钉钳导向冲头插入角铁法兰铆钉孔内，再把铆钉放入磁性座中，然后按动手钳上的电钮，使压力油进入软管注入工作油罐，罐内活塞迅速伸出使铆钉顶穿铁皮实现冲孔。活塞杆上的铆克将工件压紧，使铆钉尾部与风管壁紧密结合，这时油压加大，又使铆钉在法兰孔内变形膨胀挤压紧，外露部分则因塑性变形成为大于孔径的鼓头。铆接完成后，松开按钮，活塞杆复位。整个操作过程平均用时 2.2s。使用铆接钳工效高，省力，操作简便，穿孔、铆接一次完成，噪声很小。

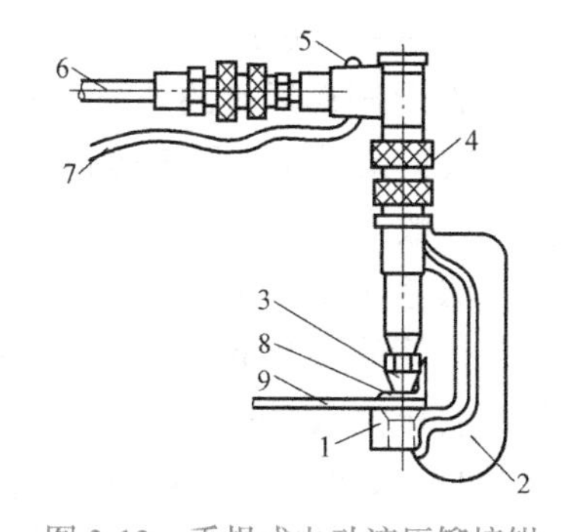

图 3-13　手提式电动液压铆接钳

1—磁性铆钉座　2—弓钳　3—铆克及冲头　4—油罐　5—按钮开关　6—油管　7—电线　8—角钢法兰　9—风管

5. 风管的加工与加固

风管的加工制作工艺主要包括板材的选择、展开下料、剪切、咬口加工、圆形风管的卷圆或矩形风管的折方、连接以及风管端部安装法兰等工艺过程。

（1）板材厚度的选择 在一般的通风空调系统中，加工风管所采用的板材种类、厚度等应符合设计要求及国家现行标准的规定；若无设计要求时，可按表3-2～表3-4进行选用。

表3-2 钢板风管的板材厚度 （单位：mm）

风管直径 D 或长边尺寸 b	微、低压系统风管	中压系统风管		高压系统风管	除尘系统风管
		圆形	矩形		
$D(b) \leqslant 320$	0.50	0.50	0.50	0.75	2.00
$320 < D(b) \leqslant 450$	0.50	0.60	0.60	0.75	2.00
$450 < D(b) \leqslant 630$	0.60	0.75	0.75	1.00	3.00
$630 < D(b) \leqslant 1000$	0.75	0.75	0.75	1.00	4.00
$1000 < D(b) \leqslant 1500$	1.00	1.00	1.00	1.20	5.00
$1500 < D(b) \leqslant 2000$	1.00	1.20	1.20	1.50	按设计要求
$2000 < D(b) \leqslant 4000$	1.20	按设计要求	1.20	按设计要求	按设计要求

注：1. 螺旋风管的钢板厚度可按圆形风管减少10%～15%。
2. 排烟系统风管钢板厚度可按高压系统设计。
3. 本表不适用于地下人防与防火隔墙的预埋管。

表3-3 铝板风管和配件的板材厚度 （单位：mm）

风管直径 D 或长边尺寸 b	微、低、中压
$D(b) \leqslant 320$	1.0
$320 < D(b) \leqslant 630$	1.5
$630 < D(b) \leqslant 2000$	2.0
$2000 < D(b) \leqslant 4000$	按设计要求

表3-4 不锈钢风管和配件的板材厚度 （单位：mm）

风管直径 D 或长边尺寸 b	微、低、中压	高压
$D(b) \leqslant 450$	0.50	0.75
$450 < D(b) \leqslant 1120$	0.75	1.00
$1120 < D(b) \leqslant 2000$	1.00	1.20
$2000 < D(b) \leqslant 4000$	1.20	按设计要求

（2）风管的展开下料

1）圆形直风管的展开下料：圆形直风管的展开比较简单，可直接在板材上画线。其展开图是一个矩形，矩形的一个边长为圆形风管的周长 πD，另一个边长为风管的长度 L，其中 D 是圆形风管的外径。展开图画好后，还应根据板材的厚度在风管周长所在的边长上留出咬口余量 M，即该边长的长度为（$\pi D+M$）mm；在风管的长度方向上留出法兰的翻边量（一般为10mm），则矩形的该边长为（L+2×10）mm。较厚的钢板，每节风管的两端通常与法兰焊接，可不留余量。

风管的展开下料通常在平台上进行，以每块钢板的长度作为一节风管的长度，以钢板的宽度作为风管的圆周长，当一块钢板不够时，可用几块钢板拼接。为了保证风管的质量，展开时，矩形的四个角必须垂直，可用对角线法检验。

2）矩形直风管的展开下料：矩形直风管的展开下料方法与圆形风管相同，其展开图也是一个矩形，矩形的一个边长为矩形风管断面的各边长之和，即矩形风管的断面周长2（$A+B$），另一个边长为风管的长度 L。同样对于风管的展开图应严格角方，防止加工制作出的风管产生扭曲、翘角等变形现象。

（3）风管的加工

1）圆形风管的加工：圆形风管的加工通常采用手工或机械进行。手工加工前应将剪切好的板材先做好咬口，然后将板材贴在工作台上的圆管垫铁上压圆，再用拍板修整，使咬口能互相扣合，再把咬口打紧打实，最后用木方尺整圆，找圆时木方尺用力应均匀，不宜过大，以免出现明显的痕迹，直到风管的圆弧均匀为止。

图 3-14 卷圆机

机械加工是用卷圆机（图 3-14）进行滚压，该机适用于厚度在 2mm 以内、板宽在 2000mm 以内的板材卷圆。卷圆机由电动机通过带轮和蜗轮减速，经齿轮带动两个下辊旋转，当板材送入辊轮间时，上辊因与板材之间的摩擦力而转动，从而将板材压成圆形。操作时，应先把咬口附近的板边在钢管上用手工拍圆，再把板材送入上下辊之间，辊子带动板材转动，板材即被压成圆形。上下辊的间距可以随时进行调节。板材经卷圆机卷圆后，再由咬口机压实，就成为圆形风管。

2）矩形风管的加工：在矩形风管的加工制作中，当风管的周长小于板宽时，即用整张钢板宽度折边成型，可设一个角咬口，如图 3-15a 所示；当板宽小于周长，大于周长的一半时，可设两个角咬口，如图 3-15b 所示；当周长很大时，可在风管的四个边角分别设一个角咬口，如图 3-15c 所示。

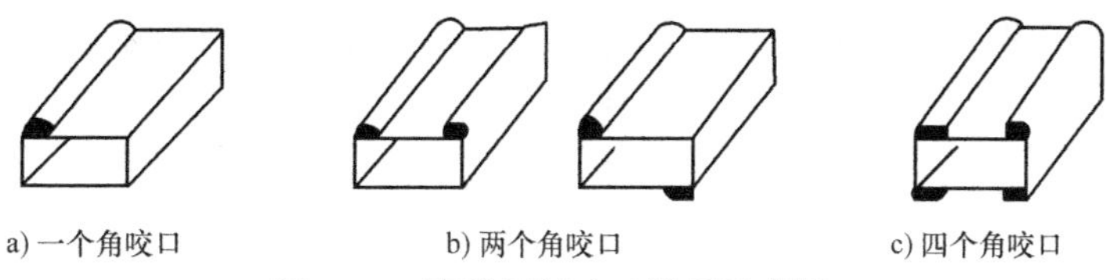
a) 一个角咬口　　b) 两个角咬口　　c) 四个角咬口

图 3-15 矩形风管咬口设置示意图

矩形风管可采用手工加工或机械加工。手工加工前应将剪切好的板材先做好咬口，画好折曲线，再把板材放在工作台上，使折曲线与槽钢边对齐，一般较长的风管由两人操作，两人分别站在板材的两端，一手将板材压在工作台上，不使板材移动，一手把板材向下压成 90° 直角，然后用木方尺进行修整，直到打出棱角，使板材平整为止。最后将咬口相互咬合，打紧打实即可。

机械加工是用手动扳边机或折方机进行折方，再将咬口咬合打实后即成矩形风管。其操作方法简单、便捷。矩形风管可根据工程要求，采用转角咬口、联合角咬口或按扣式咬口等不同的咬口形式。

3）风管的无法兰连接：风管的无法兰连接应符合设计要求；设计无明确要求时，圆形风管可根据实际情况按表 3-5 确定，矩形风管可根据实际情况按表 3-6 确定。

表 3-5 圆形风管无法兰连接形式

无法兰连接形式		附件板厚 /mm	接口要求	使用范围
承插连接		—	插入深度大于或等于 30mm，有密封要求	直径 < 700mm 微压、低压风管

（续）

无法兰连接形式		附件板厚 /mm	接口要求	使用范围
带加强筋承插		—	插入深度大于或等于 20mm，有密封要求	微压、低压、中压风管
角钢加固承插		∟25×3 ∟30×4	插入深度大于或等于 20mm，有密封要求	微压、低压、中压风管
芯管连接		大于或等于管板厚	插入深度大于或等于 20mm，有密封要求	微压、低压、中压风管
立筋抱箍连接		大于或等于管板厚	翻边与楞筋匹配一致，紧固严密	微压、低压、中压风管
抱箍连接		大于或等于管板厚	管口对正，抱箍应居中，宽度大于或等于 100mm	直径 < 700mm 微压、低压风管
内胀芯管连接		大于或等于管板厚	橡胶密封垫固定应牢固	大口径螺旋风管

表 3-6 矩形风管无法兰连接形式

无法兰连接形式		附件板厚 /mm	使用范围
S 形插条		≥ 0.7	微压、低压风管，单独使用时连接处必须有固定措施
C 形插条		≥ 0.7	微压、低压、中压风管
立插条		≥ 0.7	微压、低压、中压风管
立咬口		≥ 0.7	微压、低压、中压风管

（续）

无法兰连接形式		附件板厚 /mm	使用范围
包边立咬口	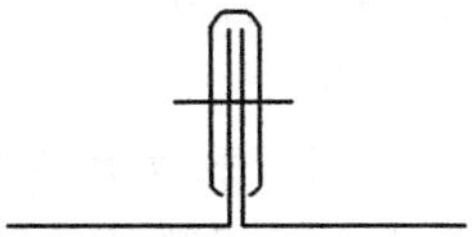	≥ 0.7	微压、低压、中压风管
薄钢板法兰插条	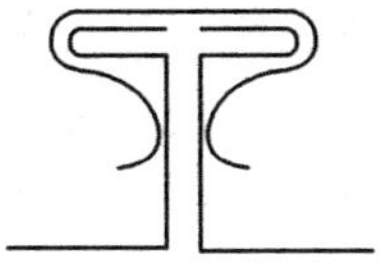	≥ 1.0	微压、低压、中压风管
薄钢板法兰弹簧夹		≥ 1.0	微压、低压、中压风管
C 形直角平插条	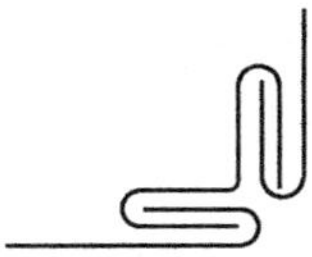	≥ 0.7	微压、低压风管
立联合角形插条	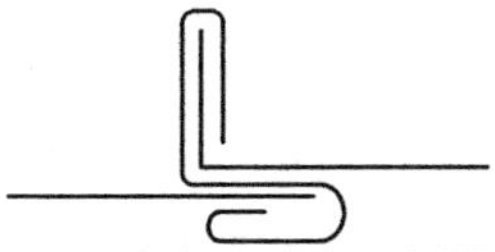	≥ 0.8	微压、低压风管

① 插条连接。插条有 C 形、S 形插条两类，如图 3-16 所示；矩形风管无法兰连接的密封位置如图 3-17 所示。

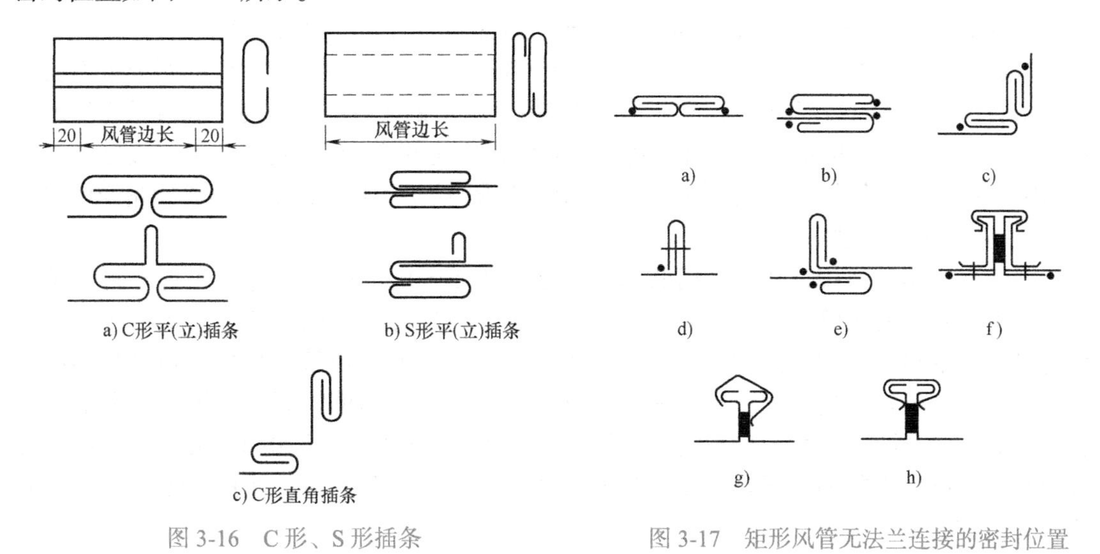

图 3-16　C 形、S 形插条

图 3-17　矩形风管无法兰连接的密封位置

注：图中“●”点处为密封位置。

C 形、S 形插条与风管插口的宽度应匹配，插条的两端宜各延长大于或等于 20mm。S 形插条与风管边长尺寸允许偏差不超过 2mm。

采用C形平插条连接的风管边长不应大于630mm，采用C形立插条连接的风管边长不宜大于1250mm。插条制作应使后安装的两条垂直连接缝插条的两端带有20 ~ 40mm折耳，安装后使折耳翻压90°，盖压在另两根插条的端头，形成插条四角定位固定。连接缝需封闭时，可参照图3-17a，使用密封胶或铝箔密封胶带封闭。

采用S形平插条连接的风管边长不应大于630mm，采用S形立插条连接的风管边长不宜大于1250mm。利用中间连接件S形插条，将要连接的两根风管的管端分别插入插条的两面槽内，四角折耳翻压定位固定同C形插条。矩形风管两组对边可分别采用C形和S形插条，一般是上下边（大边）使用S形插条，左右边（小边）使用C形插条。当单独使用S形平插条时，应使用抽芯铆钉、自攻螺钉与风管壁固定。S形立插条与风管壁连接处的铆接间距应小于150mm。连接缝需封闭时，可参照图3-17b。

直角形插条适用于风管长边尺寸不大于630mm的低压主干管与支管连接。利用C形插条从中间外弯90°做连接件，插入矩形风管主管平面与支管管端形成连接。主管平面开洞，洞边四周翻边180°，翻边后净留孔尺寸应等于所连接支管的断面尺寸；支管管端翻边180°，翻边宽度均应不小于8mm。安装时先插入与支管边长相等的两侧插条，再插入另外两侧留有折耳的插条（插入前在插条端部90°角线处剪出等于折边长的开口），将长出部分折成90°压封在支管先装的两侧插条的端部。咬合完毕后应封闭四角缝口。连接缝需封闭时，可参照图3-17c。

② 立咬口连接。风管立咬口适用于风管长边尺寸不大于1000mm的微压、低压、中压矩形风管连接。连接缝一侧风管四个边折成一个90°立筋，其立筋的高度应大于或等于同规格风管的角钢法兰高度，同一规格风管立咬口的高度应一致，另一侧折两个90°成Z形，折角应有棱线，弯曲度允许偏差为5‰。连接时，将两侧风管立边贴合，然后将Z形外折边翻压到另一侧立边背后，压紧后用铆钉铆接固定，铆钉间距不应大于150mm。合口时四角应各加上一个边长不小于60mm的90°贴角，并与立咬口铆接固定，贴角板厚度应不小于风管板厚。咬合完毕后应封闭四角缝口。连接缝需封闭时，可参照图3-17d。

包边立咬口适用于微压、低压、中压矩形风管连接。连接缝两侧风管的四个边均翻成垂直立筋，其立筋的高度应大于或等于同规格风管的角钢法兰高度，同一规格风管包边立咬口的高度应一致，折角应倾角有棱线，弯曲度允许偏差为5‰，利用公用包边将连接缝两侧风管垂直立边合在一起并用铆钉铆固，铆钉间隔不应大于150mm。风管四角90°贴角处理和接缝的封闭同立咬口。

立联合角插条连接适用于风管长边尺寸不大于1250mm的矩形低压风管。制作风管时，应使带立边的风管端口长、宽尺寸稍大于平插口尺寸。利用立咬平插条，将矩形风管连接两个端口，分别采用立咬口和平插的方式连在一起，风管四角立咬口处加90°贴角。平插及立咬口的连接处，以及贴角与立咬口结合处均用铆钉固定，铆接间距不应大于150mm。平插处一对垂直插条的两头应有长出另两侧风管面20~40mm左右的折耳，压倒在平齐风管面的两根平插条上。咬合完毕后应封闭四角缝口。连接缝需封闭时，可参照图3-17e。

③ 薄钢板法兰。薄钢板法兰矩形风管不得用于高压风管。矩形风管薄钢板法兰可利用风管本体端口四边预留量折边形成，也可用薄钢板压制成空心法兰条，薄钢板法兰风管端面形式及适用风管长边尺寸应符合表3-7的规定。

薄钢板法兰制作应采用机械加工，薄钢板法兰应平直，弯曲度不应大于5‰。组合式薄钢板法兰与风管连接可采用冲压连接或铆接等形式。微压、低压、中压风管与法兰的铆（压）接点，间距宜为120~150mm；高压风管与法兰的铆（压）接点间距宜为80~100mm。

低压系统风管长边尺寸大于1500mm、中压系统风管长边尺寸大于1350mm时，可采用顶丝卡连接。顶丝卡宽度宜为25~30mm，厚度不应小于3mm，顶丝宜为M8镀锌螺钉。

表3-7　薄钢板法兰风管端面形式及适用风管长边尺寸　（单位：mm）

<table>
<tr><th colspan="2">法兰端面形式</th><th>适用风管长边尺寸 b</th><th>风管法兰高度</th><th>角件板厚</th></tr>
<tr><td colspan="2">普通型</td><td>$b\leqslant 2000$（长边尺寸大于1500时，法兰处应补强）</td><td rowspan="4">≥相同金属法兰风管的法兰高度</td><td rowspan="4">≥1.0</td></tr>
<tr><td rowspan="3">增强型</td><td rowspan="2">整体式</td><td>$b\leqslant 630$</td></tr>
<tr><td>$630<b\leqslant 2000$</td></tr>
<tr><td>组合式</td><td>$2000<b\leqslant 2500$</td></tr>
</table>

当采用组合式薄钢板法兰条与风管连接时，应找正四个法兰条端面平面，并保证与风管轴线垂直，接口四角处应有固定角件，其材质为镀锌钢板，板厚不应小于1.0mm，且不应低于风管本体厚度。固定角件与法兰连接处应采用密封胶进行密封。法兰条与风管的连接缝涂密封胶封闭（图3-17f）。

薄钢板弹簧夹连接适用于微压、低压、中压边长不大于1500mm的风管。薄钢板法兰弹簧夹的材质应与风管板材相同，形状和规格应与薄钢板法兰相匹配，厚度不应小于1.0mm，且不应低于风管本体厚度，长度宜为120 ~ 150mm。风管连接时应在四角插入成对90°贴角，以加强矩形风管的四角成型和刚度。两法兰平面之间加密封胶条密封（图3-17g）。

薄钢板法兰C形平插条适用于微压、低压、中压矩形风管管端连接。利用C形插条连接时，可在风管端部多翻出一个立面，相当于连接法兰，以增大风管连接处的刚度，或直接用于薄钢板法兰连接。连接时立面或法兰四角须加成对90°贴角，以便插条延伸出角和加固风管四角定形。插条长度应等于风管边宽加2倍立面或法兰高度，插条折耳同C形插条连接。两法兰平面之间应加密封胶条（图3-17h）。

4）风管加工制作的要求：制作风管时，画线、下料要正确，板面应保持平整，咬口缝应紧密，折角应平直，防止风管与法兰尺寸不匹配，而使风管起皱或扭曲翘角。咬口缝宽度应均匀，纵向接缝应错开一定距离，不得有十字形拼缝，以不降低风管质量为准。焊接风管的焊缝应平整，不应有气孔、砂眼、凸瘤、夹渣及裂纹等缺陷，焊接后的变形应进行校正，并将焊渣及飞溅物清除干净。

净化空调系统风管加工制作时，风管内表面应平整、光滑，管内不得设有加固框或加固筋。风管不得有横向拼接缝。矩形风管底边宽度小于或等于900mm时，底面不得有拼接缝；大于900mm且小于或等于1800mm时，底面拼接缝不得多于1条；大于1800mm且小于或等于2700mm时，底面拼接缝不得多于2条。风管所用的螺栓、螺母、垫圈和销钉的材料应与管材性能相适应，不应产生电化学腐蚀。当空气洁净度等级为N1 ~ N5级时，风管法兰的螺栓及铆钉孔的间距不应大于80mm；当空气洁净度等级为N6 ~ N9级时，不应大于120mm；不得采用抽芯铆钉。矩形风管不得使用S形插条及直角形插条连接。边长大于1000mm的净化空调系统风管，无相应的加固措施，不得使用薄钢板法兰弹簧夹连接。空气洁净度等级为N1 ~ N5级的净化空调系统风管，不得采用按扣式咬口连接。风管制作完毕后应清洗，清洗剂不应对人体、管材和产品等产生危害。

圆形和矩形直风管的管段长度，应根据实际需要和板材的规格而定，一般管段长度为1.8 ~ 4.0m。风管的加工长度应比实测时的计算长度放长30 ~ 50mm。当风管的外直径或外边长小于或等于300mm时，其允许偏差不应大于2.0mm；当外直径或外边长大于300mm时，其允许偏差不应大于3.0mm；管口平面度的允许偏差不应大于2mm；矩形风管两条对角线长度之差不应大于3mm；圆形法兰任意正交两直径之差不应大于3mm。

（4）风管的加固　对于直径或边长较大的风管，为了避免风管断面变形和减少管壁在系统运转中由于震动而产生的噪声，就需要对风管进行加固。

1）圆形风管的加固：圆形风管由于其本身的强度较高，而且风管两端的法兰起到一定的加固作用，因此，一般不再考虑风管自身的加固。只有当直咬缝圆形风管的直径大于或等于800mm，且其管段长度大于1250mm或管段总表面积大于4m^{2}时，每隔1500mm才加设一个扁钢加固圈，并用铆钉固定在风管上。为了防止咬口在运输或吊装时裂开，圆形风管的直径大于500mm时，其纵向咬口的两端用铆钉或点焊固定。

2）矩形风管的加固：与圆形风管相比，矩形风管强度低，易产生变形。施工及验收规范规定：当矩形风管的大边长大于或等于630mm，或保温风管大边长大于800mm，管段长度在1250mm以上，或低压风管的单边平面积大于1.2m^2，中、高压风管大于1.0m^{2}时，为了减少风管在运输和安装中的变形，制作时必须采取加固措施。

风管的加固可采用角钢加固、立咬口加固、楞筋加固、扁钢内支撑、螺杆内支撑和钢管内支撑等多种形式（图3-18）。矩形风管加固件宜采用角钢、轻钢型材或钢板折叠；圆形风管加固件宜采用角钢或扁钢。

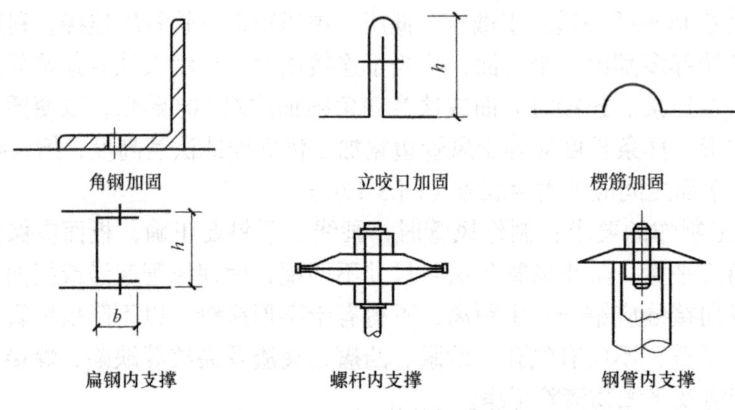

图3-18　金属风管的加固形式

边长小于或等于 800mm 的风管宜采用压筋加固。边长在 400 ~ 630mm 之间，长度小于 1000mm 的风管也可采用压制十字交叉筋的方式加固。

高压系统风管的单咬口缝应有防止咬口缝胀裂的加固措施。

薄钢板法兰风管宜采用轧制加强筋加固，加强筋的凸出部分应位于风管外表面，间距不应大于 300mm，排列间距应均匀，靠近法兰的加强筋与法兰间距不应大于 200mm。轧制加强筋后风管板面不应有明显的变形。

风管采用外加固框和管内支撑加固时，加固件距风管连接法兰一端的距离不应大于 250mm。外加固型材的高度应小于或等于风管法兰高度，且间隔应均匀对称，与风管的连接应牢固，螺栓或铆接点间距应不大于 220mm；外加固框的四角处应连接为一体。

风管采用镀锌螺杆内支撑时，镀锌加固垫圈应置于管壁内外两侧。正压时密封圈置于风管外侧，负压时密封圈置于风管内侧，风管四个壁面均加固时，两根支撑杆交叉成十字状。采用钢管内支撑时，可在钢管两端设置内螺母。风管内支撑加固的排列应整齐，间距应均匀对称，应在支撑件两端的风管受力面处设置专用垫圈。采用套管内支撑时，长度应与风管边长相等。

风管的加固

三、管件的加工制作

通风与空调工程的安装，在预制加工直风管的同时，也要预制加工好各种部件、配件。风管配件和直风管一样，都具有一定的几何形状和外形尺寸，都是由平整的金属或非金属板材加工制作而成，所以必须把风管、配件或部件的实际表面按照 1 : 1 的比例，依次展开并平摊在板材的平面上画成图形，在实际工程中不是以物求形，而是以图求物。

工程中常见的风管配件有弯头、三通、四通、变径管（大小头）、天圆地方、来回弯等。对于它们的展开下料，通常采用画法几何中的平行线法、求实长线法、放射线法、三角形法、梯形法等方法来解决。下面就工程中常用的管件加工制作方法做以介绍。

1. 弯头的加工制作

弯头是风管转弯时必备的配件，其尺寸大小主要取决于风管的断面尺寸。根据弯头的断面形状可分为圆形弯头和矩形弯头。

（1）圆形弯头的加工制作　圆形弯头又称虾米腰，它是由两个端节和若干个中间节组成的，而端节尺寸是中间节尺寸的一半。

1）弯曲半径及节数的确定：弯头要求阻力不能太大，同时根据安装要求，其加工尺寸也不能过大。弯头局部阻力的大小，主要取决于弯头转弯的平滑度，弯头的平滑度又取决于弯曲半径的大小和弯头的节数。若弯头的弯曲半径较小，则其中间节数少，虽然费用少，加工尺寸也较小，便于安装，但其阻力会较大，影响系统的正常工作；若弯头的弯曲半径较大，则其中间节数多，阻力较小，但占有空间位置较大，不利于安装，而且费用也较多。因此弯头的弯曲半径和弯头节数的多少，应按图纸要求进行施工，当无设计要求时，应符合技术规范的规定，使用时可参考表 3-8。

2）展开方法：圆形弯头的展开采用平行线展开法。

① 根据已知弯头的直径 D、弯曲角度 α，先确定弯头的弯曲半径 R 和节数，画出立面图。例如，已知直径为 400mm 的 90° 弯头，其弯曲半径 $R=1.5\times D=1.5\times 400\text{mm}=600\text{mm}$，取 3 个中间节，2 个端节。在画立面图时，先画一个 90° 直角，以直角的顶点 O 为圆心，以 R 为半

表 3-8 圆形弯头的弯曲半径和最少节数

弯管直径 D/mm	曲率半径 R/mm	弯管角度和最少节数							
		90°		60°		45°		30°	
		中节	端节	中节	端节	中节	端节	中节	端节
80 ~ 220	≥ 1.5D	2	2	1	2	1	2	—	2
240 ~ 450	1.0D ~ 1.5D	3	2	2	2	1	2	—	2
480 ~ 800	1.0D ~ 1.5D	4	2	2	2	1	2	1	2
850 ~ 1400	1.0D	5	2	3	2	2	2	1	2
1500 ~ 2000	1.0D	8	2	5	2	3	2	2	2

径作圆弧，该圆弧即为弯头的轴线，再分别以 $R+0.5D$ 和 $R-0.5D$ 为半径作弧，分别与直角边交于点 A 和 B。因为一个中间节相当于两个端节，所以该 90° 弯头相当于 4 个中间节，故把 90° 弯头四等分，过等分线与圆弧的交点分别作切线，内外弧上各切线的交点连线即为各节之间的连接线（如 DC 线），如图 3-19a 所示，则由 A、B、C、D 构成的图形即为端节。

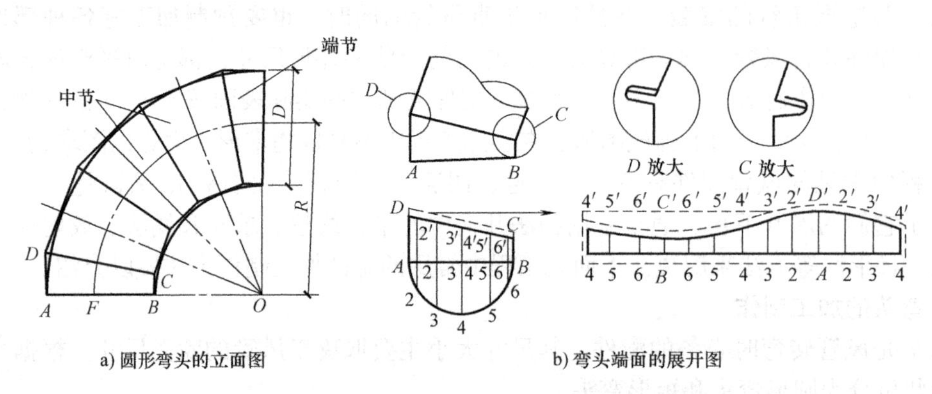

图 3-19 圆形弯头的立面图和端节展开图

② 如图 3-19b 所示，先作直线 AB，并在直线上截取线段 $AB=D$，D 为弯头的直径。再分别过 A、B 两点作线段的垂线 AD、BC，垂足分别为 A、B，在垂线 AD、BC 上分别截取端节的背高 AD 和 BC，连接 DC，则 $ABCD$ 即为端节的立面图。在线段 AB 上找出中点，以该中点为圆心，$\frac{1}{2}D$ 为半径作半圆弧，并将圆弧 6 等分，得 2、3、4、5、6 各点，过这些点分别作直线 AB 的垂线并延长，分别与 CD 相交于 2′、3′、4′、5′、6′ 各点。

③ 将 AB 线延长，并在延长线上截取长度为 πD 的线段，将该线段 12 等分，过各等分点分别作线段的垂线。

④ 过 CD 线上的各点 D、2′、3′、4′、5′、6′ 和 C，分别作直线 AB 的平行线并向右延长，分别与各相应点的垂线相交，交点分别为 D'、2′、3′、4′、5′、6′ 和 C'，然后将各交点用圆滑的曲线相连，两端闭合，即得端节的展开图。

⑤ 将端节的展开图以底边为中线对折，即取 2 倍端节的展开图，就可得到中间节的展

开图。

画好展开图后，应放出咬口余量，用剪好的端节和中间节作样板，按需要的数量在板材上画出剪切线即可。

3）圆形弯头的加工：把画好线的板材用手工或机械剪切的方法剪开，拍好纵咬口，加工成带斜口的短管，注意应把各节的纵向咬口错开，然后在弯头咬口机上压出横立咬口。压好咬口后就可以进行弯头的组对装配工作。弯头可用弯头合缝机或用钢制方锤在工作台上进行合缝。

（2）矩形弯头的加工制作

1）矩形弯头的类型：常见的矩形弯头有内弧形矩形弯头、内外弧形矩形弯头和内斜线形矩形弯头三种，如图 3-20 所示。

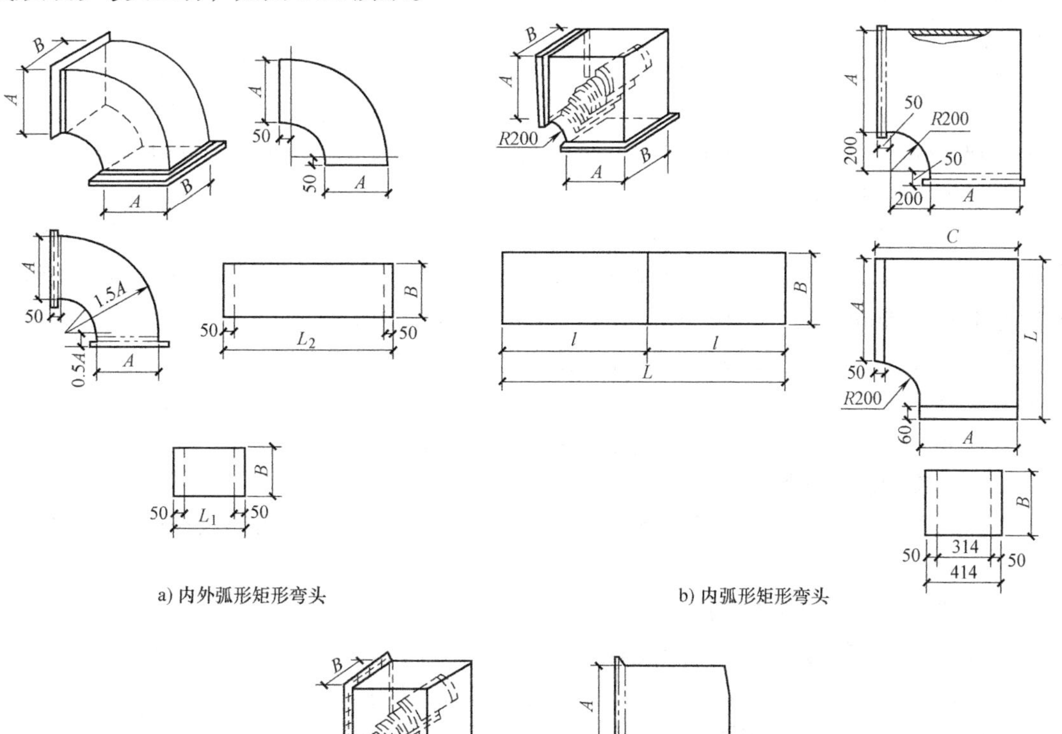

a) 内外弧形矩形弯头

b) 内弧形矩形弯头

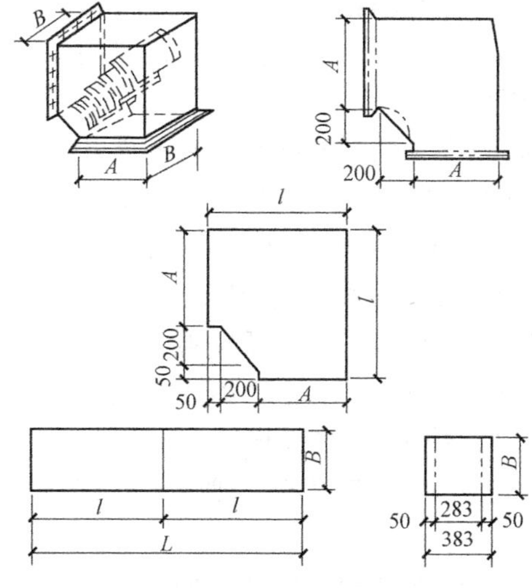

c) 内斜线形矩形弯头

图 3-20　矩形弯头的展开

2）矩形弯头的几何组成：无论是哪种类型的矩形弯头，在加工制作时，都是由两块侧板、弯头背和弯头里四部分组成的，如图3-20所示。

3）矩形弯头的展开：弯头背和弯头里的宽度以B表示，侧壁的宽度以A表示，矩形弯头的弯曲半径一般为$1.0 \times A$。

对于内外弧形矩形弯头，如图3-20a所示，弯头背的弯曲半径为$R'=1.5A$，弯头里的弯曲半径为$R''=0.5A$。展开下料时，弯头里和弯头背的展开图均为矩形，矩形的宽度为B，弯头里的展开长度为$L=2\pi R''/4=1.57R''=0.785A$，弯头背的展开长度为$L'=2\pi R'/4=1.57R'=2.355A$；并在两侧留出咬口余量，在两端留出法兰翻边留量，一般取50mm；两块侧板的展开图为扇形。分别以R'、R''为半径画圆弧，并与顶点在圆心的一直角的两条边相交后，所形成的扇形即为侧板的展开图。同样也应在两弧形边上留出咬口余量，两端留出法兰的翻边留量。

对于内弧形矩形弯头，如图3-20b所示，一般取内圆弧的弯曲半径R=200mm。弯头里和弯头背的展开图均为矩形，其宽度为B，弯头里的展开长度为$L=2\pi R/4=1.57R=1.57 \times 200\text{mm}=314\text{mm}$，弯头背的展开长度为$L'=2(A+R)=2A+400\text{mm}$。同样也应留出咬口余量和法兰的翻边留量。

对于内斜线形矩形弯头，如图3-20c所示，展开下料时，先以R=200mm作一个90°圆弧，连接两端点，则该连线即为弯头的内斜线。过圆弧的两端点作切线，并在切线上分别截取长为50mm的线段作为法兰的翻边留量，再过线段的端点分别作垂线，并截取侧板的宽度A，最后再过线段的末端分别作水平线和垂线，相交于一点，则所围成的图形即为侧板展开图。弯头背和弯头里的展开图均为矩形，其宽度为B，弯头背的展开长度为$L=2(A+200)=2A+400\text{mm}$；弯头里的展开长度为$L'$=283mm。

2. 变径管的加工制作

在通风空调工程中，变径管用来连接不同断面的风管，主要有圆形变径管和矩形变径管两种形式。

（1）圆形变径管的加工制作

1）圆形变径管的展开：圆形变径管的展开有三种情况，即可以得到顶点的正心圆形变径管、不易得到顶点的正心圆形变径管和偏心变径管。

① 可以得到顶点的正心圆形变径管的展开：它的展开采用放射线法。如图3-21所示，根据已知变径管的大口直径D、小口直径d和高h，画出变径管的立面图和平面图。在立面图上，作母线AE、BF的延长线，并相交于点O，然后以O点为圆心，分别以OF和OB为半径画弧，过O点任作一直线OA'，分别与两圆弧相交与点E'和A'，在两圆弧上分别截取$A'A''$和$E'E''$，使$A'A''$的弧长等于圆周长πD，$E'E''$的弧长等于πd，连接$A'E'$和$A''E''$，则$A'E'E''A''$即为展开图。

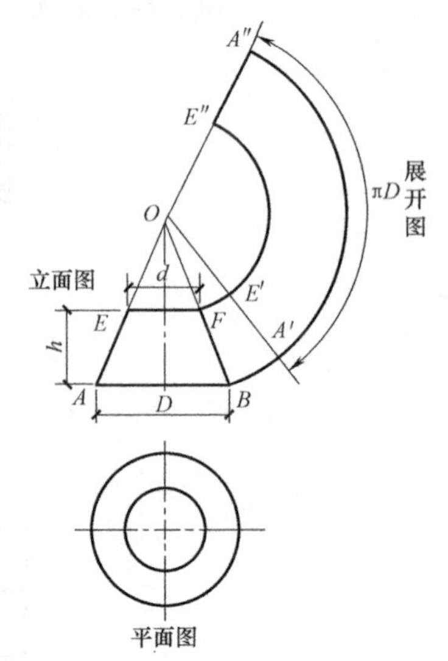

图3-21 可以得到顶点的正心圆形变径管的展开

② 不易得到顶点的正心圆形变径管的展开：如果圆形变径管的大口、小口直径相差很小，若仍采用放射线法进

行展开，则其顶点就会相交于很远的地方，这种变径管称为不易得到顶点的正心圆形变径管。在这种情况下，一般采用近似画法作其展开图。

展开时，根据已知的大口直径 D、小口直径 d 以及高 h，首先画出立面图和平面图，如图 3-22 所示。然后在平面图上将大口直径和小口直径的圆周长各 12 等分，以变径管的母线长 L 作为高，分别以大口、小口直径的圆周长 12 等分中的一份作为两底画梯形，以该梯形为样板，在板材上连续量取 12 等分，然后用圆滑的曲线将各点连接起来，即为该变径管的展开图。

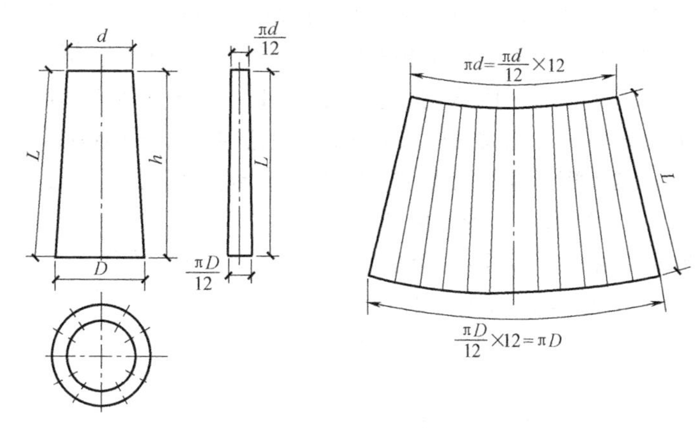

图 3-22　不易得到顶点的正心圆形变径管的展开

③ 偏心变径管的展开：偏心变径管也可分为可以得到顶点的偏心变径管和不易得到顶点的偏心变径管两种，可以得到顶点的偏心变径管展开时，可用放射线法；不易得到顶点的偏心变径管展开时，可采用三角形法进行。现重点介绍不易得到顶点的偏心变径管的展开方法，如图 3-23 所示。

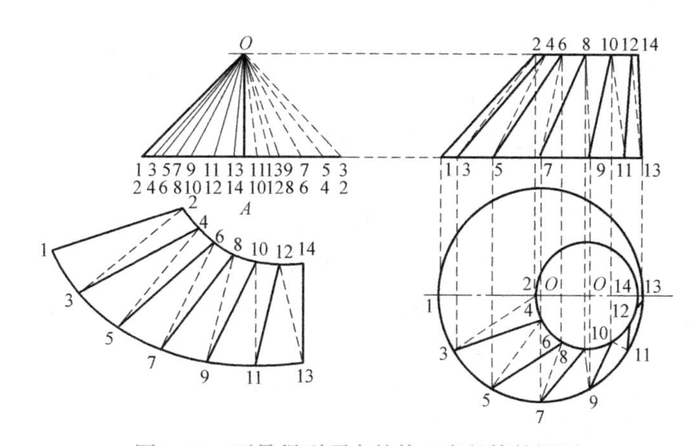

图 3-23　不易得到顶点的偏心变径管的展开

根据已知偏心变径管的大口直径 D、小口直径 d、高 h 和偏心距 s，首先画出平面图和立面图。

在平面图上将小口直径圆周的一半 6 等分，等分点为 2、4、6、8、10、12、14，同样将大口直径圆周的一半 6 等分，等分点为 1、3、5、7、9、11、13。分别连接 1、2，3、4，5、6，7、8，9、10，11、12，13、14 和 2、3，4、5，6、7，8、9，10、11，12、13，并将各连线投影到立面图上，形成若干个三角形，用这些三角形来代表变径管的表面。

用三角形法求出各连线的实长。画直线 OA 等于偏心变径管的高 h，以 OA 为直角边，分别以平面图中 1-2、2-3、3-4、4-5 等连线为另一直角边作三角形，则各三角形的斜边长即为相应连线的实长。

画一任意直线，并在直线上截取 1、2 两点，使其长度等于 1-2 的实长，分别以 1、2 两点为圆心，以弧线 1-3 的弧长和线段 2-3 的实长为半径画圆弧，相交于点 3。再以 2、3 两点为圆心，分别以弧线 2-4 的弧长和线段 3-4 的实长为半径画弧，并相交于点 4。同样，再以 3、4 两点为圆心，分别以弧线 3-5 的弧长和线段 4-5 的实长为半径画弧，相交于点 5。依次找出各点，然后用光滑的曲线将各点连接，就得到偏心变径管的展开图的一半，最后以展开图一端的直线为对称线对折后，就可得到偏心变径管的展开图。

2）圆形变径管的加工：圆形变径管展开之后，应留出咬口余量，并根据所选用的法兰类型，留出法兰的翻边余量。当采用角钢法兰，大口直径和小口直径相差很少时，影响不大。当直径相差很大时，就会出现大口法兰与风管不能紧贴，小口法兰套不进去的现象。此时，在下料时，可把相邻的直风管剪掉一些，或把变径管的高度减少，留出短管。当采用扁钢法兰时，因扁钢厚度一般为4～5mm，所以影响不大，只要在下料时稍加留心，把小口缩小些，把大口稍放大些，套上法兰后，用小方锤将翻边打平即可。

（2）矩形变径管的加工制作　矩形变径管是用来连接两个不同直径的矩形风管的配件。

1）矩形变径管的展开：矩形变径管的展开采用三角形法。根据已知变径管的大口管边尺寸、小口管边尺寸和高，作出平面图和立面图，如图3-24所示。

在平面图中，先将四个梯形侧面分成三角形，然后用三角形法求出各边的实长，最后分别作出四个侧面的展开图。

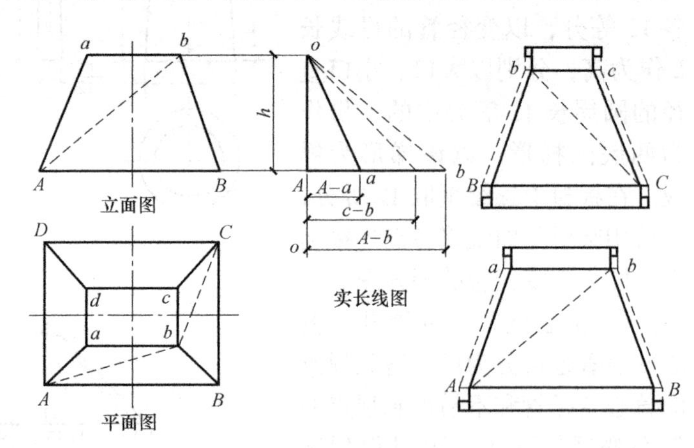

图3-24　矩形变径管的展开

2）矩形变径管的加工：矩形变径管的加工，可用一块板材制成，为了节省板材，也可采用四块板材制作。当采用四块板材制作时，其四条接缝应采用角咬口连接。展开后，应留出咬口余量和法兰的翻边留量。制作时，先拍好咬口，再把咬口挂钩打实。

3. 三通的加工制作

三通分为圆形三通和矩形三通两种，均由主管和支管两部分组成。一般把风管的延续部分称为主管，把分支部分称为支管。

（1）圆形三通的加工制作　圆形三通根据主管和支管的夹角情况不同，可分为斜三通、正三通和Y形（裤衩）三通等，应根据工程实际情况选用。

1）主管和支管同底的圆形斜三通的展开：根据主管大口直径 D、小口直径 D'、支管直径 d、三通的高 H、主管与支管轴线的夹角 α，先画出三通的立面图，如图3-25所示。夹角 α 一般在15°～35°之间，夹角 α 较小时，高度 H 就较大，而夹角 α 较大时，高度 H 就较小。一般通风系统的夹角 α=25°～35°，常采用30°；除尘系统的夹角 α=15°～20°。主管和支管之间的开挡距离 δ，应能保证安装法兰时便于操作，一般取 δ=80～100mm。

展开时，先画一直线，并在直线上截取线段 AB，使 AB 等于主管大口直径 D，从 AB 的中点 O 作垂线 OO'，在 OO' 垂线上截取线段 OP，使 OP 等于三通的高 H，过 P 点作 AB 的平行线，并以 P 点为中点截取线段 CD，使 CD 等于小口直径 D'，连接 AC 和 BD 即得主管的立面图。再过 O 点以确定的夹角 α 作直线 OO''，过 D 点作 OO'' 的垂线并相交于 M 点，以 M 点为中心，在该垂线上截取 EF，使其等于支管直径 d，连接 AE 和 BF，AE 与 BD 相交于 K，连接 KO 就得到三通主管和支管的相贯线。

在作主管展开图时，先作主管的立面图，在上、下口直径上各作辅助半圆并分别6等分，按顺序编上相应的序号，作出相应的外形素线，然后按正心圆形变径管的展开方法，

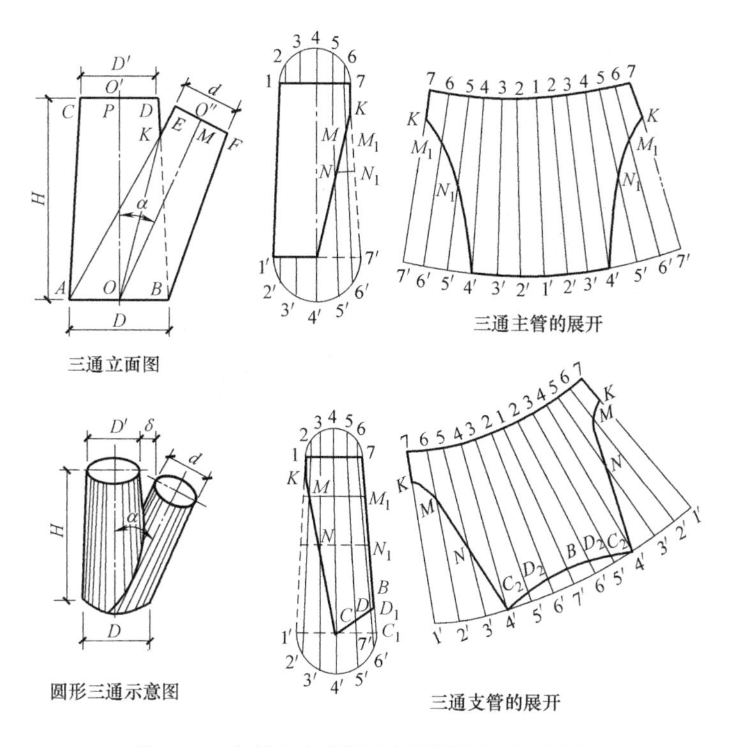

图 3-25 主管和支管同底的圆形斜三通的展开

将主管展开成扇形。在扇形展开图上截取 7-K，使其等于立面图上 7-K 的长度，截取 6-M_1、5-N_1、4-4′，使之分别等于立面图上的上、下口半圆等分点连线与相贯线交点之间的实长线，最后将各截线交点用光滑的曲线相连，即得主管部分的展开图。

支管部分的展开图作法基本上与主管的展开画法相同。

2）主管和支管不同底的圆形斜三通的展开：先根据已知的三通主管直径 D_1、D_2、支管直径 D_3、高 H、夹角 α 和开挡距离 δ，画出主管和支管的立面图，如图 3-26 所示。然后用辅助球面法作主管和支管的相贯线，在立面图上以 O 为圆心，取几个适当长度为半径画弧，与主管相交于 a、b、c、d、e 各点，与支管相交于 a'、b'、c'、d'、e' 各点，各对应点 a-a、b-b…a'-a'、b'-b'…连接后分别相交，得出各相应的交点 a^0、b^0、c^0、d^0、e^0，然后用光滑曲线将各交点相连即得主管与支管的相贯线。

相贯线作出后，可用平行线法作出支管的展开图，再用放射线法作出主管的展开图。

3）圆形三通的加工：三通加工时，应先画好展开图，然后根据连接方法留出咬口余量和法兰余量，用手工或机械进行剪切。圆形三通的接合缝可采用焊接或咬口连接。若采用焊接，可用对接缝形式。如果板材较薄，可将接合缝处扳起 5mm 左右的立边，再用气焊焊接。若采用咬口连接，可用覆盖法咬接。展开时，将纵向闭合缝咬口留在侧面。操作时，把剪好的板材先拍制好纵向闭合咬口，把展开的主管平放在展开的支管上，将咬口立起，然后用手掰开主管和支管，把接合缝打紧、打平，最后把主管和支管进行卷圆，并打紧打平纵向闭合咬口，再进行三通的找圆和修整工作。

（2）矩形三通的加工制作　矩形三通有整体式、插管式和封板式三种形式，工程中应用最广的是整体式。

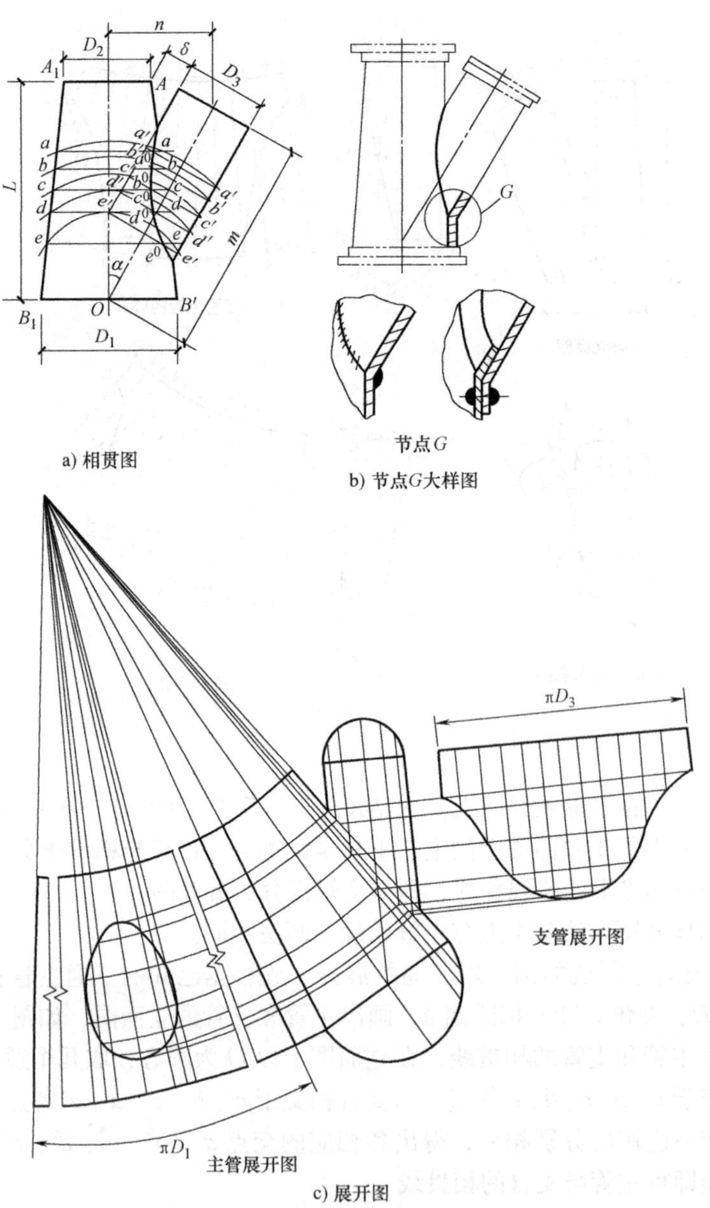

a) 相贯图

b) 节点G大样图

c) 展开图

图 3-26 主管和支管不同底的圆形斜三通的展开

1）矩形三通的构成：整体式矩形三通一般是由平侧板（背）、斜侧板、角形侧板和两块平面板五部分构成的，如图 3-27 所示。

2）矩形三通的展开：在矩形三通展开时，应根据已知的 A_1、A_2、A_3、B、H、L 等三通尺寸，画出各部分的展开图。如图 3-27 所示，平侧板的展开图为一矩形，其尺寸为 $H \times B$；斜侧板的展开图也是一个矩形，其一个边长为 B，另一个边长为 280mm，但在展开图中应画出折线，便于加工成型；角形侧板的展开图也是一个矩形，其一个边长为 B，另一个边长为 L+100mm，但在展开图中也应画出折线。两块平面板的尺寸是相同的，只需画出一个即可。

3）矩形三通的加工：矩形三通的加工基本上与矩形直风管的加工方法相同，可采用转角咬口、联合角咬口或按扣式咬口连接。

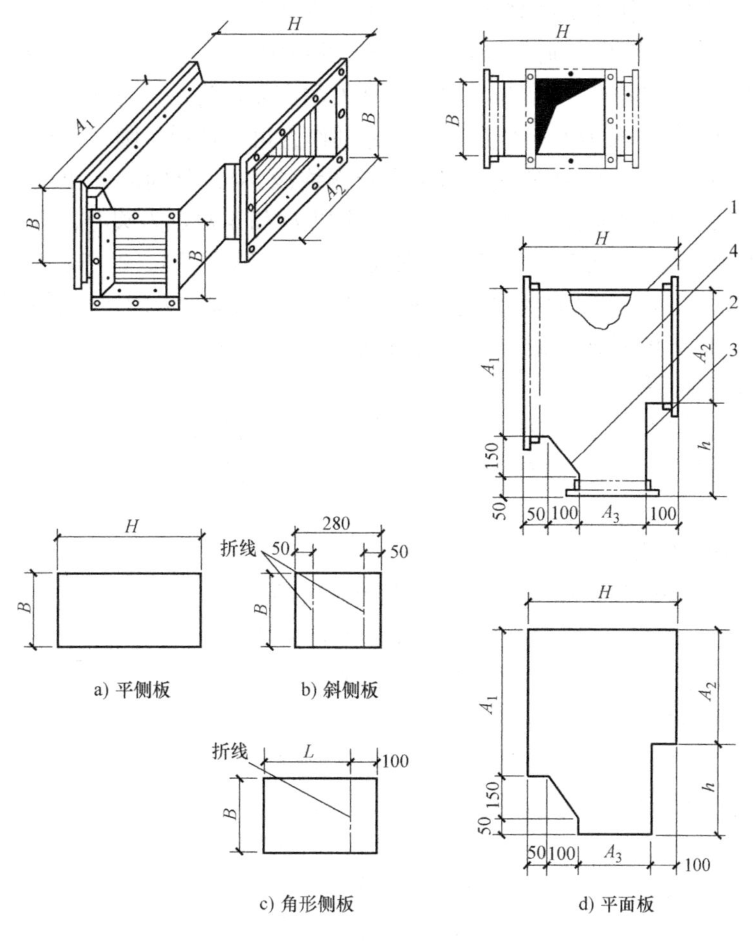

图 3-27 矩形三通的构成和展开

4. 天圆地方的加工制作

凡是圆形断面的风管与矩形断面的风管相连时，均需采用天圆地方管，如风管与风机出口、送风口、排气罩等的连接。天圆地方管分为正心天圆地方和偏心天圆地方两种。

（1）天圆地方的展开

1）正心天圆地方的展开：首先根据已知天圆地方的矩形管边长 a、b，圆形管直径 d 和高 h，画出天圆地方的平面图和立面图，如图 3-28 所示。

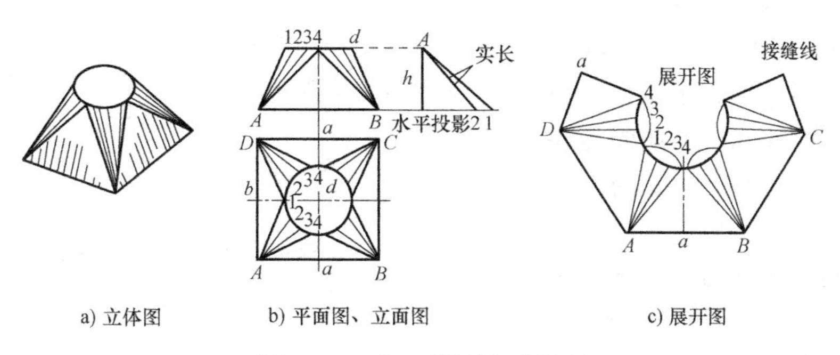

图 3-28 正心天圆地方的展开

展开时，在平面图中将圆周12等分，并按顺序进行编号，将各等分点分别与底角 A、B、C、D 相连；在立面图中，画出各相应等分点的投影点，并与底角 A、B 相连。

采用三角形法求出各连线的实长。以天圆地方的高 h 作为一个直角边，分别以平面图中 A-1、A-2、A-3、A-4 等的长为另一个直角边，分别作直角三角形，则三角形的斜边长就是对应平面图中各线的实长。以 a-4 的实长 A-1 为长作线段 a-4，分别以 a 和 4 两点作圆心，以 aD 长和 D-4 的实长为半径画弧并相交与点 D，再以 D 和 4 两点为圆心，以弧线 3-4 的弧长和 D-3 的实长为半径画弧并相交于点 3，依次找出各点，然后将 1、2、3、4 各点用光滑的曲线相连，将 a、D、A、a 各点用直线相连，所得到的展开图即为天圆地方展开图的一半。

2）偏心天圆地方的展开：偏心天圆地方的展开方法与正心天圆地方的展开方法相同，也是采用三角形法进行展开。

（2）天圆地方的加工　天圆地方的加工可用一块板材制成，也可用两块或四块板材拼成。天圆地方展开后，应留出咬口余量和法兰留量。拍好咬口后，进行挂钩、打实，最后找圆、整平。

5. 来回弯的加工制作

风管安装时，当风管的轴线发生偏移，产生偏心距时，需安装来回弯进行过渡。来回弯是由两个小于90°的弯头构成的，其展开方法与弯头的展开方法相同。来回弯的断面形式有圆形和矩形两种。

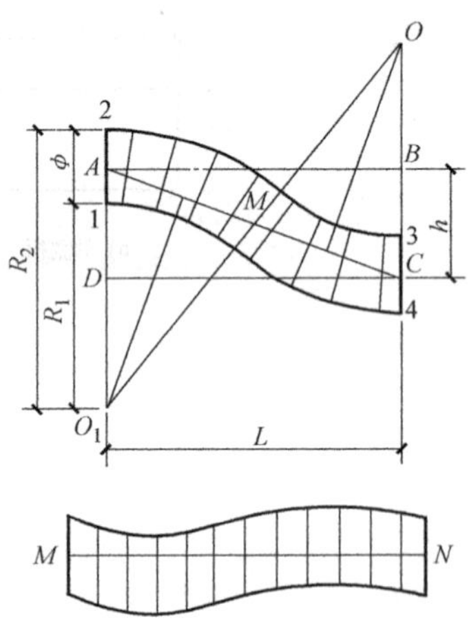

图3-29　圆形来回弯的展开

（1）圆形来回弯的展开　在圆形来回弯展开时，首先应根据来回弯的已知尺寸偏心距 h、长度 L 和直径 ϕ，画出其侧面图。如图3-29所示，先画出矩形 $ABCD$，使 $BC=h$，$AB=L$，连接 AC 并找出其中心点 M，作 AM 和 CM 的垂直平分线，并与 CB 的延长线交于 O 点，与 AD 的延长线交于 O_1 点。O 和 O_1 两点就是来回弯中心角的顶点。以 A 点为中心，以直径 ϕ 为长度作线段1-2，同样以 C 点为中心，以直径 ϕ 为长度作线段3-4，然后分别以 O-3、O-4 和 O_1-1、O_1-2 为半径，以 O 和 O_1 为圆心，画弧并使之相切，即得来回弯的侧面图。

连接 O、O_1 两点，直线 OO_1 就把来回弯分成了两个相同的弯头，然后按加工制作圆形弯头的方法，对来回弯进行分节、展开和加工成型。在展开时，把两个弯头相连的两个端节画在一起，不必剪开，以免加工时多一道咬口。

（2）矩形来回弯的展开　矩形来回弯是由两块相同的侧壁板和两块相同的上下壁板构成的，如图3-30所示。其侧面图的画法与圆形来回弯相同，侧壁的展开图就是其侧面图。上、下两壁板的展开图是矩形，其宽度就是来回弯的宽度

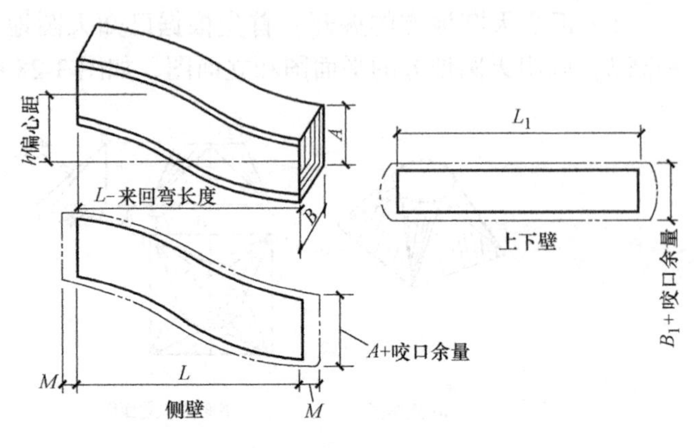

图3-30　矩形来回弯的展开

B，长度 L 是侧面图上的弧线长度，可用钢卷尺直接量取。

四、风管支吊架

1. 风管支吊架的形式

支架是保证通风和空调管路系统安装和运行稳定的部件。常见的支架形式有托架和吊架两种类型，可根据管路的现场情况，按国标图选用和加工各类支吊架。

（1）风管的托架 在风管沿墙、柱敷设时，常采用托架来承托管道系统的重量，风管能否安装得平直、稳定，主要取决于支架安装的是否合适。托架是由横梁和抱箍两部分构成的，当风管断面尺寸较大，重量较重时，在托架横梁和墙壁之间还应增加一个斜撑。安装时，托架横梁固定在墙壁或柱子上，风管安装在横梁上，然后用抱箍将风管固定在托架横梁上。托架的安装形式如图 3-31 和图 3-32 所示。

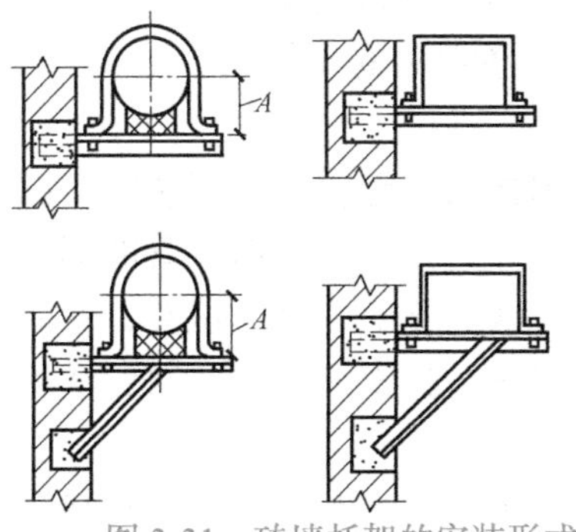

图 3-31 砖墙托架的安装形式

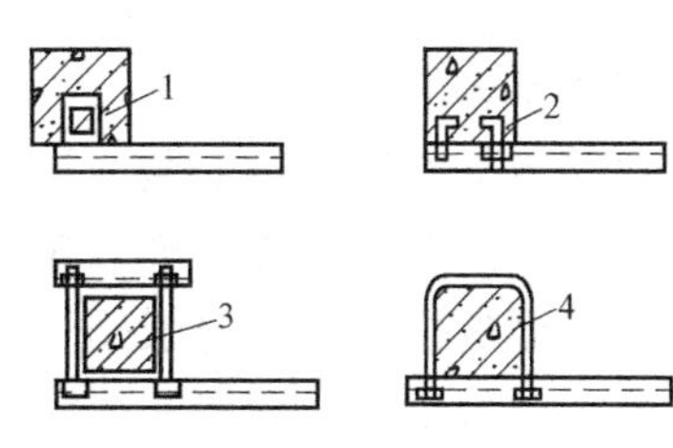

图 3-32 柱上托架的安装形式

1—预埋件焊接 2—预埋螺栓紧固

3—双头螺栓紧固 4—抱箍紧固

（2）风管的吊架 当风管在梁、楼板、屋面及桁架等下面敷设时，由于风管距墙壁较远，无法在墙上进行固定，这时应采用吊架将风管吊装在梁或楼板上。吊架分为单杆和双杆两种形式，矩形风管的吊架由吊杆和横梁构成，圆形风管的吊架由吊杆和抱箍构成，如图 3-33 所示。当吊杆较长时，中间可加装花篮螺钉，以便调节各杆段的长度。

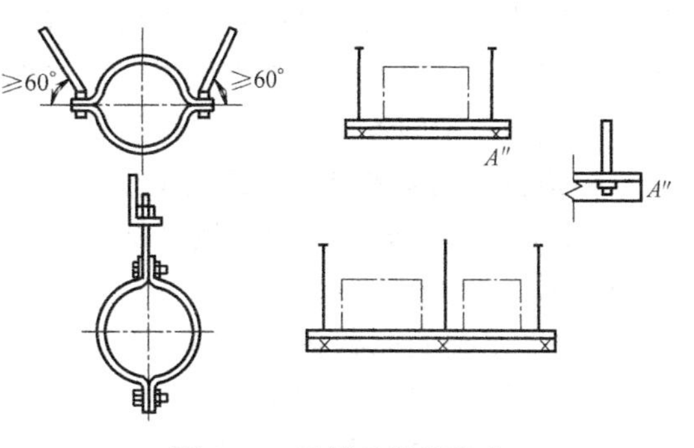

图 3-33 风管吊架的形式

2. 风管支吊架的制作

制作风管支吊架时，其各部件均应平整。支架横梁和斜撑一般用角钢或槽钢制成，抱箍由扁钢制作，吊杆由圆钢制作。加工时不得使用氧气 - 乙炔来切断钢材或在钢材上打孔，抱箍应加工成两个半圆形，用螺栓卡接风管。抱箍的圆弧应均匀一致，且应与风管的圆弧相符，以使风管和抱箍抱接紧密。支吊架的焊缝应饱满，以保证有足够的强度承担荷载。在吊杆的端部应加工有 50 ~ 60mm 长的螺纹，以便于调整吊架的高度。

风管支吊架制作完毕后，应进行除锈和防腐处理。

3. 风管支吊架的间距

风管支吊架的间距，应根据风管断面尺寸的大小、加工风管所选板材的类型和厚度、风管是否保温等情况，进行综合确定。当设计无要求时，可按以下方法来确定。

1）金属风管水平安装，直径或边长小于或等于400mm时，支吊架间距不应大于4m；直径或边长大于400mm时，支吊架间距不应大于3m。螺旋风管的支吊架间距可为5m或3.75m；薄钢板法兰风管的支吊架间距不应大于3m。垂直安装时，应设置至少2个固定点，支架间距不应大于4m。

2）支吊架的设置不应影响阀门、自控机构的正常动作，且不应设置在风口、检查门处，离风口和分支管的距离不宜小于200mm。

3）悬吊的水平主干风管直线长度大于20m时，应设置防晃支架或防止摆动的固定点。

4）矩形风管的抱箍支架，折角应平直，抱箍应紧贴风管。圆形风管的支架应设托座或抱箍，圆弧应均匀，且应与风管外径一致。

5）风管或空调设备使用的可调节减震支吊架，拉伸或压缩量应符合设计要求。

6）不锈钢板、铝板风管与碳素钢支架的接触处，应采取隔绝或防腐绝缘措施。

7）边长或直径大于1250mm的弯头、三通等部位应设置单独的支吊架。

4. 风管支吊架的安装

（1）风管支架在墙上的安装　沿墙敷设的风管常采用托架固定。托架安装时，圆形风管的标高以风管的轴线标高为准，矩形风管的标高以管底标高为准。根据风管的标高画出托架横梁上表面的位置线，再根据风管支架的间距要求，确定支架的具体位置，然后将托架的横梁固定在墙壁上。固定的方法可采用预埋法、栽埋法、膨胀螺栓法和射钉法等，具体的施工方法见项目四有关管道支架的安装。

（2）风管支架在柱上的安装　风管支架在柱上安装固定的方法有预埋钢板焊接法、预埋螺栓法和抱柱施工法等，如图3-32所示。

（3）风管吊架的安装　安装吊架时，应首先根据风管的中心线找出吊杆的安装位置。单杆吊杆在风管的中心线上，双杆吊杆可以按风管的中心线对称安装，然后再根据风管支架的间距要求，画出吊杆的具体安装位置。最后再根据风管的标高，确定吊杆的安装高度。当风管较长，需要安装很多支架时，可先把两端的吊架安装好，然后以两端的支架为基准，用拉线法确定中间各支架的标高进行安装。

5. 风管支吊架安装应注意的事项

1）风管支吊架的设置应按国标图集、规范，并结合现场实际情况选用强度和刚度相适应的形式、规格和间距。

2）支吊架的标高必须准确。圆形风管在管径发生变化时，应通过改变支架标高的方法来保证风管中心线的水平。

3）支吊架的预埋件或膨胀螺栓埋入部分不得刷油漆，并应去除油污。

4）风管支吊架不得安装在风口、阀门、检查孔及自控机构处，以免妨碍操作，离风口或插接管的距离不宜小于200mm。吊架不得直接吊在风管法兰上。

5）采用吊架的风管，应在适当的位置增设防止风管摆动的支架，如每隔两个单吊杆设一个双吊杆的吊架等。

6）圆形风管与支架横梁接触的地方应垫圆弧形木托座，其夹角应不小于60°，以防止风管的变形。保温风管的垫块厚度应与保温层的厚度相同。

7）矩形保温风管的支架应设在保温层的外部，不应损坏保温层，并应在支架和保温层之间加垫与保温层同样厚度的防腐垫木。

8）不锈钢风管的钢支架应喷刷涂料，并在风管与支架之间加非金属垫块；铝板风管的钢支架应做镀锌处理；塑料风管与支架的接触部位应垫 3～5mm 厚的塑料板。

9）在风管转弯处的两端应加支架。

10）干管上有较长的支管时，则支管上必须设置支吊架，以免干管承受支管的重量而造成损坏。

11）风管与通风机、空调器及其他震动设备的连接处，应设置支架，以免设备承受风管的重量。

12）在风管穿楼板或穿屋面处，应加固定支架，具体做法若无设计要求时，可参照标准图集进行加工制作。

任务二 非金属风管的加工连接

非金属风管主要包括玻璃钢风管和塑料风管，此类风管所选用的材料与金属风管不同，所以其加工过程、方法、接口形式以及加工要求等诸方面均与金属风管有所不同。

一、玻璃钢风管的加工连接

目前，玻璃钢风管在空调系统中得到了广泛的应用，玻璃钢风管分为保温和不保温两类。玻璃钢风管的生产，一般是由各用户向生产厂家提供风管、配件、部件的加工尺寸、规格、数量和要求等。加工厂生产完成后，运输到工地，由施工单位负责安装。微、低、中压系统有机玻璃钢风管板材的厚度见表 3-9。微、低、中压系统无机玻璃钢风管板材厚度见表 3-10。

表 3-9 微、低、中压系统有机玻璃钢风管板材的厚度 （单位：mm）

风管直径 D 或长边尺寸 b	壁厚	风管直径 D 或长边尺寸 b	壁厚
$D（b）\leqslant 200$	2.5	$630 < D（b）\leqslant 1000$	4.8
$200 < D(b) \leqslant 400$	3.2	$1000 < D（b）\leqslant 2000$	6.2
$400 < D(b) \leqslant 630$	4.0		

表 3-10 微、低、中压系统无机玻璃钢风管板材厚度 （单位：mm）

风管直径 D 或长边尺寸 b	壁厚
$D(b) \leqslant 300$	2.5 ~ 3.5
$300 < D(b) \leqslant 500$	3.5 ~ 4.5
$500 < D(b) \leqslant 1000$	4.5 ~ 5.5
$1000 < D(b) \leqslant 1500$	5.5 ~ 6.5

玻璃钢风管的外径或外边长尺寸的允许偏差为 3mm，圆形风管的任意正交两直径之差不应大于 5mm，矩形风管的两对角线之差不应大于 5mm。矩形风管的边长大于 900mm，且管段长度大于 1250mm 时，应设加固筋，加固筋与风管材料相同，并形成一个整体，且

间隔分布应均匀。

玻璃钢风管在安装和运输时，应注意不得碰撞和扭曲，并严禁敲打、撞击，以防复合层破坏、脱落及界皮分层等。安装前应将风管、配件及部件存放在有遮阳的场地，不得放在露天处曝晒。

二、塑料风管的加工连接

塑料风管由硬聚氯乙烯塑料板制成，具有较强的化学稳定性和耐腐蚀性，主要用于输送含有腐蚀性气体的通风系统中。

1. 板材画线

（1）塑料风管和配件的板材厚度　塑料风管在加工制作时，应按设计要求选用塑料板材的厚度；当无设计要求时，应按表3-11和表3-12的规定来选用。

（2）板材画线　塑料风管和配件在加工制作时，其展开画线的方法和金属风管基本相同，但应用红铅笔进行画线。

表3-11　硬聚氯乙烯圆形风管板材厚度　（单位：mm）

风管直径 D	微、低压	中压
$D \leqslant 320$	3.0	4.0
$320 < D \leqslant 800$	4.0	6.0
$800 < D \leqslant 1200$	5.0	8.0
$1200 < D \leqslant 2000$	6.0	10.0
$D > 2000$	按设计要求	

表3-12　硬聚氯乙烯矩形风管板材厚度　（单位：mm）

风管长边尺寸 b	微、低压	中压
$b \leqslant 320$	3.0	4.0
$320 < b \leqslant 500$	4.0	5.0
$500 < b \leqslant 800$	5.0	6.0
$800 < b \leqslant 1250$	6.0	8.0
$1250 < b \leqslant 2000$	8.0	10.0

画线时，应根据板材的规格合理排料，尽量减少切割和焊缝，并用角尺对板材的四边进行角方，以免产生扭曲翘角现象。直风管一般可按材料的板长来展开圆周长或周长，以板宽作为管段的长度，当管径（或边长）较小，圆周长（或周长）小于或等于板宽时，也可按板宽来展开，以板长作为管段的长度。风管的纵向缝应交错布置，矩形风管在展开画线时，应注意焊缝不要设在转角处，因为四角要加热折方；相邻管段的纵缝要交错设置。圆形风管在组配焊接时也要注意纵缝错开。

2. 板材切割

硬聚氯乙烯塑料板进行切割时，必须考虑其冲击韧性和温度的关系，避免材料碎裂或因过热而变形，并使工具损坏等现象。塑料板材可用剪床、圆盘锯或木工锯来切割。

使用剪床进行剪切时，板材厚度在5mm以内的可在常温下进行。板材厚度大于或等于5mm，或冬天气温较低时，应预先将板材加热到30℃左右，再用剪床进行剪切，以免发生碎裂现象。

3. 板材坡口

焊接硬聚氯乙烯塑料板时，应按板材的厚度和焊缝的形式进行坡口，坡口的角度和尺寸应均匀一致。坡口的加工可用锉刀、木工刨、砂轮机或坡口机进行。坡口的形式与金属类似。

4. 加热成型

（1）板材的加热方法　加热时应使板材的表面均匀受热，加热温度不应超过170℃，否则，会使板材形成韧性流动状态，引起板材膨胀、起泡、分层等现象。施工中的加热方法有电加热、蒸汽加热和热空气加热等。

（2）圆形直风管的加热成型　采用电热箱加热制作圆形直风管时，箱内温度应保持在130～150℃左右，待温度稳定后，把下好料的板材放入电热箱内加热。加热时间应根据板材的厚度来确定。当板材加热好后，从电热箱内取出，把板材放在垫有帆布的木模中卷成圆管，待完全冷却后，将管取出，即为所需的圆形风管。

（3）矩形直风管的加热成型　矩形风管的加工制作，仅需要在四个角处加热折方即可，因此板材只需要在对应的折线处加热。

5. 风管的焊接

硬聚氯乙烯塑料风管加工制作时，纵向接缝应采用塑料焊接，焊接可分为手工和机械焊接两种。

（1）焊接原理　根据塑料的物理性质，塑料板材加热到190～200℃时，可变成韧性流动状态。使用热空气加热板材和焊条，在风压的作用下，使塑料板材与焊条结合，使焊条填满焊缝。

焊接时所需要的热空气，由焊枪进行加热和导向。焊枪功率为400～500W，应用36～45V的低压交流电源。压缩空气由空气压缩机供应，经油水分离器排除水分和油脂，压力保持在0.08～0.10MPa之间。压缩空气的加热温度，可用调压变压器调节电压和控制压缩空气量来调节。

（2）焊缝形式　常见的塑料焊缝形式有对接焊缝、搭接焊缝、填角焊缝和对角焊缝等。其中对接焊缝的强度最高，其他焊缝形式仅在不可能选用对接焊缝时采用。

（3）焊条直径的选择　焊条直径可根据板材的厚度按表3-13选用。

表3-13　焊条直径选用表　（单位：mm）

板材厚度	焊条直径
2～5	2
5.5～15	3
16以上	3.5

（4）焊接方法　焊接时，应左手拿焊条，右手持焊枪，焊条始终与焊缝平面的切线方向保持垂直，并施加一定的压力。焊枪不断地对焊条和焊缝同时进行加热，使被加热的焊条严密地与板材本体粘合。焊接时的施压应均匀，为了防止板材本体和焊条的过热炭化，焊枪嘴与焊缝表面的距离应保持在5～6mm之间。焊枪嘴的倾角应根据被焊板材的厚度来

确定。当板材厚度$\delta<5mm$时，焊枪与焊缝的夹角α为15°～20°；当板厚δ为5～10mm时，倾角α为25°～30°；当$\delta>10mm$时，倾角α为30°～45°。

6. 塑料风管法兰的制作

圆形法兰的加工制作，是将塑料板在锯床上锯成条形板，开出内圆的坡口，把条形塑料板放到电热箱内加热到柔软状态，然后取出放到胎具上煨成圆形。

塑料条形板煨成圆形后，应用重物将法兰压平，待冷却后，再进行焊接或钻孔。

矩形法兰的加工制作，是将塑料板锯成四块条形板，开好坡口后，在平板上焊接。

焊好的法兰钻孔时，为了避免塑料板过热，应间歇地提取钻头或用压缩空气进行冷却。

三、酚醛铝箔复合材料风管与聚氨酯铝箔复合材料风管的加工连接

1. 风管板材放样

1）放样与下料应在平整、干净的工作台上进行，且不应破坏覆面层。

2）风管长边尺寸小于或等于1160mm时，风管宜按板材长度做成每节4m。

3）矩形风管的板材放样展开下料可采用一片法、两片法或四片法形式（图3-34）。

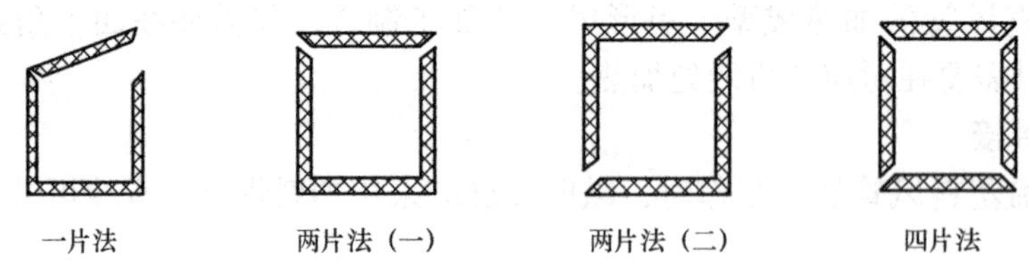

图3-34 一片法、两片法或四片法

2. 粘接与封合

1）酚醛铝箔复合材料风管与聚氨酯铝箔复合材料风管板材的拼接应采用45°角粘接或H形加固条拼接（图3-35）。拼接处应涂胶粘剂粘合。当风管边长小于或等于1600mm时，宜采用45°角形槽口直接粘接，并在粘接缝处两侧粘贴铝箔胶带；边长大于1600mm时，应采用H形PVC或铝合金加固条拼接。

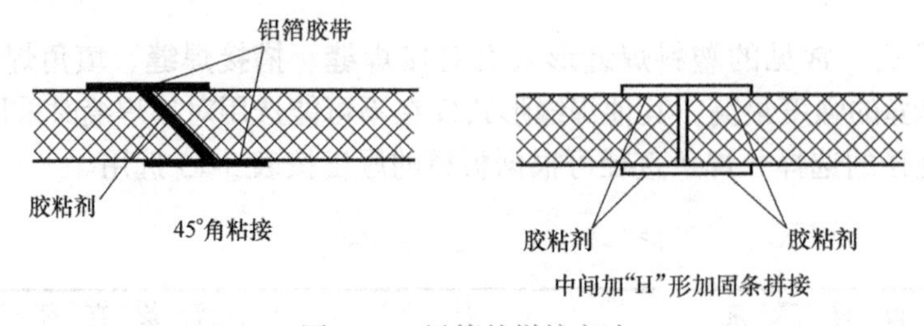

图3-35 风管的拼接方法

2）风管管板组合前应清除油渍、水渍、灰尘，预组合应接缝准确、角线平直。在切口处应均匀涂满胶粘剂，粘接时接缝应平整，不应有歪扭、错位、局部开裂等缺陷。铝箔胶带粘贴时，胶带应粘接在铝箔面上，其接缝处单边粘贴宽度不应小于20mm。不得采用铝箔胶带直接与玻璃纤维断面相粘接的方法。

3）管段成型后，风管内角缝应采用密封材料封堵；外角缝铝箔断开处，应采用铝箔胶带封贴（图3-36），封贴宽度每边不应小于20mm。

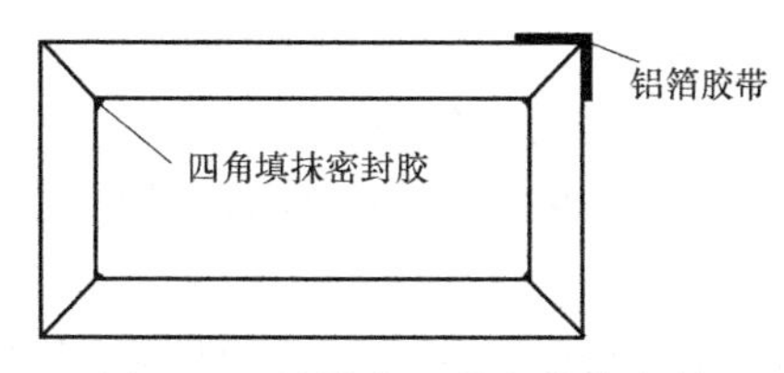

图 3-36　风管内、外角缝的密封

3. 风管的连接

1）采用直接粘接连接的风管，边长不应大于 500mm。采用专用连接件连接的风管，金属专用连接件的厚度不应小于 1.2mm，塑料专用连接件的厚度不应小于 1.5mm。采用法兰连接的风管，法兰与风管板材的连接应可靠，绝热层不应外露，不得采用降低板材强度和绝热性能的连接方法。低压风管边长大于 2000mm，或中、高压风管边长大于 1500mm 时，风管法兰应采用铝合金等金属材料。

2）边长大于 320mm 的矩形风管安装插接连接件时，宜在风管四角粘贴厚度大于或等于 0.75mm 的镀锌直角垫片，直角垫片的宽度应与风管板料厚度相等，边长不宜小于 55mm，插接连接件与风管粘接应牢固，插接连接件应互相垂直，插接连接件间隙不应大于 2mm。

3）安装风管接口插条法兰时，4 根插条法兰之间和每根法兰条本身都应在同一平面上，其平面度允许偏差：当风管长边小于或等于 1000mm 时不应超过 1mm；当风管长边大于 1000mm 时不应超过 1.5mm。

4）装在风管上的直角垫片、插条法兰及其他铝合金材质的中间连接件，均需在两连接件接触面上抹胶后装入。

复习思考题

3-1　通风与空调工程中常用的材料有哪些？

3-2　通风空调工程中常用的垫料有哪些？在实际工程中应如何选用？

3-3　风管的加工制作包括哪几个过程？其方法有哪些？

3-4　什么叫画线？通风工程中常用的画线工具有哪些？常用的画线方法有哪些？

3-5　风管加工的连接方法有哪些？各自的适用条件是什么？

3-6　风管咬口连接时的咬口形式有哪些？咬口余量的大小与哪些因素有关？

3-7　风管焊接连接时的焊接方法有哪几种？各适用于什么情况？

3-8　风管加工时在什么情况下需要进行加固？其加固方法有哪些？

3-9　不锈钢风管与钢板风管在加工制作时有哪些异同点？

3-10　在矩形风管加工时，如何根据板材尺寸的大小来确定其下料的方法？

3-11　试述圆形弯头加工制作的过程。

3-12　画出直径为 450mm 的 60° 圆形弯头的展开图。

3-13　已知偏心变径管的大口直径为 400mm，小口直径为 250mm，高为 300mm，偏心距为 150mm。试画出该变径管的展开图。

3-14 已知某通风管道圆形三通的主管大口直径为600mm，小口直径为500mm，支管直径为300mm，三通的高为450mm。试画出该三通的主管、支管展开图。

3-15 试述圆形来回弯的展开过程，并画出直径为200mm，偏心距为100mm，长为500mm圆形来回弯的展开图。

3-16 已知某天圆地方的底边长为450mm×600mm，圆形断面的直径为350mm，高为400mm。试画出该天圆地方的展开图。

3-17 试述矩形三通的展开方法。

3-18 风管各配件、附件及直风管的加工尺寸如何确定？

3-19 风管支吊架的形式有哪几种？试述其安装方法及注意事项。

3-20 塑料风管的焊缝形式有哪几种？试述其焊接操作过程。

☆职业素养提升要点

学习通过BIM模型辅助风管的加工制作，贯彻落实“碳达峰”“碳中和”的理念，感悟大国担当，加强民族自豪感与自信心。

项目四

阀门、水泵、风机、箱类、罐类及管道支吊架的安装

案例导入

小张随项目经理回访在保修期限内的机电项目，业主反映水泵的运行震动较大，风机运行噪声较大。小张到现场查看了水泵和风机的运行状态，查阅了风机、水泵的施工记录，并会同建设单位做了鉴定，确认属于安装施工的问题。小张和安装施工班组一起制订了修理方案，完成了修理工作，项目经理责成小张和安装施工班组就此次的质量问题举一反三，提高施工质量。如果你是小张，你会怎么提高施工质量？

任务一 常用阀门及其安装

阀门是通过改变其流道面积的大小来控制流体的流量、压力和流向的机械装置。阀门一般是由阀体、阀瓣、阀盖、阀杆和手轮等部件组成的。

一、阀门的型号

根据《阀门　型号编制方法》（GB/T 32808—2016），阀门的型号一般由七部分组成：阀门类别、驱动方式、连接形式、结构形式、密封面或衬里材料、公称压力和阀体材料。

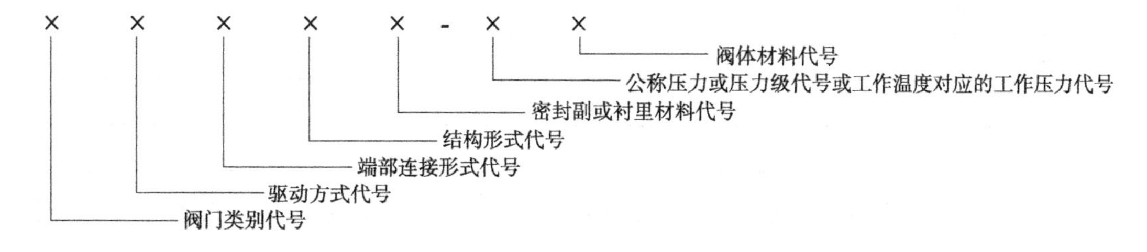

（1）阀门类别 阀门的类别是用代表阀门名称第一个汉字汉语拼音的第一个字母的大写形式来表示的，若第一个汉字的第一个字母与其他阀门的代号重复，则用第二个汉字的第一个拼音字母表示。如截止阀用“J”表示，闸阀用“Z”表示等。常见阀门类型及其代号见表4-1。

表4-1 阀门类型及其代号

阀门类型		代号	阀门类型		代号
安全阀	弹簧载荷式、先导式	A	球阀	整体球	Q
	重锤杠杆式	GA		半球	PQ
蝶阀		D	蒸汽疏水阀		S
倒流防止器		DH	堵阀（电站用）		SD
隔膜阀		G	控制阀（调节阀）		T
止回阀、底阀		H	柱塞阀		U
截止阀		J	旋塞阀		X
节流阀		L	减压阀（自力式）		Y
进排气阀	单一进排气口	p	减温减压阀（非自力式）		WY
	复合型	FFP	闸阀		Z
排污阀		PW	排渣阀		PZ

当阀门同时具有其他功能作用或带有其他结构时，在阀门类型代号前再加注一个汉语拼音字母，典型功能代号见表4-2。

表4-2 同时具有其他功能作用或结构的阀门表示代号

其他功能作用或结构名称	代号	其他功能作用或结构名称	代号
保温型（夹套伴热结构）	B	缓闭型	H
低温型	D[a]	快速型	Q
防火型	F	波纹管阀杆密封型	W

[a] 指设计和使用温度低于 −46℃的阀门，并在D字母后加下注，标明最低使用温度。

（2）阀门的驱动方式 阀门的驱动方式用一位阿拉伯数字来表示，驱动方式代号见表4-3。

表4-3 驱动方式代号

驱动方式	代号	驱动方式	代号
电磁动	0	伞齿轮	5
电磁 - 液动	1	气动	6
电 - 液联动	2	液动	7
蜗轮	3	气 - 液联动	8
正齿轮	4	电动	9

安全阀、减压阀、疏水阀无驱动方式代号，手轮和手柄直接连接阀杆操作形式的阀

门，本代号省略。对于具有常开结构的执行机构，在驱动方式代号后加注汉语拼音下标 K，如 6_k、7_k；对于具有常闭结构的执行机构，在驱动方式代号后加注汉语拼音下标 B，如 6_B、7_B。气动执行机构带手动操作的，在驱动方式代号后加注汉语拼音下标表示，如 6_s。防爆型的执行机构，在驱动方式代号后加注汉语拼音 B 表示，如 6B、7B、9B。对既是防爆型，又是常开或常闭型的执行机构，在驱动方式代号后加注汉语拼音 B，再加注带括号的下标 K 或 B 表示，如 $9B_{(B)}$、$6B_{(k)}$。

（3）阀门的连接形式　以阀门进口端的连接形式确定代号，用一位阿拉伯数字来表示阀门的连接形式，连接形式代号见表 4-4。

表 4-4　阀门连接端连接形式代号

连接端形式	代号	连接端形式	代号
内螺纹	1	对夹	7
外螺纹	2	卡箍	8
法兰式	4	卡套	9
焊接式	6	—	—

（4）阀门的结构形式　阀门的结构形式一般用一位阿拉伯数字表示，阀门结构代号见表 4-5~ 表 4-19。

表 4-5　闸阀结构形式代号

<table>
<tr><th colspan="3">结构形式</th><th rowspan="2">代号</th></tr>
<tr><th>闸阀启闭时，阀杆运动方式</th><th colspan="2">闸板结构形式</th></tr>
<tr><td rowspan="5">阀杆升降移动
（明杆）</td><td rowspan="2">闸阀的两个密封面为楔式，单块闸板</td><td>具有弹性槽</td><td>0</td></tr>
<tr><td>无弹性槽</td><td>1</td></tr>
<tr><td colspan="2">闸阀的两个密封面为楔式，双块闸板</td><td>2</td></tr>
<tr><td colspan="2">闸阀的两个密封面平行，单块平板</td><td>3①</td></tr>
<tr><td colspan="2">闸阀的两个密封面平行，双块闸板</td><td>4</td></tr>
<tr><td rowspan="3">阀杆仅旋转，无升降移动
（暗杆）</td><td rowspan="2">闸阀的两个密封面为楔式</td><td>单块闸板</td><td>5</td></tr>
<tr><td>双块闸板</td><td>6</td></tr>
<tr><td colspan="2">闸阀的两个密封平行，双块闸板</td><td>8</td></tr>
</table>

注：① 闸板无导流孔的，在结构形式代号后加汉语拼音小写 w 表示，如 3w。

表 4-6　截止阀和节流阀结构形式代号

<table>
<tr><th colspan="2">结构形式</th><th>代号</th><th colspan="2">结构形式</th><th>代号</th></tr>
<tr><td>直通流道</td><td rowspan="5">单阀瓣</td><td>1</td><td>直通流道</td><td rowspan="2">平衡式阀瓣</td><td>6</td></tr>
<tr><td>Z 形流道</td><td>2</td><td>角式流道</td><td>7</td></tr>
<tr><td>三通流道</td><td>3</td><td colspan="2" rowspan="3">—</td><td rowspan="3">—</td></tr>
<tr><td>角式流道</td><td>4</td></tr>
<tr><td>Y 形流道</td><td>5</td></tr>
</table>

表4-7 止回阀结构形式代号

结构形式		代号	结构形式		代号
升降式阀瓣	直通流道	1	旋启式阀瓣	单瓣结构	4
	立式结构	2		多瓣结构	5
	Z形流道	3		双瓣结构	6
	Y形流道	5	蝶形（双瓣）结构		7

表4-8 球阀结构形式代号

结构形式		代号	结构形式		代号
浮动球	直通流道	1	固定球	四通流道	6
	Y形三通流道	2		直通流道	7
	L形三通流道	4		T形三通流道	8
	T形三通流道	5		L形三通流道	9
	—	—		半球直通	0

表4-9 蝶阀结构形式代号

结构形式		代号	结构形式		代号
密封副有密封性要求的	单偏心	0	密封副无密封要求的	单偏心	5
	中心对称垂直板	1		中心垂直板	6
	双偏心	2		双偏心	7
	三偏心	3		三偏心	8
	连杆机构	4		连杆机构	9

表4-10 旋塞阀结构形式代号

结构形式		代号	结构形式		代号
填料密封型	直通流道	3	油封型	直通流道	7
	三通T形流道	4		三通T形流道	8
	四通流道	5		—	—

表4-11 隔膜阀结构形式代号

结构形式	代号	结构形式	代号
屋脊式流道	1	直通式流道	6
直流式流道	5	Y形角式流道	8

表4-12 柱塞阀结构形式代号

结构形式	代号
直通流道	1
角式流道	4

表 4-13　减压阀（自力式）结构形式代号

结构形式	代号	结构形式	代号
薄膜式	1	波纹管式	4
弹簧薄膜式	2	杠杆式	5
活塞式	3	—	—

表 4-14　控制阀（调节阀）结构形式代号

结构形式		代号	结构形式		代号
直行程，单级	套筒式	7	直行程，两级或多级	套筒式	8
	套筒柱塞式	5		柱塞式	1
	针形式	2		套筒柱塞式	9
	柱塞式	4	角行程，套筒式		0
	滑板式	6	—		—

表 4-15　减温减压阀（非自力式）结构形式代号

结构形式		代号	结构形式		代号
单级	柱塞式	1	双级或多级	套筒式	4
	套筒柱塞式	2		柱塞式	5
	套筒式	3		套筒柱塞式	6

表 4-16　堵阀结构形式代号

结构形式	代号
闸板式	1
止回式	2

表 4-17　蒸汽疏水阀结构形式代号

结构形式	代号	结构形式	代号
自由浮球式	1	蒸汽压力式或膜盒式	6
杠杆浮球式	2	双金属片式	7
倒置桶式	3	脉冲式	8
液体或固体膨胀式	4	圆盘热动力式	9
钟形浮子式	5	—	—

表 4-18　排污阀结构形式代号

结构形式		代号	结构形式		代号
液面连接排放	截止型直通式	1	液底间断排放	截止型直流式	5
	截止型角式	2		截止型直通式	6
	—	—		截止型角式	7
	—	—		浮动闸板型直通式	8

表 4-19 安全阀结构形式代号

结构形式		代号	结构形式		代号
弹簧载荷 弹簧封闭结构	带散热片全启式	0	弹簧载荷 弹簧不封闭 且带扳手结构	微启式、双联阀	3
	微启式	1		微启式	7
	全启式	2		全启式	8
	带扳手全启式	4		—	—
杠杆式	单杠杆	2	带控制机构全启式（先导式）		6
	双杠杆	4	脉冲式（全冲量）		9

（5）阀座密封面或衬里材料　阀门的阀座密封面或衬里材料用材料名称第一个汉字的第一个拼音字母的大写形式表示，常见阀门的阀座密封面或衬里材料及其代号见表 4-20。

表 4-20 常见阀门的阀座密封面或衬里材料及其代号

密封面或衬里材料	代号	密封面或衬里材料	代号
锡基合金（巴氏合金）	B	尼龙塑料	N
搪瓷	C	渗硼钢	P
渗氮钢	D	衬铅	Q
氟塑料	F	塑料	S
陶瓷	G	铜合金	T
铁基不锈钢	H	橡胶	X
衬胶	J	硬质合金	Y
蒙乃尔合金	M	铁基合金密封面中镶嵌橡胶材料	X/H

注：阀门密封面材料均为阀门的本体材料时，密封面材料代号为 W。

（6）阀门的公称压力　阀门的公称压力用阿拉伯数字表示，压力级代号采用 PN 后的数字，并应符合《管道元件　公称压力的定义和选用》（GB/T 1048—2019）的规定。当阀门工作介质温度超过 425℃，采用最高工作温度和对应工作压力的形式标注时，表示顺序依次为字母 P，下标标注工作温度（数值为最高工作温度的 1/10），后标工作压力（MPa）的 10 倍，如 $P_{54}100$。阀门采用压力等级的，在型号编制时，采用字母 Class 或 CL(大写)，后标注压力级数字，如 Class150 或 CL150。

（7）阀体材料　阀门的阀体材料用材料名称中第一个汉字的第一个拼音字母的大写形式表示，常见阀门阀体材料及其代号见表 4-21。

对于公称压力 $PN \leqslant 1.6$MPa 的灰铸铁阀门和公称压力 $PN \geqslant 2.5$MPa 的碳素钢阀门，可省略本部分代号，而且型号中横线“-”前、后只能各省略一个代号。

表 4-21　阀体材料及其代号

阀体材料	代号	阀体材料	代号
碳钢	C	铬镍钼系不锈钢	R
Cr13 系不锈钢	H	塑料	S
铬钼系钢（高温钢）	I	铜及铜合金	T
可锻铸铁	K	钛及钛合金	Ti
铝合金	L	铬钼钒钢（高温钢）	V
铬镍系不锈钢	P	灰铸铁	Z
球墨铸铁	Q	镍基合金	N

例如：阀门型号为 J41T-16，其中“J”表示该阀门类别为截止阀，表示驱动方式的数字被省略，则说明该阀门的驱动方式为手动，“4”表示该阀门的连接形式为法兰连接，“1”表示该阀门的结构形式为直通式，“T”表示该阀门的密封面材料为铜合金，“16”表示阀门的公称压力为 1.6MPa，表示阀体材料的代号被省略，说明其阀体材料为灰铸铁。

二、阀门的识别

为了便于从直观上识别阀门，一般应从以下三个方面进行判别。

1）阀门的类别、驱动方式和连接形式可以从阀门的外形上识别，也可以从型号上进行识别。

2）阀门的公称直径和公称压力等参数可以从阀门的标志识别。阀门标志一般标注在阀门正面的中心位置，包括阀门的公称压力、公称直径、介质温度和阀门的安装方向等。

3）阀体和密封面材料的识别，是依靠阀体各部位和密封面所涂涂料的颜色来识别的。代表阀体材料的涂色，一般涂抹在阀体的表面上，如黑色代表灰铸铁和可锻铸铁，银色代表球墨铸铁，灰色代表碳素钢，蓝色代表合金钢等。代表密封面材料的涂色，一般涂抹在手轮、手柄上，如大红色代表铜合金，黑色代表铸铁等。

三、常用阀门

暖通空调工程中常用的阀门种类有以下几种。

（1）截止阀（图 4-1）　这种阀门的特点是：结构简单、严密性高、制造维修方便，但阻力较大。安装时应注意其方向，不能装反。一般用于热水、蒸汽等严密性要求较高的水暖或工业管道中。

（2）闸阀（图 4-2）　闸阀又称闸板阀，按闸板的结构形式不同可分为楔式、平行式和弹性闸板三种，其中楔式和平行式应用较为普遍。按阀杆的结构不同可分为明杆式和暗杆式两种。闸阀的体形较短，结构简单，阻力较小，但其严密性较差。因介质流经闸阀时的流向保持不变，所以安装时无方向要求。闸阀一般用于冷、热水管路和大直径的蒸汽管路中不常开关的地方。

（3）止回阀（图 4-3）　止回阀又称逆止阀或单向阀，是一种自动启闭的阀门，具有严格的安装方向性。按其结构不同可分为升降式和旋启式两种，其中升降式止回阀只能用在水平管路上，而旋启式止回阀既可用在水平管道上，也可用在垂直管道上。

（4）旋塞阀（图4-4） 旋塞阀又称转心门，它是由阀体和圆柱形塞子两部分构成的。在塞子的中间开设水平孔道，当塞子旋转90°时即全开启或全关闭。根据其有无填料可分为有填料旋塞和无填料旋塞两种。旋塞阀的构造简单，开关迅速且阻力小，无安装方向性，但保持其严密性较为困难。一般用于温度和压力不高且管径较小的管路上。

（5）球阀（图4-5） 球阀是由阀体、阀芯、阀盖、阀杆和手柄等部分组成的。其工作原理和旋塞阀相同，只是阀芯的形状和结构不同，旋塞阀的阀芯是圆柱体（或圆锥体），球阀的阀芯是球形体。球阀的构造简单，体积较小，重量轻，开关迅速，阻力小，严密性比旋塞阀好。主要用于汽、水管道中。

（6）蝶阀（图4-6） 蝶阀是由阀体、阀座、阀瓣、转轴和手柄等部件组成的。工作原理是靠圆盘形的阀芯，围绕垂直于管道轴线的固定轴旋转达到开关的目的。其构造简单，轻巧，重量轻，开关迅速（旋转90°即可），阀体比闸板阀还小。一般用于温度和压力较小的大直径的汽、水介质管路中。

（7）安全阀（图4-7） 常用的安全阀有弹簧式和杠杆式两种，设备或容器上多采用杠杆式安全阀；管道系统上一般采用弹簧式安全阀。

图4-1 截止阀

图4-2 闸阀

图4-3 止回阀

图4-4 旋塞阀

图4-5 球阀

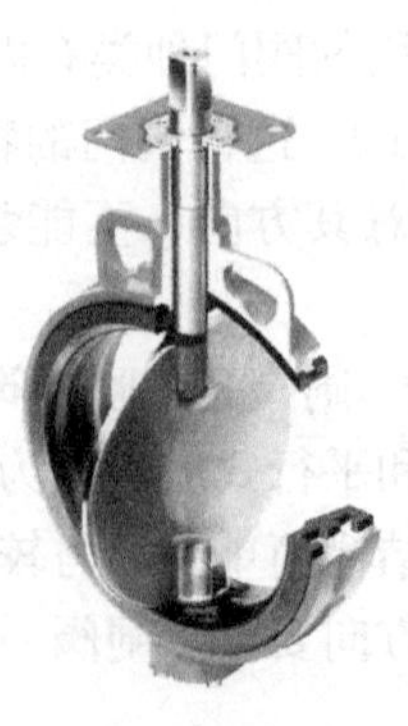

图4-6 蝶阀

图4-7 安全阀

四、阀门的选用

一般情况下可按下列步骤进行选用：

1）根据介质的种类和参数，选定阀体材料。

2）根据介质的压力和温度等参数，确定阀门的公称压力级别。

3）根据介质的性质、温度和公称压力，选定阀门的密封材料。

4）根据阀门的用途、生产要求、直径大小、操作条件等，确定阀门的驱动方式。

5）根据公称压力、公称直径、阀体材料、密封材料、驱动方式、连接形式等，参考产品说明书提供的技术条件，进行综合比较，并根据价格和供货条件等最后确定阀门的类型及型号规格。

对于施工人员，应严格按施工图要求型号进行选用。

五、阀门的安装

常用阀门一般采用螺纹连接或法兰连接的方式与管道相连，但有些情况下也采用焊接阀门。

1. 阀门安装前的检查与验收

施工中领用的阀门应有出厂合格证，并应进行外观检查和必要的试验检查。

（1）外观检查　外观检查主要包括：

1）阀门的类型、规格、型号等是否与设计要求相符。

2）检查阀门的损伤情况。检查阀门的阀体、阀杆和手轮等是否有破损、裂纹、砂眼等，阀门的接口处螺纹是否有断裂等现象。

3）阀芯与阀座的结合是否良好，阀杆与阀芯的连接是否灵活可靠，阀盖与阀体的结合是否良好。

4）法兰垫片、螺纹填料、螺栓等是否齐全、有无缺陷等。

（2）阀门的强度和严密性试验　安装在主干管上起切断作用的闭路阀门，应逐个进行强度和严密性试验；其余阀门应在每批（同牌号、同型号、同规格）阀门数量中抽查10%，且不少于一个，以检验阀门的强度和严密性。强度试验压力为工作压力的1.5倍，严密性试验压力为阀门工作压力的1.1倍。试验时应使压力缓慢升高至试验压力，在持续时间内，压力不下降，阀体各密封处无渗漏为合格。阀门试压持续时间不应少于表4-22的规定。

表4-22　阀门试压持续时间

公称直径 /mm	最短试压持续时间 /s		
	严密性试验		强度试验
	金属密封	非金属密封	
≤50	15	15	15
65~200	30	15	60
250~450	60	30	180

2. 阀门安装应注意的问题

1）直径较小的阀门，在运输和安装时严禁随手抛掷，以免将阀门的阀杆或手轮摔坏。较大的阀门进行吊装时，绳索应拴系在阀体上，严禁将绳索系在手轮、阀杆或螺栓孔上。

2）在水平管道上安装阀门时，阀杆和手轮应垂直向上，或向上倾斜一定的角度安装。

3）所有阀门应安装在易于操作和便于检修的地方，若必须地下敷设时，应在安装阀门处设阀门井；安装在吊顶、管井等封闭处的阀门，应留有活门，以便于阀门的操作与检修。

4）截止阀、止回阀等有方向性要求的阀门安装时应注意其安装方向，切勿反接。

5）在同一工程中应尽量采用同类型的阀门，以便于识别和更换维修。在同一房间内、同一设备上安装阀门时，应使其对称排列，整齐美观。

6）在并排垂直管道上安装阀门时，阀门的安装高度应一致，一般距地为1.2m，并保持手轮之间的净距不小于100mm。

7）阀门安装时应保持关闭状态。在螺纹连接的阀门出口处，应安装活接头以便于拆换。螺纹连接的阀门安装时，常常需要卸掉阀杆、阀芯和手轮，以便于阀体的转动，此时，在拆卸闸阀时，应使闸阀处于开启状态后，才能拆卸，否则极易拧断阀杆。

3. 减压阀的安装

常用的减压阀有活塞式减压阀（Y43H-10、Y43H-16）、波纹管式减压阀（Y44T-10）和弹簧薄膜式减压阀（Y42SD-25）等。

减压阀的安装是以阀组的形式表现的，如图4-8所示为标准图做法。阀组由减压阀、控制阀、压力表、安全阀、冲洗管和旁通管等组成。其安装尺寸见表4-23。

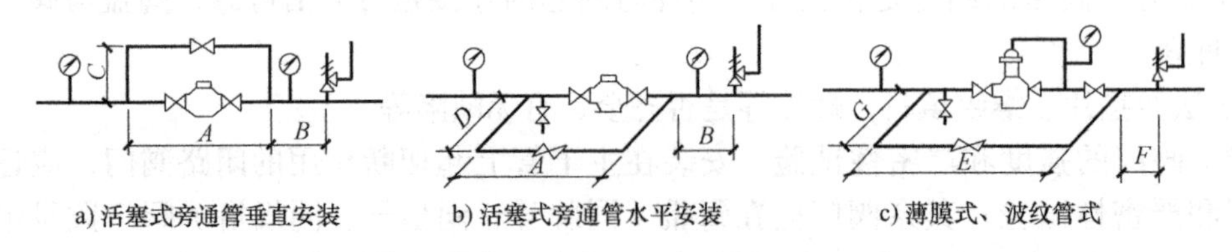

a) 活塞式旁通管垂直安装　b) 活塞式旁通管水平安装　c) 薄膜式、波纹管式

图4-8 减压阀的安装

表4-23 减压阀安装尺寸 （单位：mm）

减压阀直径	A	B	C	D	E	F	G
25	1100	400	350	200	1350	250	200
32	1160	400	350	200	1350	250	200
40	1300	500	400	250	1500	300	250
50	1400	500	450	250	1600	300	250
65	1400	500	500	300	1650	350	300
80	1500	550	650	350	1750	350	350
100	1600	550	750	400	1850	400	400
125	1800	600	800	450			
150	2000	650	850	500			

减压阀安装时有下列注意事项：

1）减压阀有方向性，安装时不要将方向装反，并应使它垂直安装在水平管道上。旁通管的直径一般应比减压阀直径小 1~2 号。

2）为防止减压阀阀后压力超过允许的限度，阀后应安装安全阀。

3）蒸汽系统的减压阀前应安装疏水器。

系统管道进行清洗时，应关闭减压阀前的控制阀门，打开冲洗管上的阀门进行冲洗。系统送汽前，应先打开旁通管上的阀门，关闭减压阀前的控制阀门，使管路中的残余凝水排出，并同时对系统进行暖管。待系统正常后，再关闭旁通管上的阀门，打开减压阀前的控制阀门，使减压阀正常工作。

4. 安全阀的安装

1）安全阀安装前，必须检查其是否有产品说明书和合格证，以明确其出厂时的定压情况；检查安全阀的铅封完好情况，检查其外观是否有损伤等。对铅封已破坏、出厂定压不符合工程设计工作压力要求时，应重新进行强度和严密性试验。

2）安全阀的定压。以水压或气压试验的方法，按设计要求进行定压。对弹簧式安全阀应调整弹簧压紧螺栓，直至压力表准确指示开启压力数时，能开始泄放介质为止。对杠杆式安全阀，定压时应使重锤在杠杆上微微滑动，直至在开启压力下开始排放介质为止，并在定压后，标明定压的位置。

3）安全阀的进口接管直径不应小于阀座内径。因此，应按安全阀的公称直径在设备或管道上开孔接管。对于螺纹连接的安全阀，应开孔焊接一段长度不超过 100mm 的带外螺纹的短管与安全阀连接；对于法兰连接的安全阀，应开孔焊接一段长度不超过 120mm 的法兰短管与安全阀连接。

4）安全阀排放管直径应与其出口直径相同，且不得小于 40mm。排放管应从阀的出口接向室外。

5）安全阀应尽量安装在便于检查和维修的地方，并应垂直安装。

任务二　水泵的安装

一、水泵机组的安装

水泵通过联轴器与电动机连接，并一起固定在铸铁泵座上，然后将泵座和基础以整体安装的形式，一般称为带底座水泵的安装；水泵与电动机分别固定在基础上，而它们之间采用带轮连接的水泵机组安装形式，一般称为不带底座水泵的安装。水泵机组的安装程序一般为基础的定位放线、基础的施工与验收、水泵机组的开箱检查、水泵机组的安装、水泵的配管、水泵机组的试运转等。

1. 基础的定位放线

根据设计图的要求，定出水泵的纵、横中心线位置，再以中心线为准，按水泵机组基础的外形轮廓尺寸画出基础的边线。水泵基础的尺寸见表 4-24。

表 4-24 水泵基础的尺寸

<table>
<tr><th colspan="3">基 础 尺 寸 /m</th><th colspan="3">预留螺孔尺寸 /mm</th></tr>
<tr><th rowspan="2">尺寸</th><th colspan="2">形式</th><th colspan="2">螺孔中心距基础边缘最小距离</th><th rowspan="2">孔径</th></tr>
<tr><th>带底座小型水泵机组</th><th>无底座中、大型水泵机组</th><th>螺栓直径 >40</th><th>螺栓直径≤ 40</th></tr>
<tr><td>长度</td><td>L+（0.2~0.3）</td><td>L +（0.4~0.6）</td><td rowspan="3">>300</td><td rowspan="3">150~200</td><td rowspan="3">80~200</td></tr>
<tr><td>宽度</td><td>B+0.3</td><td>B+（0.4~0.6）</td></tr>
<tr><td>高度</td><td>H+（0.1~0.15）</td><td>H+（0.1~0.15）</td></tr>
</table>

注：对于带底座小型水泵机组，L、B 为水泵底座的长和宽，H 为地脚螺栓埋入深度。对于无底座中、大型水泵机组，L、B 为水泵或电动机的长和宽，H 为地脚螺栓埋入深度。

2. 基础的施工

为了减小震动并牢固地支撑水泵机组，水泵基础应具有足够的强度和尺寸，基础自身的重量应为水泵机组总重量的 3 倍以上。水泵基础的施工一般由土建完成，其施工的基本步骤为：

（1）基坑开挖 按画出的机组基础边线，根据基础埋深的要求进行开挖。

（2）支模板 在基坑开挖处理后进行支设模板。模板支设时，应使模板的内表面与基础的边线对齐，模板的高度应根据基础的高度来确定。

（3）混凝土的浇筑 混凝土的浇筑方法分为一次浇筑法和二次浇筑法两种。一次浇筑法是在支设模板的同时，在模板上方设置地脚螺栓的地方设横木，并将地脚螺栓固定在横木上进行定位，然后一次将混凝土浇筑完成。这种方法要求地脚螺栓的定位一定要准确，否则，在安装水泵机组时不能穿入螺栓孔。二次浇筑法是将地脚螺栓的定位栽埋与基础的浇筑分两步完成，即在基础浇筑时先将地脚螺栓孔的位置进行预留，在机组安装定位后再将地脚螺栓进行栽埋固定。这种方法是将机组定位后再进行地脚螺栓的栽埋，比较灵活，施工方便，因此在实际工程中应用较为广泛。

3. 基础的验收

基础的验收主要是校核基础的外形尺寸、中心线位置、标高以及预留地脚螺栓孔的位置、数量、深度、孔的大小和孔的中心距基础边缘的尺寸等。水泵基础高出地面的高度一般不应小于 0.1m。

4. 水泵机组的开箱检查

水泵机组在安装之前，应先进行开箱检查。检查的内容主要包括：

1）有无产品说明书、合格证和清单。设备的名称、型号、数量和规格等是否与设计要求相符。

2）按装箱单清点泵的零件和部件、附件和专用工具，应无缺件；防锈包装应完好，无损坏和锈蚀；管口保护物和堵盖应完好。

3）核对泵的主要安装尺寸，并应与工程设计相符。

4）核对输送特殊介质的泵的主要零件、密封件以及垫片的品种和规格。

5）用手转动电动机和水泵的转子，转动应灵活，无碰卡现象。

5. 水泵机组的安装

水泵基础浇筑完成，强度达到设计要求的 75% 以上，经检验合格后方可安装水泵机组。

（1）带底座水泵机组的安装 对于在铸铁底座上已安装好水泵和电动机的小型水泵机组，可不做拆卸而直接进行安装。其安装顺序和方法如下：

1）机组吊装就位。先把楔形垫铁上、下两块为一组，斜面靠齐，平放于地脚螺栓孔的两侧及承受最大荷载的电动机端侧，然后将泵的铸铁机座穿上地脚螺栓，带好螺母，抬放到基础上（压在垫铁上），并将地脚螺栓插入基础螺栓孔内。

每一组垫铁应尽量减少垫铁的块数，一般不超过3块。放置平垫铁时，最厚的放在下面，最薄的放在中间，每一组垫铁应放置整齐平稳，接触良好。垫铁组在能放稳和不影响灌浆的情况下，应尽量靠近地脚螺栓，相邻两垫铁组间的距离，一般应为500~1000mm，且每个地脚螺栓近旁至少应有一组垫铁。每一组垫铁的面积应能足够承受设备的负荷。

2）机组的找平、找正。调整底座位置，使水泵的轴心和基础的横向中心线重合，使其进出口中心与纵向中心线重合。

用水平尺在底座的上表面测试机组的放置是否水平，方法是在泵座的各对角线上用水平尺测量，测量时水平尺应转动180°复测两次，直到完全水平。同时用水准仪测量机组的标高。水泵的平面位置和标高允许偏差应为 ±10mm，安装的地脚螺栓应垂直，且与设备底座应紧密固定。整体安装的泵的纵向水平偏差不应大于0.1‰，横向水平偏差不应大于0.2‰。组合安装的泵的纵、横向水平偏差均不应大于0.05‰。水泵与电机采用联轴器连接时，联轴器两轴芯的轴向倾斜度不应大于0.2‰，径向位移不应大于0.05mm。整体安装的小型管道水泵目测应水平，不应有偏斜。

3）水泵与电动机同心度的调整。方法是从电动机的吊环中心和泵壳中心两点间拉线测量，使测线完全落于泵轴的中心位置。调整时将水泵（或电动机）与底座的紧固螺栓松动，进行微调，调整后再将水泵（或电动机）紧固在底座上。

4）二次浇灌。待机组找平、找正后，向地脚螺栓孔内灌注细石混凝土并捣实。细石混凝土的配比为水泥：细砂：细石 =1：2：3。二次浇灌应保证使地脚螺栓与基础结为一体。对底座与基础面之间的缝隙，应填满砂浆并和基础面一道抹平压光。砂浆的配比为水泥：细砂 =1：2。

5）紧固地脚螺栓。地脚螺栓孔浇灌完全硬结后（约两周），再次复测和校正水泵与电动机的同心度与水平度，确定各项要求达标后，拧紧地脚螺栓，将机组紧固在基础上。

在进行调整时，各项安装工序之间会相互影响，所以须经过几次反复调整，直至符合要求为止。

6）安装联轴器螺栓。水泵和电动机的同心度经检验无误后，将联轴器螺栓上紧，并用手转动联轴器，轴能轻松转动，轴箱内、泵壳内无刮研现象为安装合格。最后将水泵（或电动机）与底座之间的紧固螺栓上紧。

（2）无底座水泵机组的安装　无底座水泵机组的安装顺序为：基础的施工与验收、泵的拆卸与清洗、水泵的安装与校正、电动机与传动装置的安装、水泵与电动机安装同心度及水平度的检测、二次浇灌、复测同心度与水平度、拧紧地脚螺栓。

无底座水泵机组基础的施工要求等与带底座水泵机组的安装相同。

1）泵的拆卸与清洗。较大型单体组装的水泵，在安装前应进行拆洗。单级离心水泵拆卸与清洗的一般步骤是：

① 先将水泵的联轴器（或带轮）拆卸下来。联轴器是用键固定在轴上的，拆卸时抽出键销后，用专用工具将联轴器从轴端慢慢地拉下来，或用铅锤敲打下来，禁止用铁锤敲打。

② 用扳手松开泵盖螺栓上的螺母，卸下泵盖，松开叶轮螺母，即可将叶轮同联轴器的键拆下。

③ 用扳手松开托架同泵体连接的螺栓螺母以及填料盖上的螺栓螺母，即可将泵体卸下。

④ 将挡水环从泵体上拆下来，松下轴承压盖同支架连接的螺栓螺母，将前后轴承压盖拆下来。

⑤ 用铅锤把轴和轴承从托架上敲下来，再将轴从轴承上敲下来。

⑥ 将拆卸下来的水泵的全部零件经检查后，用煤油进行清洗。

⑦ 将清洗干净的水泵零件按拆卸的相反顺序进行装配。

2）水泵的安装。大型水泵吊装就位时，钢丝绳不得系在法兰、轴承架或轴上。水泵就位后应进行找平、找正，其方法与带底座水泵机组的安装方法相同。

3）电动机的安装。电动机的安装与水泵安装相同。当采用联轴器与水泵连接时，应将电动机的中心线调整到与已安装的水泵轴中心线处在同一直线上，通常的做法是用检测联轴器的相对位置来完成，即把联轴器的两个端面调整到既同心又相互平行。

电动机找平、找正和联轴器的同心度检测合格后，即可拧紧联轴器的螺栓，并进行泵与电动机地脚螺栓的二次浇灌。

（3）管道泵的安装　管道泵是用法兰连接的方法与管道相连接的。安装时泵体应设专用支架以支撑泵体的自重及运转动荷载。

6. 水泵的配管

水泵的配管包括吸水管和压水管两部分。自灌式水泵的吸水管上应装设闸阀，吸上式水泵的吸水管头部应装吸水底阀，在压水管上应装设止回阀和闸阀（或蝶阀），这就是俗称的“一泵三阀”。吸水管、压水管以及阀门等均应有固定支撑。管道和水泵的连接一般采用挠性接头。

若在吸水管上安装吸水底阀，安装前应认真检查其启闭的灵敏度。考虑到水泵工作时水面的降落，底阀安装时应保证有足够的淹没深度。若在同一蓄水池内安装两根以上吸水管时，其安装的最小间距应大于吸水底阀直径的1.5倍，以避免相互干扰。吸水管应尽可能减少弯头的数量，吸水管上应安装真空表，在压水管的适当部位应设置充水或排气装置。

7. 泵体和管道的减震与防噪声

（1）泵体的减震　水泵和电动机的减震安装方法有：砂箱基础减震、橡胶减震垫减震、橡胶剪切减震器减震和弹簧减震器减震等，如图4-9所示。

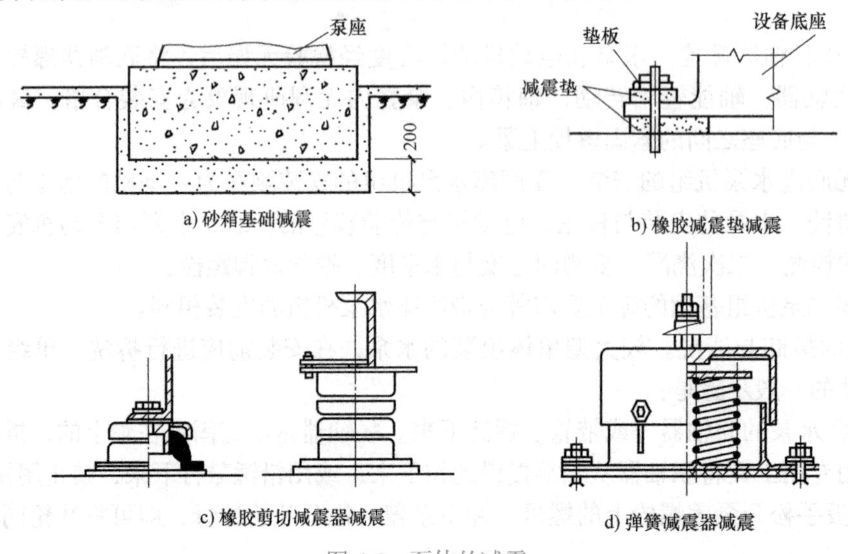

图4-9　泵体的减震

橡胶剪切减震器有 JG、JJQ 型两种型号。弹簧减震器的结构包括由弹簧钢丝制成的弹簧和护罩两部分，护罩是由铸铁或塑料制成的，弹簧置于护罩中。减震器底板下贴有厚 10mm 的橡胶板，起一定的阻尼和消声作用。减震器配有地脚螺栓，可根据用户的需要，将减震器用地脚螺栓与地基、地面、楼面、屋面等连接，也可不用地脚螺栓，直接将减震器置于支撑结构上。减震器用于室外时，可配置防雨罩。它具有结构简单、刚度低、坚固耐用等特点，使用环境温度为 −35~60℃。

（2）水泵管道的减震　水泵的配管除采用挠性接头、伸缩接头等减震接头与泵体相连外，管道的支架还必须采用减震防噪声传播的方法安装。若管道沿地面或楼板敷设采用支撑托架固定时，采用如图 4-10a 所示的减震方法进行安装；若管道沿楼顶、梁或桁架敷设采用吊架固定时，应采用如图 4-10b、c 所示的减震方法进行安装。

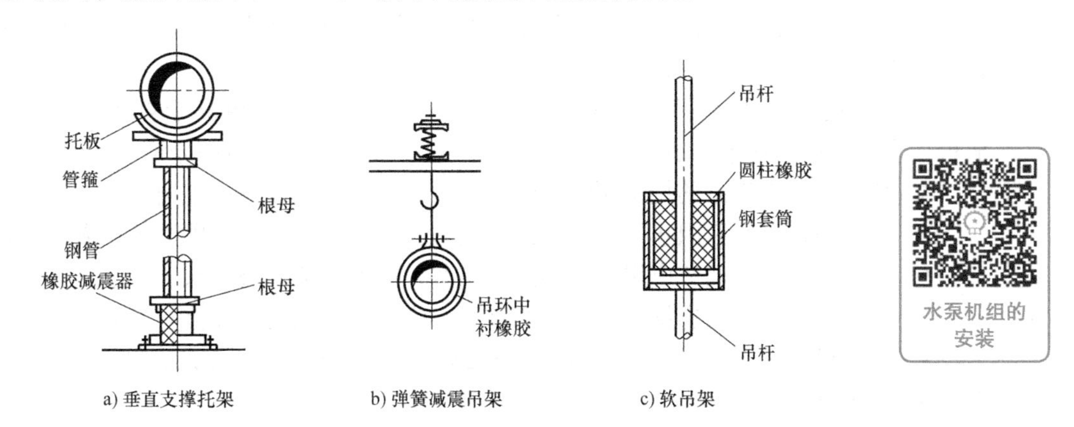

a) 垂直支撑托架　b) 弹簧减震吊架　c) 软吊架

图 4-10　水泵配管支吊架的减震安装

二、水泵机组的试运行

水泵机组的试运行是交工验收中必不可少的重要工序。

（1）水泵启动前的检查　在机组启动之前必须做好以下几方面的检查工作：

1）水泵与电动机同心度的复测。这是水泵机组安全运行的首要条件。

2）泵与电动机旋转方向的确认。泵与电动机的旋转方向必须一致。若转向相反，将电动机的任意两根接线调换一下即可。

3）检查轴箱内的润滑油或润滑脂的质量和油位，变脏了的要更换，使之保持清洁；润滑油必须达到规定的油位，润滑油应加到轴箱容积的 1/3~1/2。

4）检查各部位螺栓是否安装完好，有无脱落、不全或松动现象。

5）检查泵的填料函冷却水阀是否打开，填料函压盖的松紧度是否合适。

6）检查吸水池水位是否正常，吸水管膛是否已经清扫干净，吸水口附近的滤网是否完好，吸水管上的阀门是否打开，泵的出水管阀门是否已经关闭。

7）检查管道上的压力表、真空表、止回阀、闸阀等附件是否安装正确完好。

8）用手转动联轴器，检查转动是否灵活。

（2）水泵的启动

1）水泵机组在检查完毕之后，启动之前，应先向泵内灌满水，同时打开排气阀进行排气。

2）水泵启动时，吸水管上的阀门一定要处于全开状态，压水管上的阀门应处于全闭状态。

安装于水中的电动泵，为了容易排除管内的残留空气，应在出口阀稍稍打开的状态下启动。

3）泵在初次启动时，不能采用一次使之达到额定转速的启动方法，而应在做2~3次反复启动和停止的操作后，再慢慢地增加到额定转速。达到额定转速后，应立即打开出水阀，以防止水在水泵内循环次数过多而引起汽化。

4）机组启动时，机组周围不要站人，运行现场最好设有急停开关，以作应急之用。

（3）水泵机组的试运行　水泵机组运行后，应注意以下事项：

1）应经常巡回检查各种仪表的工作是否正常和稳定。检查水泵机组有无不正常的震动和噪声。

2）检查轴箱内的油量及甩油环工作是否正常。水泵试运转的轴承温升必须符合设备说明书的规定，轴承、轴承箱和油池润滑油的温升不应超过环境温度40℃，滑动轴承温度不应大于70℃，滚动轴承的温度不应大于80℃。可用温度计实测检查或用手摸的方法进行检测，当感到烫手时，说明轴升温过高，应马上停机检查。

3）应注意检查填料函压盖的温度和渗漏情况。若压盖温度高于40℃，可把压盖螺栓放松，直到填料的松胀与油温适应时再拧紧一些。正常的渗漏为每分钟10~20滴。

4）应注意检查水泵的排出压力、吸入压力、流量和电流等的工况。

5）检查备用泵是否因止回阀不严密，而从并联运行管道中返回流体使泵产生逆转。

6）运行中流量的调节应用出水阀进行调节，而不要关闭进水阀。

7）对和水箱、水塔连锁自动启闭的水泵，应注意泵的启动或停止的频率不应过大。

8）泵在设计负荷下连续运转不应少于2h，一般情况下，离心泵、轴流泵连续运转8h，深井泵连续运转24h，运行正常后方可验收交工。

（4）水泵机组的停机　水泵机组在停机时应注意以下几点：

1）停机时一般应先关闭出水阀，然后再停机，绝不能先关闭进口阀再停机。

2）设有吸水底阀的水泵机组停机后，若长时间不运行时，应注意打开真空破坏阀，使泵内水返回水池。

3）长期停止运行的水泵机组，应排净泵内流体，并在轴承、轴、填料压盖、联轴器等的加工面上涂油或防锈剂，以防锈蚀。

4）在运行中因停电而停机时，首先应切断电源，同时应关闭出水阀。

三、水泵机组运行故障的检查与处理

（1）水泵机组启动困难　机组启动困难产生的原因及处理措施见表4-25。

表4-25　机组启动困难产生的原因及处理措施

故障产生的原因	处理措施
水泵灌不满水	检查底阀和吸水管是否漏水；水泵底部放空螺钉或阀门是否关闭
水泵灌不进水	泵壳顶部或排气孔阀门是否打开
底阀漏水、底阀关不上	迅速大量灌水，迫使底阀关上，如不见效果，则底阀可能已坏，必须设法检修
底阀被杂物卡住	检查阀片并设法清除杂物
水泵或吸水管漏气、真空泵抽不成真空	检查吸水管及连接法兰本身是否漏水；拧紧填料压盖；检查水封冷却水管是否打开，水泵底部放水阀是否关紧；吸水管是否漏气，灌泵给水管是否堵塞
真空系统故障	检查所有阀门是否在正确位置，真空止回阀是否失灵
真空泵补给水不足或真空泵抽气能力不足	增加真空泵补给水，但进水量过大或压力过高也会影响真空效率；如进水无问题，检查真空泵本身是否完好，发现问题立即修理

（2）不出水或水量过少　不出水或水量过少产生的原因及处理措施见表 4-26。

（3）震动或噪声过大　震动或噪声过大产生的原因及处理措施见表 4-27。

表 4-26　不出水或水量过少产生的原因及处理措施

故障产生的原因	处　理　措　施
泵及吸水管未灌满水，泵壳中存有空气	继续灌水或抽气
吸水管漏气	检查吸水管，消除漏气处
填料函漏气	拧紧填料函压盖或更换填料
水泵转动方向错误	改变电动机接线，使泵正转
水泵转速太低	检查电路，是否电压太低或频率太低
吸水高度过大，产生气蚀	设法抬高水位或降低水泵的安装高度
水泵额定扬程低于需要扬程	进行改造、换泵；降低实际需要扬程至额定值范围
底阀、吸水管或叶轮堵塞	清除杂物，清洗管路、底阀或泵体
水面产生漩涡空气带入水泵	加深吸水口淹没深度或在吸水口附近漂放木板
减漏环漏水或叶轮磨损	更换磨损零件
出水阀门或止回阀未开或故障	检查各阀门，未开的打开，出故障的进行检修
传动带太松打滑，转速低	调节传动带松紧度或更换传动带
抽吸流体温度过高	适当降低抽吸流体的温度

表 4-27　震动或噪声过大产生的原因及处理措施

故障产生的原因	处　理　措　施
基础螺栓松动或安装不完善	拧紧螺栓、完善基础安装、添加防震部件
泵与电动机安装不同心	矫正同心度
发生气蚀	降低吸水高度，减少吸水管水头损失
轴承损坏或磨损	更换或修理轴承
出水管存留空气	在存留空气处加装排气设施
流量太大	关闭出水管闸阀，调节出水流量

（4）转动困难或消耗功率过大　转动困难或消耗功率过大产生的原因及处理措施见表 4-28。

表 4-28　转动困难或消耗功率过大产生的原因及处理措施

故障产生的原因	处　理　措　施
填料函压得太紧	放松填料函压盖螺母
联轴器间隙太小	调整间隙
电压过低	检查电路，查找原因进行检修
流量过大，超过适用范围过多	关小出水阀门
叶轮转动部分与泵体摩擦	检查泵轴承间隙，消除摩擦
转速过高，流量扬程不符	调整转速

（5）轴承过热　轴承过热产生的原因及处理措施见表 4-29。

（6）电动机过负荷　电动机过负荷产生的原因及处理措施见表 4-30。

表4-29 轴承过热产生的原因及处理措施

故障产生的原因	处 理 措 施
泵和电动机不同心	做同心度检查，矫正泵轴和联轴器
轴承润滑油过多或过少	调整加油量
润滑油油质不良、不干净	更换合适的润滑油
滑动轴承的甩油环不起作用	放正油环位置或更换油环
叶轮平衡孔堵塞，泵轴向心力不能平衡	清除平衡孔上堵塞的杂物
轴承损坏	更换轴承
传动带过紧	调整传动带松紧度
滚珠轴承和托架压盖间隙小	拆开压盖加垫片，调整间隙值

表4-30 电动机过负荷产生的原因及处理措施

故障产生的原因	处 理 措 施
转速过高	检查电动机与水泵是否配套
流量过大	关小出水闸阀
泵内混入异物	拆泵除去异物
电动机或水泵机械损失过大	检查水泵叶轮与泵壳之间间隙，填料函、泵轴、轴承是否正常

（7）填料函发热 填料函发热产生的原因及处理措施见表4-31。

表4-31 填料函发热产生的原因及处理措施

故障产生的原因	处 理 措 施
填料函压盖太紧	放松填料函压盖螺母
填料函位置安装不对	调整安装位置
水封环位置不对或冷却水不足	调整水量、保持水封压力，确保冷却水流畅
填料函与轴不同心	检修、调整使其同心

任务三 风机的安装

风机的安装是通风、空调系统施工中的一项重要分部工程，其安装质量的好坏，将直接影响到系统的使用效果。

一、常用风机

1. 离心式风机

根据《通风机 产品型号编制方法》(JB/T 8940—2014)，离心式风机（图4-11）的型号由风机用途代号、压力系数、比转数、设计顺序号以及机号所组成，见表4-32~表4-34。

图4-11 离心式风机

表 4-32　离心通风机的型号

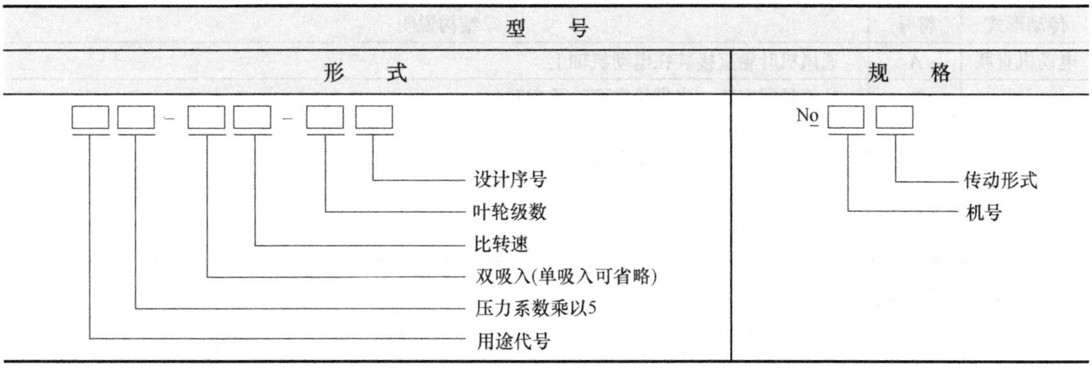

型　号	
形　式	规　格
□□-□□-□□	No□□
设计序号	传动形式
叶轮级数	机号
比转速	
双吸入(单吸入可省略)	
压力系数乘以5	
用途代号	

注：1. 用途代号按表 4-33 的规定表示。
2. 压力系数乘以 5 四舍五入后取整数，一般采用 1 位整数。个别前向叶轮的压力系数大于 1.0 时，亦可用 2 位整数表示。
3. 双吸入形式用“2×”表示，单吸入形式可省略。
4. 比转速采用 2 位整数表示。若产品的形式中有重复代号或派生形时，则在比转速后加注序号来区分，采用罗马数字Ⅰ、Ⅱ等表示。
5. 叶轮级数用正整数表示，单级叶轮不标。
6. 设计序号用阿拉伯数字“1”“2”等表示，供对该型产品有重大修改时用。若性能参数、外形尺寸、地基尺寸、易损件没有改动时，不应使用设计序号。
7. 通风机的机号及传动形式按表 4-34 的规定表示。

表 4-33　通风机产品用途代号

序号	用途类别	代号		序号	用途类别	代号	
		汉字	简写			汉字	简写
1	工业冷却水通风	冷却	L	21	高炉鼓风	高炉	GL
2	微型电动吹风	电动	DD	22	空气动力	动力	DL
3	防爆气体通风换气	防爆	B	23	一般通用空气输送	通用	T
4	防腐气体通风换气	防腐	F	24	转炉鼓风	转炉	ZL
5	船舶用通风换气	船通	CT	25	柴油机增压	增压	ZY
6	纺织工业通风换气	纺织	FZ	26	煤气输送	煤气	MQ
7	矿井主体通风	矿井	K	27	化工气体输送	化气	HQ
8	矿井局部通风	矿局	KJ	28	石油冶炼气体输送	油气	YQ
9	隧道通风换气	隧道	SD	29	天然气输送	天气	TQ
10	锅炉通风	锅通	G	30	降温凉风用	凉风	LF
11	锅炉引风	锅引	Y	31	冷冻用	冷冻	LD
12	船舶锅炉通风	船锅	CG	32	空气调节用	空调	KT
13	船舶锅炉引风	船引	CY	33	电影机械冷却烘干	影机	YJ
14	工业炉用通风	工业	GY	34	陶瓷材料	陶瓷	TC
15	排尘通风	排尘	C	35	玻璃钢	玻璃钢	BLG
16	煤粉吹风	煤粉	M	36	塑料	塑料	SL
17	谷物粉末输送	粉末	FM	37	橡胶衬里	橡胶	XJ
18	热风吹吸	热风	R	38	诱导通风用	诱导	YD
19	高温气体输送	高温	W	39	消防排烟用	消排	XP
20	烧结炉烟气	烧结	SJ				

注：1. 上表内容摘自通风机产品分类及名词术语，并略有增加。
2. 若用途代号不够表达时，允许增添代号，但不得有重复代号出现。

表 4-34 离心通风机各种传动形式的代表符号与结构说明

传动形式	符号	结构说明
电动机直联	A	通风机叶轮直接装在电动机轴上
皮带轮	B	叶轮悬臂安装，皮带轮在两轴承中间
	C	皮带轮悬臂安装在轴的一端，叶轮悬臂安装在轴的另一端
	E	皮带轮悬臂安装，叶轮安装在两轴承之间（包括双进气和两轴承支撑在壳体上）
联轴器	D	叶轮悬臂安装
	F	叶轮安装在两轴承之间

2. 轴流式风机

轴流式风机（图 4-12）的结构一般由外壳、叶轮（焊在轴上的叶片）、支架等组成。其外壳的进风侧为喇叭形，出风侧为渐扩圆锥形，以利于减少阻力，平顺地引导气流进出。叶轮直接安装在电动机轴上，电动机则由支架固定在外壳上。

图 4-12 轴流式风机

轴流式风机的型号由风机的用途代号、轮毂比、转子位置、叶轮级数和设计序号等五部分组成，见表 4-35 和表 4-36。

表 4-35 轴流通风机的型号

型号	
形式	规格
□□□□□-□ 叶轮级数、用途代号、轮毂比、转子位置、设计序号	No□□ 机号、传动形式

注：1. 叶轮级数代号（指叶轮串联级数），单级叶轮可不表示，双级叶轮用“2”表示。
2. 用途代号按表 4-33 的规定表示。
3. 轮毂比为轮毂的外径与叶轮外径之比的百分数，取 2 位整数。
4. 转子位置代号卧式用“H”表示（可省略），立式用“V”表示。
5. 设计序号用阿拉伯数字“1”、“2”等表示。供对该型产品有重大修改时用。若性能参数、外形尺寸、地基尺寸、易损件没有改动时，不应使用设计序号。若产品的形式中有重复代号或派生形时，则在设计序号前加注序号来区分，采用罗马数字Ⅰ、Ⅱ等表示。
6. 通风机的机号及传动形式按 GB/T 3235 的规定表示。

表 4-36 轴流通风机的各种传动形式的代表符号与结构说明

传动形式	符号	结构说明
电动机直联	A	通风机叶轮直接装在电动机轴上
皮带轮	C	皮带轮悬臂安装在轴的一端，叶轮悬臂安装在轴的另一端
联轴器	D	叶轮悬臂安装
	F	叶轮安装在两轴承之间

二、风机安装前的准备工作

风机安装前的准备工作主要包括基础的检查与验收、风机的开箱检查和风机轴承情况的检查等，与前述水泵安装前的准备工作基本相同。

三、风机安装的技术要求

风机的安装分为整体式和组合件的分体式两种形式。其安装的基本技术要求是：

1）风机在运输和吊装过程中应注意：整体安装时，绳索应固定在风机轴承箱的两个受力环上或电动机的受力环上；分体式现场组装时，绳索的捆绑不得损伤机件表面、转子表面及齿轮轴两端中心孔。输送特殊介质的风机转子和机壳内涂的保护层应严加保护，吊装时不得损伤。

2）轴流风机如安装在墙内时，应在土建施工时配合预留孔洞或预埋地脚螺栓。安装在墙外时还应装上 45° 防雨雪的弯头，或安装铝质调节百叶，以免风机停止使用时，室外雨雪倒流进入室内。

3）离心式风机的叶轮回转应平衡，与机壳无摩擦。

4）风机叶轮与吸气管的间隙应均匀。

四、风机的安装

1. 离心式风机的安装

离心式风机安装的基本程序是：风机的开箱检查、基础的准备或支架的安装、风机机组的吊装与校正、二次浇灌或支架的紧固、复测安装的同心度和水平度以及机组的试运转。

离心式风机可以直接安装在基础上、支架上，也可以安装在减震器上。

（1）在基础上的安装　整体式小型风机在基础上的安装，可参照有底座水泵机组的安装。分体式风机的安装方法和步骤为：

1）先按图纸和风机实物，对土建施工的基础进行检查核对。

2）将基础及地脚螺栓孔清理干净，在基础上画出风机安装定位的纵、横中心线。

3）在风机机座上穿上地脚螺栓，把机壳机座吊装到基础上使之就位，调整风机中心位置，使之对准基础的安装中心线。地脚螺栓插入预留孔后，应先拧上螺母，暂不拧紧，螺纹扣应露出螺母以上 2~3 扣，待风机或机组找平、找正并对地脚螺栓孔进行二次浇灌初凝后，再拧紧地脚螺栓。

4）吊装轴承箱和带轮的组合体，并插入轴承箱的地脚螺栓。

5）将叶轮装入机壳内的轮轴上。

6）风机的找平、找正。找平可用水平仪或水平尺进行；如不水平可在低的一侧加斜垫铁找平。检查的方法是将水平尺放在轮轴上，测量轴的水平度；用玻璃管水平仪检查轴心标高；通过轴端中心悬挂线锤，检查转子的中心位置，要求与基础上中心线相重合。找正可根据基础上的安装中心线进行，产生偏斜的应拨正。找平、找正后将斜垫铁点焊固定。

整体安装轴承箱的安装水平，应在轴承箱中分面上进行检测，其纵向安装水平亦可在主轴上进行检测，纵、横向安装水平偏差均不应大于 0.10‰。左、右分开式轴承箱的纵、横向安装水平，以及轴承孔对主轴轴线在水平面的对称度如下。

① 在每个轴承箱中分面上，纵向安装水平偏差不应大于 0.04‰。

② 在每个轴承箱中分面上，横向安装水平偏差不应大于 0.08‰。

③ 在主轴轴颈处的安装水平偏差不应大于 0.04‰。

④ 轴承孔对主轴轴线在水平面内的对称度偏差不应大于 0.06mm；可测量轴承箱两侧密封径向间隙之差不应大于 0.06mm。

7）风机外壳的找正，即测量和调整叶轮和机壳的配合间隙，使机壳和叶轮及轮轴不相互摩擦。要求叶轮后盘与机壳的轴向间隙调整到图纸规定的范围。然后安装吸气短管（集流器），其安装位置的正确与否，对风机的效率和性能影响很大，因此，集流器与叶轮的装配间隙应按图纸的规定进行调整，直到符合设计要求。

8）将电动机吊装到基础上。

9）轴承箱组合体进行找平、找正。轴承箱组合体找平、找正后就不要再动，最好先浇灌水泥砂浆固定地脚螺栓，作为叶轮、机壳和电动机找平、找正的标准。

10）电动机找平、找正后，可进行地脚螺栓孔的二次浇灌。

当采用联轴器传动时，可找正联轴器。先用角尺进行初找，待两联轴器调整到外圆表平面基本平齐后，再进行精调。调整时，转动联轴器，按上、下、左、右四个互相垂直的位置，用测点螺钉和塞尺，同时测量联轴器的径向间隙和轴向间隙，调整到符合质量标准为止。

当采用带传动时，应先将电动机固定在滑轨上，再移动滑轨，使电动机轴和风机轴的中心线互相平行，并使传动带松紧适当，然后在两个带轮的端面上拉线，在滑轨上调整电动机的位置，使两个带轮的端面在同一个平面上。皮带安装后拉紧的一面应处于带轮下方。

（2）在支架上的安装　风机安装之前，应先按照施工图纸的要求，将支架做好。悬臂支架应有和支撑横梁呈 30°~45° 的斜支撑，支架的预制焊接和安装必须位置正确、牢固可靠。横梁的栽埋深度不得小于 200mm，栽埋支架达到强度后方可进行风机的安装，使风机平整地固定在支架上。沿柱安装的风机，应预埋钢板再把横梁焊接在钢板上，小型风机也可以采用抱柱式托架进行安装。

（3）减震器的安装　风机减震器的安装参见本项目任务二中水泵减震的有关内容。

风机安装结束后，应安装传动带安全罩或联轴器保护罩。进气口如不与风管或其他设备连接时，应安装网孔为 20~25mm 的入口保护网。如进气口和出风口与风管连接时，风管的重量不应加在机壳上，其间应安装柔性短管。

2. 轴流式风机的安装

轴流风机多安装在墙上、柱子上或混凝土楼板下，也可安装在砖墙内。

（1）墙内安装　轴流式风机在墙内的安装形式，可分为无支座固定式（甲型）和有支座（乙型），如图 4-13 所示。不同安装形式的风机，在安装前均应配合土建施工进行墙洞的预留，并预埋好挡板框和支座。

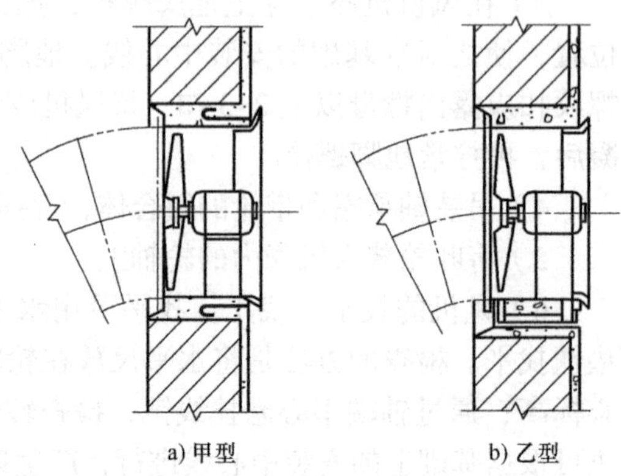

a) 甲型　　b) 乙型

图 4-13　轴流式风机在墙内的安装形式

风机在墙内安装，其预留孔洞设计无要求时，可根据表 4-37 确定。孔洞的结构形式可根据其安装形式来确定，常见的结构形式如图 4-14 所示。

表 4-37　轴流式风机墙内安装预留孔洞的尺寸　（单位：mm）

机号	甲型	乙型		丙型
	D	R	H	D
$1\frac{1}{2}''$	360	180	210	400
3″	420	210	240	470
$3\frac{1}{2}''$	480	240	270	520
4″	540	270	310	570
5″	640	320	370	680
6″	740	370	450	790
7″	860	430	500	900

风机安装前应检查预留墙洞的位置、标高、尺寸及挡板框和风机支座的预埋是否符合设计要求。风机安装时，先用碎砖挤紧机壳使之初步固定，然后进行校正，并使其形状平齐、无变形。有支座安装时，支座也必须找平、找正，拧紧固定螺栓。最后再用水泥砂浆填塞机壳与墙洞间的间隙，并抹平、压光。

无论是风机的哪种安装形式，在其出风口均应根据设计要求，安装出风弯头、遮光出风弯管、圆形活动金属百叶风口或遮光风口等。

风机安装完成后，应安装 45° 的防雨雪弯头等。

a) 甲、丙型预留孔洞尺寸示意图　b) 乙型预留孔洞尺寸示意图

图 4-14　轴流式风机预留孔洞的结构形式

（2）在支架上的安装　安装在墙上、柱子上或楼板下的轴流式风机，必须设置风机支架。支架用角钢或槽钢制成，支架上的螺栓孔应与风机底座尺寸相符，且应垫上 4~5mm 厚的橡胶垫板。安装应牢固、平整。其安装方法同离心式风机。

风机的安装

（3）在风管中的安装　在风管中间安装轴流式风机时，风机可安装在用角钢制成的支架上。支架应按设计图纸要求的位置和标高进行安装。支架安装牢固后，再将风机吊起，放在支架上，垫上厚度为 4~5mm 的橡胶板，穿上螺栓，稍加找平、找正，最后上紧螺母。

连接风管时，风管中心应与风机中心对正。为了检查和接线的方便，应设检查孔。

五、风机的试运行

风机安装完成后，应对其运转性能进行检验，以检查其安装的质量是否符合设计要求。

（1）风机启动前的检查　检查机组各部分螺栓是否有松动；机壳内及吸风口附近有无杂物，防止杂物吸入卡住叶轮，损坏设备；检查轴承油量是否充足适当；盘动风机转子，检查有无卡住及摩擦现象；检查电动机与风机的转向是否一致。

（2）风机的启动　离心式风机启动时，应关闭出口处的调节阀，以减小启动时电动机的负荷。轴流风机应先打开调节风门和进口百叶窗后，再开始启动。

（3）风机的运行　风机运行过程中，应经常检查机组运转情况，添加润滑油。当有机

身发生剧烈震动，轴承或电动机温度过高以及其他不正常现象时，应及时采取措施，预防事故发生。

风机机组试运转的连续运转时间应不少于2h，若无运转异常现象，则安装合格。

任务四 箱类、罐类的安装

箱类、罐类设备是水暖与通风工程中常用的重要附属装置。本节主要对其制作加工和安装两个方面的有关问题进行介绍。

箱类、罐类设备的加工制作应严格按照设计要求或标准图进行，以确保产品的美观性和严密性的要求。在安装方面的基本要求是：位置准确、安装稳固、配管正确。其安装的允许偏差见表4-17。

箱类、罐类设备安装前，应检验其出厂合格证书，并对产品进行外观检查及验收；对自行制作的产品，必须经过灌水试验或对压力性罐类设备进行不小于其工作压力1.5倍的水压试验，试验合格并经防腐处理后，方可进行安装。

箱类、罐类设备在支架上安装时，应在支架安装完好并经校正符合表4-17的允许偏差要求后，方可进行；安装在混凝土基础上的，应在基础验收合格，达到强度后，方可进行。对平面尺寸或立面高度较大的箱类罐类设备，应在屋面施工前吊装就位。设备的配管工作应在箱类、罐类设备就位、校正并符合表4-38的规定后，方可进行。

表4-38 箱类、罐类设备安装的允许偏差

项目		允许偏差/mm
支架立柱	位置	5
	垂直度	高度 H/1000，但不大于10
支架横梁	上表面标高	±5
	侧面弯曲	长度 L/1000，但不大于10
标高		±5
水平或垂直度		L/1000或 H/1000，但不大于10
中心线位置		5

一、水箱的安装

1. 水箱的类型

（1）按材料不同分类　在给水工程中常用水箱的种类很多，按加工制作水箱的材料不同可分为：

1）焊接钢板水箱。工程中使用的小型水箱一般是由4~6mm厚的钢板焊制而成的，这种水箱的重量轻，施工简便，但在使用时要求水箱的内外表面均应进行防腐处理，并且内表面的防腐涂料不应影响水质。安装在不采暖的水箱间内时应进行保温处理。

2）不锈钢板水箱。其加工制作与焊接钢板水箱相同，只是水箱的内表面无须进行防腐处理。

3）钢筋混凝土水池。由钢筋混凝土浇筑而成，不存在腐蚀问题，但对建筑结构要求

较高。

4）玻璃钢水箱。由玻璃钢加工预制而成，是建筑设施使用的一种新型储水箱，它具有重量轻、强度高、耐腐蚀、造型美观、保温、防渗、抗震、耐久性好、安装维修方便、节省金属材料等优点。

（2）按制作方法不同分类　按水箱加工制作和安装方法的不同，水箱可分为：

1）整体式水箱。传统的钢筋混凝土水箱和钢板水箱均采用现场浇筑和焊接的方法进行加工，安装完成后水箱成为一个整体。该类水箱具有制作难度大、施工周期长、防腐效果差等缺点。

2）装配式水箱。该水箱采用不锈钢板、镀锌钢板或玻璃钢板等材料经机械冲压成1000mm×1000mm、1000mm×500mm和500mm×500mm的标准块，周边钻孔，经必需的防腐处理后，现场进行组装。组装时标准块之间衬垫无毒橡胶条，采用螺栓紧固连接。组装时可根据水箱容积的不同，采用不同厚度、不同尺寸的标准板块。

2. 水箱的加工制作

水箱在加工制作时，可根据标准图集中的规格尺寸及结构形式进行预制或现场加工。

（1）水箱的灌水试验　各类水箱经加工制作或组装完成以后，均应进行灌水试验，以检查水箱接缝的严密性。试验的方法为先关闭水箱的出水管和泄水管，打开进水管，边放水边检查，灌满为止，然后静置24h（装配式水箱为2~3h）观察，不渗不漏为合格。

（2）水箱的防腐处理　由钢板焊接而成的水箱，经灌水试验合格后，应进行防腐处理，其方法为在水箱的内、外刷两道防锈漆，若为露天安装的不保温水箱，还应在外表面刷银粉漆。

3. 水箱的布置

压力水箱应设置在通风良好、不结冻的房间内，一般设置在建筑物最高层的水箱间内，或楼梯间顶部，水箱间的净高不得小于2.2m，在不结冻地区也可露天设置于屋面上，水箱不宜毗邻电气用房和居住用房或在其下方。如水箱有结冻或结露现象可能时，应采取保温或防结露措施。

为严格保护水质不受污染，水箱应加盖，上面留有通气孔。水箱外壁与建筑结构的墙面或其他池壁之间的净距，应满足施工或装配的需要，无管道的侧面，净距不宜小于0.7m；安装有管道的侧面，净距不宜小于1.0m，且管道外壁与建筑本体墙面之间的通道宽度不宜小于0.6m；设有人孔的池顶，顶板面与上面建筑本体板底的净空不应小于0.8m；箱底与水箱间地板面的净距，当有管道敷设时不宜小于0.8m。

4. 水箱的安装

水箱的安装应位置正确、端庄平稳，所用支架、枕木等应符合设计和标准图规定。水箱底部所垫枕木需刷沥青漆处理，其断面尺寸、根数、安装间距必须符合要求。

为了防止水箱漏水和不保温水箱夏、秋两季表面的结露滴水等对建筑物产生影响，水箱安装时，应在水箱底部设置接水底盘。接水底盘一般用木板制作，外包镀锌铁皮，再用角钢在外围做包箍紧固。底盘的边长（或直径）应比水箱大100~200mm，周边高60~100mm，并置于枕木之上，接水盘下应装有*DN*50mm的排水管并引至溢水管或下水道。对于安装位置较低、容积较大的水箱，可不设接水盘，但地面必须装有排水地漏并引至排水管道。压力水箱的安装方法如图4-15所示。

5. 水箱的配管

水箱应设进水管、出水管、溢流管、泄水管和信号管，其配管如图 4-16 所示。

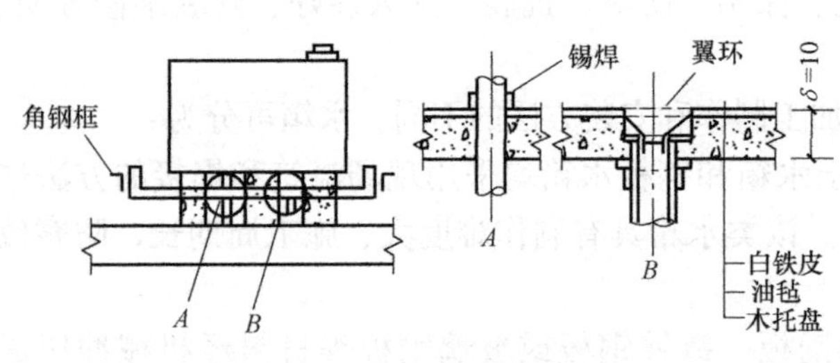

图 4-15 压力水箱的安装

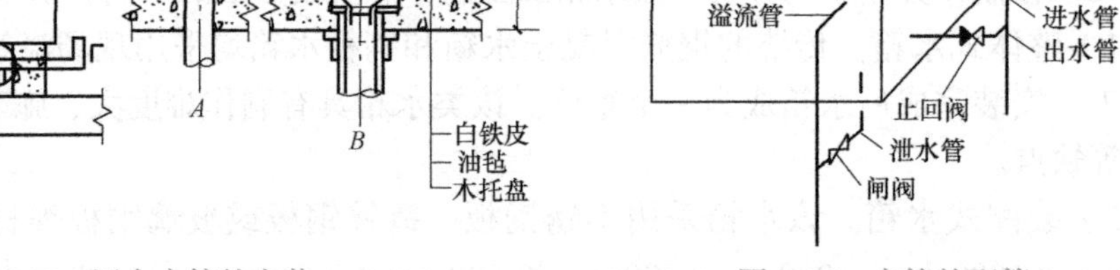

图 4-16 水箱的配管

（1）进水管　来自室内供水干管或水泵供水管，连接在水箱一侧距箱顶 200mm 处，与箱内的浮球阀连通，并应设阀门以控制和调节。当利用城市给水管网压力直接进水时，应设置自动水位控制阀，控制阀直径与进水管直径相同，当采用浮球阀时不宜少于两个，且进水管标高应一致。当水箱采用水泵加压进水时，进水管不得设置自动水位控制阀，应设置水箱水位自动控制水泵开、停的装置。

（2）出水管　位于水箱的一侧，距箱底 150mm 处接出，连于室内给水干管上，出水管上应装阀。水箱的进、出水管宜分别设置，当进水管和出水管连在一起，共用一根管道时，出水管的水平出口管段上应装止回阀。

（3）溢流管　从水箱顶部以下 150mm 处接出，直径应比进水管直径大 2 倍，不得装阀，并将管道接至排水管（但不得与排水管直接连接）。溢流管宜采用水平喇叭口集水，喇叭口下的垂直管段不宜小于 4 倍溢流管管径。

（4）泄水管　从箱底的最低处接出，泄水管上应装控制阀，并常和溢流管相连接。

（5）信号管　设置高度应和溢流管相平，管径一般为 *DN*25，管路上不得设阀门，并将管路引至水泵房值班室内的污水盆上，以便随时发现水箱浮球阀设备失灵而能及时修理。当水泵与水箱采用连锁自动控制时，可不设信号管。

二、膨胀水箱的安装

1. 膨胀水箱的制作

常用的膨胀水箱（图 4-17）多采用 2~3mm 厚的钢板焊制而成，它的外部结构形式有圆形和矩形两种，工程中多采用圆形，在其顶部设有人孔，大小一般为 500mm × 500mm。膨胀水箱的制作是按照设计要求的标准图在现场完成的。

图 4-17 膨胀水箱

膨胀水箱按标准图要求的结构尺寸制作完成后，必须进行灌水试验，合格后，内、外表面刷防锈漆两道，即可进行安装。其灌水试验的方法同压力水箱。

2. 膨胀水箱的安装

1）膨胀水箱一般安装在屋顶的水箱间内。安装时应先将水箱进行预制，并将水箱在水箱间屋面施工前吊入就位，在水箱间屋面施工完成后，进行水箱的配管工作。

2）膨胀水箱一般安装在承重墙上的槽钢支架上，箱底和支架之间应垫上方木以防止滑动，箱底距地面高度应不小于400mm。安装在不采暖房间时，箱体应进行保温，保温材料及厚度由设计确定。

3）水箱安装的质量要求为：

① 水箱的坐标允许偏差为15mm。

② 水箱的标高允许偏差为 ±5mm。

③ 水箱垂直度每米允许偏差为1mm。

4）所有和水箱连接的管道，均应装有可拆卸的法兰盘或活接头，以便检修。

3. 膨胀水箱的配管

膨胀水箱的配管主要包括：膨胀管、循环管、溢流管、检查管和排污管等。配管的管径规格应由设计确定，当无明确设计规定时，可参照表4-39的规定进行安装。

膨胀水箱配管时，膨胀管、循环管和溢流管上均不得装设阀门，排污管上必须装设阀门。当装有检查管时，应将检查管引到洗手盆上，并在末端装设阀门。膨胀管应连接到系统的回水干管上（机械循环系统）或供水干管上（自然循环系统），不得连接在某一支路的回水干管上，该连接点即为系统的恒压点（或定压点）。循环管可就近安装在回水干管上，但膨胀管和循环管连接点之间的间距应不小于1.5~2.0m。溢流管和排污管应引至排水设备上。

表4-39　膨胀水箱的配管规格

膨胀水箱容积/L	配管直径/mm				
	膨胀管	溢流管	排污管	检查管	循环管
150以下	25	32	25	20	20
150~400	25	40	25	20	20
400以上	32	50	32	20	25

三、容积式热交换器的安装

容积式热交换器（图4-18）有卧式和立式两种形式，它是集中热水供应系统中的重要设备。

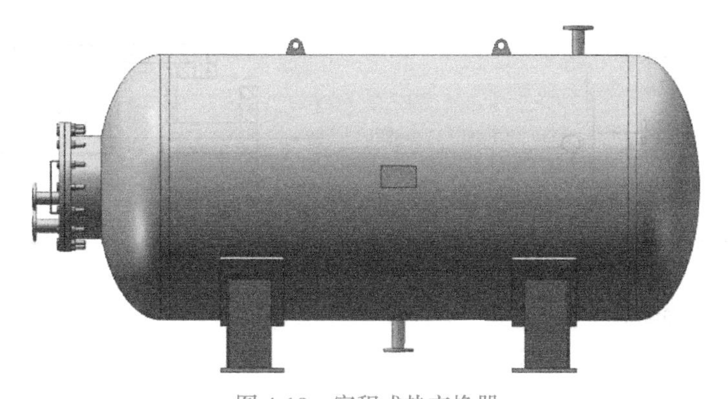

图4-18　容积式热交换器

1）卧式容积式热交换器的鞍形钢支座与混凝土基础之间用地脚螺栓固定，基础施工时需预埋地脚螺栓，地脚螺栓由设备带来。

2）立式热交换器由三只预埋的地脚螺栓与基础混凝土连接稳固。

3）热交换器经吊装就位于支座或地脚螺栓内、吊线找正（调整安装的水平度和垂直度）后，用地脚螺栓紧固。

4）容积式热交换器表面应做保温，保温材料及厚度按设计规定确定。

四、除污器的安装

1. 除污器的作用及安装位置

除污器（图4-19）是热水供应系统中最为常用的附属设备之一，起积存和定期清除系统中污物的作用。除污器一般安装在循环水泵吸入口的回水干管上，用于集中除污，也可分别设置于各个建筑物入口处的供回水干管上，用于分散除污。当建筑物入口供水干管上装有节流孔板时，除污器应安装在节流孔板前的供水干管上，以防止污物阻塞孔板。

图4-19　除污器

2. 除污器的类型

1）除污器按其结构形式可分为立式和卧式两种类型。

2）按其安装形式可分为直通式和角通式两种类型，如图4-20所示。

3. 除污器的构造

如图4-21所示，除污器是由筒体、进水管、出水管、法兰盖板和排污丝堵等构成的。安装时可按标准图在现场加工制作。加工时，除污器的进水管端部应插入筒体内，并与筒体的内表面平齐，出水管端部应插入到筒体内的中心处，在插入筒体内的这部分出水管表面上开孔，并在其上缠包过滤网，使进入除污器的水经过滤网的过滤后，从出水管流出，被过滤网拦截下来的污物积存到筒底，定期从排污丝堵处排除。在法兰盖板上设有排气阀，定期将积存在除污器上部的气体排出。

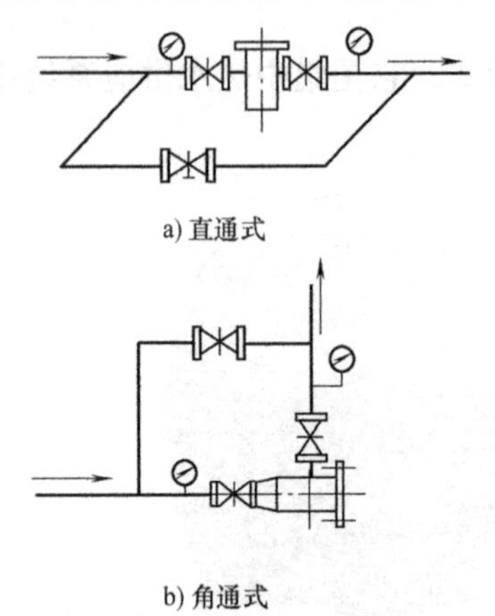

图4-20　除污器按安装形式分类

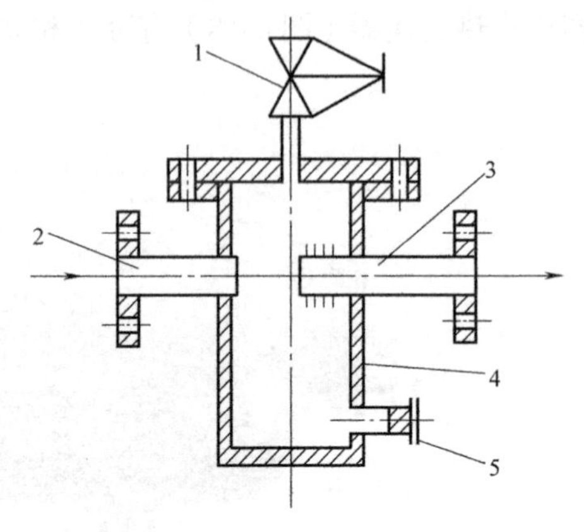

图4-21　除污器的构造

1—排气阀　2—进水管　3—出水管

4—筒体　5—排污丝堵

4. 除污器的安装要点

1）除污器在加工制作后，必须经水压试验合格，内、外表面涂两道防锈漆后，方可安装使用。

2）除污器安装时应设旁通管及旁通阀，如图 4-20 所示，以备在除污器发生故障或清除污物时，水流能从旁通管通过，不致中断系统的正常运行。

3）除污器安装时应注意方向，不得装反，否则，会使大量沉积物积聚在出水管内而堵塞。

4）系统试压和冲洗完成后，应将除污器内的沉积物及时清除，以防止其影响系统的正常运行。

五、排气装置的安装

1. 排气装置的类型

1）根据排气方式的不同，排气装置可分为集气罐、自动排气阀和跑风门。

集气罐是用钢管焊制而成的，或用钢板卷制焊接而成，其结构尺寸见表 4-40。集气罐的直径应比连接处的干管直径大一倍以上，以便于气体的逸出并聚集于罐顶。为了增大罐的贮气量，其进出水管宜靠近罐底，在罐的顶部设 *DN*15 的排气管，排气管的末端应设排气阀。

表 4-40　集气罐规格

规　格	型　号			
	1	2	3	4
公称直径 *DN*/mm	10	150	200	250
高度 *H*（或长度 *L*）/mm	300	300	320	430
质量 /kg	4.39	6.95	13.76	29.29
适用条件	70~95℃热水采暖系统			

2）集气罐根据安装方式的不同，可分为立式和卧式两种。立式集气罐安装于采暖总立管的顶部，卧式集气罐安装于供水干管的末端，如图 4-22 所示。

3）跑风门常采用螺纹连接安装在散热器堵头上。

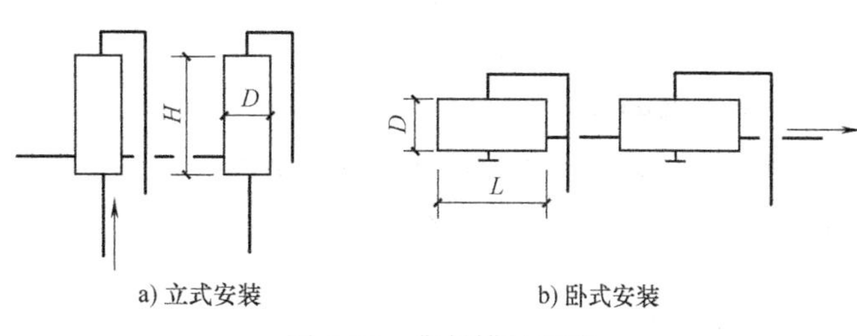

图 4-22　集气罐的安装

2. 排气装置的安装

集气罐一般安装于系统的最高点处，安装时应有牢固的支架支撑，以保证安装的平稳牢固，一般采用角钢栽埋于墙内作为横梁，再配以 $\phi 12$ 的 U 形螺栓进行固定。卧式集气罐的连接管道应有不小于 i=0.003 的坡度，以利于空气的积存。排气管应引至易于排气的操作高度，一般排气阀的安装高度以距地面 1.8m 为宜。

自动排气阀应设于系统的最高点，为了便于检修，应在连接管上设阀门和过滤器，但在系统运行时该阀门应处于开启状态。自动排气口一般不需接管，如接管时排气管上不得安装阀门。

六、疏水器的安装

1. 疏水器的类型

在蒸汽系统中应用的疏水器（图 4-23），按其作用原理的不同，可分为以下几种。

（1）机械型 常见的机械型疏水器有正向浮筒式、倒吊筒式、钟形浮子式、浮球式等形式，均为利用蒸汽和凝结水的密度差，使凝结水液位控制浮筒（浮球）的机械性上下动作，来启闭阀孔，从而达到疏水阻汽的作用。此类疏水器的排水性能好，疏水量大，筒内不易沉渣，易于排除空气。

图 4-23 疏水器

（2）热动力型 常见的热动力型疏水器有热动力式、脉冲式两种形式，它们均为利用蒸汽和凝结水相变的热工特性来控制阀孔的启闭，实现疏水阻汽的目的。此类疏水器的体积小，重量轻，结构简单，安装维修方便，较易排除空气，且具有止回阀的作用，但当凝结水量较少或阀前后压差过小时，会有连续漏汽现象，过滤器易堵塞，需定期进行清除维护。

（3）恒温型 恒温型疏水器主要有双金属片式、波纹管式和液体膨胀式等形式，它们均为利用蒸汽和凝结水的温度差引起恒温元件的膨胀变形来工作的。具有阻汽排水性能良好、使用寿命长、应用广泛等特点，适用于低压蒸汽系统。

2. 疏水器的组成

疏水器的组装分为带旁通管和不带旁通管两种形式，不带旁通管的形式多用于热动力式疏水器。疏水器的组成主要有疏水阀、前后控制阀（截止阀）、冲洗管及冲洗阀、检查管及控制阀、旁通管及控制阀、过滤器、止回阀等，如图 4-24 所示。

旁通管的主要作用是在蒸汽系统初始运行时，通过旁通管可排放大量凝结水，以减少疏水器的排水负荷。

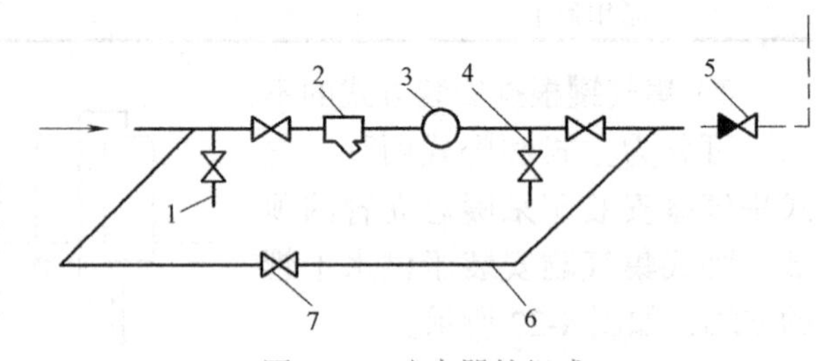

图 4-24 疏水器的组成

1—冲洗管 2—过滤器 3—疏水器 4—检查管 5—止回阀 6—旁通管 7—截止阀

3. 疏水器的安装

疏水器安装时，应先根据设计要求或标准图的规定进行预组装，然后再与管道连接。

1）疏水器宜安装在易于安装和便于检修处，并应接近用热设备且置于用热设备凝结水出口或管道的下部。

2）疏水器与管道的连接可采用法兰连接或螺纹连接的方法。当采用螺纹连接时，应在疏水器的前后安装活接头等可拆卸件，以便于拆卸检修。

3）疏水器安装应注意其方向性，不得装反。疏水器支架安装应平整、牢固。

4）疏水器的水平连接管路应有坡度，以利于凝结水的排放，其排水管与凝结水（回水）干管相连时，其接口应放在凝结水干管的上方。

七、冷却塔的安装

1. 冷却塔的类型

冷却塔的类型较多，一般按通风方式、淋水方式以及水和空气的流动方向等进行分类。

1）按通风方式分，冷却塔可分为自然通风和机械通风两类。

2）按淋水装置或配水系统分，冷却塔可分为点滴式、点滴薄膜式、薄膜式和喷水式等类型。

3）按水和空气的流动方向分，冷却塔可分为逆流式和横流式两类。

一般单座塔和小型塔多采用逆流圆形冷却塔，而多座塔或大型塔多采用横流式冷却塔。冷却塔的材料多采用玻璃钢制作。

2. 冷却塔的型号

冷却塔根据水和空气的相对流动，分为逆流式和横流式两种；根据冷却水与空气是否直接接触，分为开式和闭式。安装工程中常用中小型开式冷却塔应符合《机械通风冷却塔　第1部分：中小型开式冷却塔》（GB/T 7190.1—2018）。中小型开式冷却塔的型号如下。

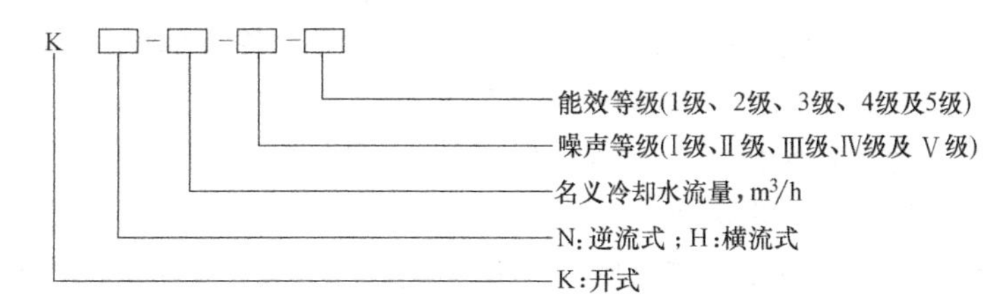

例如，名义冷却水流量125m³/h，噪声等级为Ⅱ级。能效等级为1级的机械通风逆流开式冷却塔标记为：KN-125-Ⅱ-1。

3. 冷却塔的技术要求

1）产品的名义流量与设计工况流量间的允许误差为 ±5%。

2）冷却塔的进水温度一般不允许超过46℃，当超过46℃时，应选取相应原材料及工艺制作方法。

3）冷却塔循环水的浊度一般不超过50mg/L，短期允许不超过100mg/L。

4）应控制冷却塔的飞溅水，减少对环境的污染。

4. 冷却塔的安装

冷却塔必须安装在通风良好的场所，一般安装在冷冻站的屋顶上。

1）安装时，冷却塔位置的选择应根据下列因素综合确定：

① 气流应畅通，湿热空气回流影响小，且应布置在建筑物的最小频率风向的上风侧。

② 冷却塔不应布置在热源、烟气排放口附近，不宜布置在高大建筑物中间的狭长地带上。

③ 冷却塔与相邻建筑物之间的距离，除满足塔的通风要求外，还应考虑噪声、飘水等对建筑物的影响。

2）冷却塔的布置应符合下列要求：

① 冷却塔宜单排布置，当需多排布置时，塔排之间的距离应保证塔排同时工作时的进风量。

② 单侧进风塔的进风面宜面向夏季主导风向，双侧进风塔的进风面宜平行夏季主导风向。

③ 冷却塔进风侧离建筑物的距离，宜大于塔进风口高度的2倍。冷却塔的四周除满足

通风要求和管道安装位置外，还应留有检修通道。通道的净距不宜小于1.0m。

3）冷却塔应设置在专用的基础上，不得直接设置在楼板或屋面上。

4）薄膜式淋水装置的安装。薄膜式淋水装置有膜板式、纸蜂窝式、点波式等不同形式。

膜板式淋水装置一般由木材、石棉水泥板或塑料板等材料制成。石棉水泥板安装在支架梁上，每4片连成一组，板间用塑料管及橡胶垫圈隔成一定间隙，中间用镀锌螺栓固定。

纸蜂窝式淋水装置安装时，可直接架于角钢、扁钢支架上，或直接架于混凝土小支架梁上。

点波式淋水装置的安装方法有框架穿针法和粘接法两种。框架穿针法是用铜丝或镀锌铅丝正反穿连点波片，组成一整体，装入用角钢制成的框架内，并以框架为一安装单元。粘接法是采用过氯乙烯清漆，涂于点波的点上，再点对点的粘好，在粘接40~50片后，用重物体压1~1.5h后即可。点波的框架单元或粘接单元直接架设于支撑架或支撑梁上。

5）布水装置的安装。布水装置有固定管式布水器和旋转管式布水器两种。固定管式布水器的喷嘴按梅花形或方格形向下布置。一般喷嘴的间距按喷水角度和安装的高度来确定，要使每个喷嘴的水滴相互交叉，做到向淋水装置均匀布水。

6）通风设备的安装。根据冷却塔的类型不同，通风设备有抽风式和鼓风式两种。采用抽风式冷却塔，电动机盖及转子应有良好的防水措施。采用鼓风式冷却塔，为防止风机溅上水滴，风机与冷却塔体的距离一般不小于2m。

冷却塔的安装

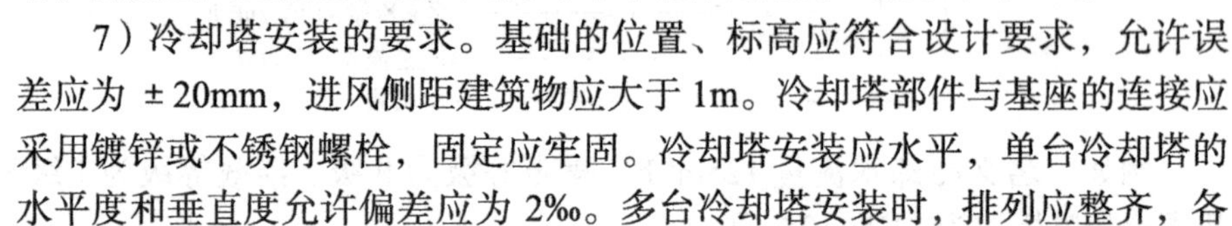

7）冷却塔安装的要求。基础的位置、标高应符合设计要求，允许误差应为 ±20mm，进风侧距建筑物应大于1m。冷却塔部件与基座的连接应采用镀锌或不锈钢螺栓，固定应牢固。冷却塔安装应水平，单台冷却塔的水平度和垂直度允许偏差应为2‰。多台冷却塔安装时，排列应整齐，各台开式冷却塔的水面高度应一致，高度偏差值不应大于30mm。当采用共用集管并联运行时，冷却塔集水盘（槽）之间的连通管应符合设计要求。冷却塔的集水盘应严密、无渗漏，进、出水口的方向和位置应正确。静止分水器的布水应均匀；转动布水器喷水出口方向应一致，转动应灵活，水量应符合设计或产品技术文件的要求。冷却塔风机叶片端部与塔身周边的径向间隙应均匀。可调整角度的叶片，角度应一致，并应符合产品技术文件要求。

任务五 管道支吊架的安装

为了把管道及附属设备安装固定在设计确定的位置上，必须在管道系统中设置支架。所谓支架，就是指管道的支撑结构，用它来支撑管道系统的重量，并限制管道系统的变形和位移。支架不但要承受管道系统的自重，而且要承担由管道传来的管内介质压力、外部荷载的作用力以及温度变化时因管道变形而产生的轴向内应力。因此，管道支架的安装是管道安装的重要环节，也是管道安装的首要工序。

一、管道支架的类型及构造

管道支架的形式有很多，按其对管道的制约作用不同，可分为固定支架和活动支架；按支架自身的结构不同，可分为托架和吊架。

1. 活动支架

允许管道在支撑点发生轴向位移的管道支架称为活动支架。即在活动支架上，管道可沿轴线方向自由移动，在横向上可以移动，也可以限制。在工程中常用的活动支架主要有以下几种：

（1）托架　托架的主要承重构件是横梁，由固定在承重结构上的支架横梁，将管道从其下方托起。根据管道在支架横梁上的活动方式不同，托架又可分为滑动支架、滚动支架和导向支架三种。

1）滑动支架。当管道内的介质温度发生变化而引起管道热胀冷缩时，管道可在支架上沿其轴向滑动。非保温管道采用低支架安装，低支架的形式有卡环式、弧形滑板式等，如图 4-25 所示。保温管道宜采用高支架安装，高支架是由焊接在管道上的高支座进行滑动，以确保管道的保温材料不致因管道的位移而受到破坏。当高支座在横梁上滑动时，横梁上应焊有钢板滑板，以保证高支座不致跌落在横梁下，当高支座在混凝土滑托上滑动时，滑托上应预埋扁钢滑道，以保证滑动。用于不同直径管道的高支座形式如图 4-26 所示。

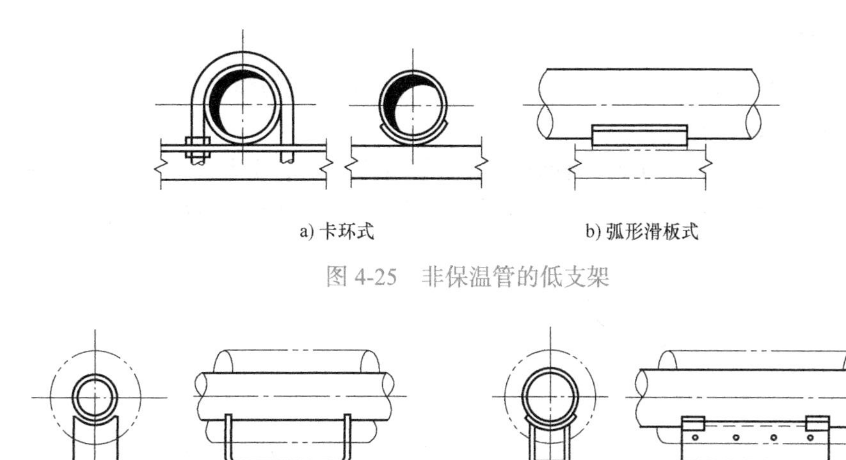

a) 卡环式　　b) 弧形滑板式

图 4-25　非保温管的低支架

a) DN25～DN50管道的滑动支座　　b) DN70～DN150管道的滑动支座

图 4-26　保温管的高支座

2）滚动支架。当管道内的介质温度发生变化而引起管道热胀冷缩时，管道可在支架上沿其轴向自由地滚动。管道与支架之间产生的摩擦为滚动摩擦。滚动支架主要用于大直径且无横向位移的管道，根据其滚动构件的不同又可分为滚珠支架和滚柱支架两种。

3）导向支架。导向支架以滑动支架为基础，在滑动支座两侧的支架横梁上，每侧各焊置一块导向板，如图 4-27 所示，主要是为了保证管道因热胀冷缩而在支架上滑动时不产生横向移动。导向板通常采用扁钢或角钢制作，扁钢导向板的高为 30mm，厚度为 10mm；角钢采用的规格为∟ 36 × 5。导向板的长度与支架横梁的宽相同，导向板与滑动支座间应有 2~3mm 的间隙。

（2）吊架　当管道沿建筑物的顶棚、梁、桁架等安装，远离建筑物的墙体或柱子，无法采用托架进行支撑时，必须采用吊架的形式将管道及其介质的重量转移到建筑物的顶棚

（梁、桁架等）上。吊架由升降螺栓、吊杆和吊环（卡箍）等组成。吊架可吊装在型钢横梁、桁架、楼板或屋面等建筑物实体上，如图4-28所示。

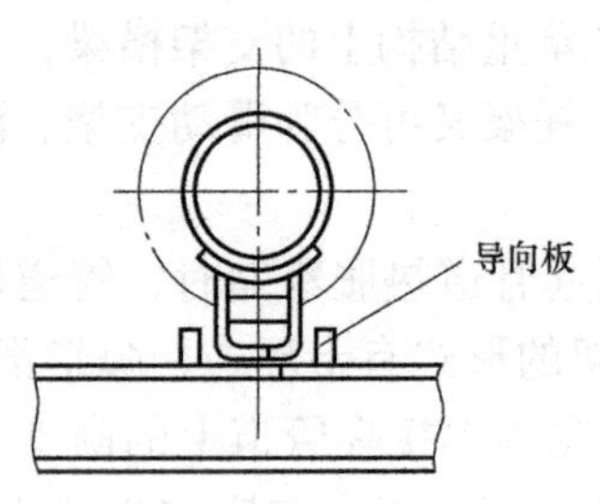

图4-27 导向支架

图4-28 吊架

1—升降螺栓 2—吊杆 3—吊环

（3）钩钉及管卡

1）钩钉又称托钩，适用于*DN*15~*DN*20的室内水平安装的横支管、支管等较小直径管道的固定，如图4-29a所示。

2）管卡又称立管管卡，分为单管管卡和双管管卡两种，分别用于单根立管和并行的两根立管的固定。适用于*DN*15~*DN*50的室内立管的固定，如图4-29b、c所示。

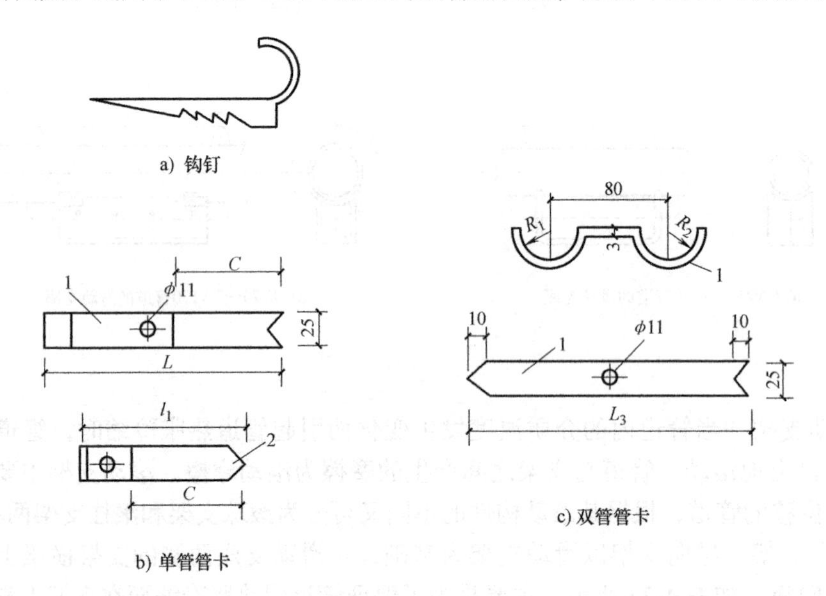

图4-29 钩钉及管卡

2. 固定支架

限制管道在支撑点处发生径向和轴向位移的管道支架称为固定支架。即在固定支架上，管道被固定在支架横梁上，无论是横向还是轴向，均不得有任何位移。固定支架与补偿器应配合使用。固定支架不但要承受管道及其附件的重量、管内介质的重量、保温材料的重量等静荷载，而且还要承受管道因温度、压力的变化而产生的轴向伸缩力和变形应力等动荷载，因此，要求固定支架必须有足够的强度。工程中常用的固定支架有卡环式和挡板式两种，如图 4-30 所示。

（1）卡环式固定支架　卡环式固定支架是由支撑横梁、卡箍（U 形卡）和紧固螺母组成的。卡环式固定支架适用于 *DN*20~*DN*50 管道的固定；带弧形挡板的卡环式固定支架适用于 *DN*65~*DN*150 管道的固定。

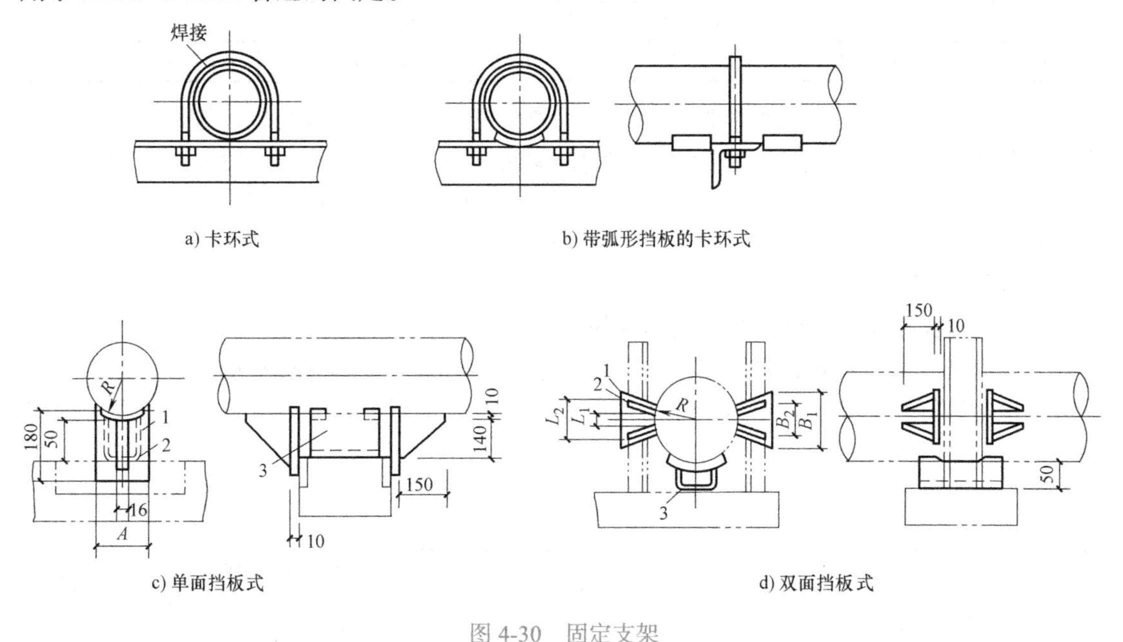

图 4-30　固定支架

（2）挡板式固定支架　单、双面挡板式固定支架是由单、双面支撑梁、焊接挡板、支撑板等组成的，适用于室外供热管网（管径大于 200mm）管道的固定。

二、管道支架的安装

1. 支架安装位置的确定

支架的位置要根据管道的安装位置而定。首先应根据设计要求定出固定支架和补偿器的位置，然后再确定活动支架的位置。

（1）支架安装高度（标高）的确定　在确定支架安装的标高位置时，应根据施工图要求的管道走向、位置和标高，测出同一水平直管段两端点中心在墙体上的位置，并将其定位点标注在墙上。若施工图中只给出管道一端的中心标高，则可根据管段的长度、坡度和坡向，计算出管道两端点的标高差，从而来确定管道另一端的标高。然后分别在两端管中心的下方，量取管中心至支架横梁上表面的距离（无保温时为 $0.5D_{\mathrm{W}}$，有保温时为 $0.5D_{保温}$），标定在墙上，并以此两点为端点在墙上画直线，则该直线即为管道支架横梁的上表面线。

（2）支架安装平面位置的确定　支架安装平面位置的确定，就是要确定管道支架在平面图上的投影位置。它包括管道支架数量的确定和间距的确定。

1）固定支架的位置确定。管道的固定支架除受其重力作用以外，还要受很大的轴向推力的作用，因此，固定支架的安装位置，一般应由设计人员根据热力管道补偿器的类型、管道的布置形式等经计算来确定，同时固定支架之间的最大间距应不超过表4-41的规定。

表4-41 固定支架的最大间距

公称直径/mm		15	20	25	32	40	50	70	80	100	125	150	200	250	300
方形补偿器/m		—	—	30	35	45	50	55	60	65	70	80	90	100	115
套筒补偿器/m		—	—	—	—	—	—	—	—	45	50	55	60	70	80
L1形	长臂最大长度/m	15	18	20	24	24	30	30	30	30	—	—	—	—	—
	短臂最小长度/m	2.0	2.5	3.0	3.5	4.0	5.0	5.5	6.0	6.0	—	—	—	—	—

当管道直线敷设时，在伸缩器的两端、管道分支节点处、拐弯处以及管道进入室内前均应安装固定支架。一般地，在距各用户建筑物外墙以外1m处，宜设置固定支架，以保证室内管道系统的相对稳定；对于室内管道系统，当设计未明确固定支架的设置位置时，宜在系统的中部设一固定支架，以保证系统的相对稳定。

2）活动支架的位置确定。在确定活动支架的间距时，应充分考虑管道、管件、管内介质以及管道保温材料的重量对管道形成的应力和应变，不得超过管材所允许的受力范围，否则，管道将会产生变形或被损坏。在施工现场一般由施工技术人员根据工程实际和有关技术规定来进行具体定位。当设计中无明确规定时，管道活动支架之间的最大间距可根据表4-42~表4-44确定。

表4-42 钢管活动支架的最大间距（非沟槽连接）

公称直径/mm		15	20	25	32	40	50	70	80	100	125	150	200	250	300
支架的最大间距/m	保温管	2	2.5	2.5	2.5	3	3	4	4	4.5	6	7	7	8	8.5
	不保温管	2.5	3	3.5	4	4.5	5	6	6	6.5	7	8	9.5	11	12

表4-43 塑料管及复合管活动支架的最大间距

管径/mm			12	14	16	18	20	25	32	40	50	63	75	90	110
最大间距/m	立管		0.5	0.6	0.7	0.8	0.9	1.0	1.1	1.3	1.6	1.8	2.0	2.2	2.4
	水平管	冷水管	0.4	0.4	0.5	0.5	0.6	0.7	0.8	0.9	1.0	1.1	1.2	1.4	1.6
		热水管	0.2	0.2	0.25	0.3	0.3	0.35	0.4	0.5	0.6	0.7	0.8		

表4-44 铜管活动支架的最大间距

公称直径/mm		15	20	25	32	40	50	65	80	100	125	150	200
最大间距/m	立管	1.8	2.4	2.4	3.0	3.0	3.0	3.5	3.5	3.5	3.5	4.0	4.0
	水平管	1.2	1.8	1.8	2.4	2.4	2.4	3.0	3.0	3.0	3.0	3.5	3.5

实际工程施工中，管道活动支架安装位置及数量的确定，首先应根据管道直径、管材种类、管内介质性质、系统是否保温等因素确定活动支架的最大间距要求，然后再根据管道系统的长度，计算确定支架的数量；在定位时，应首先确定有特殊要求的支架位置，例如，在方形补偿器的水平臂中点处，应设置活动支架等，然后再按顺序依次将特定位置支

架之间的支架进行排列定位。在管道活动支架进行定位时，一般应遵循“墙不作架、托稳转角、中间等分、不超最大”的定位原则。

“墙不作架”是指管道穿越墙体时，不能用墙体作为管道的活动支架，而应从墙表面各向外量取 1m，作为管道过墙前后的第一个活动支架位置。

“托稳转角”是指在管道的转角处（包括弯头、伸缩器的弯管等）应加强对管道的支撑。一般应在管道产生转角的墙角处，从墙面向外各量取 1m，分别安装活动支架。

“中间等分、不超最大”是指管道在穿墙、转角等处的活动支架定位后，剩余的管道直线长度上，按照活动支架不能超过规定的最大间距值的原则，将管道长度均匀分配，使中间活动支架的间距相等，以满足支架受力均匀和布置美观的要求。

（3）室内立管、支管管卡安装位置的确定　室内立管、支管管卡安装位置的确定，应符合下列规定：

1）在确定立管管卡安装位置时，当楼层高度小于或等于 5m 时，每层必须安装一个管卡；当楼层高度大于 5m 时，每层不得少于 2 个。

2）管卡安装高度应距地面 1.5~1.8m，2 个以上管卡应匀称安装，同一房间内的管卡应安装在同一高度上。

3）室内横支管、支管长度超过 1.5m 的钢管，均应安装托钩将管道固定；排水横管的托架、吊架的安装间距应不大于 2m。

2. 支架的安装方法

管道支架的安装包括支架构件的预制加工和现场安装两部分工序。支架构件可按国标图集或设计图纸的要求进行集中预制，较为简单，而现场安装则是较为复杂的施工工序。支架在建筑结构上的固定方法，可根据具体情况采用在墙上打洞、灌水泥砂浆的固定方法；或预埋金属构件、焊接固定的方法；或采用膨胀螺栓、射钉枪射钉固定的方法以及在柱子上用夹紧角钢固定的方法等。

（1）栽埋施工法　沿墙安装的各种管道支架，多采用栽埋施工法，它是将支架的型钢横梁直接栽埋在墙体之上的一种施工方法，如图 4-31 所示。施工时，在已经画好的支架横梁位置线上，画出每个支架中心的定位十字线及打洞尺寸线，然后进行打洞。也可在土建施工时，与土建施工人员进行密切合作，根据支架的安装位置要求进行预留孔洞。在栽埋支架时，应先清除孔洞内的碎砖、砂灰等杂物，并用水将洞浇湿（用壶嘴顶住洞口上沿浇水，直至水从洞口下沿流出为止），然后将砂浆（或混凝土）填入洞口，将支架横梁插入洞内，并用碎石捣实挤牢。栽埋支架横梁时，应使横梁的上表面与墙面上的位置线平齐，以保证管道安装位置和坡度符合设计要求。同时，砂浆的填塞应饱满，并在横梁栽埋后抹平抹光洞口处的灰浆，不使之突出墙面；横梁的栽埋应保证平正、不发生偏斜或扭曲等缺陷，支架的埋深应符合设计要求或标准图的规定。当混凝土强度未达到有效强度的 75% 时，不得安装管道。

（2）预埋钢板焊接固定法　预埋钢板焊接固定法是在墙体或柱子施工时预埋钢板，如图 4-32 所示。支架安装时，应先将钢板表面的砂浆或油污清除干净，然后在钢板面上标出管道安装的坡度线，作为焊接横梁时横梁端面安装标高的控制线，最后按要求将支架横梁垂直地焊接在预埋钢板上。焊接时应先点焊，经校正使横梁端面的上平面与坡度线平齐，横梁垂直平正后再施焊焊接。

（3）膨胀螺栓固定法 膨胀螺栓固定法适用于支架在墙上的安装，如图4-33所示，先确定支架的安装位置，然后用已预制好的支架放在墙上进行比量，画出支架的预留螺栓孔位置，随即用电钻在墙上进行打洞，使洞孔直径与膨胀螺栓套筒外径相同，孔深应为套筒长度加15mm，并与墙面垂直。清除孔内杂物后，将膨胀螺栓打入墙孔内，直至套筒外端与墙面平齐为止，然后再用扳手拧紧螺母直至胀开套筒，卸下螺母，将支架穿入螺栓，最后垫上垫圈，拧紧螺母，将支架紧固在墙上。膨胀螺栓及钻头的选用应符合表4-45的规定。

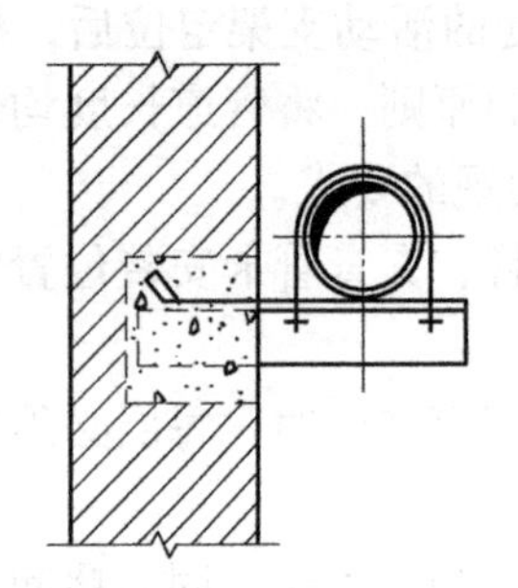

图4-31 栽埋施工法安装支架

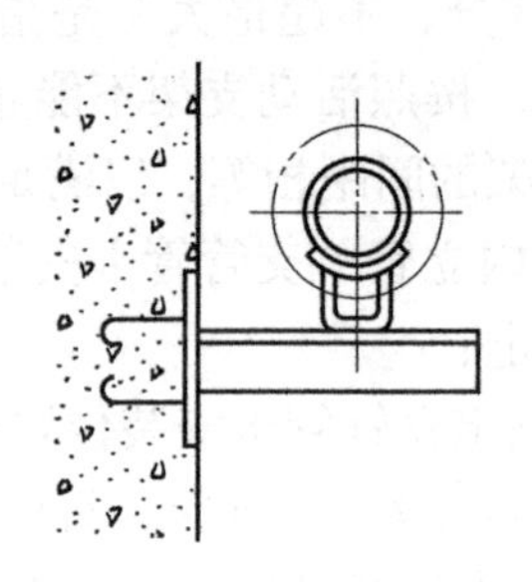

图4-32 预埋钢板焊接固定法安装支架

表4-45 膨胀螺栓及钻头的选用 （单位：mm）

管道公称直径	≤70	80~100	125	150
膨胀螺栓规格	M8	M10	M12	M14
钻头直径	10.5	13.5	17	19

（4）射钉固定法 采用与膨胀螺栓固定法相同的方法定出射钉的位置十字线，用射钉枪将射钉射入建筑物的构体上，再用螺母将支架紧固在射钉上即可，如图4-34所示。

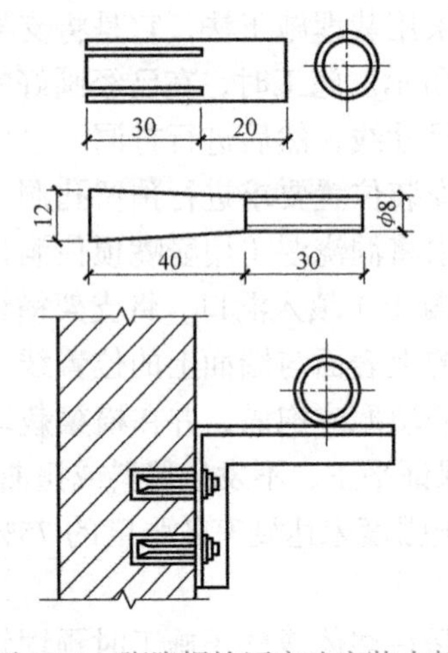

图4-33 膨胀螺栓固定法安装支架

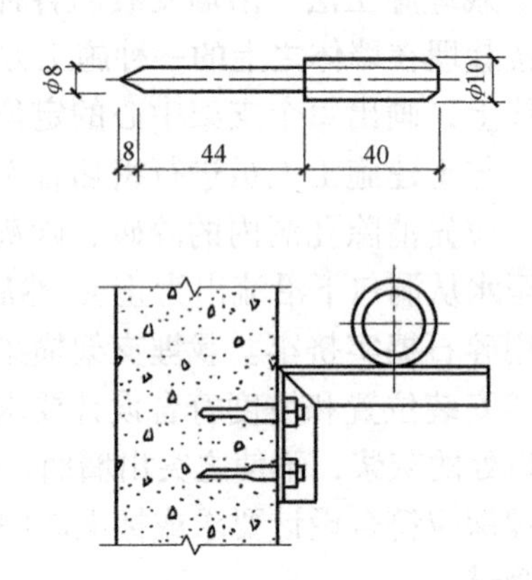

图4-34 射钉固定法安装支架

（5）抱柱固定法 安装时，先将支架横梁的位置线用水平尺引至柱子的两侧面，画出水平线作为支架横梁上表面的安装标高线，然后再将支架横梁紧贴柱子的一侧水平放置，在与横梁对称的柱子的另一侧也紧贴柱子放一角钢，最后用两条双头螺栓把角钢和支架紧固于柱子上，如图 4-35 所示。

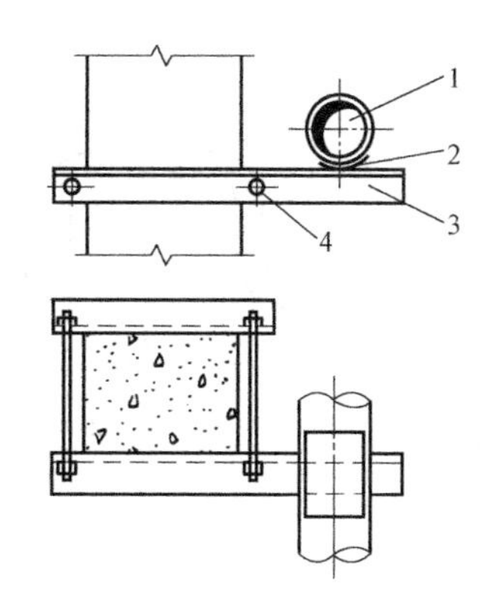

图 4-35　抱柱固定法安装支架
1—管道　2—弧形板管座
3—支架横梁　4—双头螺栓

三、支架安装的要求

管道支架的安装应符合下列要求：

1）位置应正确，埋设应平整牢固。固定支架与管道接触应紧密，固定应牢靠。

2）滑动支架应灵活，滑托与滑槽两侧间应留有 3~5mm 的间隙，纵向移动量应符合设计要求。

3）无热伸长管道的吊架、吊杆应垂直安装。有热伸长管道的吊架、吊杆应向热膨胀的反方向偏移 1/2 伸长量；保温管的高支座在横梁滑托上安装时，应向热膨胀的反方向偏斜 1/2 伸长量。

4）固定在建筑结构上的管道支吊架不得影响结构的安全。

5）塑料管及复合管采用金属制作的管道支架时，应在管道与支架之间加衬非金属垫或套管。

6）支架横梁、受力部件、螺栓等所用材料的规格及材质，支架的安装形式和方法等，应符合设计要求及国标规定。

7）补偿器两侧应各设一个导向支架，使管道在伸缩时不发生偏移。

8）大直径管道上的阀门等应设专用支架支撑，不得用管道承受阀体重量。

四、补偿器的安装

在供热管道输送热媒时，管道本身会因温度的升高而膨胀，使长度增加，从而会使管道承受巨大的超过本身强度所允许的热应力，并向管段两端固定支架施以很大的推力。因此，在供热管道系统中设置补偿器的作用，就是为了补偿管道因温度变化而引起的伸缩量，保护管道系统的正常工作。

1. 补偿器的类型

补偿器的种类很多，其结构形式和作用原理也各不相同。供热工程中应用的补偿器可分为自然补偿器和专用补偿器两种。自然补偿器是利用管路的几何形状所具有的弹性来补偿热膨胀，使管道的热应力得以减少。专用补偿器是专门设置在管路上补偿热变形的装置，有方形补偿器、套筒补偿器、波形补偿器和球形补偿器等。在工程中应用较为广泛的补偿器主要有自然补偿器、方形补偿器和单向套筒补偿器等。

（1）自然补偿器　它是利用管道的自然转弯与扭转的金属弹性，使管道具有伸缩的余地。这种伸缩器的形式主要有“L”形和“Z”形两种。由于这种伸缩器结构简单，无须特别的加工制作，加工和安装较为简单，因此，在设计和施工时应尽量采用这种形式。

（2）方形补偿器　它是由管道直接煨制或由弯头组装而成的一种专用补偿器，是由 4 个 90° 弯管组成的。这种补偿器具有构造简单、安装方便、热补偿量大、工作可靠、无须专门维修等特点，但其占地面积大，水流阻力较大。根据其结构的不同，方形补偿器可分为四种形式，如图 4-36 所示。

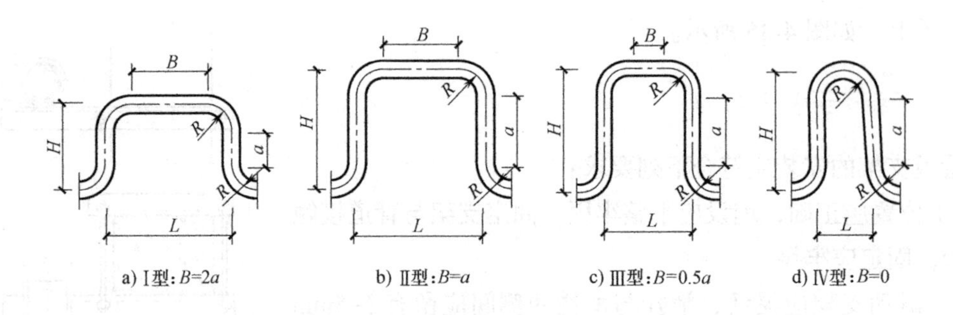

图 4-36 方形补偿器的类型

（3）单向套筒式补偿器 单向套筒式补偿器又称填料式补偿器，它是由外套筒、导管、填料和压盖四部分组成的，如图 4-37 所示，有钢制和铸铁制两种，铸铁制套筒式补偿器与管道采用法兰连接，用在介质工作压力较低、管径较小的管道上；钢制套筒式补偿器又分为单向和双向两种，与管道之间采用焊接，用在介质工作压力较高、管径较大的管道上。套筒式补偿器的补偿能力较大，结构尺寸较小，阻力较小，占地少，安装方便。但若管段发生横向位移，填料圈易卡住，会造成导管不能自由伸缩，故只能用于不发生横向位移的直线管段上，且轴向推力大，易泄漏，需经常维修和更换填料。

（4）波形补偿器 它是用厚度为 3~4mm 的不锈钢板焊接成的像波浪形的装置，如图 4-38 所示，利用金属片本身的弹性伸缩来补偿管道的热应力作用。由于该补偿器的强度较弱，补偿能力小，轴向推力大，故一般在管径较大、压力较低的管道系统中采用。因其制作工艺较为复杂，故在实际工程中应用较少。

（5）球形补偿器 它是利用补偿器球体的角折屈来吸收管道的热伸长量。球体须成对配组进行工作。其补偿能力大，占地面积小，可大幅降低钢材消耗量，其构造如图 4-39 所示。

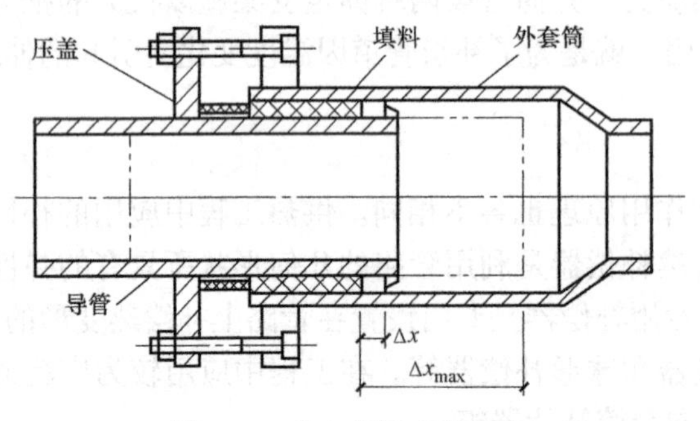

图 4-37 单向套筒式补偿器

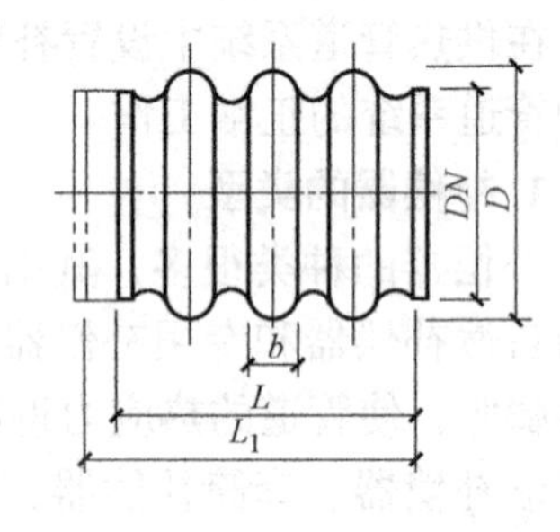

图 4-38 波形补偿器

2. 补偿器的安装

（1）方形补偿器的安装

1）方形补偿器的制作。方形补偿器的类型和尺寸要求应由设计确定。其加工制作可在加工厂进行预制，也可在施工现场进行制作。现多为现场加工煨制而成。制作方形补偿器必须选用优质的无缝钢管，用作加工方形补偿器的管材，应无严重的锈蚀现象，无外伤（凹陷）、砂眼和裂纹等，管壁厚度应均匀。整个补偿器最好采用一根管道煨制而成，如果

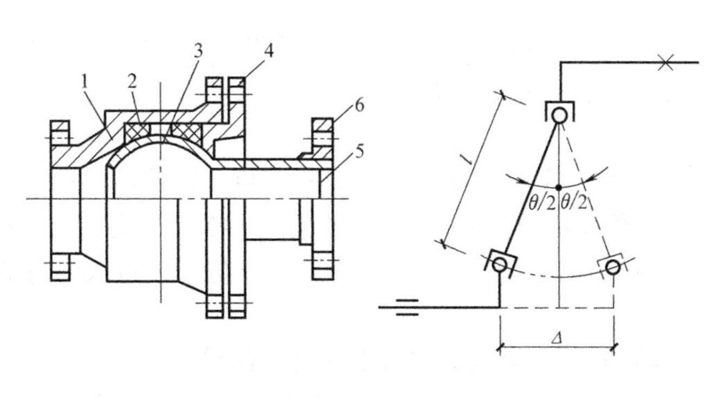

a) 球形补偿器的结构　　b) 球形补偿器的工作简况

图 4-39 球形补偿器

1—外壳 2—密封圈 3—球体 4—压紧法兰 5—垫片
6—螺栓连接法兰

制作较大规格的补偿器，用一根管道不易煨制时，也可采用两根或三根管道煨制，但焊接接口不得放在补偿器的平行臂上，且只能放在垂直臂中点处进行焊接，因该处的应力和弯矩最小。当管径小于200mm时，焊缝可与垂直臂轴线垂直；当管径大于或等于200mm时，焊缝应与垂直臂轴线成45°角。煨制补偿器时，其弯曲半径 R 应为管道公称直径的4倍，即 $R=4DN$。当管径小于150mm时，应采用冷弯法进行弯制；当管径大于或等于150mm时，可采用热弯法进行弯制。

2）方形补偿器的制作要求

① 补偿器的四个弯头都应处于同一平面内，不得产生扭曲现象。平面扭曲偏差不应大于3mm/m，且总偏差不得大于10mm。

② 补偿器的两垂直臂应相等，允许偏差为 ±10mm，平行臂长度允许偏差为 ±20mm。

③ 补偿器制作完成后，应进行质量检查。无裂纹、分层、过烧等缺陷，管壁的减薄率、弯管的椭圆率等均符合弯管的质量要求为合格。

3）方形补偿器的安装。补偿器的安装，应在固定支架安装固定牢靠，固定支架之间的管道、阀件和设备等安装完成，各连接件均已拧紧，活动支架全部安装完成后进行。补偿器的安装位置应进行预留，预留位置的宽度，应为方形补偿器的宽度再加上补偿器的预拉伸长度。方形补偿器应水平安装，其两垂直臂应保持水平，平行臂应与管道的坡度和坡向一致；当安装空间较狭窄，不能采用水平安装时，可采用垂直安装，但应在补偿器的最高点设排气装置，在最低点设泄水装置。

为了减少补偿器的膨胀热应力，提高补偿能力，在方形补偿器安装时，应进行预拉伸（冷拉）。预拉伸的长度与管道最高温度时的热伸长量有关，一般为最大伸长量的一半。其预拉伸的方法有两种，即采用带螺栓的冷拉器拉伸和带螺栓杆的撑拉器或千斤顶拉伸。冷拉的接口位置，当设计无明确要求时，可选在补偿器一侧的起弯点以外2~3m处的直管段上，不得过于靠近补偿器。

施工时，先将一块厚度等于预拉伸量的木块或木垫圈夹在冷拉接口间隙中，再在接口两侧的管壁上分别焊上挡环，然后把冷拉器的拉爪卡在挡环上，在拉爪孔内穿入双头螺栓，用螺母上紧，并将木垫块夹紧，这样就在冷拉的接口位置处将冷拉器固定好。待管道上的其他部件全部安装好后，把冷拉器中的木垫拿掉，对称地上紧螺母，使接口间隙达到焊接时的对口要求为止。然后将接口进行点焊，取掉冷拉器即可进行焊接，最后完成补偿器的安装。

方形补偿器安装的同时，应进行补偿器支架的安装。在补偿器平行臂的中点处安装一个活动支架，在补偿器两侧距起弯点40倍管径处应设1~2个导向支架。在靠近弯管处设置的阀门、法兰等连接件处的两侧，应设置导向支架，以防管道过大的弯曲变形而导致法兰等连接件泄漏。

（2）套筒式补偿器的安装　套筒式补偿器安装前应检查填料情况，石棉绳应在煤焦油中浸过，接头处应有斜度并加润滑油，以增加耐腐蚀能力，保证其严密性。安装时，应根据安装环境温度计算导管的安装位置，即导管与填料环之间应留有一定的间隙 Δx（如图4-37所示），以备管道温度下降并低于安装温度时，补偿器仍有收缩的能力。

套筒式补偿器的安装位置应设在靠近固定支架处；补偿器的轴心应与管道的轴心在同一直线上，不得歪斜。因此，应在补偿器的两侧设导向支架，以防止管道热伸缩时产生偏移。安装时，补偿器的导管应安装在截介质流入的一端。填料的品种及规格应符合设计规定，填料应逐圈装入，逐圈压紧，填料环的厚度不得小于导管与套筒之间的间隙，各圈接头应相互错开；填料压盖的螺栓松紧应适当，既要保证不泄漏，又要使摩擦力不致过大。

（3）波形补偿器的安装　波形补偿器安装时，也应进行预拉伸。首先计算出补偿零点温度，然后按实际安装温度与补偿零点温度之差，定出预拉伸或预压缩量。在进行预拉伸或预压缩时，应尽量保证各波节的圆周面受力均匀，当拉伸或压缩达到预定的要求数值时，应立即安装固定。波形补偿器内套管有焊缝的一端，在水平安装时应迎向介质的流向安装，垂直安装时应置于上部，并应与管道保证同心，不得偏斜。吊装时不得将绳索绑扎在波节上，也不能把支撑件焊接在波节上。

在各种补偿器安装时，补偿器的型号、安装位置、预拉伸的方法及拉伸量、固定支架的构造及安装位置等均应符合设计要求。

复习思考题

4-1　阀门的作用是什么？常用阀门的型号是由哪几部分构成的？各构成部分是如何表示的？

4-2　工程中常用的阀门有哪些？各有何特点？

4-3　阀门的类型应如何进行识别？阀门安装时应注意哪些问题？

4-4　试述带底座水泵机组安装的程序和方法。

4-5　水泵机组安装前应做好哪些准备工作？

4-6　水泵配管在进行安装时应注意哪些事项？

4-7　水泵减震的方法有哪些？水泵管路的减震方法有哪些？

4-8　试述离心水泵试运行的步骤与方法。工程中常有“一泵三阀”的说法，试解释其含义。

4-9　风机安装的技术要求有哪些？

4-10　常见水箱有哪些类型？水箱的配管有哪些？其接管要求是什么？

4-11　膨胀水箱有哪些配管？其接管要求是什么？

4-12 疏水器的安装形式有哪几种？安装时应包括哪些组成部分？

4-13 常见管道支架的类型有哪几种？

4-14 管道固定支架的安装位置如何确定？

4-15 管道活动支架的安装位置如何确定？

4-16 管道支架的安装方法有哪几种？试述各安装方法的施工步骤。

4-17 试述方型补偿器的加工制作方法和要求，并简述其安装步骤。

4-18 试述套筒式补偿器的安装方法和步骤。

☆职业素养提升要点

学习阀门、水泵、风机、箱类、罐类及管道支吊架的安装操作，观看水泵、风机运行事故的视频，强化质量安全意识，培养认真负责、精益求精的工匠精神。

项目五

管道系统的安装

案例导入

小张通过自身的努力，已成长为项目的技术负责人。公司承接了一个管道安装项目，项目包含室内采暖管道安装、室内给水排水管道安装、室外供热管道安装和室外给水排水管道安装。小张在审批施工员编制的施工组织设计时发现，主要施工方案与地区条件及工程特点结合不紧密，不符合现行国家标准《建筑施工组织设计规范》(GB/T 50502—2009)的要求。小张要求施工员重新编制主要施工方案。如果你是施工员，你该怎么来编写管道安装的主要施工方案？

任务一 熟悉管道系统安装基础知识

一、管道系统管材选用及连接方式

本书前面几个项目分别讨论了各种管材及连接方法，为方便使用，表 5-1 列出了本项目涉及的各管道系统常用的管材及其连接方式。选用不同的管材，会直接导致施工方法、工艺、机具的不同。

表 5-1 管道系统常用管材及其连接方式

系统类别		管 材	连接方式	备 注
给水系统	生活给水系统	给水铸铁管	承插、法兰、压兰连接	青铅、胶圈接口
		给水塑料管	承插粘接、热熔连接	PVC-U、PP-R、PE 管
		铜管	螺纹连接、焊接（钎焊）	
		热浸镀锌钢管	螺纹连接、法兰连接	部分地区限用
		钢塑复合管	螺纹连接、沟槽连接	
		铝塑复合管	卡套式连接	铜制专用件

（续）

系统类别		管　材	连接方式	备　注
给水系统	生活热水系统	热浸镀锌钢管	螺纹连接、法兰连接	
		铜管	螺纹连接、焊接（钎焊）	
		钢塑复合管	螺纹连接、沟槽连接	
		给水塑料管	承插粘接、热熔连接	
		铝塑复合管	卡套式连接	
给水系统	消防给水系统	非镀锌焊接钢管	焊接、螺纹连接、法兰连接	消火栓系统
		热浸镀锌钢管	螺纹连接、法兰连接	自动喷洒系统
		钢塑复合管	螺纹连接、沟槽连接	
排水系统	室内排水系统	排水铸铁管	承插、法兰、压兰、卡箍（哈夫）连接	离心铸造铸铁管
		排水塑料管	承插（胶圈、粘接）连接	PP、HDPE、PVC-U 管
	室外排水系统 雨水系统	排水铸铁管	承插、法兰、压兰连接	
		钢筋混凝土管	抹带连接、套环连接	
		石棉水泥管	承插连接	石棉水泥接口
		PVC-U 管	承插粘接、套环粘接	PVC-U 螺旋管
		波纹塑料管	承插（胶圈）、抹带、电热熔连接	HDPE、PVC-U 管
供热系统	室内采暖系统	非镀锌焊接钢管	焊接、螺纹连接、法兰连接	
		热浸镀锌钢管	螺纹连接、沟槽连接、法兰连接	
		塑料管	承插粘接、热熔连接	水温不应超过 80℃
		钢塑复合管	螺纹连接、沟槽连接	
		铝塑复合管	卡套式连接	
	室外热力系统	非镀锌焊接钢管	焊接、螺纹连接、法兰连接	直焊缝或螺旋焊缝管
		无缝钢管	焊接、螺纹连接、法兰连接	
		钢塑复合管	螺纹连接、沟槽连接	
空调系统		金属风管	法兰连接、无法兰连接	镀锌或非镀锌薄钢板
		玻璃钢风管	法兰连接	
燃气系统	室内燃气系统	热浸镀锌钢管	螺纹连接、法兰连接	
		塑料管	承插粘接、热熔连接	
	室外燃气系统	焊接钢管	焊接、螺纹连接、法兰连接	镀锌或非镀锌管
		无缝钢管	焊接、螺纹连接、法兰连接	

二、常用术语

（1）管道　由管道组成件和管道支承件组成，是用于输送、分配、混合、分离、排放、计量、控制或制止流体流动的管道、管件、法兰、螺栓连接、垫片、阀门和其他组成件或受压部件的装配总成。

（2）管道组成件　用于连接或装配管道的元件，包括管道、管件、法兰、垫片、紧固件、阀门及膨胀接头、挠性接头、疏水器、过滤器等。

（3）管道支承件　管道安装件和附着件的总称。

（4）安装件　将负荷从管道或管道附着件上传递到支承结构或设备上的元件，包括吊杆、支吊架、锚固件、托座和滑动支架等。

（5）附着件 用焊接、螺栓连接或夹紧等方法附装在管道上的零件，包括管吊、吊（支）耳、吊夹、紧固夹板和裙式管座等。

（6）管道配件 管道与管道、管道与设备连接用的各种零配件的统称。

（7）安全附件 为保证有压设备及压力容器安全运行而设置的附属仪表、阀门及控制装置。

（8）热态紧固 防止管道在工作温度下，因受热膨胀导致可拆连接处泄漏而进行的紧固操作。

（9）冷态紧固 防止管道在工作温度下，因冷缩导致可拆连接处泄漏而进行的紧固操作。

（10）热弯（冷弯） 温度高（低）于金属管临界点时的弯管操作。

（11）刚性接口 不能承受一定量的轴向线变位和相对角变位的管道接口，如用水泥类材料密封或用法兰连接的管道接口。

（12）柔性接口 能承受一定量的轴向线变位和相对角变位的管道接口，如用橡胶圈等材料密封连接的管道接口（沟槽式接头有刚性接头和挠性接头。挠性接头其实也是一种柔性接头，它适用于相邻管端允许有一定量的相对角变位和轴向转动，其允许角变位与管径相关，但不允许有轴向线位移）。

（13）刚性管道 主要依靠管体材料强度支承外力的管道，在外荷载作用下其变形很小，管道的失效由管壁强度控制。通常指钢筋混凝土管道、预（自）应力混凝土管道和预应力钢筒混凝土管道。

（14）柔性管道 在外荷载作用下变形显著的管道，竖向荷载大部分由管道两侧土体所产生的弹性抗力所平衡，管道的失效通常由变形造成而不是管壁的破坏。通常指钢管、化学建材管和柔性接口的球墨铸铁管管道。

（15）卡箍（哈夫）连接 采用机械紧固方法和橡胶密封件将相邻管端连成一体的连接方法。卡箍连接是将相邻管端用卡箍包覆，并用螺栓紧固。哈夫连接是将相邻管端用两半外套筒包覆，并用螺栓紧固。卡箍、哈夫连接在套筒和管外壁间用配套的橡胶密封圈密封。

（16）耐候性 指塑料耐各种气候的能力。其中包括可见光和紫外线、水分、温度、大气氧化作用以及制品使用期间所遇到的化学药剂。最重要的耐候性，包括不褪色性、耐粉化性和物理性能的持久性。

三、管道安装一般要求

本项目涉及的各管道系统在安装过程中有一些共性问题，在这里先予以讨论。

1）管道系统安装工程的施工应按照批准的工程设计文件和施工技术标准（规范）进行，并应有批准的施工组织设计或施工方案。

2）安装工程所使用的主要材料、成品、半成品、配件、器具和设备必须具有中文质量合格证明文件，规格、型号及性能检验报告应符合国家技术标准或设计要求；进场时应做检查验收，并经监理工程师核查确认。

3）阀门安装前应有强度和严密性试验，即在同牌号、同型号、同规格数量中抽查10%，且不少于一个（主干管上的闭路阀门应逐个试验）。强度试验压力为公称压力的1.5倍；严密性试验压力为公称压力的1.1倍。试验压力在持续时间（表4-22）内应保持不变，且壳体填料及阀瓣密封面无渗漏。

4）管道对焊时，定位焊长度和点数应符合表 5-2 的要求。

表 5-2　定位焊长度和点数

管径 /mm	点焊长度 /mm	点数 / 处
80~150	15~30	4
200~300	40~50	4
350~500	50~60	5
600~700	60~70	6
≥ 800	80~100	一般间距 400mm 左右

5）在焊接钢管上使用冲压弯头时，所用弯头外径应选用与管道外径相同或相近的规格。

6）管道穿越地下室或地下构筑物时，应采取防水措施。一般可采用图 5-1 所示的刚性防水套管做法，其中 A 型刚性防水套管适用于铸铁管和非金属管，套管、翼环外壁刷底漆一道，外层防腐由设计决定，挡圈为钢制，焊于钢管上。套管必须一次浇固于墙内，套管长度 L 等于墙厚且不小于 200mm，如遇非混凝土墙，应局部改为混凝土墙，墙厚小于 200mm 时，应局部加厚至 200mm，更换或加厚部分的直径比翼环直径大 200mm。套管具体尺寸见表 5-3、表 5-4。有严格防水要求的建筑物，须采用柔性防水套管，做法可参见有关标准图集。

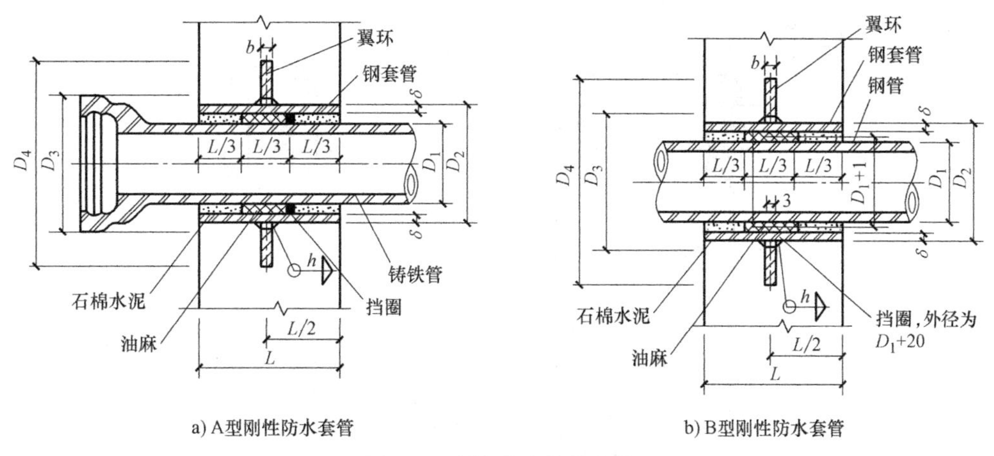

a) A型刚性防水套管　　b) B型刚性防水套管

图 5-1　刚性防水套管安装

表 5-3　A 型刚性防水套管安装尺寸　（单位：mm）

有关尺寸	管径 DN									
	50	75	100	125	150	200	250	300	350	400
D_1	60	93	118	143	169	220	272	323	374	426
D_2	114	140	168	194	219	273	325	377	426	480
D_3	115	141	169	195	220	274	326	378	427	481
D_4	225	251	289	315	340	394	446	498	567	621
δ	4	4.5	5	5	6	7	8	9	9	9
b	10	10	10	10	10	10	10	15	15	15
h	4	4	5	5	6	7	8	9	9	9

表 5-4 B 型刚性防水套管安装尺寸 （单位：mm）

有关尺寸	管径 DN									
	50	80	100	125	150	200	250	300	350	400
D_1	60	89	108	133	15	219	273	325	377	426
D_2	114	140	159	180	203	273	325	377	426	480
D_3	115	141	160	181	204	274	326	378	427	481
D_4	225	251	280	301	324	394	446	498	567	621
δ	4	4.5	5	5	6	7	8	9	9	9
b	10	10	10	10	10	10	10	15	15	15
h	4	4	4	5	6	7	8	9	9	9

7）管道应尽量避免穿越抗震缝、沉降缝。当必须穿越时，可采取图 5-2 所示的做法。表 5-5 为相应的安装尺寸。图中压板用木螺钉固定在木砖上，压住滑动挡板，但不可压紧，使挡板能随管道沉降而上下活动。木砖大小同压板，厚度为 70mm，上下嵌紧于洞内，所有铁件均需刷油，沉降缝处管道需保温。

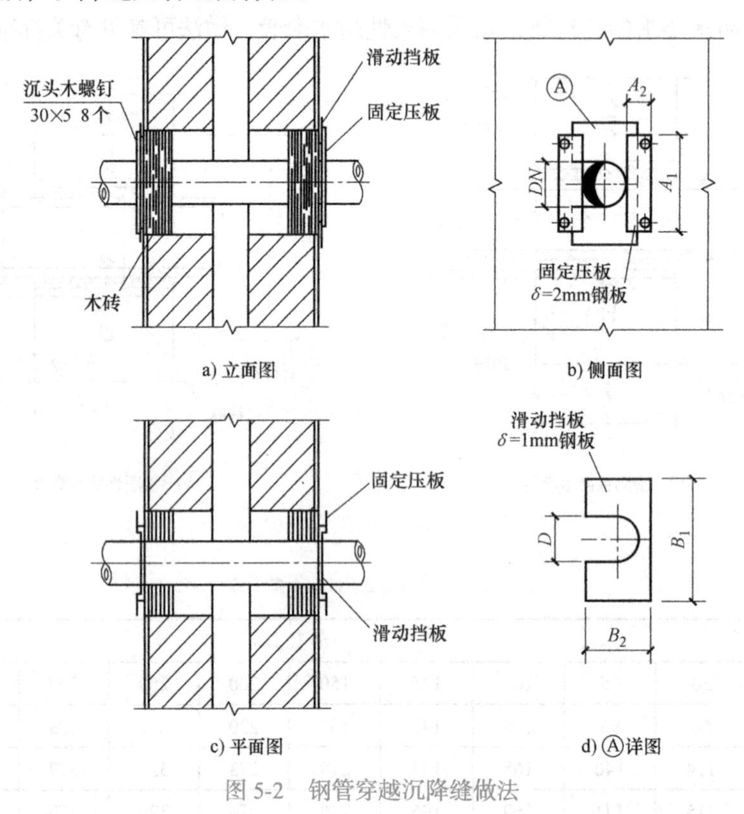

图 5-2 钢管穿越沉降缝做法

8）管道穿越楼板和穿墙时，应设置金属或塑料套管。穿越套管两端与饰面相平。穿越楼板套管底面与楼板面相平，顶面高出装饰地面 20mm（普通房间）或 50mm（卫生间、厨房等易积水处）。管道穿墙、穿楼板做法参见图 5-3 和表 5-6。图中填料采用石棉或油麻。

表 5-5　管道穿越沉降缝安装尺寸　（单位：mm）

管径 DN	有关尺寸					
	D	A_1	A_2	B_1	B_2	预留洞尺寸
20	30	200	83	250	110	200 × 200
25	39	200	81	250	115	
32	48	200	77	250	120	
40	53	200	77	250	125	
50	65	300	115	350	175	300 × 300
65	81	300	109	350	185	
80	94	300	106	350	195	
100	119	300	86	350	200	
125	145	400	130	450	270	400 × 400
150	170	400	115	450	280	
175	195	400	95	450	290	
200	225	400	91	450	310	

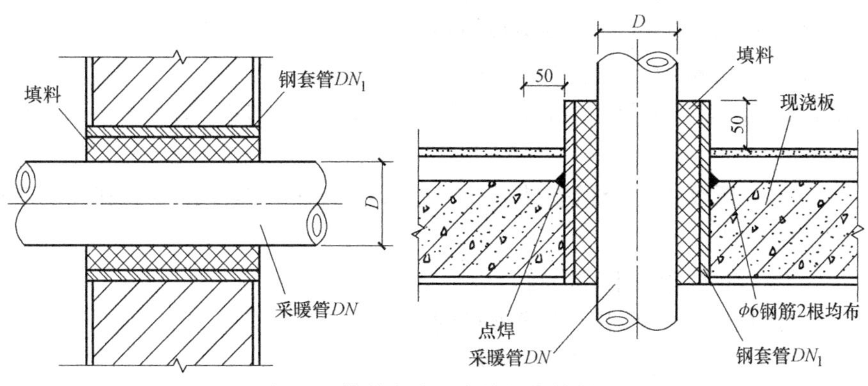

图 5-3　管道穿墙、穿楼板套管做法

表 5-6　套管尺寸　（单位：mm）

DN	15	20	25	32	40	50	65	80	100	125	150
管道外径 D	21	27	34	42	48	59	76	89	108	133	159
套管直径 DN_1	32	40	50	50	65	80	100	100	125	150	200

9）钢管水平安装时，支吊架间距不应大于表 4-21 的规定。采用粘接的管道接口，管端插入承口的深度不得小于表 5-7 的规定。

表 5-7　粘接接口管端插入承口的深度

公称直径 /mm	20	25	32	40	50	75	100	125	150
插入深度 /mm	16	19	22	26	31	44	61	69	80

10）采暖、生活给水及热水供应系统的塑料管、铝塑管垂直或水平安装的支架间距应符合表 4-22 的规定。支架采用金属制作时，应在管道与支架间加衬非金属垫或套管。

11）沟槽连接的钢管及钢塑复合管道无须考虑因热胀冷缩的补偿，其沟槽深度及支吊架的间距应符合表 5-8 的要求。

表 5-8 沟槽式连接管道的沟槽深度及支吊架的间距

公称直径 /mm	沟槽深度 /mm	允许偏差 /mm	支吊架的间距 /m	端面垂直度公差 /mm
65~100	2.20	+0.3 0	3.5	1.0
125~150	2.20	+0.3 0	4.2	1.5
200	2.50	+0.3 0	4.2	
225~250	2.50	+0.3 0	5.0	
300	3.00	+0.5 0	5.0	

注：1. 连接管端面应平整光滑、无毛刺；沟槽过深，应作为废品，不得使用。
2. 支吊架不得支承在连接头上，水平管的任意两个连接头之间必须有支吊架。

12）各种承压管道系统和设备应做水压试验，非承压管道系统和设备应做灌水试验。

13）金属立管管卡的安装应符合以下规定：

① 楼层高度小于等于 5m 时，每层必须装一个。

② 楼层高度大于 5m 时，每层不少于两个。

③ 管卡安装高度为距地面 1.5~1.8m，每层两个以上管卡应均匀布置。同一房间管卡应一致。

14）螺纹连接管道安装后应有 2~3 扣的外露螺纹，多余麻丝应清理干净并做防腐处理。

热熔连接

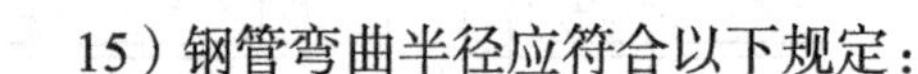

15）钢管弯曲半径应符合以下规定：

① 热弯：应不小于管道外径的 3.5 倍。

② 冷弯：应不小于管道外径的 4 倍。

③ 焊接弯头：应不小于管道外径的 1.5 倍。

④ 冲压弯头：应不小于管道外径。

16）冷热水并行位置：上下并行时，热上冷下；垂直并行时，左热右冷；水平并行时，无具体要求。

任务二 室内给排水系统的安装

室内给排水系统的安装包括室内生活给水系统、盥洗用热水系统、消防给水系统及室内排水系统的安装。各系统所用管材及相应连接方式见表 5-1。同样的系统采用不同的管材，会导致施工工艺及做法不同。

一、室内生活给水系统安装

1. 施工工艺流程

一般情况下，室内生活给水管道安装遵循以下工艺流程：

安装准备→预制加工→引入管安装→干管安装→立管安装→支管安装→管道试压→刷

油保温→管道消毒冲洗→水表安装。

2. 流程说明

（1）安装准备　熟悉图纸、确定施工方法、核对管道走向和预留孔洞的尺寸，合理排列，注意交叉。

（2）预制加工　按施工图纸绘出施工草图及安装尺寸，进行预制加工。

（3）引入管安装　引入管由地下穿越外墙处应设套管（图 5-1），埋地铸铁给水管或热浸镀锌钢管要涂沥青漆防腐。

（4）干管安装　水平干管应有 0.002~0.005 的坡度坡向泄水装置，总进口端头可加装临时丝堵以备试压用，安装前管膛应清扫，所有管口要加好临时丝堵。

（5）立管安装　清理套管后应统一吊线安装管卡，将预制管段编号分层排开，顺序安装，接口不许置于套管内。立管阀门朝向合理，支管甩口高度、方向正确，并加好临时丝堵，填充套管缝隙，配合土建堵好楼板洞。

（6）支管安装　对于暗装支管，核对立管甩口高度，画线剔槽（槽已预留时应清槽），敷设支管后，找平找正并用勾钉固定。器具用水口要留在明处并上好丝堵。支管明装时，从立管甩口逐段安装，阀门安装时需将大盖卸下再安装，设置必要的临时固定卡。核定卫生器具留口位置合适，找平找正后，栽装支管卡件，去掉临时固定卡，上好丝堵。如支管上装有水表，可先装连接管，试压后交工前再换装水表。

（7）管道试压　水压试验须符合设计要求，当设计未注明时，各种材质的给水管道试验压力均为工作压力的 1.5 倍，且不得小于 0.6MPa。检验方法：金属及复合管给水系统在试验压力下观测 10min，压力降不应大于 0.02MPa，然后降压至工作压力进行检查，应不渗不漏；塑料给水系统应在试验压力下稳压 1h，压力降不得超过 0.05MPa，然后在工作压力的 1.15 倍状态下稳压 2h，压力降不得超过 0.03MPa，同时各连接处不得渗漏。

（8）刷油保温　对于镀锌钢管，应在锌皮破坏处刷防锈漆，整个明装管道系统及支架应刷银粉或其他面漆。需保温、防结露的管段按设计要求进行保温层、保护层敷设及保护层刷油。

（9）管道消毒冲洗　生活给水系统交付使用前必须经冲洗和消毒，并经有关部门取样检验，符合国家生活饮用水标准方可使用。

3. 安装要求

1）给水引用管与排水排出管的水平净距不得小于 1m。室内给水、排水管道平行敷设时，两管间最小水平净距不小于 0.5m；交叉时垂直净距不小于 0.15m，且给水管应在上。若给水管必须铺在排水管之下时，给水管须加套管，且其长度不小于排水管管径的 3 倍。

2）给水管道和阀门安装的允许偏差应符合表 5-9 的要求。

表 5-9　给水管道和阀门安装的允许偏差

项次	项目			允许偏差 /mm	检验方法
1	水平管道纵横方向弯曲	钢管	每米 全长 25m 以上	1 ≤ 25	用水平尺、直尺、拉线和尺量检查
		塑料管 复合管	每米 全长 25m 以上	1.5 ≤ 25	
		铸铁管	每米 全长 25m 以上	2 ≤ 25	

（续）

项次	项目			允许偏差 /mm	检验方法
2	立管垂直度	钢管	每米	3	吊线和尺量检查
			5m 以上	≤ 8	
		塑料管复合管	每米	2	
			5m 以上	≤ 8	
		铸铁管	每米	3	
			5m 以上	≤ 10	
3	成排管段和成排阀门		在同一平面上间距	3	尺量检查

3）管道支吊架安装应平整牢固，其间距应符合表 4-42~ 表 4-44 和表 5-8 的要求。

4）水表应安装在易检修，不受曝晒、不易污染和冻结的地方。螺翼式水表前应有不小于 8 倍水表接口直径的直管段。表壳距墙面净距为 10~30mm。

二、室内热水供应系统安装

室内热水管道安装工艺与室内给水管道安装基本一致。只需要强调以下几点：

1）热水供应管道应尽量利用自然补偿，所安装的补偿器型号、位置应符合设计要求，并按规定进行预拉伸。

2）热水供应系统安装完毕、管道保温之前应按设计要求进行水压试验。当未注明时，水压试验压力应为系统顶点工作压力加 0.1MPa，同时系统顶点试验压力不小于 0.3MPa。

3）热水供应系统竣工后应进行冲洗。

4）保温、保护层安装应符合设计要求。保温层厚度和表面平整度的允许偏差及检验方法应符合表 5-10 的规定。表中 δ 为保温层厚度。

表 5-10 保温层厚度和表面平整度的允许偏差及检验方法

项 次	项 目		允许偏差 /mm	检 验 方 法
1	厚 度		$+0.1\delta$ -0.05δ	用钢针刺入
2	表面平整度	卷材	5	用 2m 靠尺和楔形塞尺检查
		涂抹	10	

5）太阳能热水器安装时应注意朝向及倾角，并考虑保温及泄水措施。集热排管及上、下集管水压试验压力为工作压力的 1.5 倍。

6）热交换器以工作压力的 1.5 倍做水压试验，蒸汽部分试验压力应不低于供汽压力加 0.3MPa；热水部分应不低于 0.4MPa。

三、室内消防给水系统安装

1. 施工工艺流程

室内消防自动喷水灭火系统和消火栓灭火系统安装的工艺流程如下：

安装准备→支架制作安装→干管安装→报警控制阀安装→立管安装→喷洒分层干支管、消火栓及支管安装→水泵、水箱、水泵接合器安装→管道试压→喷头短管试压→管道冲洗→水流指示器安装→节流装置安装→报警阀其他组件安装、喷头安装、消火栓配件安装→系统通水调试→系统验收。

2. 流程说明

（1）安装准备

1）材料检查：所有管材、系统组件（报警阀、水力警铃、压力开关、水流指示器、喷头等专用产品的统称）、消火栓箱等产品的规格型号均应符合设计要求并有产品合格证，并做认真检验。主要系统组件应经国家消防产品质检单位检测合格。水力警铃的铃锤应转动灵活，无阻滞现象；报警阀应有水流方向的永久性标志。

2）主要机具有：套螺纹机、砂轮切割机、台钻、电锤、手电钻、打磨机、试压泵、电焊机具、气焊机具、套螺纹板、台虎钳、压力钳、链钳、管钳、钢锯、扳手、射钉枪、倒链、圆丝板、活扳子、手锤、捻凿、錾子、螺钉旋具、克丝钳子、卷尺、线坠、法兰盘直角尺等。

3）作业条件：主体工程完成预留预埋配合工作符合要求；安装基准线（如各层50线）应测定标明；设备基础检验符合要求。

4）技术准备：熟悉图样，按施工方案、安全技术交底等文件确定施工做法，绘制草图，加工预制。

（2）干管安装

1）管道 $DN \leqslant 100$mm 应采用螺纹连接，拧紧螺纹时不得将填料挤入管道内，连接后要将外露填料清理干净。管道穿越变形缝时，应设置柔性短管，穿墙穿楼板时应设套管。

2）喷洒系统通常均应采用镀锌钢管，对大口径非镀锌管道（$DN > 100$mm），可采用焊接法兰和沟槽连接，试压后做好标记，拆下来再加工镀锌。法兰连接干管每根安装长度不宜超过6m，可先在地面进行预组装后再吊装，紧固螺栓应先紧不利点。法兰连接尽量装在易拆装的位置。

3）管道焊接时先点焊三点以上，检查甩口位置、方向、变径等无误后，找直找正再施焊，然后紧固卡件、拆掉临时支承。当管壁厚不大于4mm时可用气焊，壁厚不小于4.5mm时应采用电焊。

（3）报警阀安装

报警阀的安装应在供水管网试压、冲洗合格后进行。

1）报警阀处应有排水措施，环境温度不应低于5℃，安装高度宜为1.2m，两侧与墙距离不应小于0.5m，正面与墙距离不应小于1.2m，报警阀组凸出部位之间的距离不应小于0.5m，控制阀应有启闭指示装置。

2）报警阀组的安装应先安装水源控制阀、报警阀，再进行报警阀辅助管道的连接。

3）湿式报警阀组的安装应保证阀前后管道中能顺利充满水，压力波动时，水力警铃不应发生误报警。报警水流通道上的过滤器应安装在延迟器前，且便于排渣操作。

（4）立管安装　立管设于管井时，预埋件上安装卡件要牢固，防止下坠。立管明装时，楼板孔洞要预留，套管高出地面50mm。安装中断时，敞口要封闭。管卡距楼面1.5~1.8m。

（5）喷洒分层干支管安装

1）管道变径处应采用变径管箍，管道弯头处不得采用补芯。DN50mm以上管道不宜采用活接头（用法兰连接、拆卸）。

2）合理安排预制范围，便于起吊安装。丝接管段不可太长，要考虑拆卸。

3）横管应有0.002~0.005的坡度向排水装置。当喷头数量少于等于5个时，可在管道低处设堵头。当喷头数量多于5个时，宜装带阀门的排水管。

4）管道支架、吊架、防晃支架形式、材质、尺寸及加工质量应符合设计要求和国家现行有关标准，间距不应大于表4-42和表5-11的规定。管道支吊架位置不可妨碍喷头的喷水效果，与喷头间距不宜小于300mm，与末端喷头之间的距离不宜大于750mm。

表5-11 沟槽连接管道最大支承间距

公称直径 /mm	最大支承间距 /m
65~100	3.5
125~200	4.2
250~315	5.0

5）配水支管上每一直管段相邻两喷头之间管段设置吊架不少于一个，但吊架间距不宜大于3.6m。

6）*DN* ≥ 50mm时，每段配水管设置防晃支架不少于一个，且防晃支架的间距不应大于15m，当管段变向时，应增加防晃支架。

7）竖直安装的配水干管除中间用管卡固定外，还应在其始端和终端设防晃支架或采用管卡固定，其安装位置距地面或楼面的距离宜为1.5~1.8m。

（6）水泵、水箱、水泵接合器安装

1）设计无要求时，消防水泵出水管上应安装止回阀和压力表，并宜安装检查和试水用的放水阀。泵组总出水管上还应装压力表和泄压阀，压力表量程应为工作压力的2~2.5倍。压力表和缓冲装置之间应装旋塞阀。

2）吸水管管径不应小于水泵吸水口径，且不应采用蝶阀。吸水管上应设柔性连接管。

3）消防水箱间主要通道不应小于1.0m，钢板水箱四周通道不小于0.7m，箱顶净空不小于0.6m，溢流管、泄水管不得与生产或生活排水系统直接相连。

4）消防水泵接合器组装应按接口、本体、连接管、止回阀、安全阀、放空管、控制阀的顺序进行。止回阀安装方向应使水流从接合器进入系统。图5-4为地下式消防水泵接合器安装示意图。

（7）喷水短管安装 吊顶型喷头支管要等吊顶龙骨装完，配合吊顶材料及图案确定喷头标高和位置。支管径一律为*DN* 25，末端用*DN* 25×15变径管箍，下口边与吊顶装修层齐平并用丝堵拧紧或将一端砸平焊死准备试压。

（8）管道试压和冲洗

1）自动喷洒灭火管网安装完毕后，应进行强度试验、严密性试验和冲洗。试验介质宜用水。对干式系统、预作用系统应做水压和气压试验。

2）试压用压力表不少于2只，精度不低于1.5级，量程为试验压力的1.5~2倍。对不能参与试压的设备、仪表、阀件应加以隔离或拆除，加设的临时盲板应有凸出于法兰的边耳并做明显标志和记录数量，以便拆除。

3）水压试验的测试点应在系统管网的最低点。当系统设计工作压力不大于1.0MPa时，水压强度试验压力为设计工作压力的1.5倍，且不应低于1.4MPa；当工作压力大于1.0MPa时，水压强度试验压力为工作压力加0.4MPa。

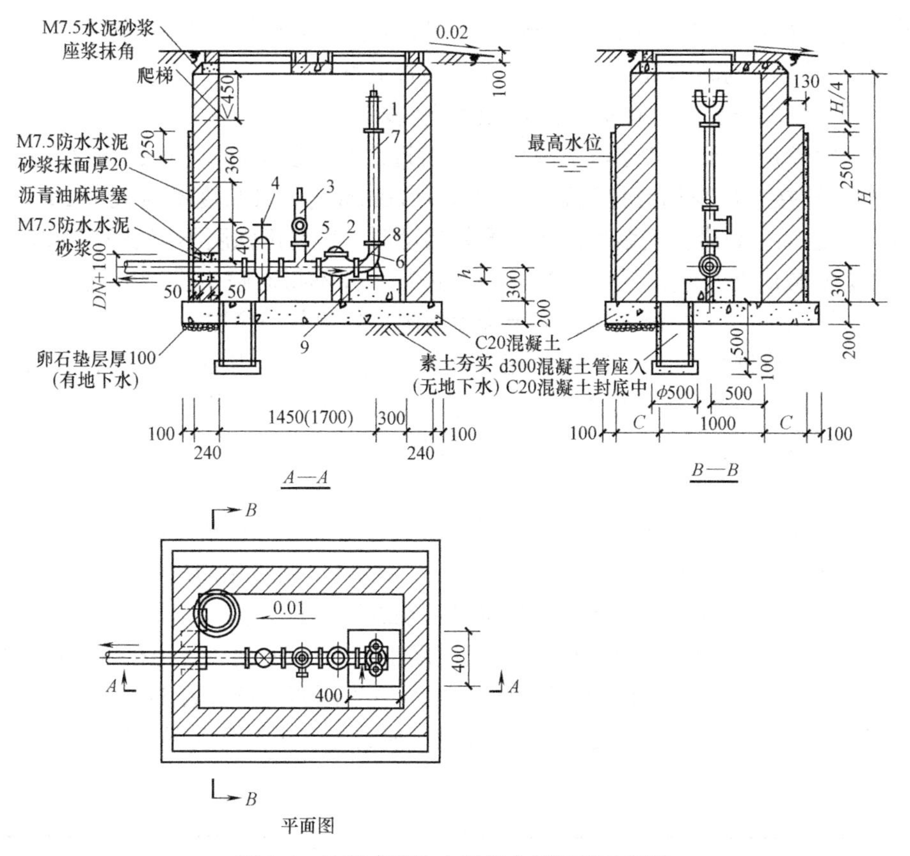

图 5-4　地下式消防水泵接合器安装示意图

1—消防接口　2—止回阀　3—安全阀　4—闸阀　5—三通　6—弯头　7—直管　8—截止阀　9—泄水管

4）升压要缓慢，达到试验压力后，稳压 30min，目测管网应无泄漏、无变形，且压力降不大于 0.05MPa。

5）水压严密性试验应在水压强度试验和管网冲洗合格后进行。试验压力为工作压力，稳压 24h，应无泄漏。

6）气压试验介质宜采用空气或氮气，严密性试验压力为 0.28MPa，稳压 24h，压降不大于 0.01MPa。

7）管网冲洗前要将系统中的流量孔板、过滤装置拆除，冲洗完毕再装好。管网冲洗用的排水管道截面积不得小于被冲洗管道截面积的 60%，冲洗水流速度不宜小于 3m/s，至少应按系统流量进行冲洗。

8）管网冲洗水流方向应与灭火时管网水流方向一致。当出水口水的颜色、透明度与入口处基本一致时，冲洗方可结束，并应将水排净，必要时应用压缩空气吹干。

9）冲洗应在试压合格后分段进行，其顺序为先室外、后室内；先地下、后地上。室内部分按配水干管、配水管、配水支管的顺序进行。

（9）水流指示器、节流装置安装

1）水流指示器应使电器元件部位竖直安装于水平管道上侧，动作方向和水流方向一致，指示器桨片、膜片应动作灵活，不得与管壁发生碰擦。

2）信号阀应安装在水流指示器前不小于 300mm 的位置。

3）节流装置应安装在 $DN \geqslant 50mm$ 的水平管段上；减压孔板应装于管道内水流转弯处下游一侧直管段上，与转弯处距离不小于2倍的管道直径。

（10）其他组件安装、喷头安装、消火栓配件安装

1）水力警铃应装于公共通道上或值班室附近，并应装检修、测试用的阀门。水力警铃与报警阀的连接管应采用镀锌钢管，当 DN 为20mm时，其长度不应大于20m，且填料应采用聚四氟乙烯生料带。安装后的水力警铃启动时，警铃声强度不应小于70dB。

2）喷头安装应在系统试压、冲洗合格后进行，并不得对喷头进行拆装、改动和刷装饰性涂层。严禁给喷头、隐蔽式喷头的装饰盖板附加任何装饰涂层。

3）闭式喷头应进行不少于3min的密封性能试验，试验压力为3.0MPa，以无渗漏、无损伤为合格。试验数量宜从每批中抽查1%且不少于5只。当有两只以上不合格时，则不得使用该批喷头。当仅有一只不合格时，应再抽查2%，但不得少于10只，若仍有不合格，则不得使用该批喷头。

4）喷头安装要用专用扳手，填料宜用聚四氟乙烯带，严禁利用喷头框架旋拧。喷头框架、溅水盘产生变形或释放原件损伤时，应采用规格、型号相同的喷头更换。当喷头公称直径小于10mm时，应在配水干管或配水管上装过滤器。

5）当喷头溅水盘管高于附近梁底或高于宽度小于1.2m的通风管道排管、桥架腹面时，喷头溅水盘高于梁底、排管、桥架风管腹面的最大垂直距离应符合表5-12~表5-20的规定。当梁、排管、桥架、通风管道宽度大于1.2m时，喷头应装在腹面以下部位。

表5-12 喷头溅水盘高于梁底、通风管道腹面的最大垂直距离（标准直立与下垂喷头）

喷头与梁、通风管道、排管、桥架的水平距离 a/mm	喷头溅水盘高于梁底、通风管道、排管、桥架腹面的最大垂直距离 b/mm
$a < 300$	0
$300 \leqslant a < 600$	60
$600 \leqslant a < 900$	140
$900 \leqslant a < 1200$	240
$1200 \leqslant a < 1500$	350
$1500 \leqslant a < 1800$	450
$1800 \leqslant a < 2100$	600
$a \geqslant 2100$	880

表5-13 喷头溅水盘高于梁底、通风管道腹面的最大垂直距离（边墙型喷头，与障碍物平行）

喷头与梁、通风管道、排管、桥架的水平距离 a/mm	喷头溅水盘高于梁底、通风管道、排管、桥架腹面的最大垂直距离 b/mm
$a < 300$	30
$300 \leqslant a < 600$	80
$600 \leqslant a < 900$	140
$900 \leqslant a < 1200$	200
$1200 \leqslant a < 1500$	250
$1500 \leqslant a < 1800$	320
$1800 \leqslant a < 2100$	380
$2100 \leqslant a < 2250$	440

表 5-14 喷头溅水盘高于梁底、通风管道腹面的最大垂直距离（边墙型喷头，与障碍物垂直）

喷头与梁、通风管道、排管、桥架的水平距离 a/mm	喷头溅水盘高于梁底、通风管道、排管、桥架腹面的最大垂直距离 b/mm
$a < 1200$	不允许
$1200 \leqslant a < 1500$	30
$1500 \leqslant a < 1800$	50
$1800 \leqslant a < 2100$	100
$2100 \leqslant a < 2400$	180
$a \geqslant 2400$	280

表 5-15 喷头溅水盘高于梁底、通风管道腹面的最大垂直距离（扩大覆盖面直立与下垂喷头）

喷头与梁、通风管道、排管、桥架的水平距离 a/mm	喷头溅水盘高于梁底、通风管道、排管、桥架腹面的最大垂直距离 b/mm
$a < 300$	0
$300 \leqslant a < 600$	0
$600 \leqslant a < 900$	30
$900 \leqslant a < 1200$	80
$1200 \leqslant a < 1500$	130
$1500 \leqslant a < 1800$	180
$1800 \leqslant a < 2100$	230
$2100 \leqslant a < 2400$	350
$2400 \leqslant a < 2700$	380
$2700 \leqslant a < 3000$	480

表 5-16 喷头溅水盘高于梁底、通风管道腹面的最大垂直距离（扩大覆盖面边墙型喷头，与障碍物平行）

喷头与梁、通风管道、排管、桥架的水平距离 a/mm	喷头溅水盘高于梁底、通风管道、排管、桥架腹面的最大垂直距离 b/mm
$a < 450$	0
$450 \leqslant a < 900$	30
$900 \leqslant a < 1200$	80
$1200 \leqslant a < 1350$	130
$1350 \leqslant a < 1800$	180
$1800 \leqslant a < 1950$	230
$1950 \leqslant a < 2100$	280
$2100 \leqslant a < 2250$	350

表 5-17 喷头溅水盘高于梁底、通风管道腹面的最大垂直距离（扩大覆盖面边墙型喷头，与障碍物垂直）

喷头与梁、通风管道、排管、桥架的水平距离 a/mm	喷头溅水盘高于梁底、通风管道、排管、桥架腹面的最大垂直距离 b/mm
$a < 2400$	不允许
$2400 \leqslant a < 3000$	30
$3000 \leqslant a < 3300$	50
$3300 \leqslant a < 3600$	80
$3600 \leqslant a < 3900$	100
$3900 \leqslant a < 4200$	150
$4200 \leqslant a < 4500$	180
$4500 \leqslant a < 4800$	230
$4800 \leqslant a < 5100$	280
$a \geqslant 5100$	350

表 5-18 喷头溅水盘高于梁底、通风管道腹面的最大垂直距离（特殊应用喷头）

喷头与梁、通风管道、排管、桥架的水平距离 a/mm	喷头溅水盘高于梁底、通风管道、排管、桥架腹面的最大垂直距离 b/mm
$a < 300$	0
$300 \leqslant a < 600$	40
$600 \leqslant a < 900$	140
$900 \leqslant a < 1200$	250
$1200 \leqslant a < 1500$	380
$1500 \leqslant a < 1800$	550
$a \geqslant 1800$	780

表 5-19 喷头溅水盘高于梁底、通风管道腹面的最大垂直距离（ESFR 喷头）

喷头与梁、通风管道、排管、桥架的水平距离 a/mm	喷头溅水盘高于梁底、通风管道、排管、桥架腹面的最大垂直距离 b/mm
$a < 300$	0
$300 \leqslant a < 600$	40
$600 \leqslant a < 900$	140
$900 \leqslant a < 1200$	250
$1200 \leqslant a < 1500$	380
$1500 \leqslant a < 1800$	550
$a \geqslant 1800$	780

表 5-20　喷头溅水盘高于梁底、通风管道腹面的最大垂直距离（直立和下垂型家用喷头）

喷头与梁、通风管道、排管、桥架的水平距离 a/mm	喷头溅水盘高于梁底、通风管道、排管、桥架腹面的最大垂直距离 b/mm
$a < 450$	0
$450 \leqslant a < 900$	30
$900 \leqslant a < 1200$	80
$1200 \leqslant a < 1350$	130
$1350 \leqslant a < 1800$	180
$1350 \leqslant a < 1950$	230
$1950 \leqslant a < 2100$	280
$a \geqslant 2100$	350

6）消火栓箱应待消火栓阀的标高、甩口方向核定后再进行稳固。栓口应朝外，并不应安装在门轴一侧，栓口中心距地面 1.1m，允许偏差为 ±20mm。

7）室内消火栓系统安装完成后应取屋顶层（或水箱间内）试验消火栓，同时在首层取两处消火栓做试射试验，达到设计要求为合格。

8）室内消火栓系统试压要求如设计无说明时，可按前述室内给水试压要求进行。

（11）系统通水调试　系统通水调试应在施工完成后，水位、水量、供电、自动报警等均符合要求后进行。调试内容包括下列内容：

1）水源测试。按设计要求核实消防水量、水位及消防储水不作他用的技术措施；核实消防水泵接合器数量及供水能力，并通过移动式消防水泵做供水试验。

2）消防水泵调试。以手动或自动方式启动消防水泵，应在 30s 内投入正常运行；以备用电源切换时消防水泵应在 30s 内投入正常运行。

3）稳压泵调试。模拟设计启动条件，稳压泵应立即启动，当达到系统设计压力时，稳压泵应自动停止运行。当消防主泵启动时，稳压泵应停止运行。

4）报警阀调试。对湿式报警阀，在其试水装置处放水时，当湿式报警阀进水压力大于 0.14MPa、放水流量大于 1L/s 时，报警阀应及时动作，水力警铃发出报警信号，水流指示器应输出报警电信号，压力开关应接通电路报警，并启动消防水泵。对干式报警阀，开启系统试验阀时，报警阀的启动时间、启动点的压力、水流到试验装置出口所需时间均应符合设计要求。

5）排水装置调试。调试过程中系统排出的水应通过排水设施全部排水。

6）联动试验。湿式系统启动一只喷头或以 0.94~1.5L/s 的流量从末端试水装置处放水，水流指示器、压力开关、水力警铃和消防泵等应及时运作并发出相应信号。

（12）系统验收

1）系统竣工验收时应有公安消防监督机构，设计、建设、施工、监理等单位参加。

2）施工、监理、建设单位在验收时，施工单位应提供以下资料：批准的竣工验收申请报告、设计变更通知书、竣工图；工程质量事故处理报告；施工现场质量事故处理报告；自动喷水灭火系统施工质量管理检查记录；自动喷水灭火系统质量控制检查资料。

3）竣工验收涉及水源、系统流量和压力消防泵房、消防水泵接合器、消防水泵、管网、报警阀组、喷头等全系统，并进行模拟灭火功能试验，所有内容均应符合设计要求。

4）系统工程质量验收制订条件

① 系统工程质量缺陷应按《自动喷水灭火系统施工及验收规范》（GB 50261—2017）附录要求划分：严重缺陷项（A），重缺陷项（B），轻缺陷项（C）。

② 系统验收合格判定应为：A=0 且 $B \leqslant 2$，且 $B+C \leqslant 6$，否则为不合格。

四、室内排水系统安装

目前，室内常用排水管材见表5-1，主要采用排水铸铁管和塑料管，其安装工艺有所区别，下面分别予以讨论。

1. 排水铸铁管系统施工工艺流程

管材为排水铸铁管时，排水管道系统的安装工艺流程如下：安装准备→除锈刷油→预制加工→排出管安装→排水立管安装→通气管安装→排水横支管安装→灌水试验→封堵洞口→通水试验→刷油。其中，通气管安装和排水横支管安装的先后顺序视具体情况而定。

（1）安装准备　按施工图、技术交底、施工方案要求及卫生器具情况检查、核对预留孔洞尺寸及位置，进行必要的定位放线。对各个合流部位的管件配置进行分析，力争合理便捷。

（2）除锈刷油　对所有管材集中除锈，刷一道防锈漆，排出管埋地部分通常除锈后刷沥青漆。插口部位要留一截（承口深度）不必刷油，以便打口连接。

（3）预制加工　按施工草图对部分管材及管件进行预制，对于承插水泥打口、编号后置于平坦处缠绕麻绳或浇水养护，一般24h后再安装，同时应尽量减少固定灰口的捻打。对于卡箍接口、压兰接口的铸铁管，可直接下料安装。

（4）排出管安装

1）排出管与立管连接要用两个45°弯头或一个45°弯头接一个45°斜三通（当设清扫口时），如图5-5所示。

2）器具排水支管直接连接在排出管上时，连接点距立管底部水平距离不宜小于3m。

3）考虑到建筑物沉降因素，排出管坡度宜大于表5-21所给出的标准坡度。排出管进入检查井时，室内排出管应高于井内下游管道高度，至少两管顶相平，并有不小于90°的水流转角。

（5）排水立管安装

1）按加工草图合理配置管长及接口。排水铸铁管常用支管长度有300mm、500mm、1000mm、1500mm等几种，配置合理时，可减少截管和接口数量，如图5-6所示。

2）立管上的检查口按设计要求设置，安装高度为1m，偏差不大于20mm，方向应朝外，并与横管留口方向协调好。

3）安装立管须两个人配合，将预制好的立管上部拴牢，上拉下托就位、找正，用木楔将管道在洞口处临时卡牢，然后进行接口。

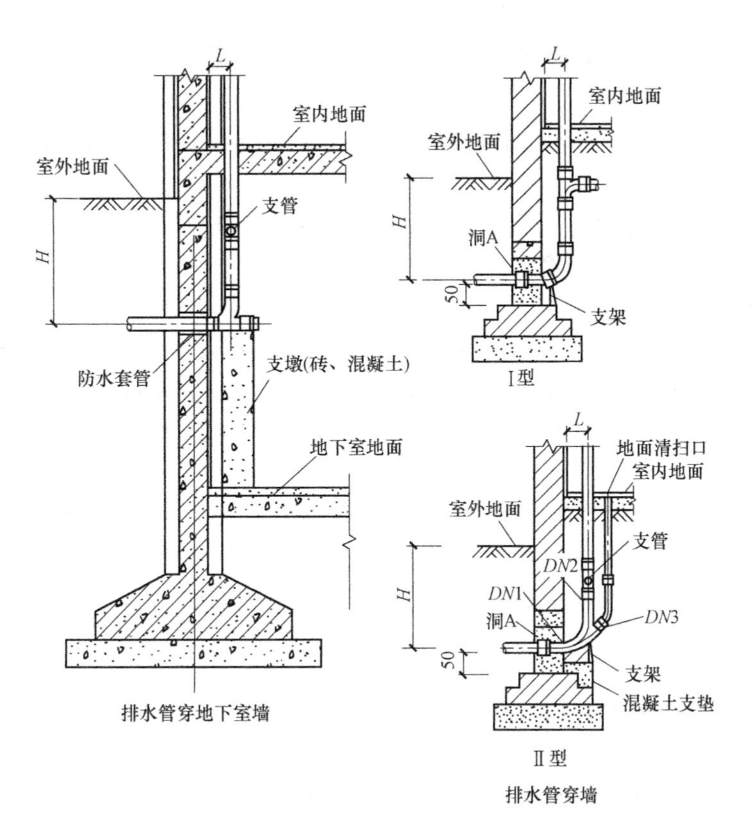

图 5-5　排水排出管穿基础做法

表 5-21　生活污水铸铁管道的坡度

序号	管径 /mm	标准坡度（%）	最小坡度（%）
1	50	3.5	2.5
2	75	2.5	1.5
3	100	2.0	1.2
4	125	1.5	1.0
5	150	1.0	0.7
6	200	0.8	0.5

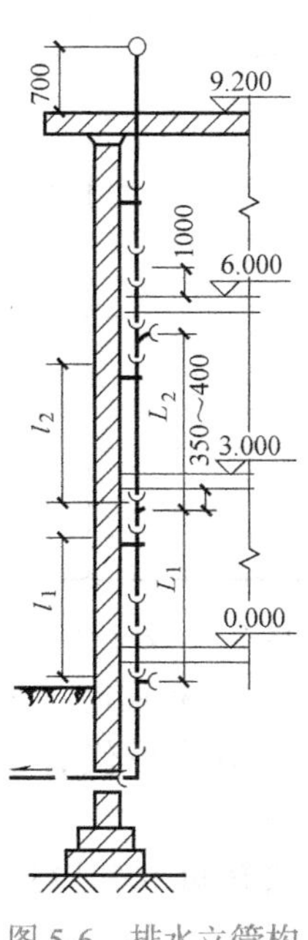

图 5-6　排水立管构造长度的确定

4）立管安装完毕后，栽设型钢支架，配合土建用不低于楼板标号的混凝土填堵立管洞，拆除临时支架。

5）排水立管及水平干管均应做通球试验，通球外径不小于排水管内径的 2/3，通球率必须达到 100%。

6）如立管上设有乙字弯，则乙字弯管上部要设检查口。立管上部通气管高出屋面 300mm，且要大于最大积雪厚度。

（6）排水横支管安装

1）生活污水铸铁管坡度应符合设计的要求。

2）金属排水管道的吊钩或卡箍应在承重结构上生根。固定件间距：横管不大于 2m；立管不大于 3m（层高小于等于 4m 时，立管每层装一个固定件）。横管吊架做法见本书项目四内容。

3）横管与立管、横管与器具支架的连接宜尽量采用 45° 斜三通和 45° 斜四通，以便于流体流动。横管与楼板的距离要根据吊顶情况、接口方式、横管配置情况、操作净距要求等因素合理确定，尽可能离楼板近些。具体尺寸可参见表 5-22 和图 5-7。

表 5-22 铸铁管清扫口安装尺寸 （单位：mm）

DN	h_1	C 型			D 型		
		$H \geqslant$	h	L	$H \geqslant$	h	L
50	60	400	195	175	210	190	175
75	65	470	273	220	245	220	187
100	70	520	323	264	280	250	210
125	75	570	369	279	305	280	222
150	75	610	413	335	413	330	235

4）连接 2 个及 2 个以上大便器或 3 个及 3 个以上卫生器具的污水横管应设清扫口。清扫口设于上层楼板面时，污水横管起点的清扫口与管道相垂直的墙面距离不小于 200mm；若在楼板下用堵头代替清扫口时，与墙面距离不小于 400mm。清扫口做法如图 5-7 所示。

5）横管转角小于 135° 时，应设置检查口或清扫口。各器具支管甩口至地面平齐为好，特别是坐便留口，如高出地面过多，则便器无法安装。

6）室内排水和雨水管道安装允许偏差和检验方法应符合表 5-23 的要求。

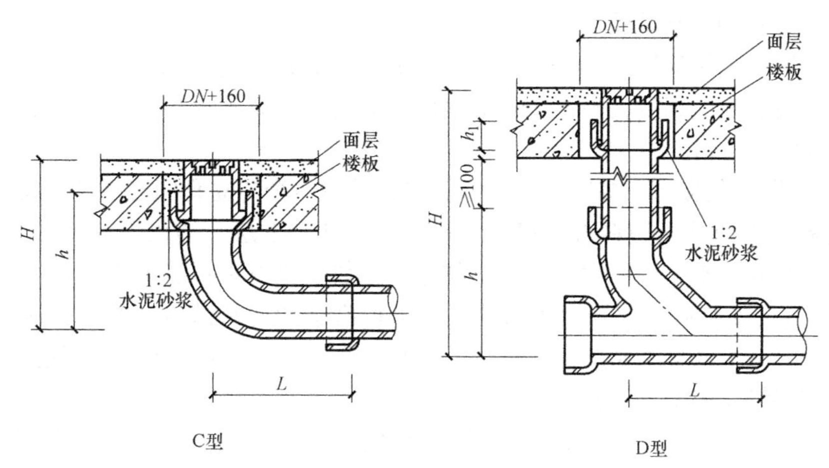

图 5-7 清扫口安装示意图

表 5-23 室内排水和雨水管道安装允许偏差和检验方法

序号	项目				允许偏差/mm	检验方法
1	坐标				15	用水准仪（水平尺）、直尺、拉线和尺量检查
2	标高				± 15	
3	横管纵横方向弯曲	铸铁管	每米		≤ 1	
			全长 25m 以上		≤ 25	
		钢管	每米	管径小于或等于 100mm	1	
				管径大于 100mm	1.5	
			全长（25m 以上）	管径小于或等于 100mm	≤ 25	
				管径大于 100mm	≤ 38	
		塑料管	每米		1.5	
			全长（25m 以上）		≤ 38	
		钢筋混凝土管、混凝土管	每米		3	
			全长（25m 以上）		≤ 75	
4	立管垂直度	铸铁管	每米		3	吊线和尺量检查
			全长（5m 以上）		≤ 15	
		钢管	每米		3	
			全长（5m 以上）		≤ 10	
		塑料管	每米		3	
			全长（5m 以上）		≤ 15	

7）器具支管 *DN* 小于 50mm 时，可用镀锌钢管翻边后与承口连接。塑料存水弯管端应套上厚度为 3~5mm 圆垫圈后，再插入承口并填塞油灰连接。

（7）通气管的安装

1）当高层建筑排水系统设置专用通气管时，共轭管上端与主通气管连接处应高出卫生器具上缘 150mm 以上，共轭管下端则应接在污水立管的下层横管三通之下，如图 5-8 所示。

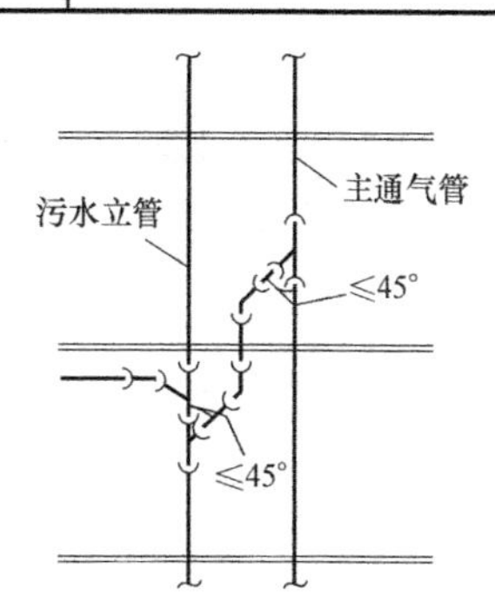

图 5-8 共轭管连接示意图

2）排水通气管不得与风道或烟道连接，且应高出屋面 300mm，同时必须大于最大积雪厚度，在经常有人停留的平屋顶上，应高出屋面2m，并应根据防雪要求设置防雪装置。

（8）灌水试验和通水试验

1）隐蔽或埋地的排水管道在隐蔽前必须做灌水试验，其灌水高度不低于底层卫生器具的上边缘或底层地面高度，满水15min水面下降后，再灌满观察5min，液面不下降，管道及接口无渗漏为合格。

2）对2层以上的楼层，如需做灌水试验时，可用一个与立管同规格的橡胶囊，由一根5~10m长的氧气带或承压塑料管连接好，从检查口伸至下层三通以下0.5m处，用气筒向橡胶囊充气0.07~0.1MPa（可接压力表），堵塞下水管，则可进行灌水试验。

3）卫生器具安装后，应开启用水器具，进行满水和通水试验，要求各连接件不渗不漏，排水畅通。满水试验主要是检查脸盆、浴盆等器具满水后的溢流是否畅通。

2. 排水塑料管（PVC-U）系统施工工艺

排水塑料管（PVC-U）系统安装工艺与排水铸铁管安装工艺和技术要求的主要区别有：

1）生活污水塑料管采用承插粘接，插入深度不得小于表5-7的要求，插入段应用砂纸打毛，干布擦净，操作场所应远离火源，在−20°C以下环境中不得操作，坡度必须符合设计或表5-24的要求。

表5-24 生活污水塑料管道的坡度

序号	管径/mm	标准坡度（%）	最小坡度（%）
1	50	2.5	1.2
2	75	1.5	0.8
3	110	1.2	0.6
4	125	1.0	0.5
5	160	0.7	0.4

2）排水塑料管必须按设计要求的位置装设伸缩节，且间距不得大于4m，立管通常每层设置一个。伸缩节大样图如图5-9所示。对Ⅰ型伸缩节，夏季安装时Z=5~10mm，冬季安装时Z=15~20mm。对Ⅱ型伸缩节，安装完毕后必须将限位块拆除。

3）伸缩节在立管上的安装位置如图5-10所示，图5-10a、b为排水支管分别从楼板上下方接入时的做法；立管上无排水支管接入时，伸缩节可按设计间距置于任何部位，如图5-10c所示；当楼板上下方均有支管接入时，伸缩节宜置于楼层中间部位，如图5-10d所示。另外，当立管在穿越楼板处固定时，则伸缩节处不得固定；当立管在伸缩节处固定时，穿越楼板处不得固定。横管伸缩节及管卡位置如图5-11所示，伸缩节应设于合流管件上游端。

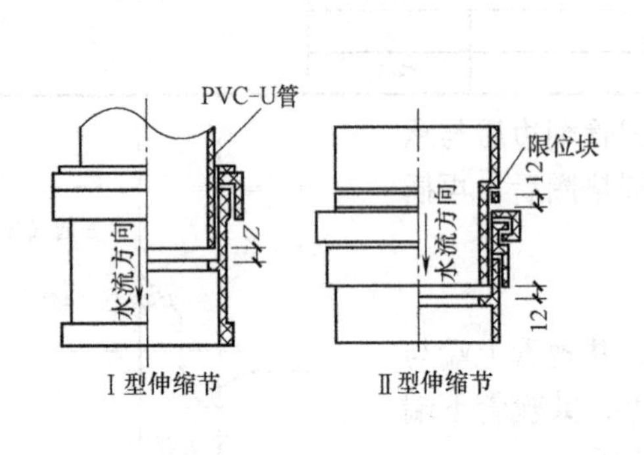

图5-9 伸缩节大样图

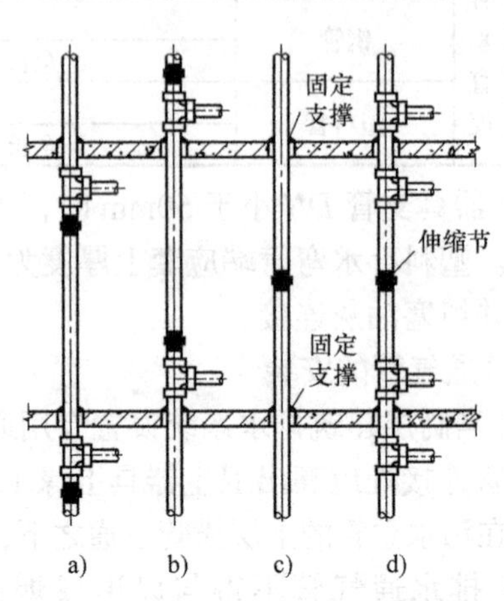

图5-10 伸缩节在立管上的安装位置

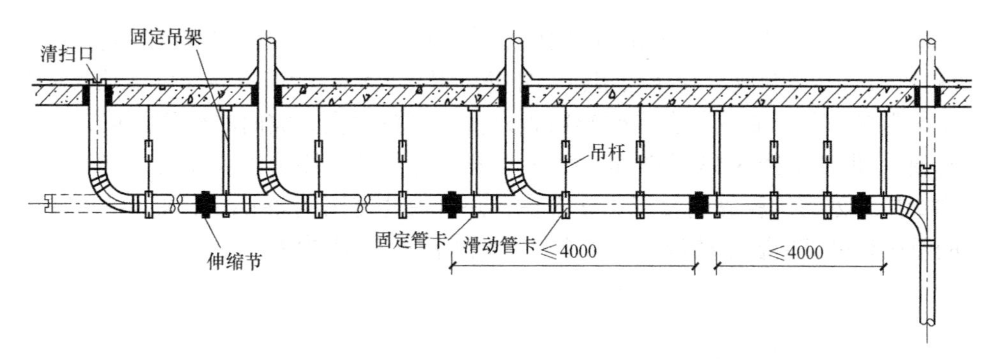

图 5-11　横管伸缩节及管卡位置

4）PVC-U 管穿越楼板或屋面做法如图 5-12 所示。图中管道也可为钢管或铸铁管。PVC-U 管穿越处管外壁应用砂纸打毛或刷胶黏剂后涂干燥黄沙一层。

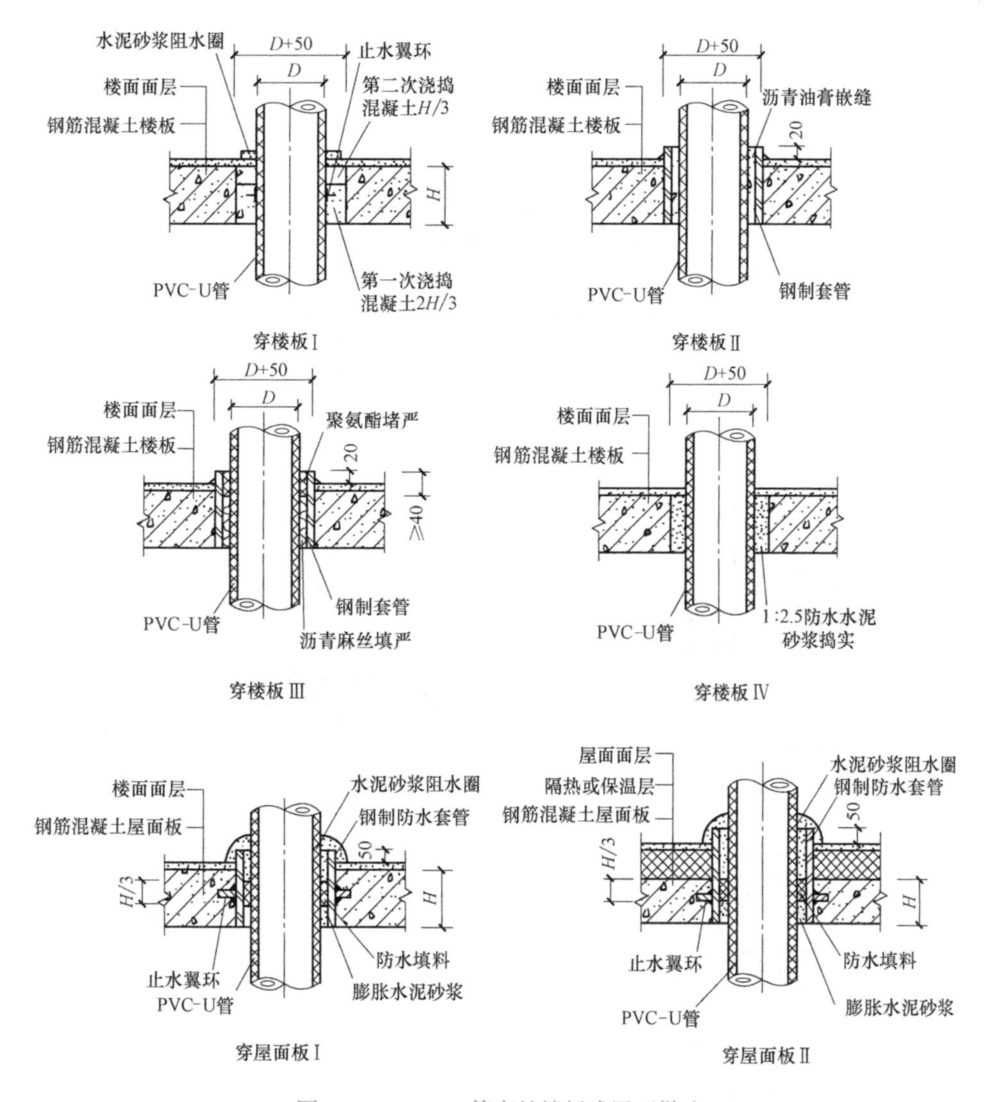

图 5-12　PVC-U 管穿越楼板或屋面做法

5）高层建筑物内 $DN \geqslant 100mm$ 的明敷立管及横管，穿越楼板或墙体时应设防火套管（由耐火材料和阻燃剂制成、套在硬塑料管外壁可阻止火势沿管道贯穿部位蔓延的短管）或阻火圈（由阻燃膨胀剂制成、套在硬塑料管外壁、可在发生火灾时将管道封堵，防止火势蔓延的套圈），做法如图 5-13 及图 5-14 所示。排水立管插入阻火圈就位后，其外壁和阻火圈上口内壁接触处需用胶黏剂粘接，立管在管井封板处需用钢筋混凝土加强圈形成固定支撑。有的阻火圈可直接装于楼板下，不必进行阻火圈的孔洞预留。

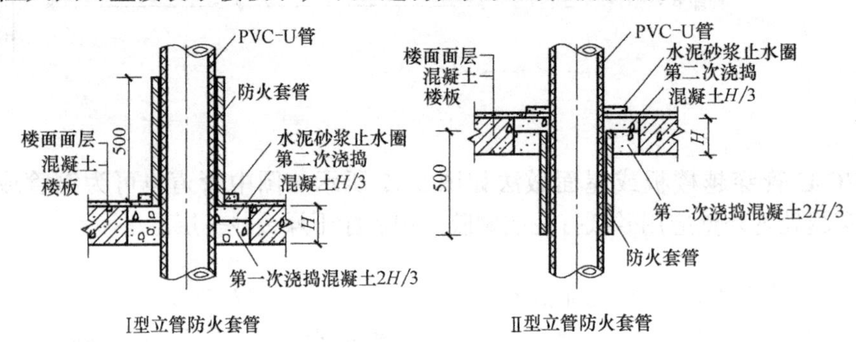

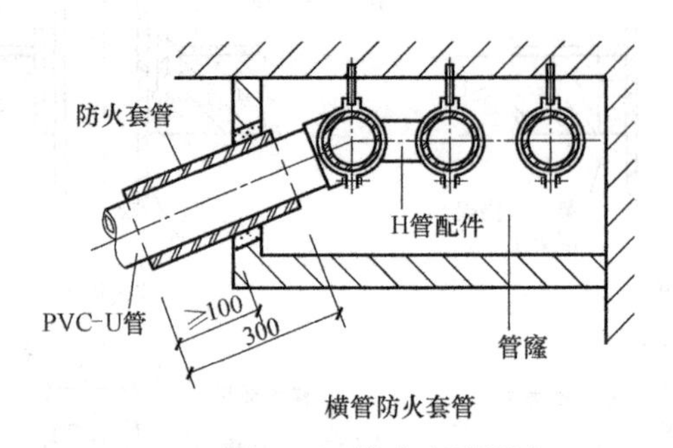

图 5-13 防火套管做法

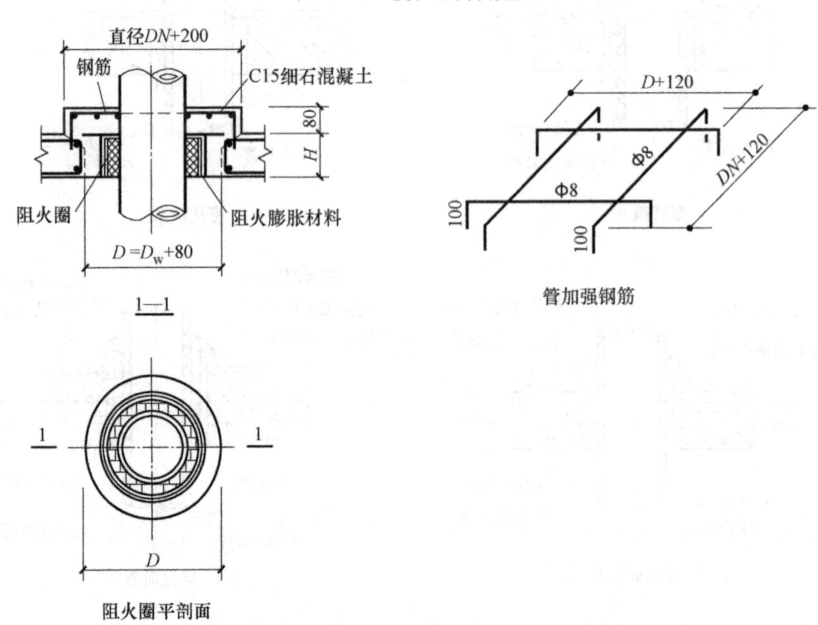

图 5-14 阻火圈做法

6）排水塑料管及支吊架最大间距应符合表 5-25 的规定。楼板下 PVC-U 横管尺寸及清扫口做法如图 5-15 及表 5-26 所示。

表 5-25　排水塑料管及支吊架最大间距　（单位：m）

管径 /mm	50	75	110	125	160
立管	1.2	1.5	2.0	2.0	2.0
横管	0.5	0.75	1.10	1.30	1.6

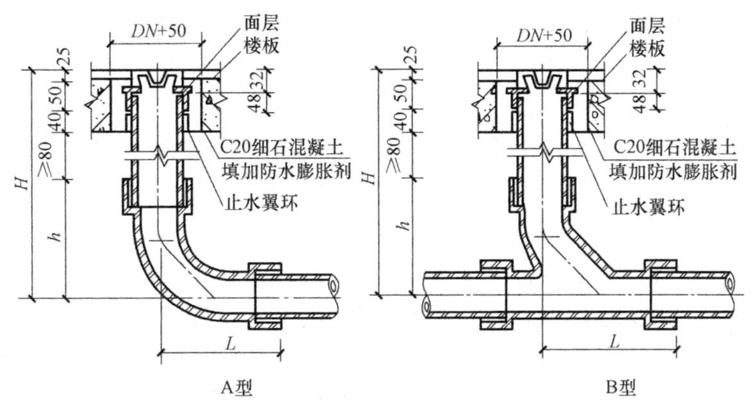

图 5-15　楼板下 PVC-U 横管尺寸及清扫口做法

表 5-26　PVC-U 清扫口安装尺寸　（单位：mm）

DN	A 型			B 型		
	H ≥	h	L	H ≥	h	L
50	265	65	65	274	74	66
75	290	90	90	314	114	87
110	320	120	120	320	120	110
160	350	150	150	359	159	140

7）排水塑料管安装允许偏差应满足表 5-23 的要求。

3. 内排雨水管道安装要点

1）安装在室内的雨水管道要做灌水试验，灌水高度必须到每根管道上部的雨水斗，持续 1h，不渗不漏为合格。

2）悬吊式雨水管道敷设坡度不小于 5‰；埋地雨水管道的最小坡度应符合表 5-27 的要求。

表 5-27　埋地雨水管道的最小坡度

项次	管径 /mm	最小坡度（%）
1	50	2.0
2	75	1.5
3	100	0.8
4	125	0.6
5	150	0.5
6	200~400	0.4

3）雨水管道不得与生活污水管道相连接，雨水斗的连接管应固定在承重结构上。雨水斗边缘与屋面相连接处要严密不漏。

4）雨水管道安装允许偏差应符合表5-23的规定。

五、卫生器具的安装

卫生器具的种类很多，新的产品、新的材料、新的工艺不断出现。下面仅就常用卫生器具的安装进行讨论。

卫生器具安装通常遵循以下工艺流程：安装准备→卫生器具及配件检查→器具及配件预组装→卫生器具安装→缝隙处理、外观检查→通水、满水试验。

（1）安装准备和器具配件检查

1）卫生器具安装应在排水管道灌水试验完毕，室内装修基本完成后进行（蹲式大便器应在其台阶砌筑前安装），并具备房间关锁的条件。

2）不论是哪种材质的卫生器具，均应在安装前进行质量检验，具体可通过外观、敲击、丈量、通球等方式检查卫生器的质量情况，并认真阅读随包装携带的安装说明书，核对配件清单，并与已完成的上下水甩口位置尺寸进行核对、检查。

（2）预组装 在仔细阅读安装说明书（特别是对于新型卫生器具）的基础上，对卫生器具或洁具配件进行必要的预装，进一步明确工序和过程（如先安便器后装水箱，以便找正）。

（3）卫生器具安装

1）常用卫生器具的安装详图如图5-16~图5-21所示。图中产品尺寸只供参考。表5-28及表5-29为常用卫生器具和给水配件的安装高度。

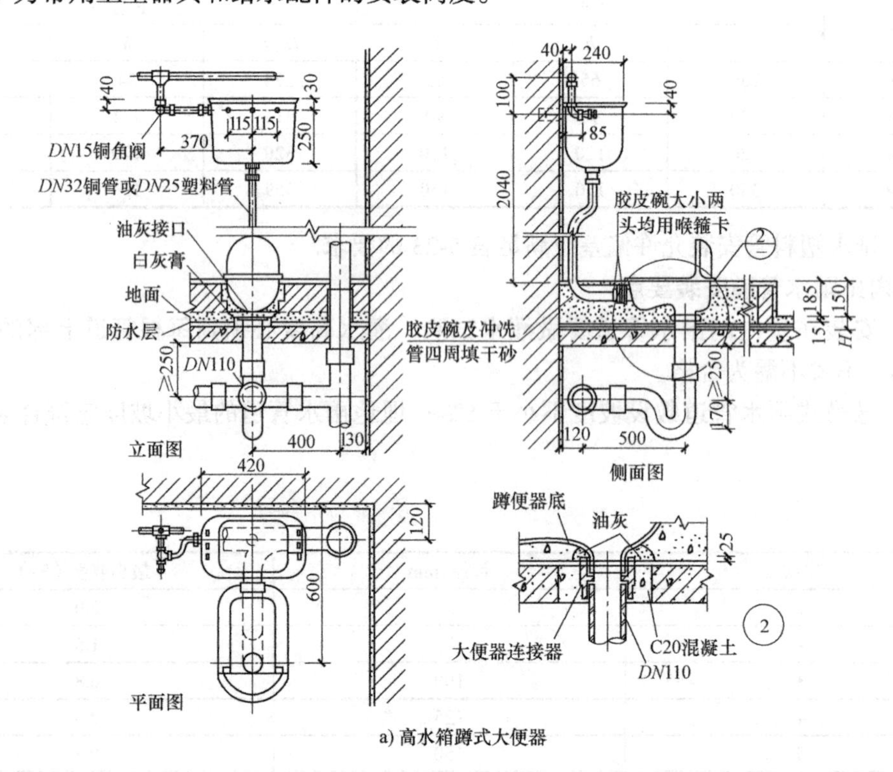

图5-16 蹲式大便器安装详图

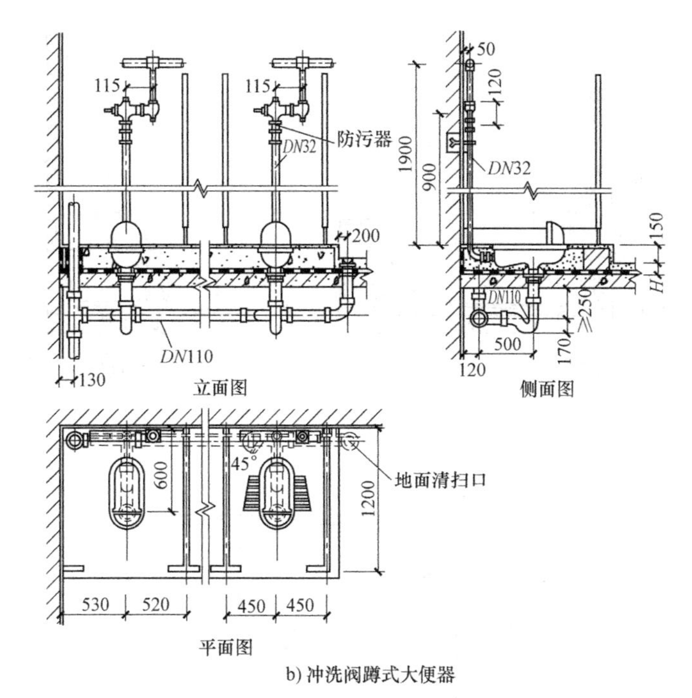

b) 冲洗阀蹲式大便器

图 5-16　蹲式大便器安装详图（续）

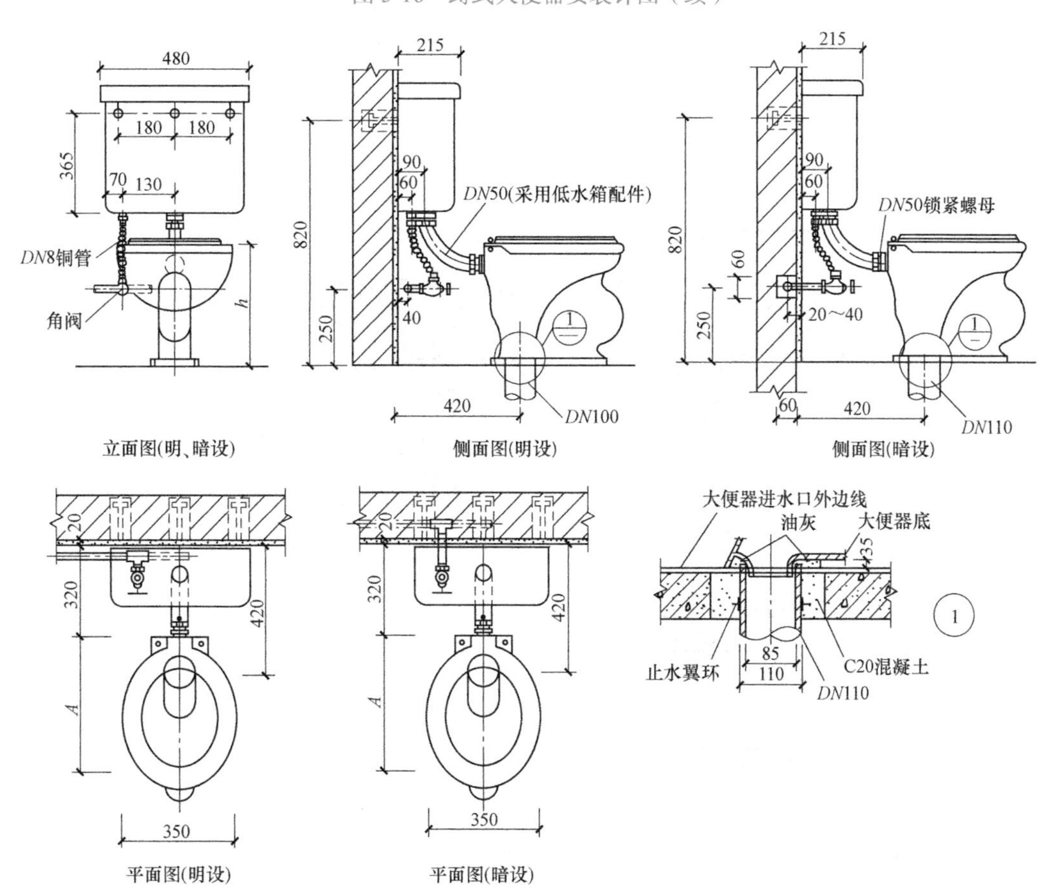

图 5-17　低水箱坐式大便器安装详图

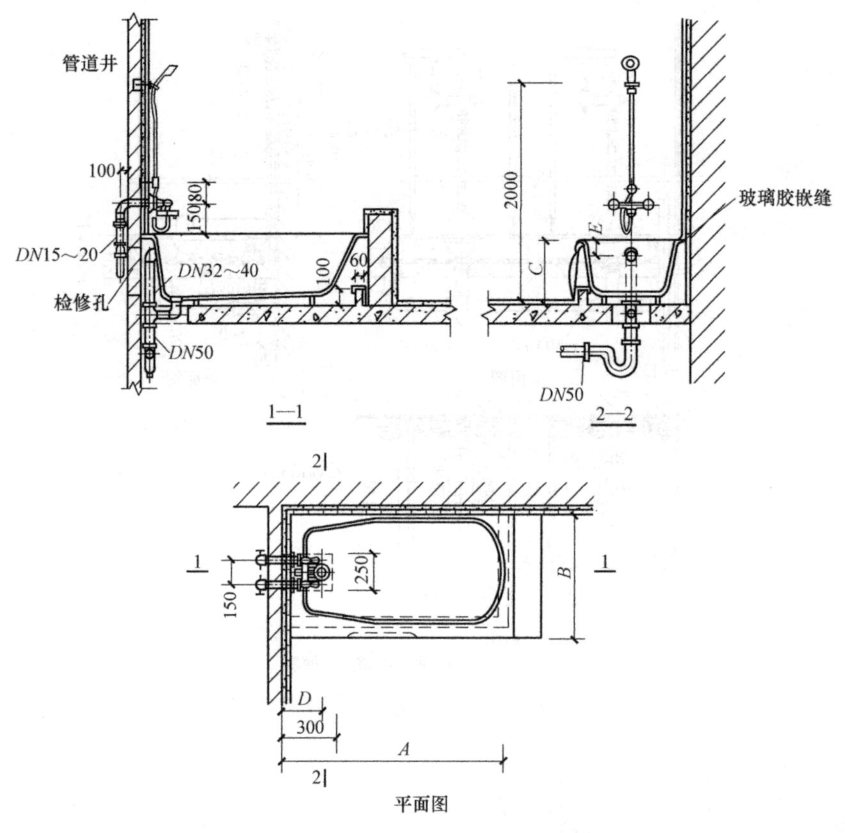

图 5-18 浴盆安装详图

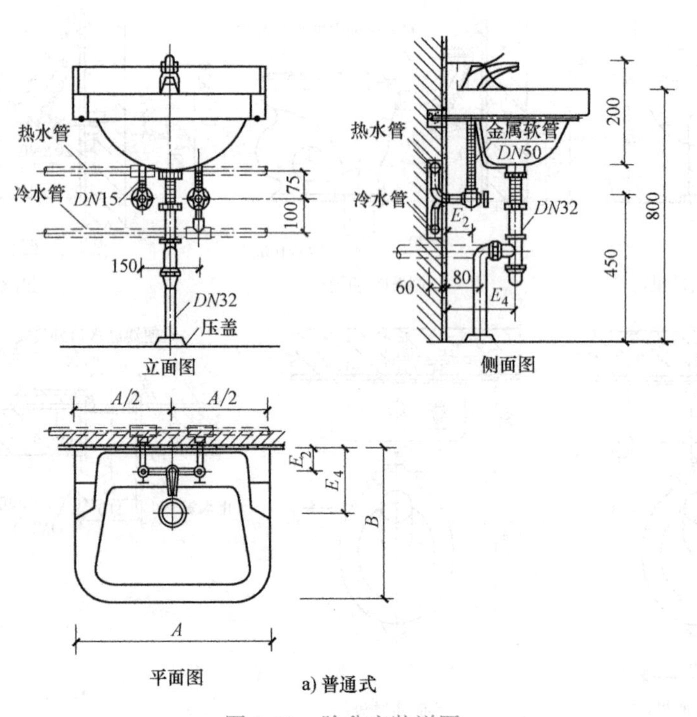

图 5-19 脸盆安装详图

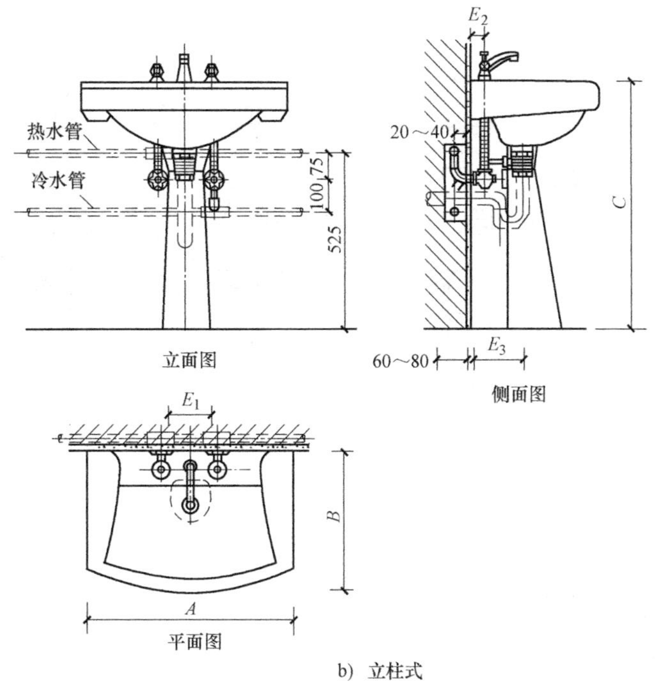

图 5-19 脸盆安装详图（续）

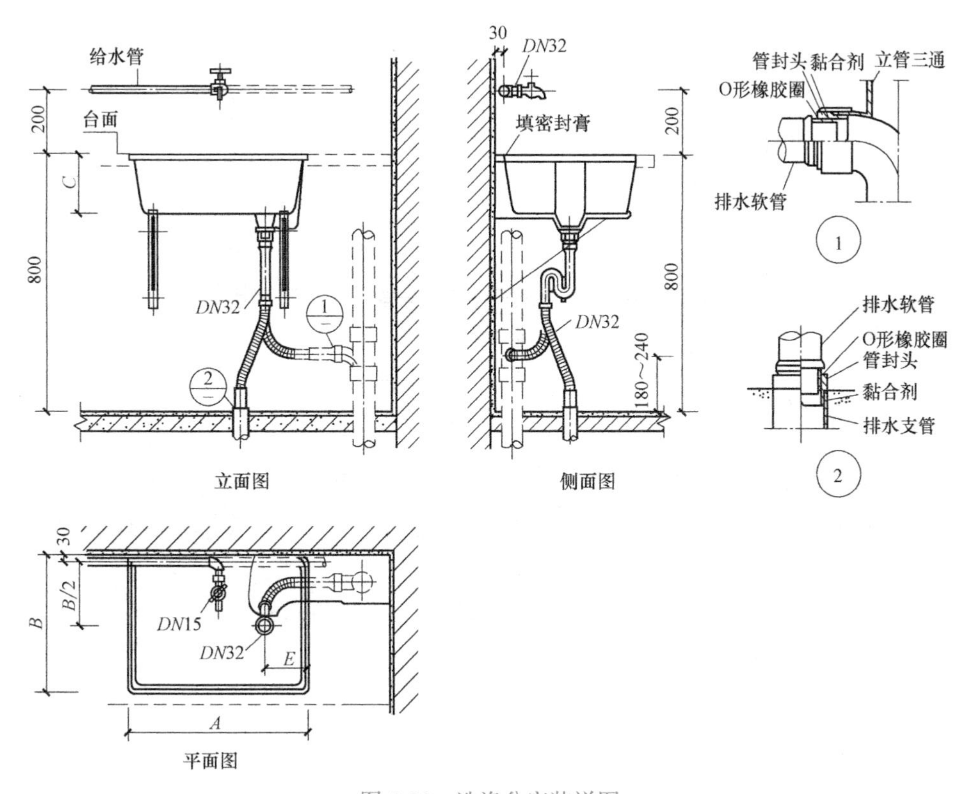

图 5-20 洗涤盆安装详图

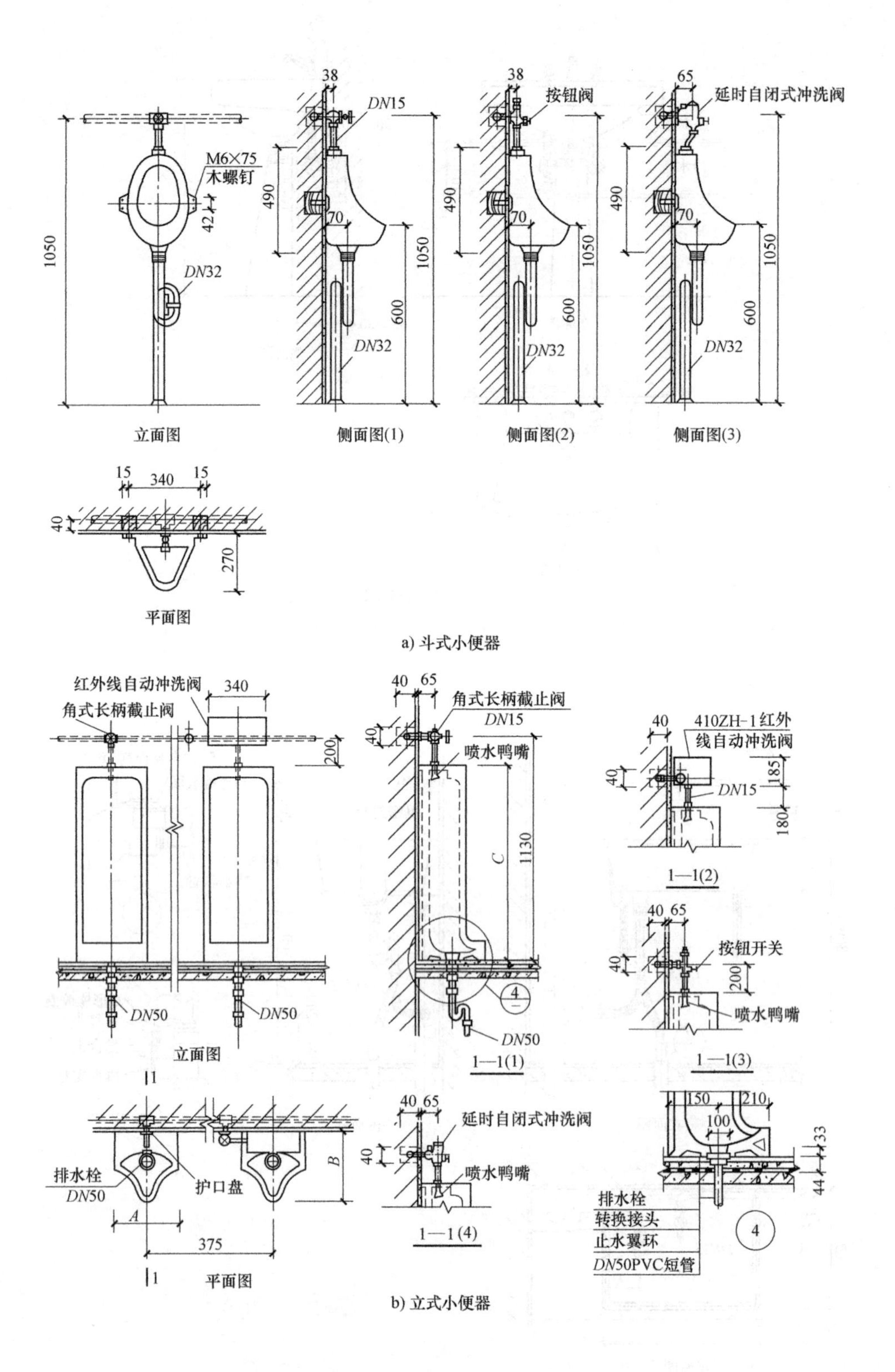

图 5-21 小便器安装详图

表 5-28 常用卫生器具的安装高度

项次	卫生器具名称			卫生器具安装高度 /mm		备注
				居住和公共建筑	幼儿园	
1	污水盆（池）	架空式		800	800	
		落地式		500	500	
2	洗涤盆（池）			800	800	自地面至器具上边缘
3	洗脸盆、洗手盆（有塞、无塞）			800	500	自地面至器具上边缘
4	盥洗槽			800	500	自地面至器具上边缘
5	浴盆			≤ 520		自地面至器具上边缘
6	蹲式大便器	高水箱		1800	1800	自台阶面至高水箱底
		低水箱		900	900	自台阶面至低水箱底
7	坐式大便器	高水箱		1800	1800	自地面至高水箱底
		低水箱	外露排水管式	510	—	自地面至低水箱底
			虹吸喷射式	470	370	
8	小便器	挂式		600	450	自地面至下边缘
9	小便槽			200	150	自地面至台阶面
10	大便槽冲洗水箱			≥ 2000		自台阶面至低水箱底
11	妇女卫生盆			360		自地面至器具上边缘
12	化验盆			800		自地面至器具上边缘

表 5-29 常用卫生器具给水配件的安装高度

项次	给水配件名称		配件中心距地面高度 /mm	冷热水龙头距离 /mm
1	架空式污水盆（池）水龙头		1000	—
2	落地式污水盆（池）水龙头		800	—
3	洗涤盆（池）水龙头		1000	150
4	住宅集中给水龙头		1000	—
5	洗手盆水龙头		1000	—
6	洗脸盆	水龙头（上配水）	1000	150
		水龙头（下配水）	800	150
		角阀（下配水）	450	—
7	盥洗槽	水龙头	1000	150
		冷热水管 其中热水龙头上下并行	1100	150

（续）

项次	给水配件名称		配件中心距地面高度 /mm	冷热水龙头距离 /mm
8	浴盆	水龙头（上配水）	670	150
9	淋浴器	截止阀	1150	95
		混合阀	1150	—
		淋浴喷头下沿	2100	—
10	蹲式大便器（台阶面算起）	高水箱角阀及截止阀	2040	—
		低水箱角阀	250	—
		手动式自闭冲洗阀	600	—
		脚踏式自闭冲洗阀	150	—
		拉管式冲洗阀（从地面算起）	1600	—
		带防污助冲器阀门（从地面算起）	900	—
11	坐式大便器	高水箱角阀及截止阀	2040	—
		低水箱角阀	150	—
12	大便槽冲洗水箱截止阀（台阶面算起）		≥ 2400	—
13	立式小便器角阀		1130	—
14	挂式小便器角阀及截止阀		1050	—
15	小便槽多孔冲洗管		1100	—
16	实验室化验水龙头		1000	—
17	妇女卫生盆混合阀		360	—

2）器具固定的方式多采用膨胀螺栓式或塑料胀塞的方法。图 5-22 为常用的卫生器具固定做法。在釉面砖上打孔时，应先将釉面用小錾子轻轻剔掉釉面几毫米后再适度施钻，这样便于定位和防止面砖打裂。

3）图 5-23 为有水封地漏的做法。地漏留洞尺寸为 *DN*+200mm；应先装地漏、再做地面面层，地漏应比面层低 5~10mm，地漏水封高度不小于 50mm，图中 h_1 由产品规格决定。有些地漏设装饰箅子，则箅子高度应低于面层 5~10mm。

4）卫生器具安装允许偏差见表 5-30，卫生器具给水配件安装标高允许偏差应符合表 5-31 的要求。连接卫生器具的支管管径和坡度，当设计无要求时，应符合表 5-32 的规定，卫生器具排水管道的允许偏差应符合表 5-33 的规定。

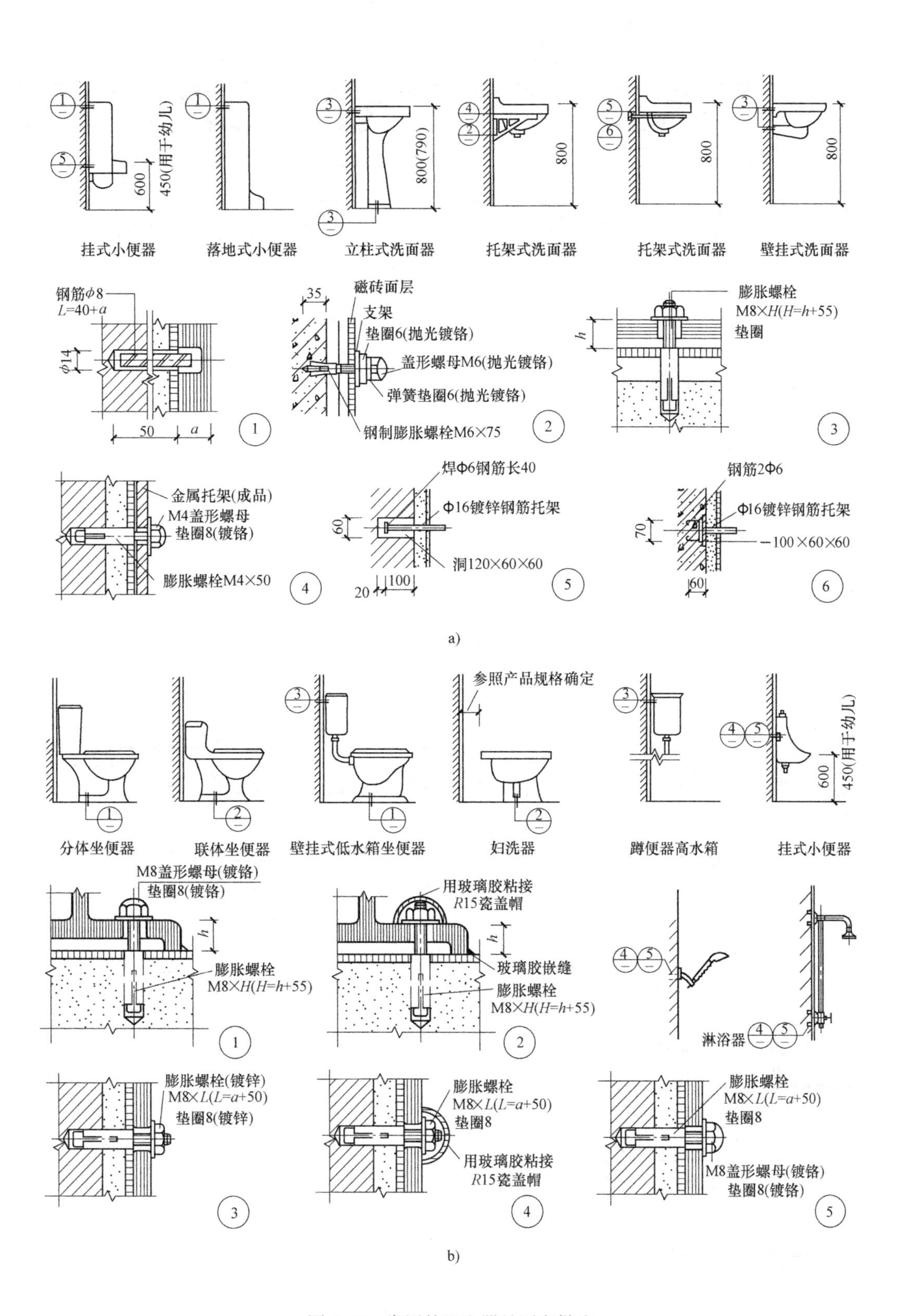

图 5-22 常用的卫生器具固定做法

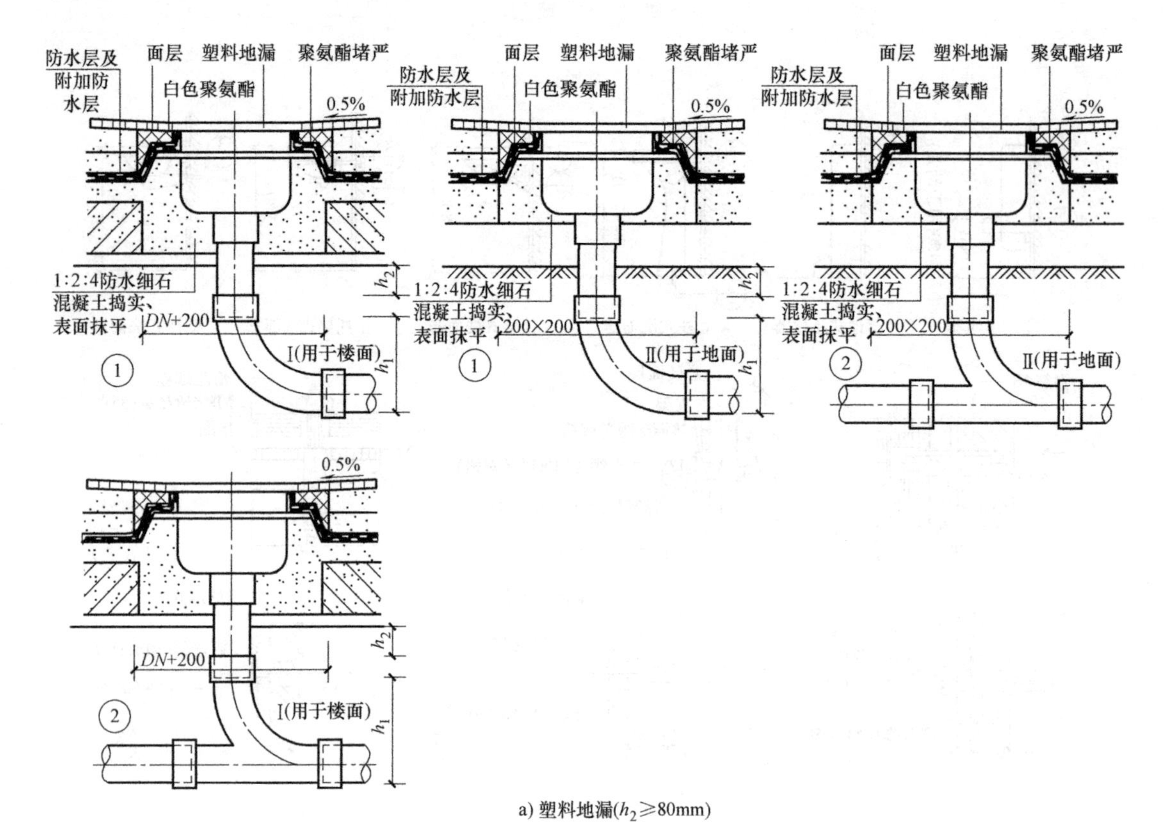

a) 塑料地漏(h_2≥80mm)

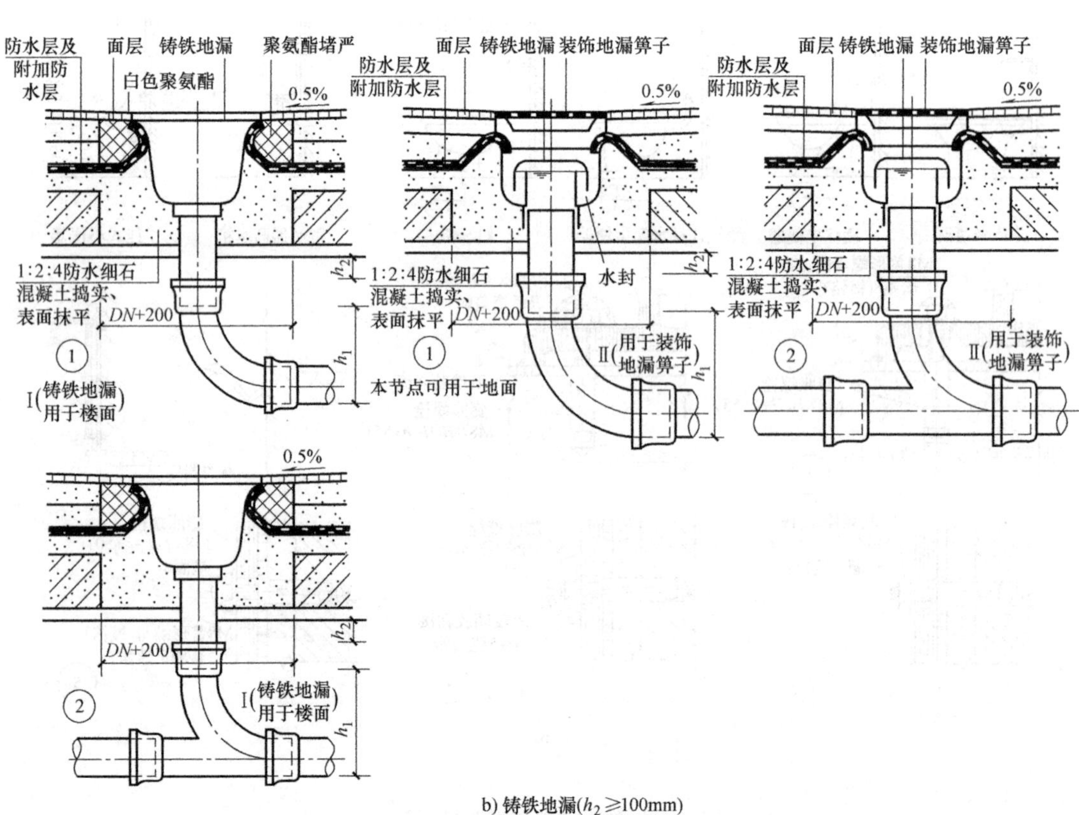

b) 铸铁地漏(h_2≥100mm)

图 5-23 有水封地漏的做法

表 5-30　卫生器具安装允许偏差

项次	项目		允许偏差 /mm
1	坐标	单独器具	10
		成排器具	5
2	标高	单独器具	± 15
		成排器具	± 10
3	器具水平度		2
4	器具垂直度		3

表 5-31　卫生器具给水配件安装标高允许偏差

项次	项目	允许偏差 /mm
1	大便器高、低水箱角阀及截止阀	± 10
2	水嘴	± 10
3	淋浴器喷头下沿	± 15
4	浴盆软管淋浴器挂钩	± 20

表 5-32　连接卫生器具的排水管管径和最小坡度

项次	卫生器具名称		排水管管径 /mm	管道最小坡度（‰）
1	污水盆（池）		50	25
2	单、双格洗涤盆（池）		50	25
3	洗手盆、洗脸盆		32~50	20
4	浴盆		50	20
5	淋浴器		50	20
6	大便器	高、低水箱	100	12
		自闭式冲洗阀	100	12
		拉管式冲洗阀	100	12
7	小便器	手动、自闭式冲洗阀	40~50	20
		自动冲洗水箱	40~50	20
8	化验盆（无塞）		40~50	25
9	净身器		40~50	20
10	饮水器		20~50	10~20
11	家用洗衣机		50（软管为 30）	

表 5-33 卫生器具排水管道的允许偏差

项次	检查项目		允许偏差 /mm
1	横管弯曲度	每 1m 长	2
		横管长度≤ 10m，全长	<8
		横管长度 >10m，全长	10
2	卫生器具的排水管口及横支管的纵横坐标	单独器具	10
		成排器具	5
3	卫生器具的接口标高	单独器具	± 10
		成排器具	± 5

5）小便槽冲洗管应采用镀锌钢管或硬质塑料管，冲洗孔应斜向墙面成 45° 角；有饰面的浴盆，应留有通向浴盆排水口的检修门。

6）器具安装应考虑其可拆卸特点，设置必要的活节或长丝管箍，尽可能采用软管或锁母。在器具与金属面等硬表面接触处要衬以软质垫，镀面配件上紧时应在着力点包缠上衬布，不可留下管钳牙痕。瓷器紧固时要缓缓用力，防止损坏瓷器，安装过程中工具不可放在器具上。

（4）缝隙处理及外观检查 卫生器具安装完毕，应对器具与台面、器具与地面、器具与墙面之间的缝隙进行处理。小便器与墙面、浴盆与墙面之间的缝隙可用白水泥浆补齐、抹光；脸盆、洗涤盆与台面之间、墙面之间的缝隙可用密封膏填抹；便器与地面之间的缝隙可用油膏或白水泥浆填抹。

卫生器具安装完毕后的检查主要从以下几个方面进行：

1）安装的稳固性：卫生器具的支托架必须安装平整、牢固，与器具接触紧密、平稳；各卫生器具的受水口和立管应有妥善可靠的固定措施，排水栓和地漏应安装平整、牢固。

2）安装的美观、正确性：卫生器具安装偏差要在前述的允许范围内，并尽可能减少偏差。安装过程中定位、画线要准确，随时用水平尺、线坠进行检验。如偏差较大，应及时校正；护口盘下挤出的油灰，接口处外露的麻丝要清理干净。

3）安装的严密性：器具与上水、下水管甩口的连接要严密不漏，器具支管穿楼板处要有可靠的防渗、防漏措施，缝隙处理要严密。

4）通水、满水试验：卫生器具承上启下，是给水系统与排水系统的衔接点，通水试验要求给排水畅通，满水后各连接件不渗不漏，水位达到溢流位置时溢流孔畅通。

任务三 室内采暖系统的安装

目前，室内采暖系统多要求进行分户热计量，而且采暖管道大量采用新型塑料管，这使得采暖系统的安装工艺发生较大变化。本节中对传统做法（无分户热计量）的安装工艺进行讨论后，再针对分户热计量的系统安装工艺进行介绍。

一、无分户热计量采暖系统安装

以前广泛采用的无分户热计量室内采暖系统所用管材为非镀锌焊接钢管，供回水主干管为焊接连接，各立支管为螺纹连接，这类采暖系统的安装工艺流程如下：

安装准备→管材、散热器除锈刷油—┬→散热器组对、试压→散热器就位—┐→
　　　　　　　　　　　　　　　　└→干管安装————————→立管安装——┘

支管安装（锁炉片）→系统试压→冲洗→刷油、保温

（1）安装准备

1）安装过程涉及的机具有：套螺纹机、砂轮切割机、弯管机、电焊机具、气焊机具、台钻、电锤、打压泵、压力案、台虎钳、套螺纹板、圆丝板、管钳、活扳手、手锤、螺钉旋具、水平尺、线坠、钢卷尺、石笔、小线等，如楼板管道孔洞未预留，还要用到打孔机械。

2）安装作业应具备以下条件：土建主体已完成，预留孔洞、预埋件及沟槽位置准确，尺寸符合要求；散热器挂装前墙面要抹灰及粉刷（落地安装时地面标高或做法要确定）。

3）安装前应熟悉图样，有交底文件，绘制施工草图，确定管卡、甩口位置及坡向等，并对进入施工现场的材料、制品进行检查验收。

（2）管材、散热器除锈刷油　采用非镀锌焊接钢管时，安装前应集中对管材进行手工除锈并刷防锈漆一道。对于铸铁散热器，通常除锈、刷防锈漆一道后，还应再刷一道面漆后才进行组对。

（3）采暖主干管安装

1）采暖主干管焊接连接时，焊口允许偏差应符合表5-34的要求，采暖干管的布置要考虑保温层厚度，便于操作维修及排水、泄水。特别是架空层或地沟内的干管有多根时，更应合理布置。当设计未注明坡度时，应符合下列规定：

① 汽、水同向流动的热水采暖管道和汽、水同向的蒸汽管道及凝水管道，坡度应为3‰，不得小于2‰。

② 汽、水逆向流动的热水采暖管道和汽、水逆向的蒸汽管道，坡度不小于5‰。

表5-34　焊口允许偏差

<table>
<tr><th>项次</th><th colspan="3">项目</th><th>允许偏差</th><th>检验方法</th></tr>
<tr><td>1</td><td>焊口平直度</td><td colspan="2">管壁厚10mm以内</td><td>管壁厚1/4</td><td rowspan="3">焊接检验尺和
游标卡尺检查</td></tr>
<tr><td rowspan="2">2</td><td rowspan="2">焊缝加强面</td><td colspan="2">高度</td><td rowspan="2">+1mm</td></tr>
<tr><td colspan="2">宽度</td></tr>
<tr><td rowspan="3">3</td><td rowspan="3">咬边</td><td colspan="2">深度</td><td>小于0.5mm</td><td rowspan="3">直尺检查</td></tr>
<tr><td rowspan="2">长度</td><td>连续长度</td><td>25mm</td></tr>
<tr><td>总长度（两侧）</td><td>小于焊缝长度的10%</td></tr>
</table>

2）干管安装从进户或分支点处开始。按设计要求和现场情况确定支架形式及位置，找好坡度及标高，可先设可靠的支承，上管穿墙时先将套管装上，就位找正后，用气焊点焊2~3点，然后施焊。干管装到一定程度时，就应检查核对标高、坡度、留口位置及方向，变径位置及做法是否正确，核对、调整后，安装永久支承（架）并待其牢固后才能拆下临时支承。

3）遇有伸缩器，应考虑预拉伸及固定支架的配合。干管转弯作为自然补偿时，应采用煨制弯头。

4）干管分流处（有时合流处也必须设）设羊角弯主要是为稳定各分路流量，有时也兼有补偿作用，做法如图5-24所示。分路阀门离分路点不宜过远。干管末端设集气罐时，

要专设支架，干管应接在集气罐高度 1/3 处，放气管应用卡子稳固。

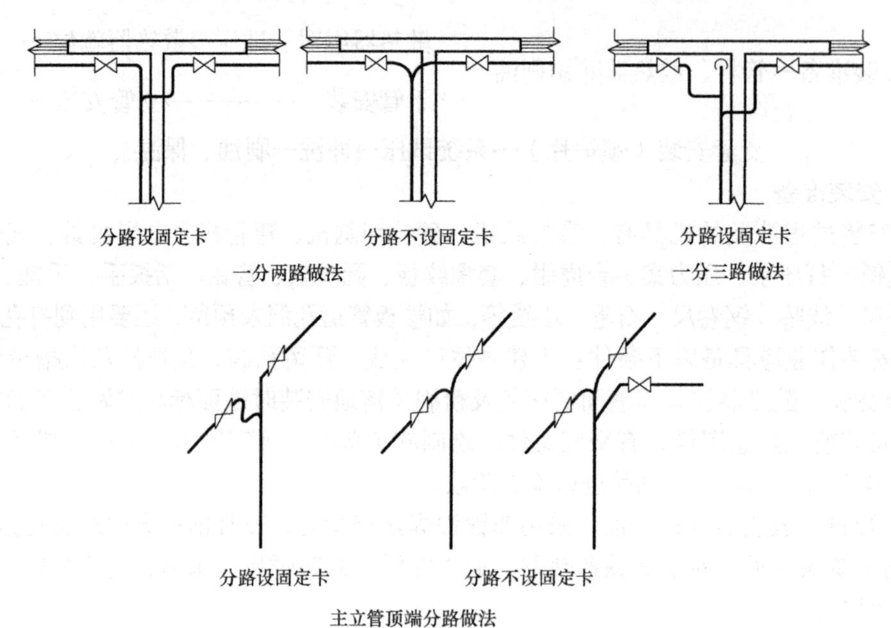

图 5-24 采暖干管分支做法

5）穿墙、穿楼板钢套管要找匀、找正，与墙、板固定牢靠，穿墙套管处不应兼作支架，做法如图 5-3 所示。对于上供下回热水系统，干管变径做法如图 5-25a 所示，变径位置在合流点前或分流点后 200~300mm 处；上供上回热水采暖变径做法如图 5-25b 所示；蒸汽和凝水干管变径做法如图 5-25c 所示。

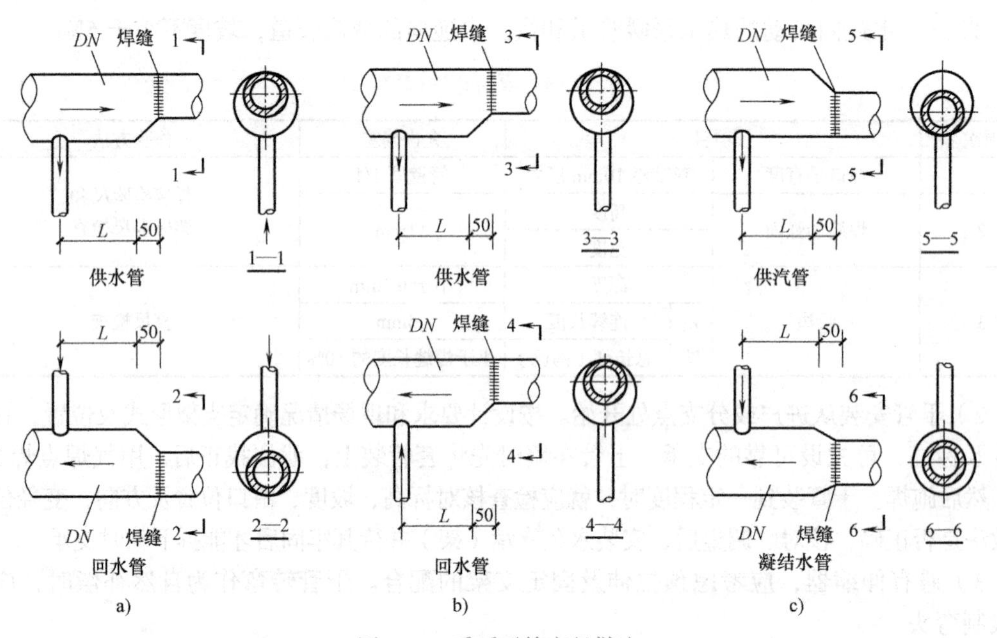

图 5-25 采暖干管变径做法

注：$DN \geqslant 65$mm 时，L=300mm；$DN \leqslant 50$mm 时，L=200mm。

（4）立支管安装

1）采暖立管与干管的连接通常均为挖眼三通焊接，如图 5-26 所示，立管与干管距墙尺寸不一样，可先将立管上的螺纹阀装在煨有乙字弯的短管上后，再进行定位、焊接。阀门后上，则需将阀门大盖拆下，拧上阀体后再将大盖装上。干管上开孔所产生的残渣不得留在管内，且分支管道绝对不许在焊接时插入干管内，而应按本书项目一要求进行对口。当立管较长时，也可按图 5-26b 安装。

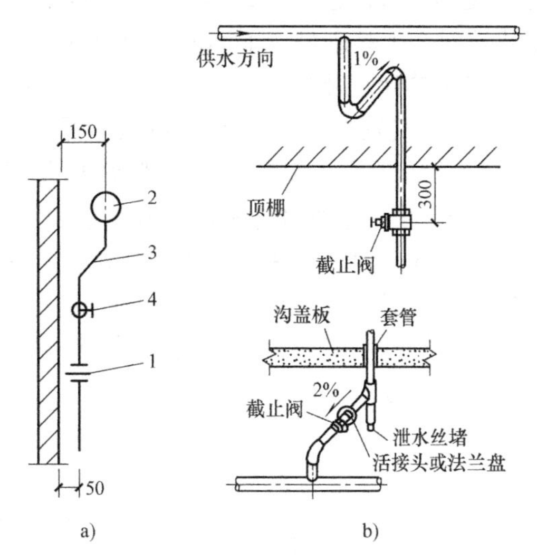

图 5-26　采暖立管与干管的连接

1—活接头　2—热水管　3—乙字弯　4—阀门

2）立管留口标高要配合散热器类型、管件尺寸、支管坡度要求等因素确定。故应在散热器就位并调整、稳固后再进行立管的实测和预制。立支管变径连接为三通时，宜采用变径三通而不宜采用等径三通加补芯。

3）支管上的乙字弯要根据散热器安装情况（有无暖气槽、每组片数等）及散热器规格尺寸进行煨制，不宜尺寸单一的大量预制。散热器支管的坡度为 1%，坡向应利于排气和泄水，支管长度大于 1.5m 时，须设置管卡或托勾。

4）支管与散热器的连接通常用活接头，上活接头时要注意介质流动方向，使得活接头的大盖预套在上游支管上较为合理。

（5）系统试压、冲洗　采暖系统安装完毕，管道保温之前应进行水压试验，试验压力应符合设计要求。当设计未注明时，可按以下规定进行：

1）蒸汽、热水采暖系统，应以系统顶点工作压力加 0.1MPa 做水压试验，同时在系统顶点的试验压力不小于 0.3MPa。

2）对于高温热水采暖系统，试验压力应为系统顶点工作压力加 0.4MPa。

3）使用塑料管及复合管的热水采暖系统，以系统工作压力加 0.2MPa 做水压试验，同时在系统顶点的试验压力不小于 0.4MPa。

使用钢管及复合管的采暖系统，应在试验压力下 10min 内压力降不大于 0.02MPa，降至工作压力后，检查整个系统，不渗不漏为合格。

使用塑料管的采暖系统，应在试验压力下 1h 内压力降不大于 0.05MPa，然后降至工作压力的 1.15 倍，稳压 2h，压力降不大于 0.03MPa，同时各连接处不渗不漏为合格。

试压充水宜从系统下部注入，将气排尽，边注水边组织人力进行检查，有漏渗处能及时处理好的（如堵头、活接头未上紧），可及时处理，不能马上处理（如焊口渗漏）或未能处理好的要做记号，以便退水后处理。泄水口应尽量大些，以利于提高流速，冲尽杂质。

系统试压合格后，应对系统进行冲洗，直至排出水不含杂质，而后再清理过滤器及除污器。

（6）刷油、保温　系统冲洗完毕，可按设计要求进行刷油（非保温管及散热器）和保温。保温层允许偏差应符合表 5-10 的要求。

二、分户热计量采暖系统安装

对设有分户热计量的采暖系统，供回干管及各单元独立供回水立管通常采用非镀锌钢管或镀锌钢管，也可用钢塑管，而各分户系统一般均采用塑料管或铝塑复合管。如用铸铁散热器宜为无黏砂型。下面就分户热计量系统安装的特点进行讨论。

（1）热计量装置安装

1）建筑物热力入口热计量装置采用分体式的做法，如图 5-27 所示，积分仪到电磁干扰源（如开关、荧光灯）的距离要大于 1m。热量表宜装在回水管上，热量表口径为 32~40mm 时，易采用整体式机械热量表；口径为 50~70mm 时，宜采用机械热量表；口径为 80~150mm 时，宜采用超声波或机械式热量表；$DN \geqslant 200$mm 时，宜采用超声波热量表。选用整体式或分体式应根据安装地点情况确定。超声波热量计规格大于等于 DN80mm 时，进口侧直管段长度为 20 倍的接管直径，整体式机械热量表流量传感器前后直管的长度不宜小于 5 倍的接管直径。

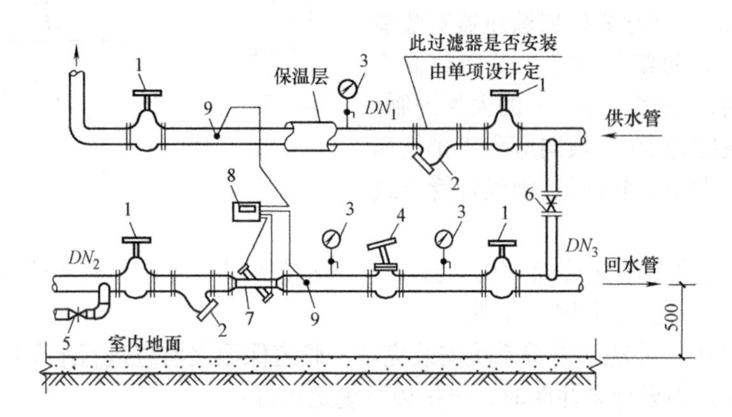

图 5-27 建筑物带热计量表的热力入口装置

1、6—阀门 2—过滤器 3—压力表 4—平衡阀 5—闸阀 7—流量计 8—积分仪 9—温度传感器

2）分户入口热计量装置可设于管井中或专用表箱中。图 5-28 为入口装置组成，分户流量计安装于供水管上。图 5-29 与图 5-30 为设于管道井的低入户做法参考。图 5-31 为分户热量表箱安装图，表箱可设于楼梯间侧墙中（类似于消火栓箱），入户管标高与室内做法相配合，立管设于楼梯间且要保温。

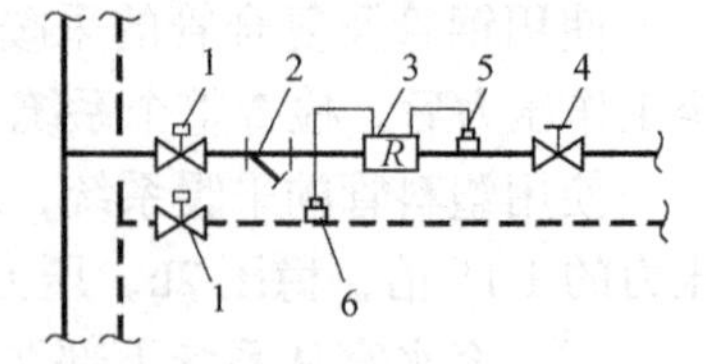

图 5-28 分户热计量装置组成

1—锁闭阀 2—水过滤器 3—整体式热量表 4—调节阀 5—供水管温度传感器 6—回水管温度传感器

3）系统经试压、冲洗时，要将热量表和过滤器用短管置换下来，待冲洗合格后再装上。试压要求同前述。

4）温度传感器安装如图 5-32 所示。对内径为 5mm 的浸渍套管，先拆下传感器套管，把密封环推至传感器电缆上，使温度传感器能最大限度插入浸渍套管内，而后用螺帽固定；对内径为 6mm 的浸渍套管，则无须密封环，把带套管的传感器最大限度插入浸渍套管内，即可固定。

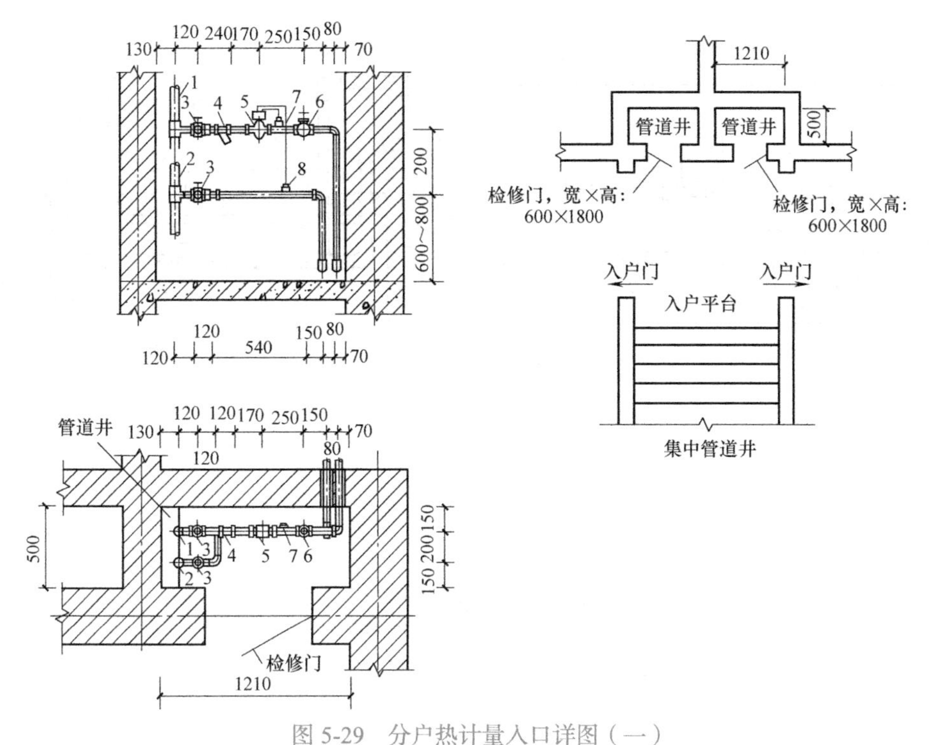

图 5-29　分户热计量入口详图（一）

1—共用供水立管　2—共用回水立管　3—锁闭阀　4—水过滤器　5—整体式热量表
6—手动调节阀　7—供水管温度传感器　8—回水管温度传感器

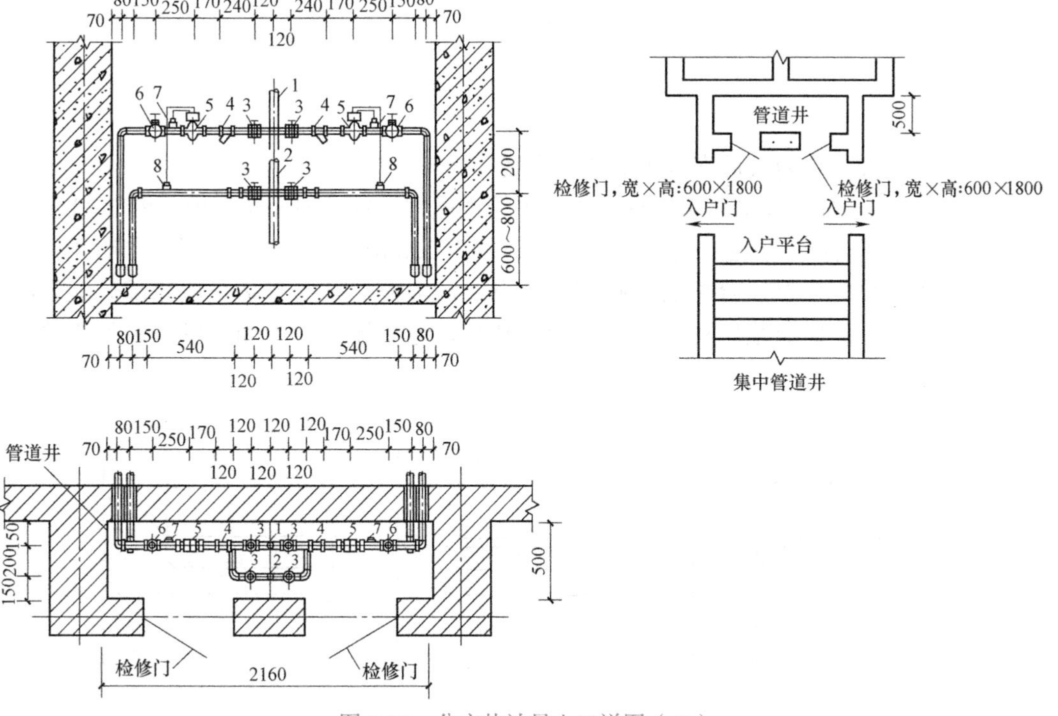

图 5-30　分户热计量入口详图（二）

1—共用供水立管　2—共用回水立管　3—锁闭阀　4—水过滤器　5—整体式热量表
6—手动调节阀　7—供水管温度传感器　8—回水管温度传感器

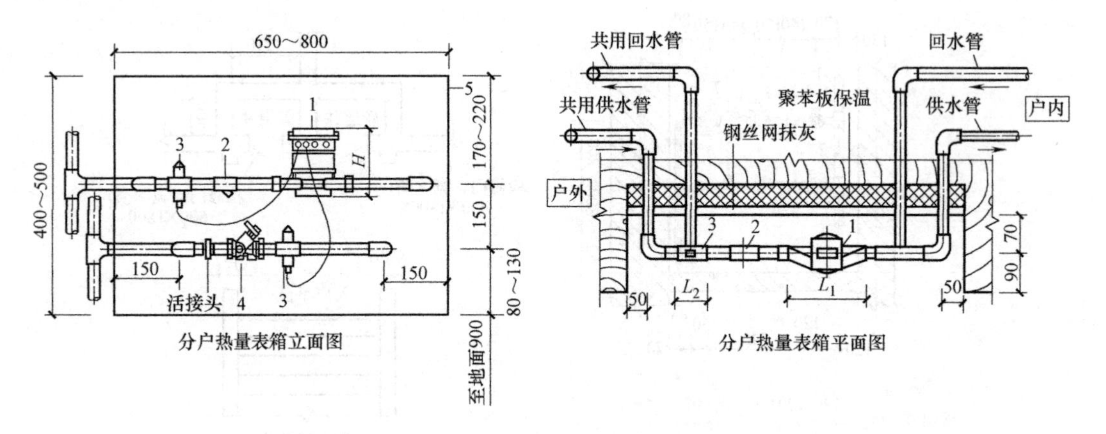

图 5-31 分户热量表箱安装图

1—热量表 2—过滤器 3—锁闭阀（带温度传感器安装管） 4—手动调节阀 5—热量表箱

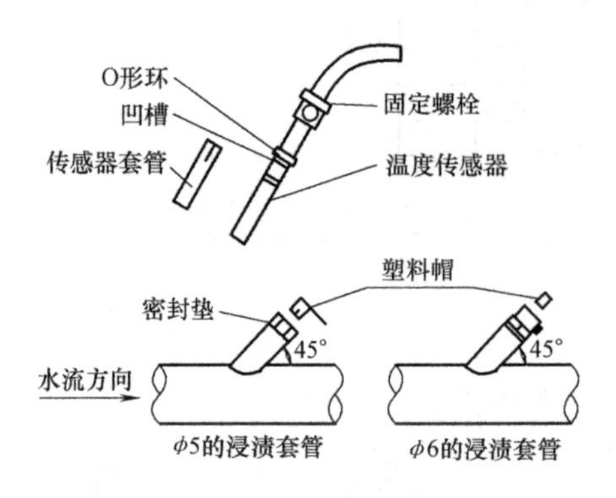

图 5-32 温度传感器安装示意图

（2）户内管道安装（散热器采暖）

1）分户计量采暖系统户内水平管道通常设置于地面垫层内。图 5-33 为管道埋设示意图，管道中心距现浇楼板通常为 25mm，沟槽在土建做垫层时预留，管道敷设完毕试压合格后在有压状态下二次填充，且要有防止填充部分龟裂的措施，图中保温垫层材料可为复合硅酸盐，绝热板可用 15mm 厚的聚苯乙烯泡沫塑料。

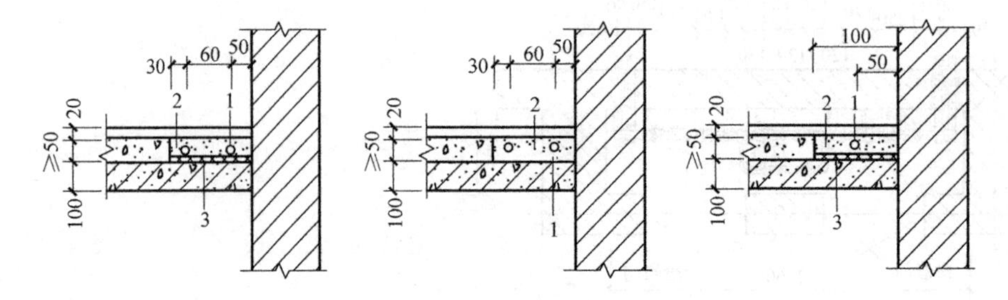

图 5-33 管道埋设示意图

1—管道 2—保温垫层 3—绝热板

2）图 5-34、图 5-35 为明装管道采用热镀锌钢管，垫层内为交联聚乙烯（PEX）管或交联铝塑（XPAP）管的双管系统和单管系统散热器接管详图。PEX 管与 XPAP 管在垫层内不许有接口，故有图示做法。

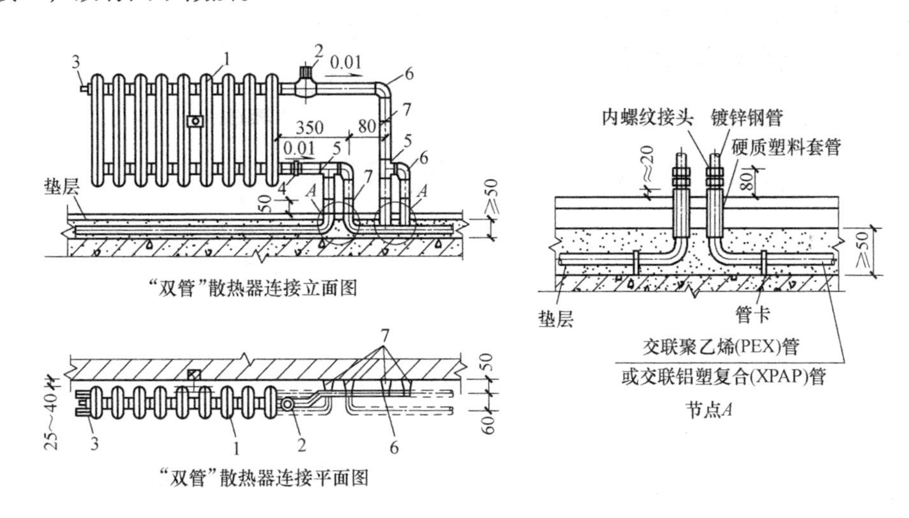

图 5-34 双管系统散热器连接详图（PEX、XPAP 管）

1—散热器 2—两通温控阀或手动调节阀 3—排气阀
4—活接头 5—镀锌三通管件 6—镀锌弯头管件 7—管卡

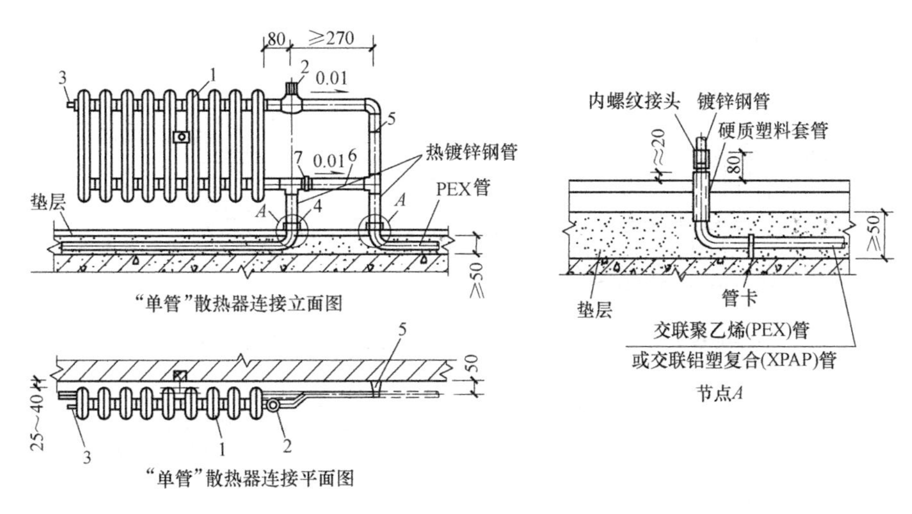

图 5-35 单管系统散热器连接详图（PEX、XPAP 管）

1—散热器 2—单管系统专用低阻两通温控阀 3—排气阀
4—内螺纹接头 5—管卡 6—跨越管 7—活接头

3）图 5-36、图 5-37 为明装管道采用热镀锌钢管，垫层内为无规共聚聚丙烯（PP-R）管或聚丁烯（PB）管的双管系统和单管系统散热器接管详图。PP-R 管与 PB 管在散热器接口处可用同材质管件热熔连接，故有图示做法。

4）图 5-33~ 图 5-37 中镀锌钢管外露丝头需用聚四氟乙烯生料带密封，穿墙处应预留孔洞并设置塑料套管，施工过程中各种留口要及时封堵。

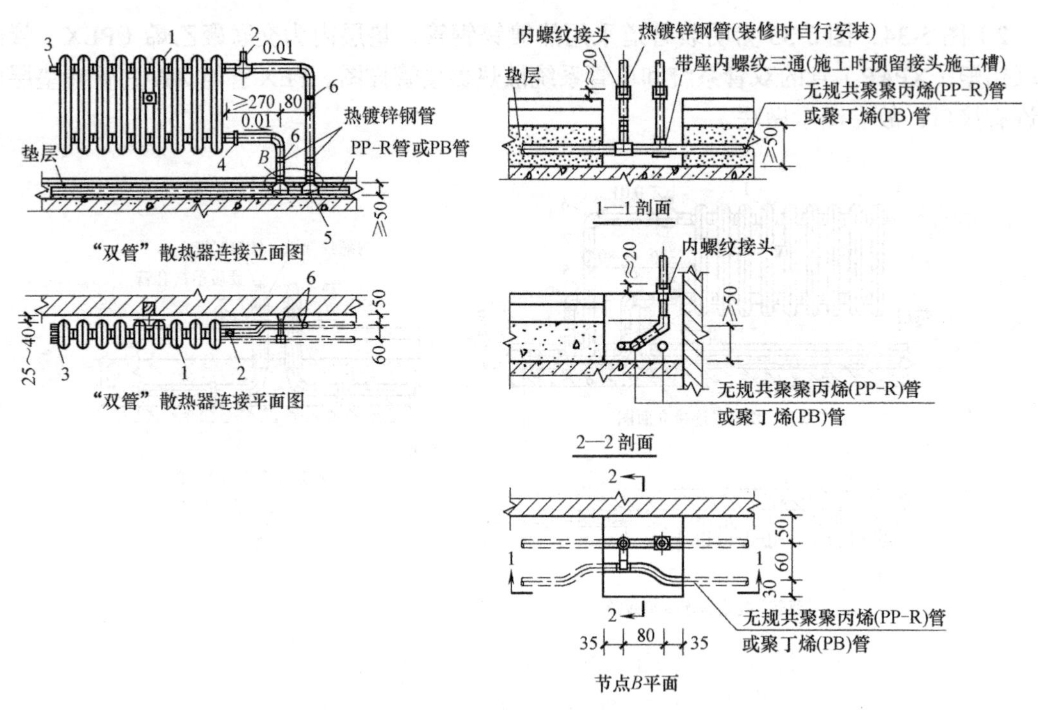

图 5-36 双管系统散热器连接详图（PP-R、PB 管）

1—散热器 2—两通温控阀或手动调节阀 3—排气阀
4—活接头 5—镀锌三通管件 6—管卡

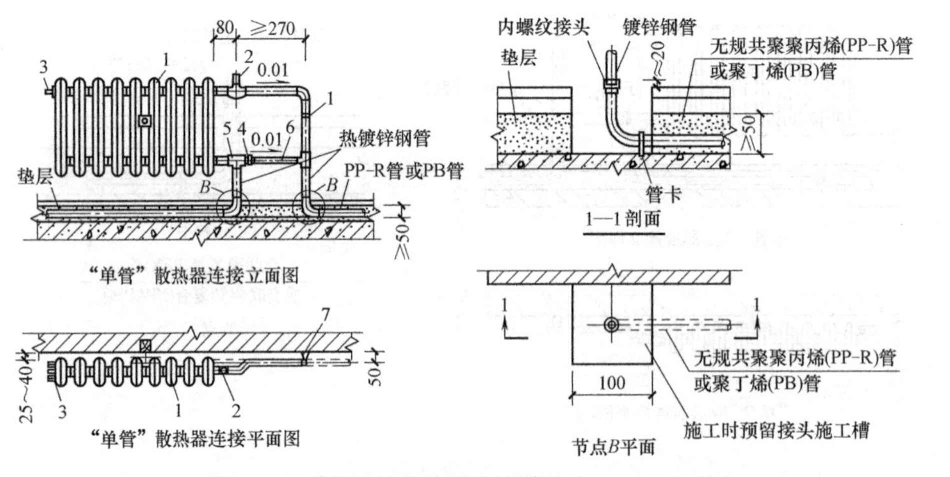

图 5-37 单管系统散热器连接详图（PP-R、PB 管）

1—散热器 2—单管系统专用低阻两通温控阀 3—排气阀 4—活接头
5—三通 6—跨越管 7—管卡

（3）低温热水地板辐射采暖管道安装

1）低温热水地板辐射户内管道布置如图 5-38 所示，图中直列形只适用于管间距大于 300mm 的布管方式。管道间距误差应小于 10mm，管材为 PEX、XPAP、PB、PP-R 等，入户管连接分水器、集水器后形成多个环路。分水器、集水器可明装或嵌墙安装。图 5-39 为嵌入墙槽内做法。一般分水器在上，集水器在下，集水器中心距地面不小于 300mm。

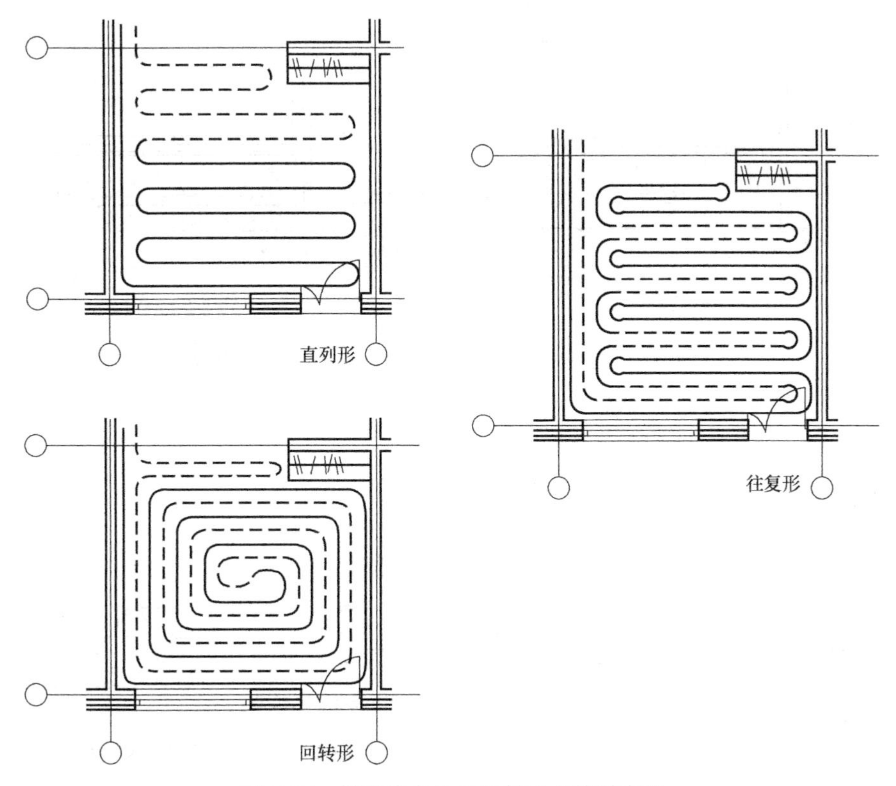

图 5-38　低温热水地板辐射户内管道布置

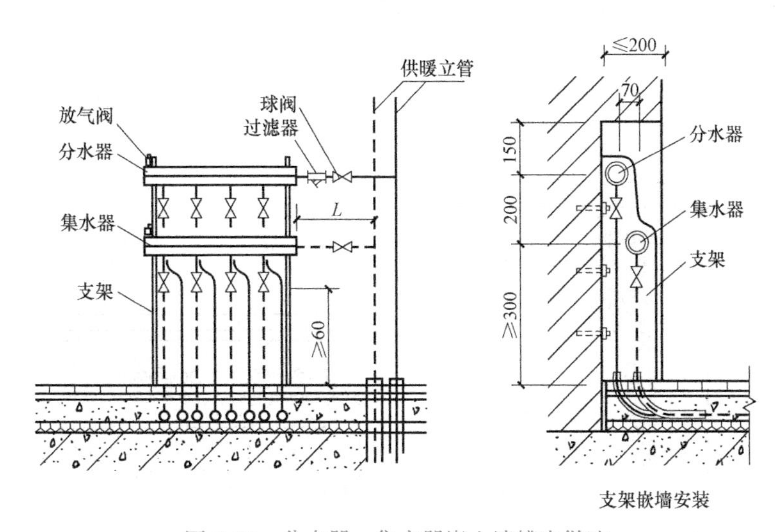

图 5-39　分水器、集水器嵌入墙槽内做法

2）管道在垫层内的做法如图 5-40 所示，绝热层拼接要严密且应错缝，保护层搭接处应重叠 80mm 以上并用胶带粘牢。管道固定方式可为绑扎或管卡固定，如图 5-41 所示，管卡间距不宜大于 500mm。

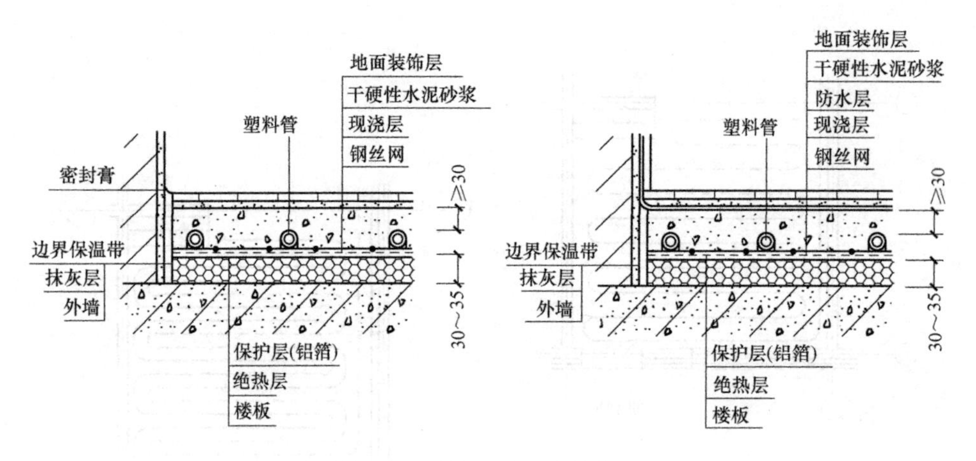

图5-40　管道在垫层内的做法

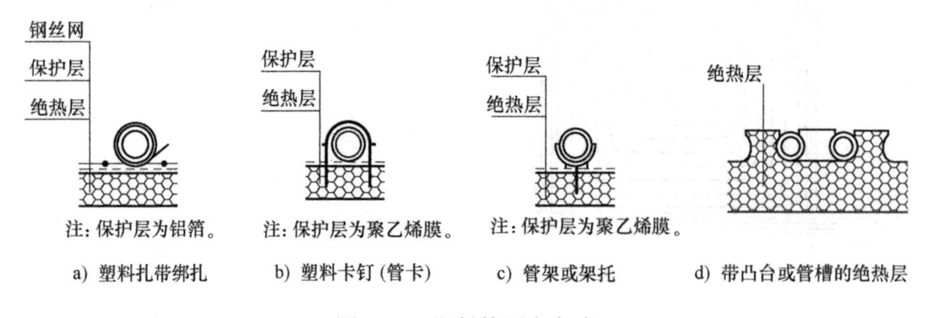

图5-41　塑料管固定方式

3）分水器、集水器附近管道密集处要进行隔热处理，加装隔热套管。做法如图5-42所示。

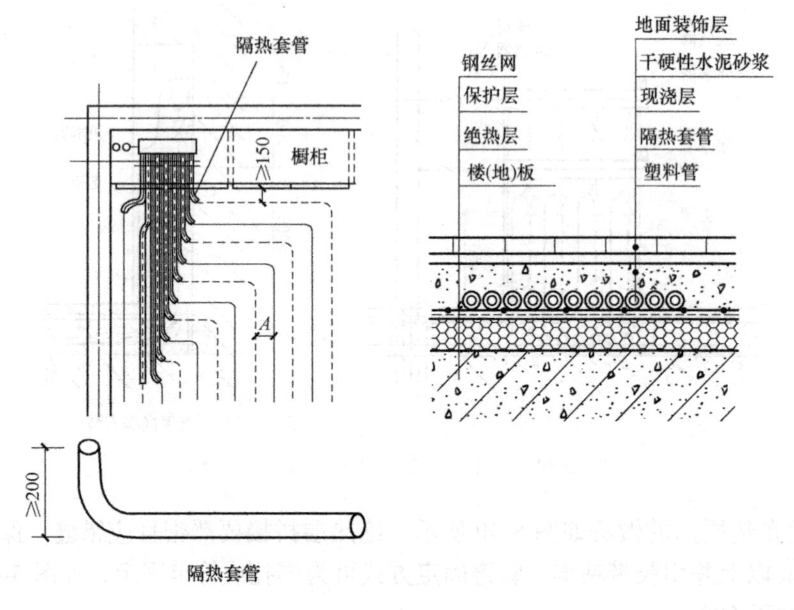

图5-42　管道密集处隔热做法

4）低温热水地板辐射供暖安装工程不宜与其他施工作业同时交叉进行，进入施工现场的人员应着软底鞋，除施工专用工具外，不得有其他铁器进场。盘管弯曲部分塑料管曲率半径不小于管外径的 8 倍，复合管曲率半径不小于管外径的 5 倍，加热管间距偏差不大于 ±10mm。

5）埋地管装毕，在浇筑垫层前要进行试压。试压时要关闭分水器、集水器前阀门，从注水排气阀注入清水进行试压。实验压力为工作压力的 1.5 倍，但不小于 0.6MPa，升压时间不宜少于 15min，稳压 1h 内压降不大于 0.05MPa，且不渗不漏为合格。在保持管内试验压力的情况下方可进行混凝土的填充。

6）立管（干管）与分水器、集水器连接后，可进行系统试压。试验压力为系统顶点工作压力加 0.2MPa，且不小于 0.6MPa。10min 内压力降不大于 0.02MPa，降至工作压力后，不渗不漏为合格。而后可进行冲洗与试热。

低温热水地板辐射采暖

7）系统试热应在混凝土浇筑毕 21d 后进行，初始供水温度应为 20~25°C，保持 3d 后以最高设计温度保持 4d，同时应完成系统平衡调试。

三、散热器安装

供暖散热器按材质不同分为铸铁散热器（如柱型、翼型、辐射对流型等），钢制散热器（如柱式、板式、串片式、扁管式等），铝合金散热器、全铜水道散热器等几大类。铸铁散热器可以按图纸组数及片数订货，由厂家组对、试压、刷油后供货，也可以为单片出厂，现场除锈、刷油、组对、试压，有些新灰铸铁精品柱型散热器出厂时已内腔干净无砂，外表喷塑或烤漆，不须刷油。

1. 铸铁散热器的组对

（1）组对散热器所用材料

1）散热器：若一组散热器为 n 片时，如果落地安装，当 $n \leqslant 14$ 片时，应有两片为带腿（足片）；当 $n \geqslant 15$ 片时，应有三片足片，其余为中片，而且应设外拉条（8mm 圆钢制成）。如是挂装，则不需足片。散热器内螺纹一端为正扣，另一端为反扣，*DN*40 的较多用，也有 *DN*32 和 *DN*25 的内螺纹。

2）对丝：对丝是单片散热器之间的连接件，通长有外螺纹，但一端为正扣，另一端为反扣，如图 5-43a 所示。组对 n 片散热器需要 $2(n-1)$ 个对丝。对丝口径与散热器的内螺纹一致。

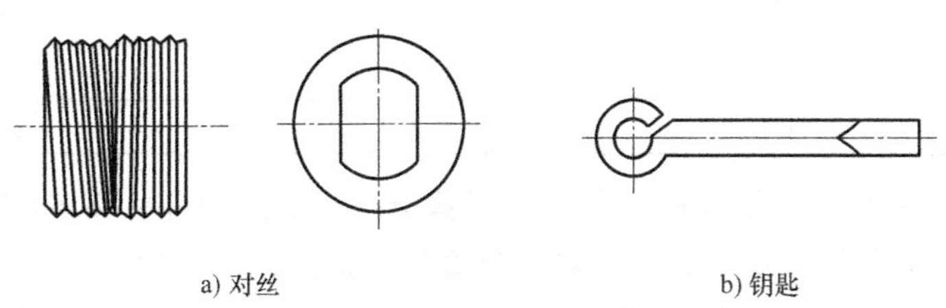

a) 对丝　　b) 钥匙

图 5-43　散热器对丝及钥匙外形

3）散热器垫片：每个对丝中部要套一个成品耐热石棉橡胶垫片，以密封散热器接口。数量为 $2(n+1)$ 个。组对后垫片外露不应大于 1mm。

4）散热器补芯：当连接散热器的管道 $DN < 40$mm 时，则需上补芯，故其规格有

*DN*40×32、*DN*40×25、*DN*40×20、*DN*40×15，按接管口径选用。补芯也有正扣、反扣，接管与散热器同侧连接时，应使用正扣补芯，反扣堵头。通常每组散热器用2个补芯。

5）散热器堵头：用以将散热器不接管的一侧封堵住，规格与散热器内螺纹一致，也为*DN*40，也有正反扣之分。通常尽可能用反扣堵头。散热器如需局部放气时，可在堵头上打孔攻丝，装手动跑风门。

（2）组对散热器的工具　散热器组对最好在台案上进行。组对散热器时伸入接口扭动对丝的工具称为钥匙，形状如图5-43b所示，可用螺纹钢打制，钥匙头做成长方形断面，可深入并扭紧对丝，钥匙尾部可如图示煨成环状以便插入加力杠，也可在尾部直接焊一横柄，需加力时在柄端套上短管以增大力臂。组对用的钥匙长度为250~400mm即可，检修散热器用的钥匙可长些，必须从端口伸入到要拆卸的部位。

（3）散热器的组对

1）端片上架：对长翼形，应使散热片平放，接口的反螺纹朝右侧；对柱形，端片应为足片（或中片），平放使接口的正螺纹朝上，以便于加力。

2）上对丝：按散热片螺纹的正反，扭上气泡对丝。拧入时可多拧入几扣，以试验其松紧度，如能较轻松地用手拧入数扣时，则为松紧度合适，此时退回对丝，使其仅拧入1~2扣即可。

3）合片：将与端片接口螺纹相反的散热片的顶部对顶部，底部对底部，不可交差错对。

4）组对：插入钥匙开始用手扭动钥匙进行组对。先轻轻地按加力的反方向扭动钥匙，当听到有入扣的响声时，表示正反两方向的对丝均已入扣，此时换成加力方向继续扭动钥匙，使接口正反两方向同时进扣，直至用手扭不动后，再插加力杠（*DN*25钢管约0.6m）加力，直到垫圈压紧。

组对时应特别注意上下（左右）两接口均匀进扣，不可在一个接口上加力过快，否则除加力困难外，常常会扭碎对丝。组对时，应注意中间足片要置于散热器组的中间（或接近中心）位置上，在组对到设计片数时，应使最后一片为足片。组对后的散热器平直度允许偏差应满足表5-35的要求。

表5-35　组对后的散热器平直度允许偏差

项次	散热器类型	片数/片	允许偏差/mm
1	长翼型	2~4	4
		5~7	6
2	铸铁片型 钢制片型	3~15	4
		16~25	6

圆翼型散热器的组对，应在已安装好的托钩上进行。组对前，将各铸铁法兰密封面用锯条刮光，石棉橡胶垫圈两侧涂以白厚漆，垫圈端正地加入法兰后，按对角加力拧紧法兰，法兰螺栓应加垫。组对时，应使散热器轴向铸铁拉筋处于同一直线上，两侧接管法兰的选择，对热水系统，应使用偏心法兰，进水管接管中心偏上方，回水管中心偏下方；对蒸汽系统，进汽管用正心法兰，凝结水管用偏心法兰，使接管中心偏下方。

2. 散热器试压

组对后的散热器以及整组出厂的散热器，在安装之前应做水压试验。试验压力如设计无要求时应为工作压力的1.5倍，且不小于0.6MPa。实验时间为2~3min，压力不降且不渗不漏为合格，图5-44为工地常用的单组散热器试压装置，也可用于系统试压。

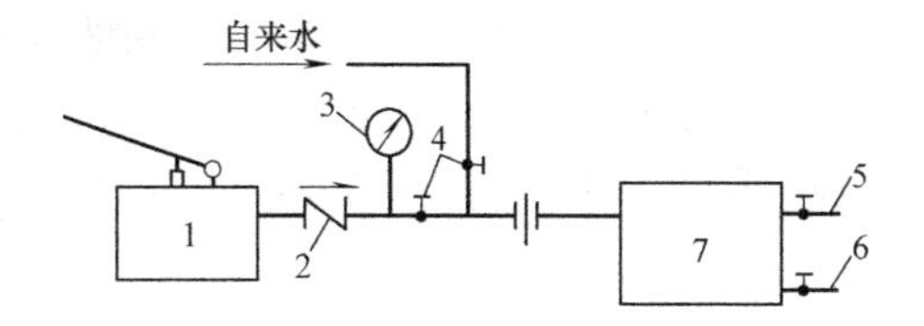

图5-44　散热器试压装置

1—手压泵　2—止回阀　3—压力表　4—截止阀　5—放气阀　6—放水管　7—散热器

3. 散热器安装

（1）散热器支托架数量及位置　散热器的支托架的数量应符合表5-36的要求，散热器支托架的安装位置如图5-45所示。

表5-36　散热器支托架的数量

项次	散热器形式	安装方式	每组片数	上部托钩或卡架数	下部托钩或卡架数	合计
1	长翼型	挂墙	2~4	1	2	3
			5	2	2	4
			6	2	3	5
			7	2	4	6
2	柱型柱翼型	挂墙	3~8	1	2	3
			9~12	1	3	4
			13~16	2	4	6
			17~20	2	5	7
			21~25	2	6	8
3	柱型柱翼型	带足落地	3~8	1	—	1
			8~12	1	—	1
			13~16	2	—	2
			17~20	2	—	2
			21~25	2	—	2

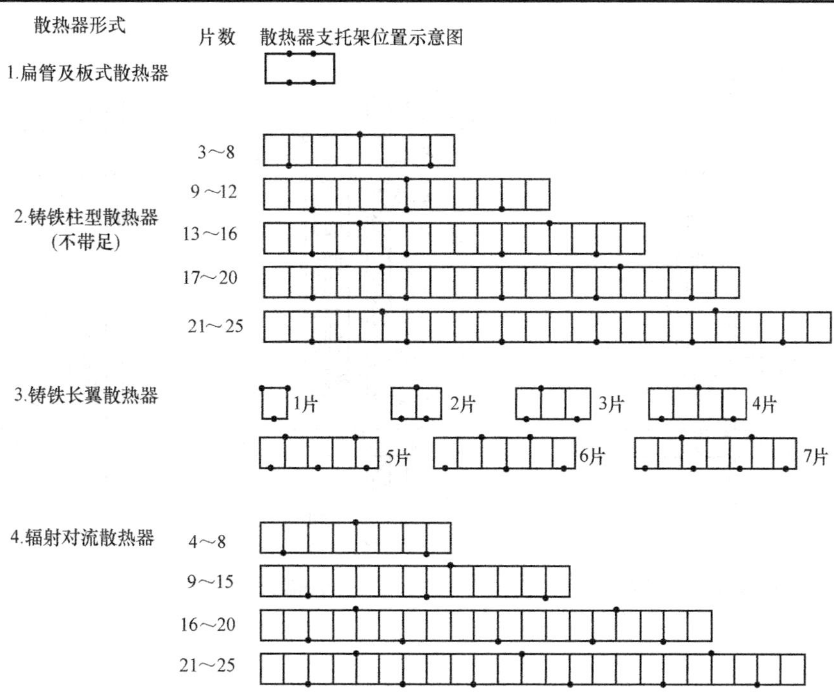

图5-45　散热器支托架的安装位置

（2）散热器安装 散热器可靠墙挂装，也可借助足片落地安装。图5-46~图5-50是常见散热器在各种墙体上的安装情况，供施工参考，图中 *n* 表示复合墙保温厚度。对流辐射散热器的安装可参照图5-46。一般情况下，散热器背面与装饰后的墙面距离为30mm。

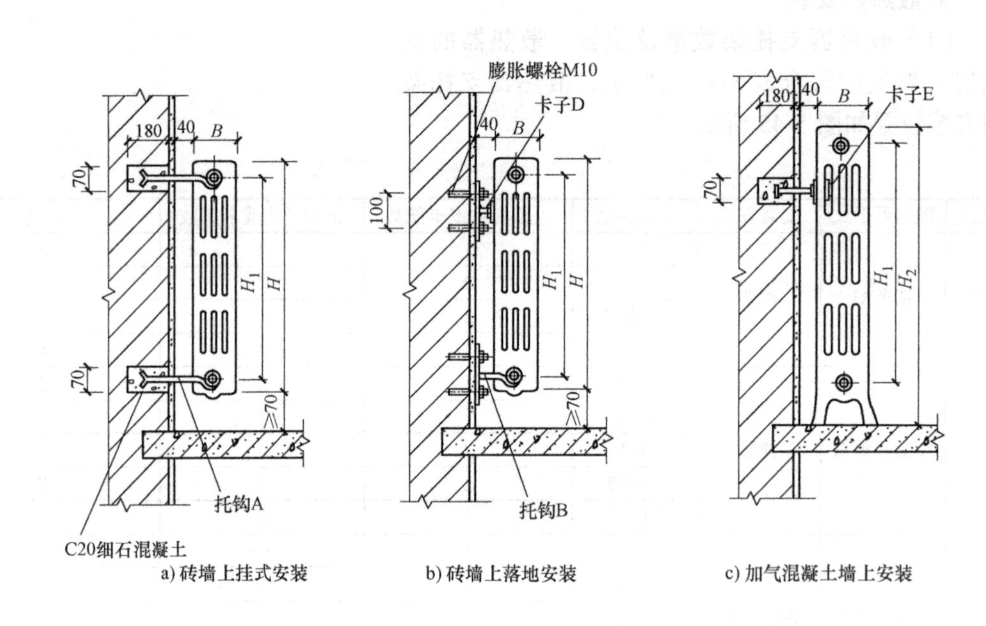

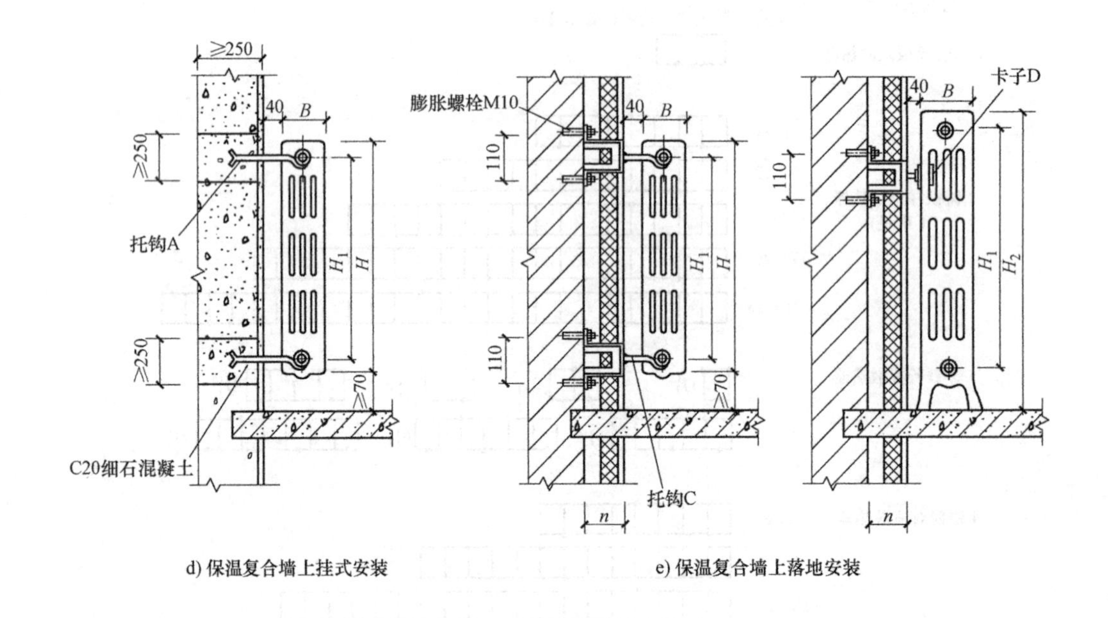

图5-46 柱式散热器安装

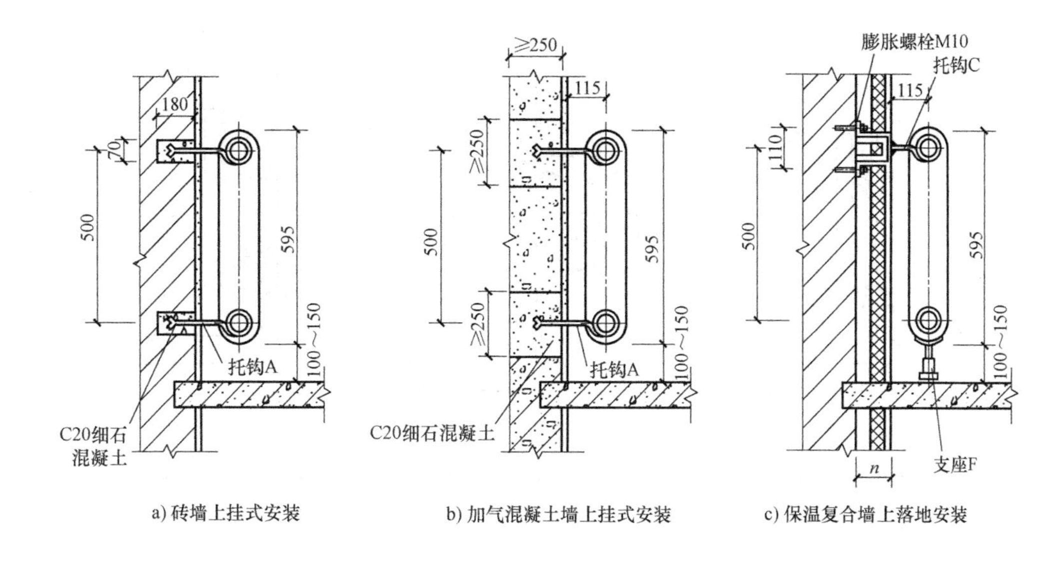

图 5-47　长翼型散热器安装

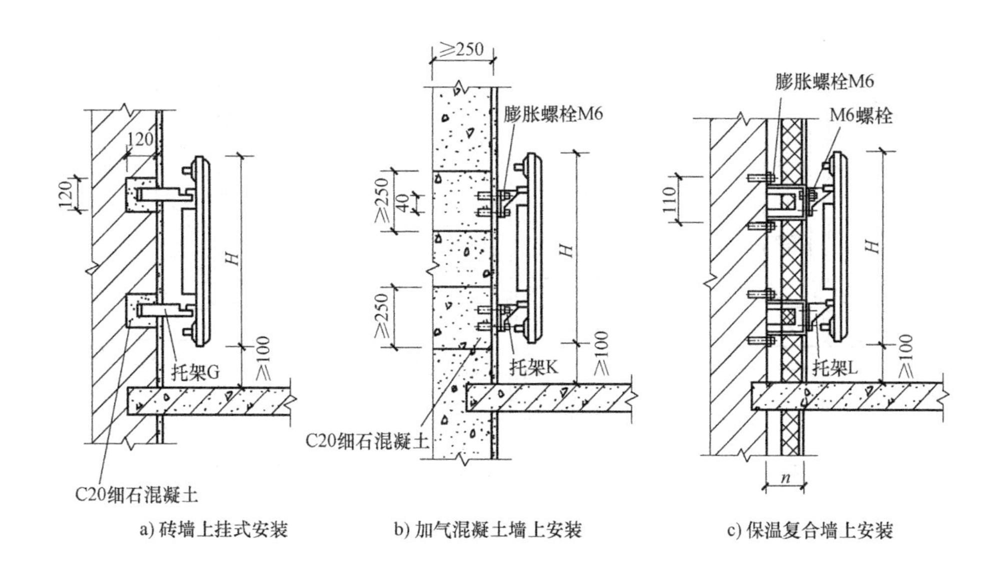

图 5-48　钢制板式散热器安装

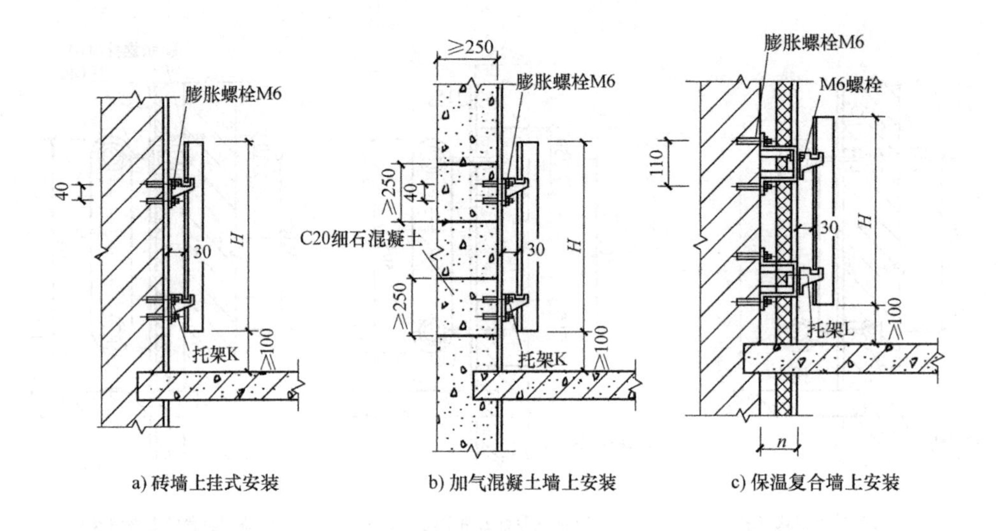

图 5-49 钢制扁管散热器安装

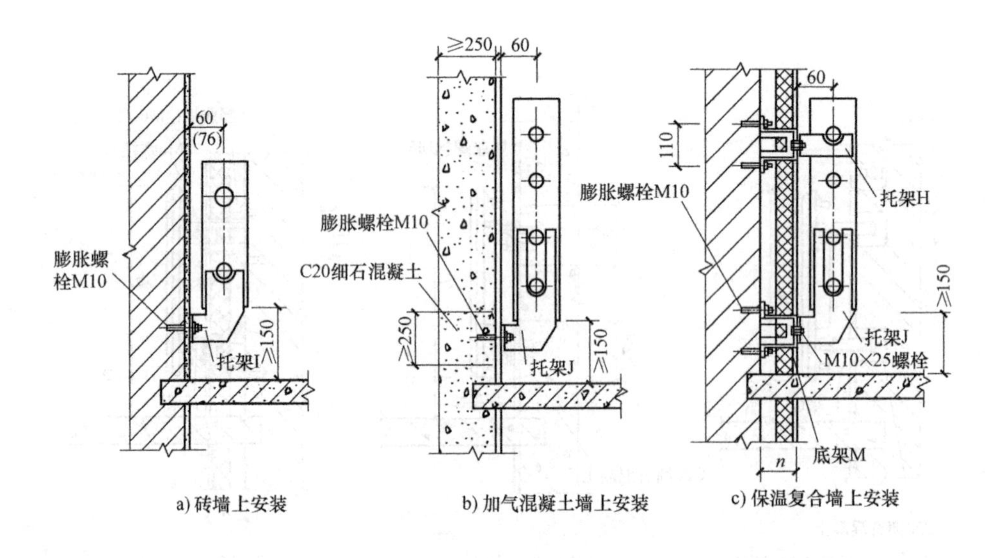

图 5-50 钢串片散热器安装

（3）支架详图　图 5-51 为散热器托钩做法示意图，图 5-52 为散热器卡子及支座详图，图 5-53 为散热器托架详图。现在有些厂家生产的托钩和卡子的生根方法已与膨胀螺栓结合起来，使用更为方便。

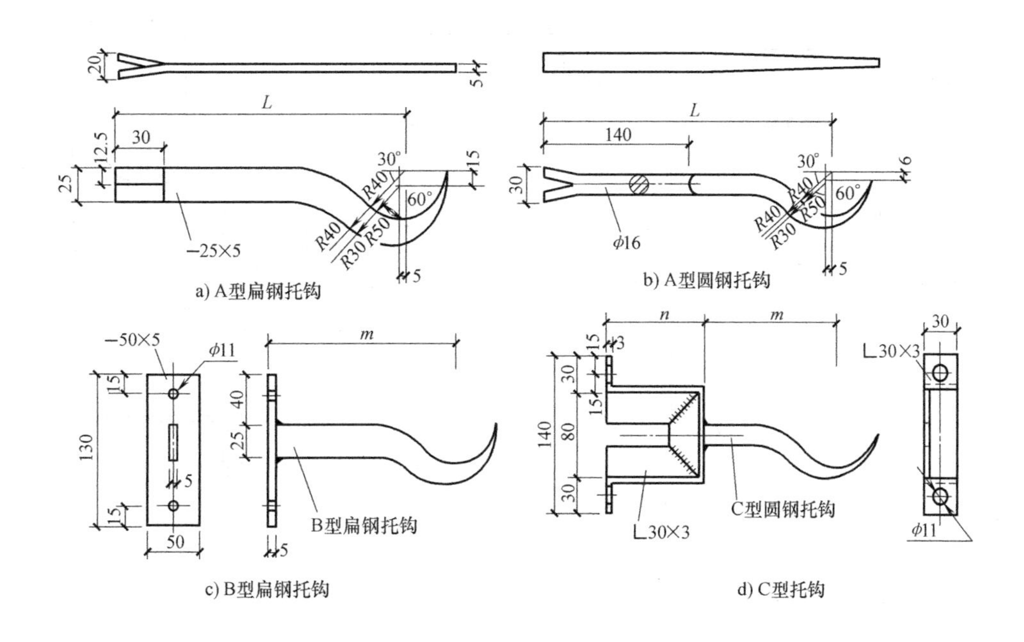

图 5-51　散热器托钩做法示意图

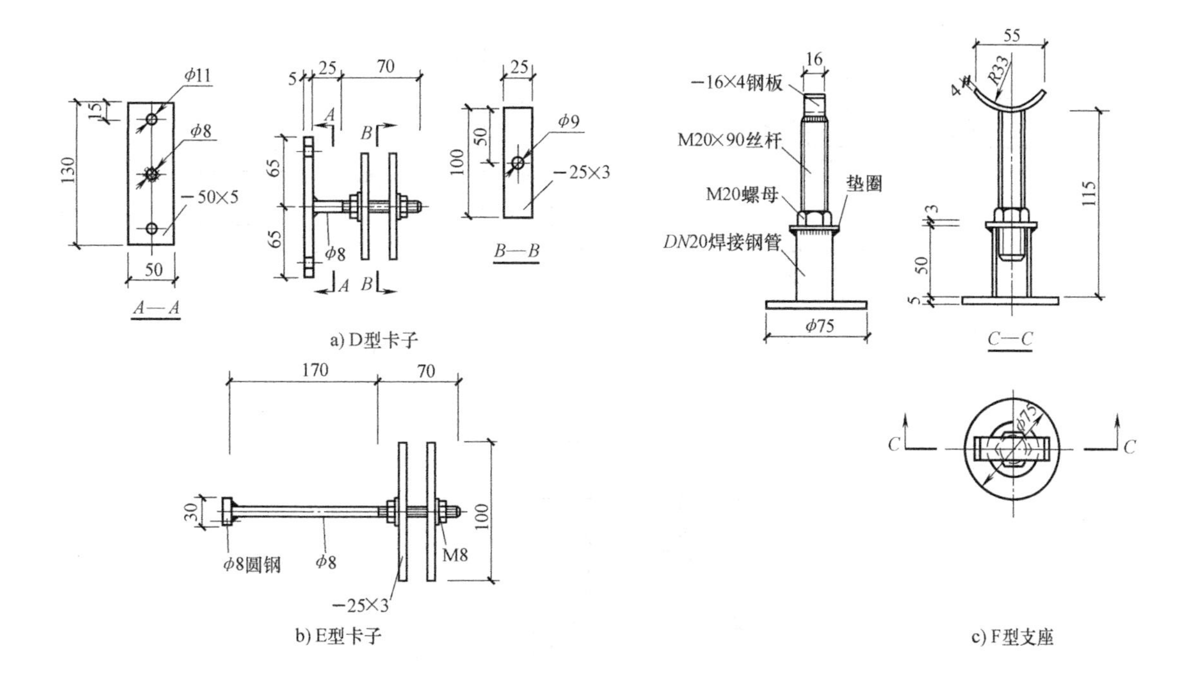

图 5-52　散热器卡子及支座详图

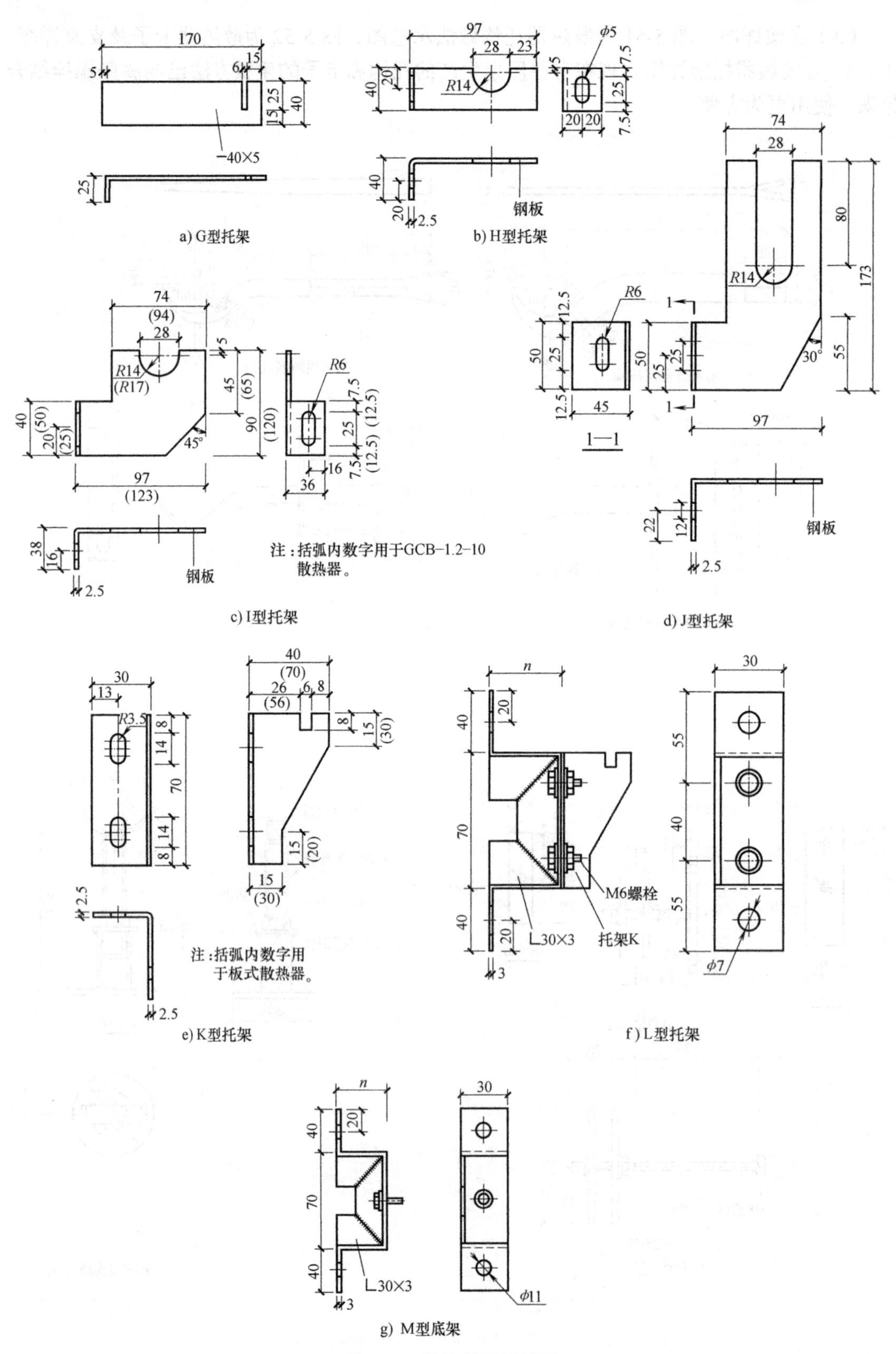

图 5-53　散热器托架详图

（4）散热器与支管的连接（锁炉片）　图 5-54 为双立管系统柱型散热器连接示意图。立管绕支管的元宝弯详图如图 5-55 所示，加工尺寸参考表 5-37。现在市场也有玛钢成品供应，不需现场煨制。

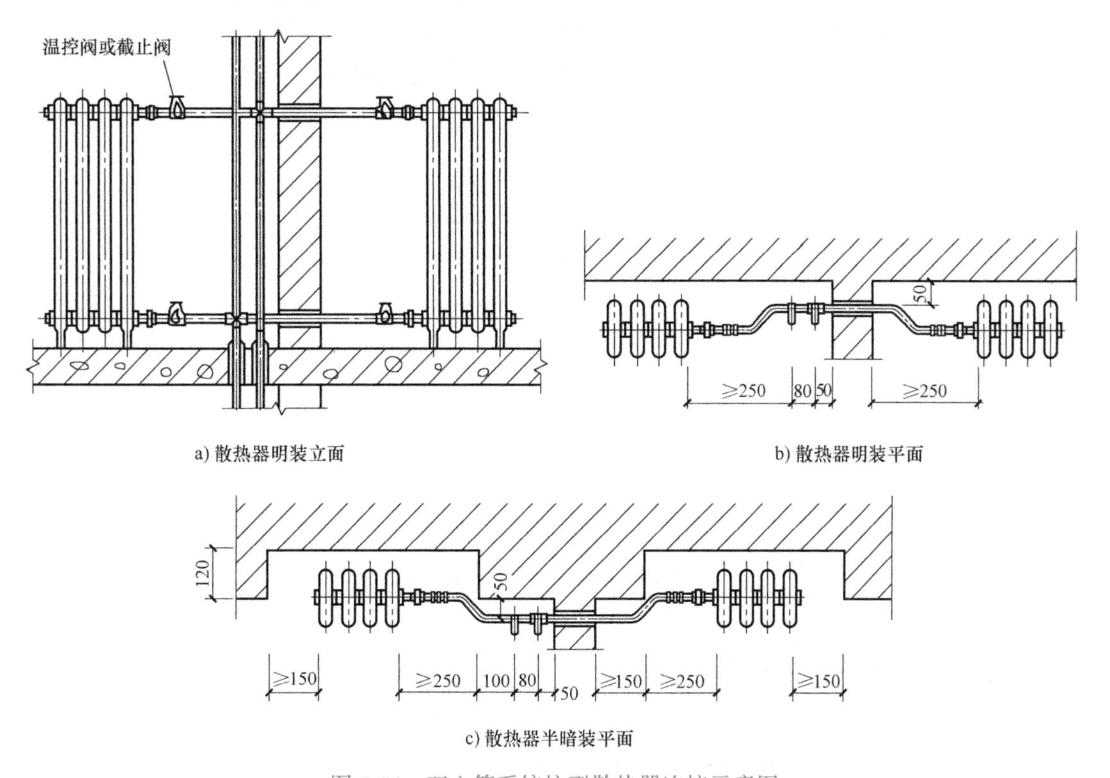

图 5-54　双立管系统柱型散热器连接示意图

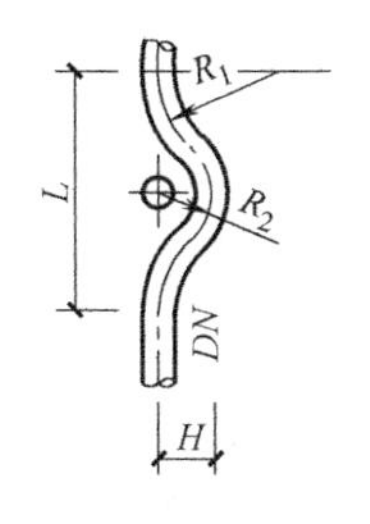

图 5-55　元宝弯详图

表 5-37　元宝弯加工尺寸

（单位：mm）

DN	R_1	R_2	L	H
15	60	40	150	35
20	80	45	170	35
25	100	50	200	40
32	130	75	250	45

图 5-56 为单立管系统带跨越管及三通调节阀的柱型散热器安装示意图。图 5-57、图 5-58 为单立管系统钢制板式散热器和扁管散热器的安装示意图。图 5-59 为垂直单立管系统钢串片散热器安装示意图。

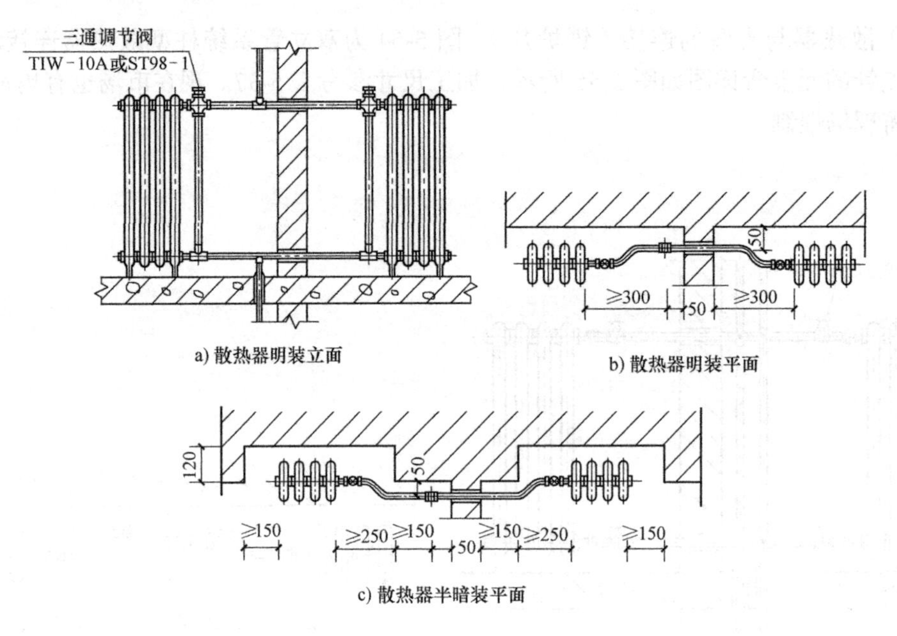

图5-56 单立管系统带跨越管及三通调节阀的柱型散热器安装示意图

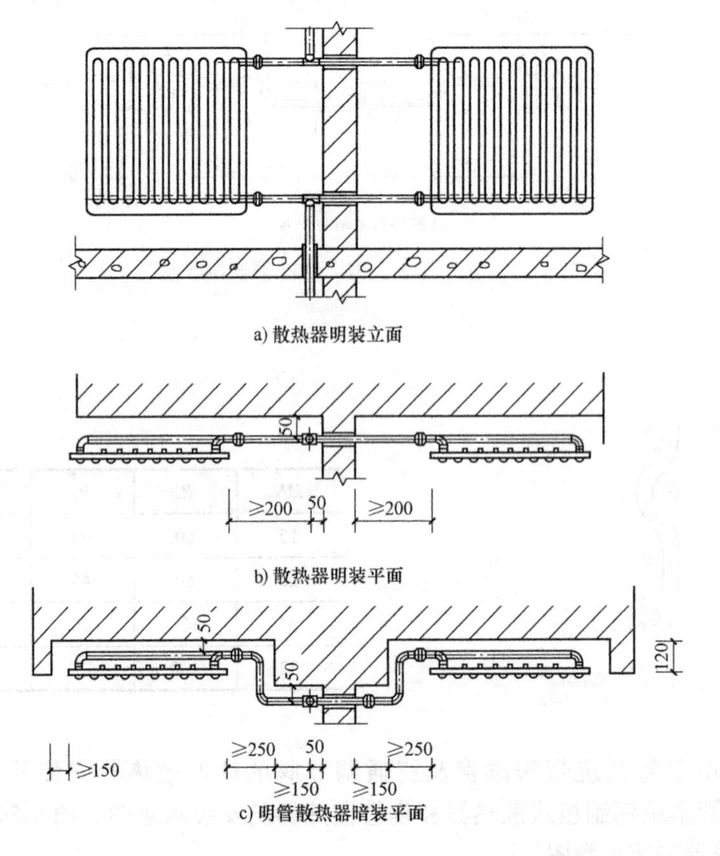

图5-57 单立管系统钢制板式散热器安装示意图

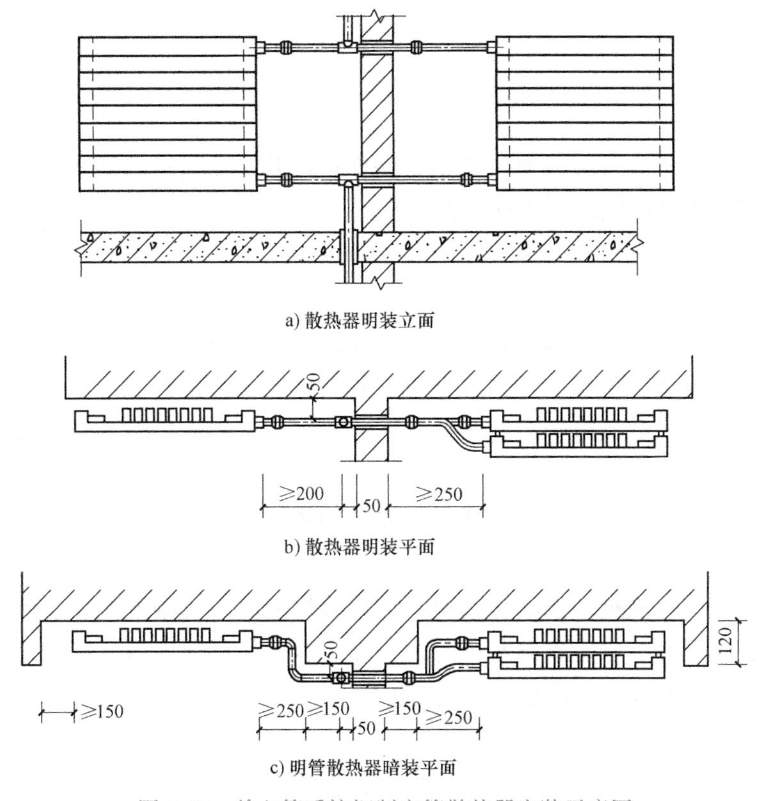

a) 散热器明装立面

b) 散热器明装平面

c) 明管散热器暗装平面

图 5-58 单立管系统钢制扁管散热器安装示意图

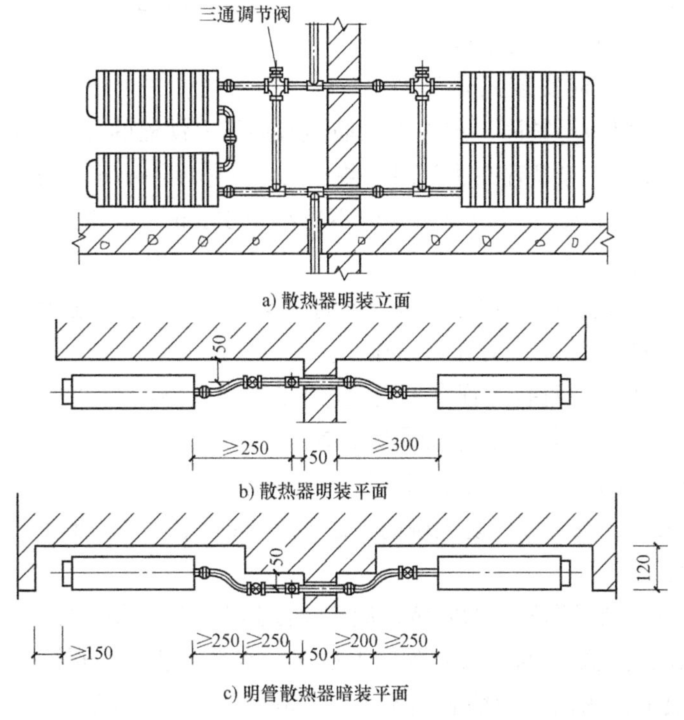

a) 散热器明装立面

b) 散热器明装平面

c) 明管散热器暗装平面

图 5-59 垂直单立管系统钢串片散热器安装示意图

任务四 空调系统的安装

风管及管件的加工、连接和风管支吊架制作在前几个项目中已经介绍。本任务着重介绍空调风管系统、水管系统的安装及机组安装。

一、空调风管系统的安装

空调系统安装应在土建主体工程、地坪、风道地沟等已施工完毕，有碍安装的杂物已清除，预留孔洞、预埋件位置、标高符合要求的条件下才可进行。对于空气洁净系统的安装，则应在室内无尘源且有防尘措施的条件下才能进行。一般情况下，风管系统安装工艺如下：

风管及部件预制→托吊架制作→托吊架安装→风管预组装→风管吊装、连接→部件安装→检验→保温。

（1）风管预组装　根据现场具体情况（如风管尺寸大小、刚度情况、起吊能力、人员配备及其他管道限制等）确定预组装风管的长度，以便尽可能地减少高处作业量。但切记不可贪大，造成起吊困难或风管变形甚至发生意外。

（2）风管吊装、连接

1）吊装顺序应先干管、后支管，垂直风管应由下向上安装，风管如需整体吊装时，绳索不可直接捆绑风管，而应用木板托住风管底部，方可起吊。

2）当风管离地300mm时，可暂停起吊，检查倒链、滑轮、绳索、绳扣是否牢靠，风管重心是否正确。一切正常，再继续起吊。

3）风管上架后，及时安装托架及垫木。法兰连接时，先上垫片，对正法兰，穿上几个螺栓并戴上螺母，但暂不紧固，用尖头钢筋插入穿不上螺栓的孔，拨正法兰，所有螺栓上毕，再均匀逐渐拧紧。螺母宜在法兰同一侧。法兰片厚度不小于3mm，垫片不应凸入管内、也不宜凸出法兰外。垫片接口交叉长度不应小于30mm。当托吊架调正稳固后，才可解开绳扣，进行下一段安装。

4）水平干管找平找正后，才可安装立支管，柔性短管应松紧适度，无明显扭曲。可伸缩性金属或非金属软风管不应有死弯或塌凹。

5）风管连接应平直，明装风管水平度允许偏差为3/1000，垂直度允许偏差为2/1000，总偏差不应大于20mm。暗装风管应无明显偏差。

6）风管支吊架的间距要求详见本书项目三任务一。

7）风管穿越楼板、沉降缝、防火墙的做法如图5-60~图5-62所示。

（3）部件安装

1）各类风管部件及操作机构的安装，应能保证其正常的使用功能，并便于操作。

2）斜插板风阀的安装，阀板必须为向上拉起；水平安装时，阀板应为顺流方向插入。防火分区隔墙两侧的防火阀，距墙表面不大于200mm，如图5-62所示。防火阀易熔件应在阀体装毕后再安装。手动密闭阀上箭头方向与受冲击方向要一致。

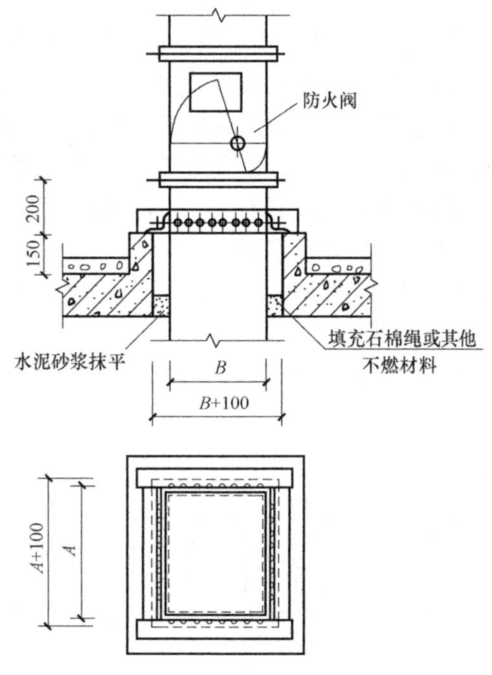

图 5-60　竖风管穿越楼板做法

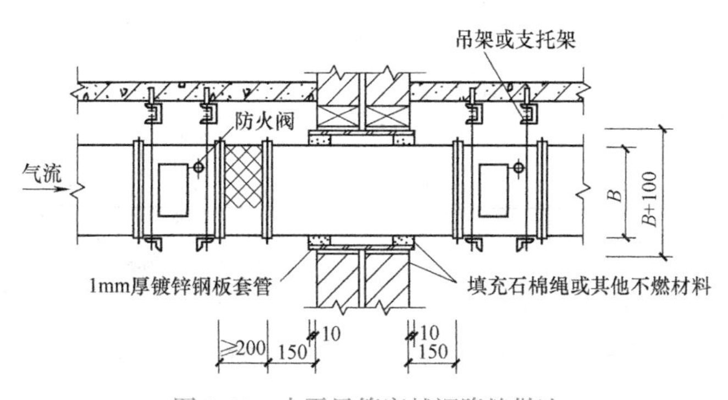

图 5-61　水平风管穿越沉降缝做法

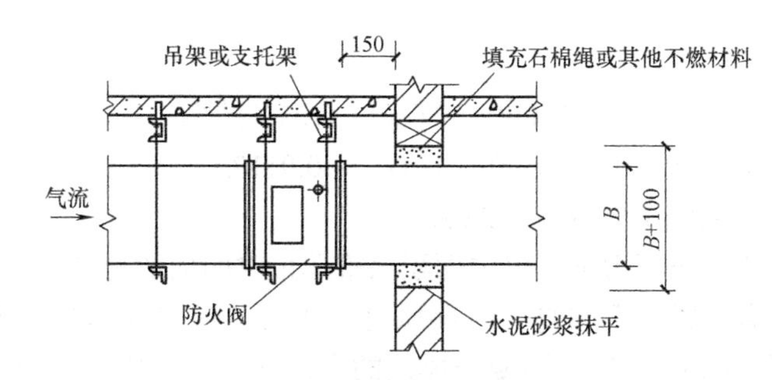

图 5-62　水平风管穿越防火墙做法

3）防火阀直径或长边尺寸大于等于630mm时，宜设独立支吊架，如图5-61所示。水平主风管长度超过20m时，应设防止摆动的固定点，每个系统不少于1个。

4）风口与风管连接应紧密，与装饰面相贴紧。同一房间内相同风口安装高度要一致，排列整齐。明装无吊顶的风口，安装位置和标高偏差不应大于10mm；风口水平安装，水平度偏差不应大于3/1000；垂直安装，垂直度偏差不应大于2/1000。

5）风口安装时应自行吊挂，不应与吊顶龙骨发生受力关系。当需切断吊顶龙骨时，应配合相关专业确定切断及附加龙骨的具体做法。当需切断中大龙骨时，应增设吊挂点。图5-63为吊顶风口与吊顶龙骨协调处理示意图。

（4）风管系统严密性检验　风管系统安装完毕后，应进行严密性检验。

1）矩形风管漏风量应符合以下规定：

低压风管系统（$125\text{Pa}<p\leqslant 500\text{Pa}$）：$Q_{\text{L}}\leqslant 0.1056p^{0.65}$。

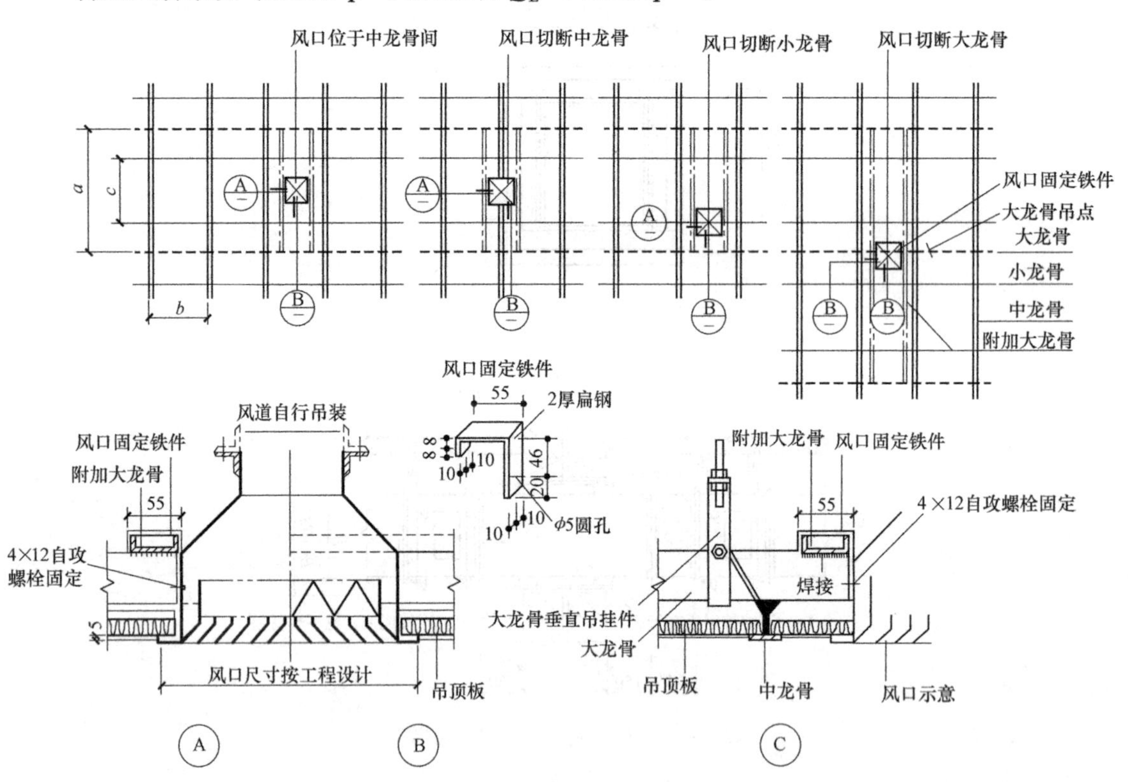

图5-63　吊顶风口与吊顶龙骨协调处理示意图

a—吊顶大龙骨中距　*b*—吊顶中龙骨中距　*c*—吊顶小龙骨中距

中压系统风管（$500\text{Pa}<p\leqslant 1500\text{Pa}$）：$Q_{\text{M}}\leqslant 0.0352p^{0.65}$。

高压系统风管（$1500\text{Pa}<p\leqslant 2500\text{Pa}$）：$Q_{\text{H}}\leqslant 0.0117p^{0.65}$。

式中　　p——风管系统工作压力（Pa）；

Q_{L}、Q_{M}、Q_{H}——相应工作压力下，单位面积风管单位时间内的允许漏风量[$\text{m}^3/(\text{h}\cdot\text{m}^2)$]。

2）低、中压圆形金属风管和复合材料风管、非法兰形式的非金属风管的允许漏风量应为矩形风管规定值的50%；砖、混凝土风道的允许漏风量不应大于矩形低压系统风管规定值的1.5倍；排烟、除尘、低温送风系统以及变风量空调系统风管的严密性按中压系统风管的规定执行；N1~N5 级净化空调系统按高压系统风管的规定执行。

（5）风管保温

1）空调风管保温不宜用岩棉类保温材料。图 5-64 为绝热层采用玻璃棉毡时的做法示意图，玻璃布搭接 60~80mm，打包带间距小于 600mm，包角用 0.5mm 镀锌钢板。当绝热层采用保温钉连接固定时，应符合以下规定：

① 保温钉与风管、部件及设备表面的连接，可采用粘接或焊接，结合应牢固；焊接后应保持风管平整，并不得影响镀锌钢板的防腐性能。

② 矩形风管或设备保温钉的分布均匀。首行保温钉至风管或保温材料边沿的距离应不小于 120mm。

③ 风管法兰部位的绝热层厚度不应低于风管绝热层的 0.8 倍。带有防潮隔汽层绝热材料的拼缝处，应用胶带封严，胶带宽度不应小于 50mm，并应牢固粘贴在防潮面上，不得有胀裂和脱落。

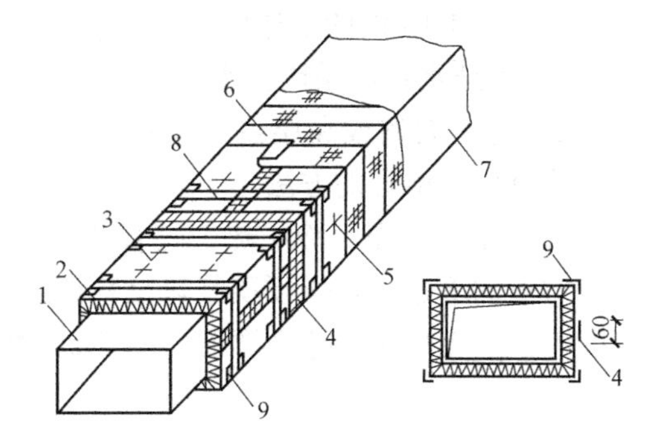

图 5-64　风管玻璃棉毡保温做法示意图

1—风管　2—保温层　3—铝箔玻璃布贴面层　4—铝箔玻璃布胶带（宽 60mm）　5—保温钉　6—玻璃布　7—防火涂料　8—尼龙打包带　9—包角

2）图 5-65 为绝热层采用橡塑保温板的做法示意图，因橡塑保温材料气密性好，无须做隔汽层及保护层。风管表面应处理后再涂刷由保温材料供应商提供的黏结剂，以保证保温材料粘结牢靠，在保温材料切口结合部位也应涂敷黏结剂。

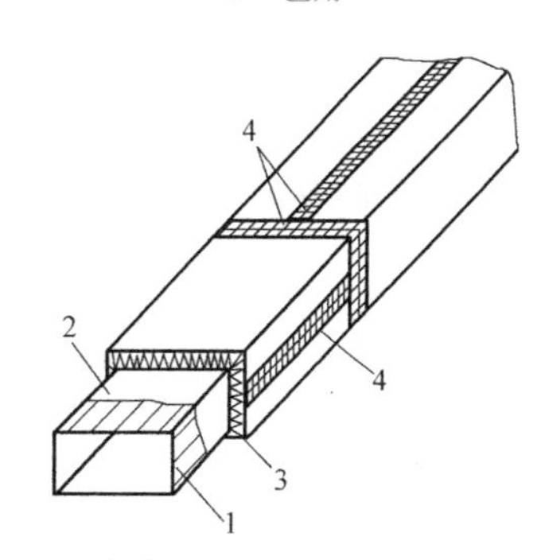

图 5-65　风管橡塑保温板保温做法示意图

1—风管　2— 防锈漆（镀锌钢板除外）　3—橡塑保温板　4—密封胶带

3）对于电加热器前后 800 mm 及穿越防火隔墙两侧 2m 范围内的风管和绝热层，必须采用不燃的绝热材料。

4）当采用卷材或板材时，保温材料表面平整度允许偏差为 5mm。防潮层应完整，封闭良好，搭接缝应顺水。

二、空调水系统的安装

空调水系统的安装要求与本项目概述中的内容基本一致，此处不再赘述，下面就其不同点予以讨论。

（1）系统水压试验要求　当系统安装完毕后，应按设计要求进行水压试验。当设计无规定时，应符合下列要求：

1）冷（热）媒水系统、冷却水系统的试验压力，当工作压力≤ 1.0MPa 时，为 1.5 倍工作压力，但不小于 0.6MPa；当工作压力大于 1.0MPa 时，为工作压力加 0.5MPa。在试验压力下稳压 10min，压降不大于 0.02MPa，再将系统压力降至工作压力，外观无渗漏为合格。试验压力以系统最低点为准，但不得超过管道与组成件的承受压力。

2）各类耐压塑料管的强度试验压力为1.5倍工作压力，且不应小于0.9MPa，严密性试验压力为1.15倍的工作压力。

3）凝结水系统采用充水试验，不渗不漏为合格。

4）对于大型或高层建筑垂直压差较大的冷（热）媒水系统，宜采用分区、分层试压和系统试压相结合的方法。

（2）水管保温 冷（热）媒管道与支吊架之间应有绝热衬垫，衬垫应采用强度能满足管道重量的不燃、难燃硬质绝热材料或经防腐处理的木衬垫。衬垫厚度不小于绝热层厚度，宽度应大于支吊架支撑面宽度。图5-66为冷水管保温做法示意图。

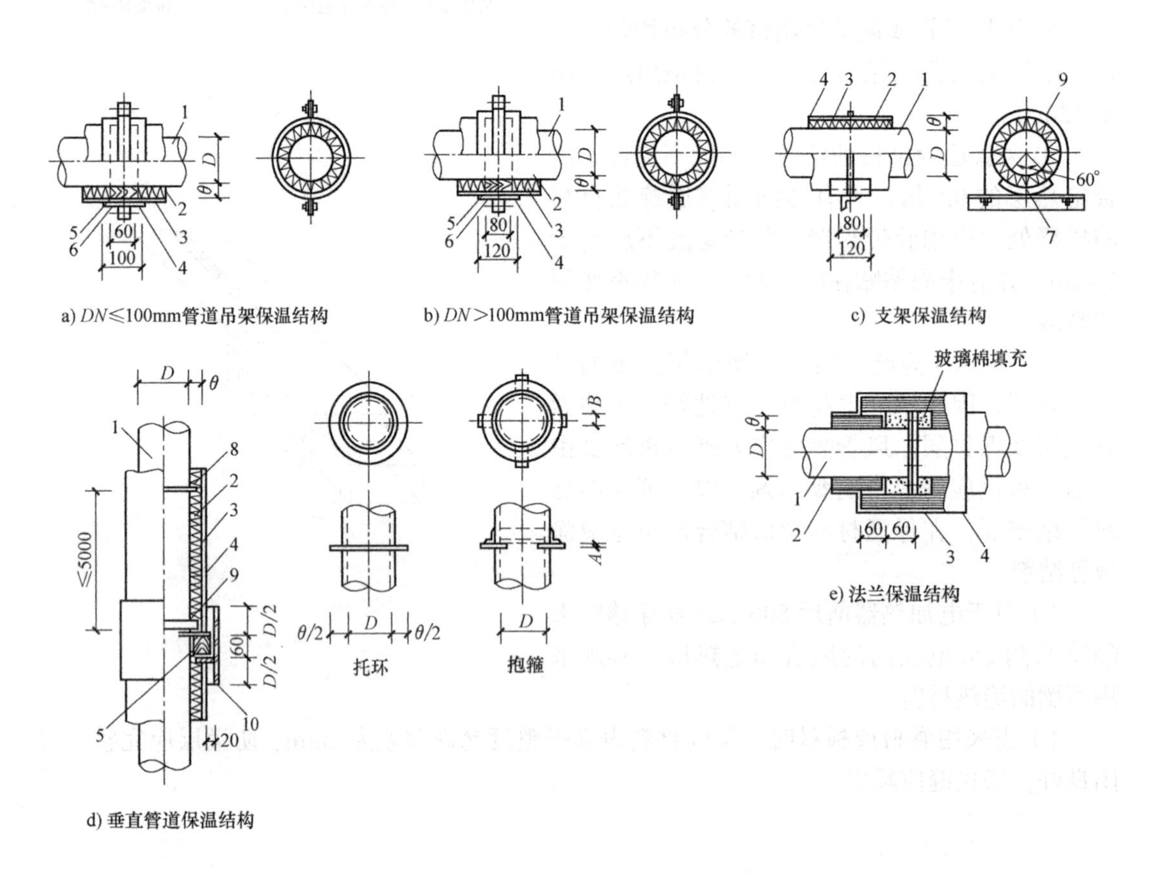

图5-66 冷水管保温做法示意图

1—管道 2—保温层 3—防潮层 4—保护层 5—硬木块（涂石油沥青） 6—钢套管 7—钢垫板（厚4mm） 8—托环 9—抱箍 10—承重钢套管及内托环

（3）管道安装允许偏差 管道安装的允许偏差和检验方法应符合表5-38的要求，对于吊顶内的安装管道，位置应正确，无明显偏差。

表 5-38　管道安装的允许偏差和检验方法

项　目			允许偏差 /mm	检验方法
坐标	架空及地沟	室外	25	按系统检查管道的起点、终点、分支点和变向点及各点之间的直管 用经纬仪、水准仪、液体连通器、水平仪、拉线和尺量检查
		室内	15	
	埋地		60	
标高	架空及地沟	室外	±20	
		室内	±15	
	埋地		±25	
水平管道平直度		$DN \leqslant 100mm$	$2L$‰，最大 40	用直尺、拉线和尺量检查
		$DN > 100mm$	$3L$‰，最大 60	
立管垂直度			$5L$‰，最大 25	用直尺、线锤、拉线和尺量检查
成排管段间距			15	用直尺尺量检查
成排管段或成排阀门在同一平面上			3	用直尺、拉线和尺量检查
交叉管外壁或绝缘层的最小间距			20	用直尺、拉线和尺量检查

注：L——管道的有效长度（mm）。

（4）其他要求

1）支吊架安装时要考虑热位移因素，最大间距应符合表 4-42 的要求，竖井内的立管，每隔 2~3 层应设导向支架。

2）冷凝水排水管道坡度宜≥ 8‰，软管连接长度不宜大于 150mm。

3）钢管热弯时弯曲半径不小于管道外径的 3.5 倍，冷弯时弯曲半径不小于 4 倍管道外径，焊接弯管不小于 1.5 倍管道外径，冲压弯管不小于 1 倍管道外径。焊接钢管、镀锌钢管不得采用热煨弯。

4）管道与水泵、制冷机组连接，必须为柔性接口，柔性接口不得强行对口连接，与其连接的管道应设置独立支吊架。

5）冷（热）媒水系统及冷却水系统应在系统冲洗、排污合格（出水与入水对比相近，无可见杂物），再循环试运行 2h 以上，且水质正常后才能与制冷机组、空调设备相贯通。

6）管道穿越墙体、楼板处应设钢制套管，保温管道与套管四周间隙应使用不燃绝热材料填塞紧密。

三、空调机组及风机盘管的安装

空调设备安装通常依据如下工艺流程：

安装准备→设备基础验收→设备开箱检验→设备运输→

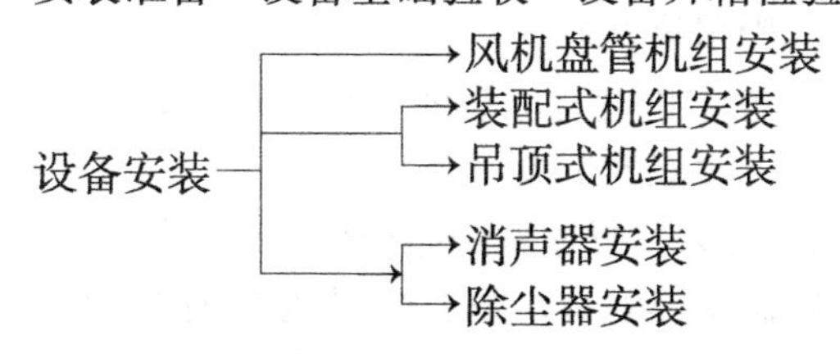

空调机组还有柜式、单元式、水源热泵式等类型，其安装方法相对简单，不再讨论。

（1）安装准备、基础验收　安装前检查现场的运输空间、设备孔洞尺寸及场地清理情况，进行技术、安全交底，核对设备型号及基础尺寸。事实上，应尽可能地在设备到货，并与图纸核对预留孔洞尺寸、位置无误后，再行浇筑基础。浇筑时安装人员应配合土建施工人员进行尺寸核对。

（2）设备开箱检验及运输　设备开箱验收应有业主代表或监理在场，要检查外包装有无受损、受潮，设备名称、型号、技术条件是否与设计文件一致；产品说明书、合格证、装箱清单和设备技术文件应齐全；设备表面无缺损、锈蚀，随机附件，专用工具、备用配件是否齐全；用手盘动风机叶轮，检查有无摩擦声，检查表冷器、过滤器等装置情况。

空调设备现场运输之前不开箱或保留底座为好，设备运输时的倾斜角度应符合产品要求，较大设备水平、垂直运输方法可参见项目八有关内容。

（3）装配（组装）式空调机组安装　目前，工程中使用的装配式空调机组多由供货商负责安装，施工人员主要是配合协调好连接口位置、尺寸、做法即可。下面简述其安装要点。

1）安装前仔细阅读说明书。各功能段的组装顺序及左式、右式应符合设计要求，各功能段之间的连接应严密，整体应平直。组装完毕后应做漏风量检测，空调机组静压为700Pa时，漏风率不大于2%；空气净化系统机组，静压为1000Pa，漏风率不应大于1%。

2）机组下部冷凝水管安装时要注意，其水封高应符合设计要求，防止漏风，如图5-67所示。机组设有喷淋室时，前后挡水板不可搞错，如图5-68所示。

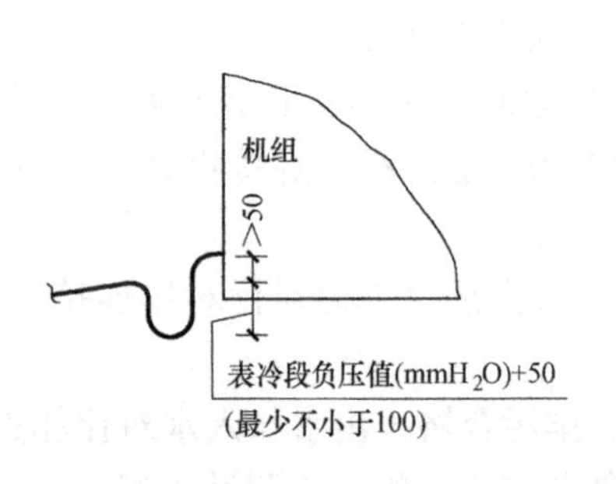

图5-67　机组下部冷凝水管安装示意图

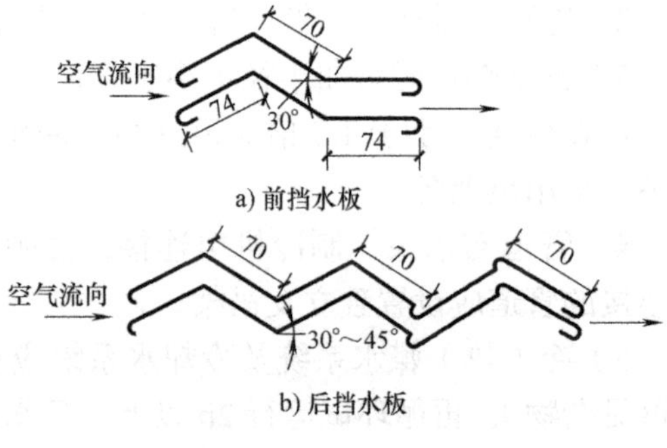

图5-68　前后挡水板

3）喷水段的本体及检查门不得漏水，喷水管和喷嘴排列及规格符合设计要求，蒸汽加湿器的喷口不可朝下。

4）表面式换热器应清洁、完好，换热器与围护结构的缝隙以及换热器之间的缝隙，应封堵严密。加热段与相邻段之间的密封垫片应为耐热材料。

5）新风机组在进风温度低于0℃时，应考虑防止盘管冻裂的措施。机组内应设必要的测温（如新风段、混合段、送风段等）和测压（过滤器）点。

（4）吊顶式空调机组安装　吊顶式空调机组安装位置通常距办公区较近，机组与送回风管及水管均应采用柔性连接，且宜采用弹簧减震吊架安装。图5-69为SKDH吊顶式空调机组安装示意图。对于噪声控制严格的场所，机组外表面应采用30mm橡塑保温材料进行保温、吸声处理。

（5）风机盘管机组安装

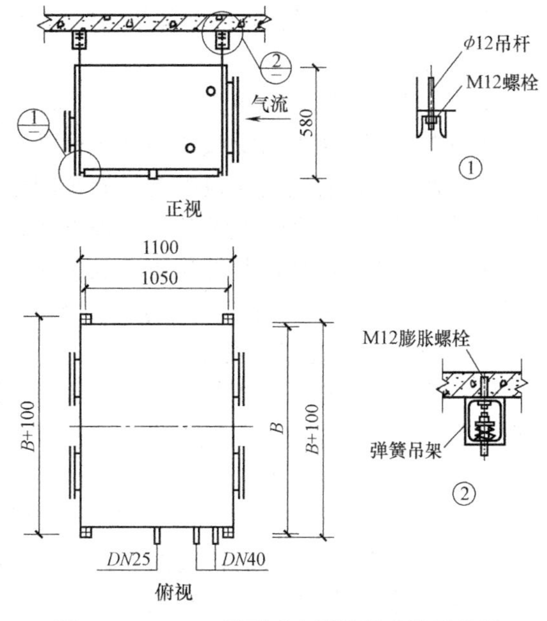

图 5-69　SKDH 吊顶式空调机组安装示意图

1）风机盘管有立式、卧式、吊顶式等多种形式，可明装亦可暗装，图 5-70 为卧式暗装风机盘管示意图。其中普通型送回风所接风管总长度不宜大于 2m，高静压型不宜大于 6m，且风管断面宜与风机盘管送回风口相同。

2）风机盘管水系统水平管段和盘管接管的最高点应设排气装置，最低点应设排污泄水阀，凝结水盘的排水支管坡度不宜小于 0.01。

3）机组安装前宜进行单机三速试运转及水压检漏试验。试验压力为系统工作压力的 1.5 倍，试验观察时间为 2min，不渗不漏为合格。机组应设单独支吊架，吊杆与设备连接处应使用双螺母紧固找平、找正，使四个吊点均匀受力。也可采用橡胶减震吊架，机组与风管回风箱或风口的连接要严密可靠。

4）机组供回水配管必须采用弹性连接，多用金属软管和非金属软管。橡胶软管只可用于水压较低并且是只供热的场合。

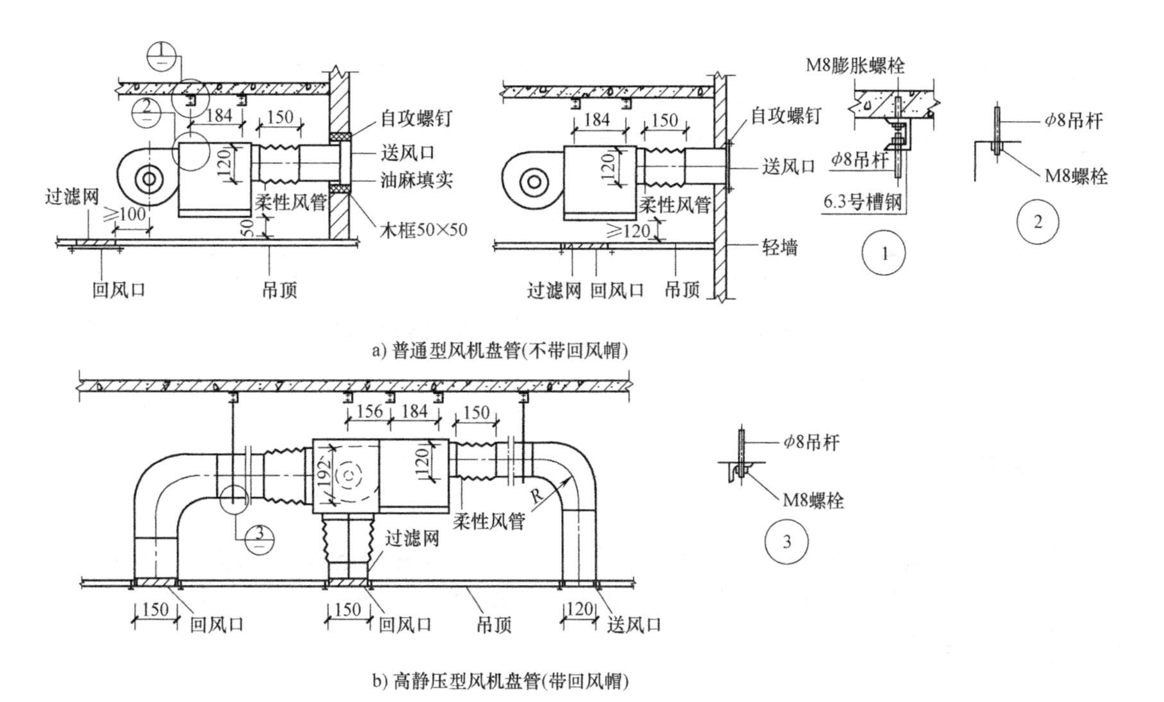

a) 普通型风机盘管(不带回风帽)

b) 高静压型风机盘管(带回风帽)

图 5-70　卧式暗装风机盘管示意图

5）暗装卧式风机盘管的下部吊顶应留有活动检查口，便于机组整体拆卸和维修。

（6）消声器安装

1）大量使用的消声器、消声弯头、消声风管和消声静压箱应采用专业生产厂的产品，如需现场制作时，可按设计要求或相关标准图集进行。

2）消声器在安装前应检查支吊架等固定件的位置是否正确，预埋件或膨胀螺栓是否安装牢靠。消声器、消声弯头应单独设支架，不得由风管支撑。

3）消声器支吊架的吊杆位置应较消声器宽40~50mm。吊杆端部可加工成50~80 mm的长丝扣，以便找平、找正，并用双螺栓固定。

（7）除尘器、过滤器安装

1）现场组装的除尘器壳体应做漏风量检测，在设计工作压力下允许漏风率为5%。布袋除尘器，电除尘器壳体及辅助设备应有可靠的接地保护。

2）高效过滤器应在空调系统进行全面清扫和系统连续试车12h以后，在现场拆开包装进行安装，安装前须进行外观检查和仪器检漏，采用机械密封时须采用密封垫料，其厚度为6~8 mm，定位贴在过滤器边框上，安装后垫料的压缩应均匀，压缩率为25%~50%，以确保安装后过滤器四周及接口严密不漏。

3）风机过滤器单元在系统试运转时，必须在进风口处加装临时中效过滤器作为保护。

4）框架式或粗效、中效袋式空气过滤器的安装，过滤器四周与框架应均匀压紧，无可见缝隙，并应便于拆卸和更换滤料。

5）除尘器转动部件的动作应灵活、可靠，排灰阀、卸料阀的安装应严密，便于操作和维修。除尘器安装的允许偏差和检验方法应符合表5-39的要求。

表5-39 除尘器安装的允许偏差和检验方法

项次	项目		允许偏差/mm	检验方法
1	平面位移		≤10	用经纬仪或拉线、尺量检查
2	标高		±10	用水准仪、直尺、拉线和尺量检查
3	垂直度	每米	≤2	吊线和尺量检查
		总偏差	≤10	

6）脉冲袋式除尘器的喷吹孔应对准文氏管的中心，同心度允许偏差为2mm，分室反吹袋式除尘器的滤袋安装必须平直，每条滤袋的拉紧力应保持在25~35N/m，与滤袋连接接触的短管和袋帽应无毛刺。

任务五 室外供热管道的安装

室外供热管道输送的热媒是热水或蒸汽，由于温度变化引起管道伸缩所产生的热应力，要通过合理配置固定支架和补偿器或其他措施来减弱。室外供热管道连接方式采用焊接连接或法兰连接。

一、室外供热管道安装的一般要求

1）室外供热管网管材多采用焊接钢管、无缝钢管（$DN \leq 200$mm）及螺旋焊接钢管

（$DN>200$mm）。补偿器和固定支架的安装位置、类型必须符合设计要求，补偿器必须按要求进行预拉伸，活动支架间距可按表 4-42 确定。

2）室外供热管道安装的允许偏差应符合表 5-40 的要求。管道焊口的允许偏差应符合表 5-34 的要求，焊缝高度不得低于母材表面，焊缝及热影响区表面不应有裂纹、未熔合、未焊透、夹渣、弧坑及气孔等缺陷，焊口形状应按本书项目一有关内容展开放样。

表 5-40　室外供热管道安装的允许偏差

项次	项目			允许偏差
1	坐标		敷设在沟槽内及架空	20mm
			埋地	50mm
2	标高		敷设在沟槽内及架空	±10mm
			埋地	±15mm
3	水平管道纵、横方向弯曲	每米	管径≤100mm	1mm
			管径>100mm	1.5mm
		全长（25m 以上）	管径≤100mm	≤13mm
			管径>100mm	≤25mm
4	弯管	椭圆率	管径≤100mm	8%
			管径>100mm	5%
		褶皱不平度	管径≤100mm	4mm
			管径为 125~200mm	5mm
			管径为 250~400mm	7mm

3）管道焊口距支架边缘不小于 150mm，距弯管的弯曲起点不小于管外径，且不小于 100mm。活动支架安装时，托架上的高支座应偏心安装，偏心距约为该支架到固定点管段的热伸长量的一半，且应保证支座与托架仍有完全接触，以防止支座滑落或受力面积过小而损坏支架，如图 5-71 所示。

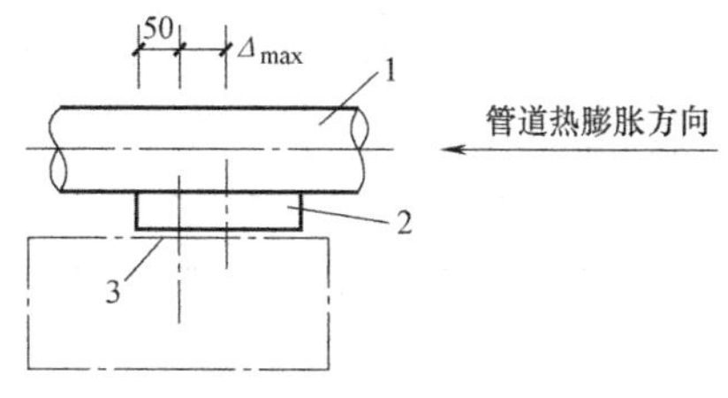

图 5-71　活动支架偏心安装示意图
1—管道　2—立支座　3—托架

4）供热管道的供水管或蒸汽管，应敷设在载热介质前进方向的左侧或上方。管道保温层厚度及平整度允许偏差应符合表 5-10 的要求。

5）管道在安装前必须对管道质量进行检查，连接前要清除管内杂质。

6）供热管道的水压试验压力为工作压力的 1.5 倍，且不得小于 0.6MPa。在试验压力下 10min 内压力降不大于 0.05 MPa，然后降压至工作压力下检查，不渗不漏为合格。水压试验时，试验管道上的阀门应开启，试验管道与非试验管道应隔断。

7）管道试压合格后，应进行冲洗，以水色不浑浊为合格。冲洗用泄水管径不可太小，以保证管内冲洗流速，泄水口要设于系统低点并便于杂质冲出。管道冲洗完毕应通水、加热，进行试运行和调试。当不具备加热条件时，可延期进行。

8）热力网管道与建筑物（构筑物）及其他管线的最小距离应符合表 5-41 的要求。

表5-41 热力网管道与建筑物（构筑物）及其他管线的最小距离

建筑物、构筑物或管线名称			与热力网管道最小水平净距 /m	与热力网管道最小垂直净距 /m
地下敷设热力网管道				
建筑物基础	地沟敷设		0.5	
建筑物基础	直埋闭式热水管网	$D_g \leqslant 250$	2.5	
建筑物基础	直埋闭式热水管网	$D_g \geqslant 300$	3.0	
建筑物基础	直埋开式热水管网		5.0	
	铁路钢轨		钢轨外侧 3.0	轨底 1.2
	电车钢轨		钢轨外侧 2.0	轨底 1.0
铁路、公路路基边坡底脚或边沟边缘			1.0	
通信、照明或10kV以下电力线路的电杆			1.0	
桥墩（高架桥、栈桥）边缘			2.0	
架空管道支架基础边缘			1.5	
高压输电线铁塔基础边缘 35~220kV			3.0	
通信电缆管块、通信电缆（直埋）			1.0	0.15
电力电缆和控制电缆	35kV以下		2.0	0.5
电力电缆和控制电缆	110kV		2.0	1.0
燃气管道	地沟敷设	压力＜5kPa	1.0	0.15
燃气管道	地沟敷设	压力≤400kPa	1.5	0.15
燃气管道	地沟敷设	压力≤800kPa	2.0	0.15
燃气管道	地沟敷设	压力＞800kPa	4.0	0.15
燃气管道	直埋敷设热水管网	压力≤400kPa	1.0	0.15
燃气管道	直埋敷设热水管网	压力≤800kPa	1.5	0.15
燃气管道	直埋敷设热水管网	压力＞800kPa	2.0	0.15
给水管道、排水管道			1.5	0.15
地铁			5.0	0.8
电气铁路接触网电杆基础			3.0	—
乔木（中心）灌木（中心）			1.5	—
道路路面			—	0.7
地上敷设热力网管道				

二、直埋敷设供热管道的安装

1. 直埋敷设的特点和结构形式

直埋敷设不需要砌筑地沟和支撑结构，将管道敷设于厚土或砂基础之上直接回填，既可缩短施工周期，又可节省投资。加之采用工厂化预制整体保温结构，是一种目前使用较多的敷设方法。特别是随着保温材料和外层防水保护层的材质性能、施工方法、使用寿命等方面的不断优化，这种敷设方法的应用愈来愈广泛。

供热管道直埋敷设时，由于保温结构与土壤直接接触，对保温材料的要求较高，应具有导热系数小、吸水率低、电阻率高、有一定机械强度等性能。目前国内使用较多的有聚氨基甲酯硬质泡沫塑料、聚异氰脲酸酯硬质泡沫塑料、沥青珍珠岩等几种材料。对于保温材料外边的防水保护层，常用的有聚乙烯管（硬塑）保护层、玻璃钢保护层及钢管保护层等。

保温结构可工厂预制，也可现场加工。按保温结构和管道的结合方式分，有脱开式和整体式两种。脱开式是在保护层与管壁间先涂一层易软化的物质，如重油或低标号沥青等，管道工作时，所涂物质受热溶化，使得管道在保温层可以伸缩运动。目前多采用整体式保温结构，即保温结构与管道紧密粘合，结成一体，当管道发生热伸缩时，保温结构与管道一起伸缩。这样，土壤对保温结构的摩擦力极大地约束了管道的位移，在一定长度的直管段上，就可不设或少设补偿器和固定点。整个管道仅在必要时设置固定墩，并在阀门、三通等处设补偿装置和检查小室。图 5-72 为无沟直埋混凝土墩固定支架做法示意图，括号内尺寸用于 $DN \geqslant 100$mm 的管道。混凝土墩标号采用 C20，表 5-42 为相应尺寸。

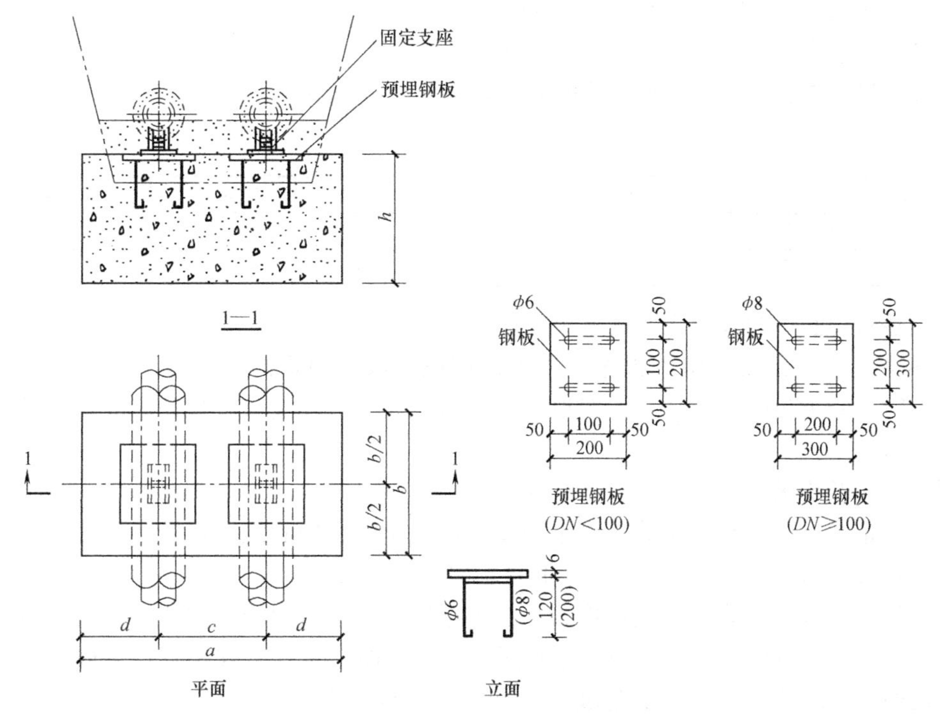

图 5-72　无沟直埋混凝土墩固定支架做法示意图

表 5-42　混凝土固定墩尺寸　（单位：mm）

公称直径		25	32	40	50	70	80	100	125	150	200	250	300
管道外径		32	38	45	57	73	89	108	133	159	219	273	325
安装尺寸	*a*	800	800	800	1000	1000	1000	1000	1200	1200	1400	1400	1600
	b	300	300	300	400	400	400	400	500	500	600	600	700
	c	320	320	320	340	360	400	400	440	480	540	620	670
	d	240	240	240	330	320	300	300	380	360	430	390	465
	h	200	200	200	300	300	300	300	400	400	500	500	500

为使管道坐实在沟基上，减轻弯曲应力，管道下面通常垫100mm厚的砂垫层，管道安装后，再铺75~100mm厚的粗砂枕层，然后再用细土回填至管顶100mm以上。再往上便可用沟土回填，如用砂子替代细土回填至管顶100mm以上，则受力效果更好，如图5-73所示。

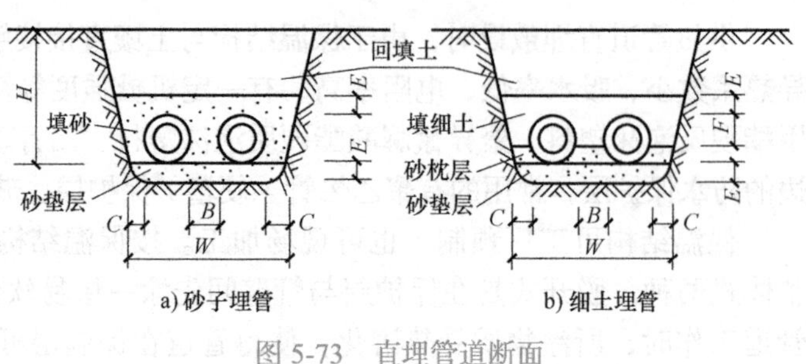

图5-73 直埋管道断面

E=100mm；F=75mm

图中沟底宽度W的计算公式为

$$W = 2D + B + 2C$$

式中 D——管道保温结构外表面直径（mm）；

B——管道间净距，不得小于200mm；

C——管道与沟壁净距，不得小于150mm。

直埋敷设供热管道的最小覆土深度应符合表5-43的要求。

表5-43 直埋敷设供热管道的最小覆土深度

管径/mm		50~125	150~200	250~300	350~400	>450
覆土深度/m	车行道下	0.8	1.0	1.0	1.2	1.2
	非车行道	0.6	0.6	0.7	0.8	0.9

2. 供热管道直埋敷设的施工程序和方法

供热管道直埋敷设的施工程序为：管道定位与放线→管沟开挖→沟基放坡及处理→预制保温管下管就位→挖工作坑→对口焊接→水压试验、冲洗及验收→焊口处保温结构补做→管沟回填。

具体操作及要求如下：

（1）管道定位与放线 按施工总平面图，测定出管道中心线，在管道各分支点、变坡点、转弯处及附属构筑物中心处打上中心桩，钉上中心钉。

按管道纵剖面图，定出沟槽深度H，并根据管径大小、现场土质情况，确定沟槽断面形式及尺寸。管道直埋敷设的沟槽开挖断面形式有三种，如图5-74所示。一般可采用梯形断面的沟槽，如图5-75所示，其边坡尺寸可按表5-44选取。

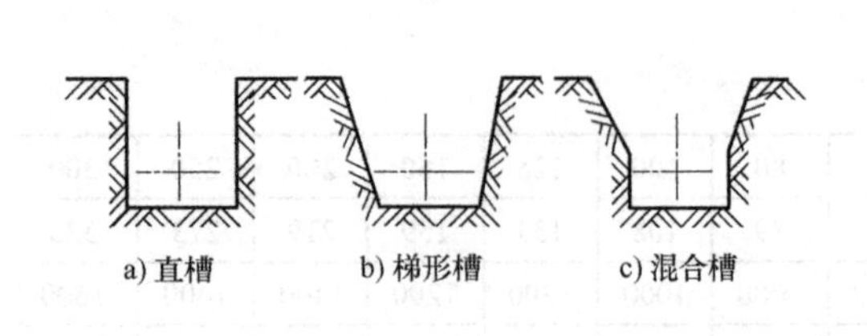

图5-74 沟槽断面形式

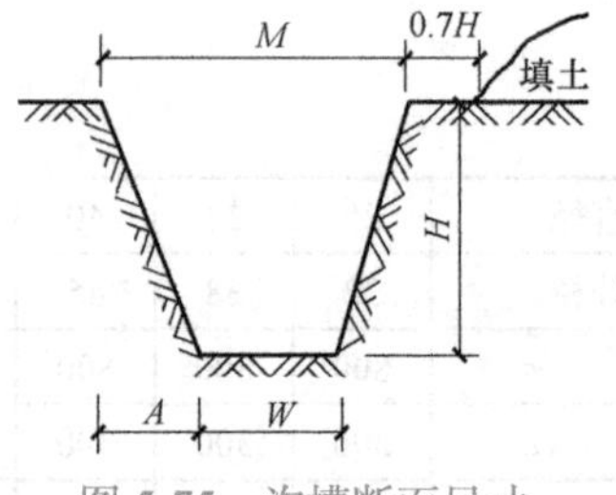

图5-75 沟槽断面尺寸

当管沟内只设一根管道时，沟底宽度是按管径及操作空间考虑的。一般情况下，当埋设深度在1.5m以内时，沟底宽度W可按表5-45确定。当沟深为1.5~2m时，W值增加0.1m；

当沟深为 2~3m 时，*W* 值增加 0.2m。

表 5-44 梯形槽边坡尺寸

土质类别	边 坡（*H*：*A*）	
	槽深 <3m	槽深 3~5m
砂土	1：0.75	1：1.00
亚黏土	1：0.50	1：0.67
压砂土	1：0.33	1：0.50
黏土	1：0.25	1：0.33
干黄土	1：0.20	1：0.25

表 5-45 沟底宽度尺寸表

管道直径 /mm	铸铁、钢、石棉水泥管 /m	钢筋、预应力混凝土管 /m
50~75	0.6	—
100~200	0.7	—
250~350	0.8	1.0
400~450	1.0	1.3
500	1.3	1.5

确定沟槽断面尺寸后，依据沟槽开挖宽度在所有中心桩处设置龙门板及中心钉，画出开挖沟槽的边线，并将各中心桩处的沟底标高及中心钉标高测出后标在龙门板上以便挖沟人员掌握。

（2）挖沟、找坡及沟基处理　不论是人工挖沟还是机械挖沟，开挖沟槽时，应注意不要超深。一般按设计标高留出 0.2m 左右的余量，由人工清理、找坡和进行沟基处理。当开挖超过设计深度时，应回填砂石找平。如用原土回填，必须严格分层回填，分层夯实。

沟底找坡须从龙门板上的中心钉引下标高，打桩挂线，清沟找坡。当沟基的原土层土质坚实时，可直接坐管或做沙垫层；如土质松软，可原土夯实，压实系数大于 0.95。对砾石沟底，则应超挖 0.2m，再回填好土并分层夯实。

开挖管沟应尽量避免雨水或地下水对沟底的影响。一旦沟底原土受到水浸时，应铺 0.1~0.2m 厚的碎石层，再铺 0.1m 厚的砂子，才可坐管。

（3）下管、排管、对口焊接、试压及接口处保温结构补做　下管前，应检查支座支墩的浇灌位置和牢固性，根据吊装设备能力，尽可能将管道和管件在地面组合焊好，准备在沟内焊接的接口要开好坡口并加以保护，并在沟内接口处挖好焊接操作坑。吊装时，不得以绳索直接捆扎保温外壳，而应用较宽的托带兜托管道，慢慢起吊，轻轻放下，防止破坏保护层。

管道就位后，应进行点焊，焊接钢管的焊缝端部不得点焊。点焊厚度应与第一层焊接厚度相近，根部必须焊透。对 *DN*80~800 的管道，点焊长度相应为 20~90mm，点焊 4~6 处为宜，然后可进行焊接。补偿器、变径管等管件也采用焊接连接，并按要求检查焊口，进行水压试验，合格后再对接口处进行防腐保温结构补做。

接口处保温结构补做所用材料应与管道保温材料一致，接口保温前应将钢管表面、两侧保温端面和搭接处外壳表面的水分、油污、杂质和端面保护层去除干净。接口采用聚氨酯发泡时，环境温度不应低于 10°C。

（4）管沟回填　回填土前，对管道弯曲部位的外侧应垫上一些硬泡块，以缓冲热应力的作用。

如前所述，用砂子回填至管顶100mm以上，管道的受力状况较好，然后用细土回填，每回填200~300mm，用蛙式打夯机夯击三遍，一直回填至沟槽上的地面，并高出地面150mm为宜。回填土不许用淤泥土和湿黏土。

三、地沟敷设供热管道的安装

1. 供热管道地沟敷设的基本要求

1）供热管道地沟按其断面尺寸大小分为不通行、半通行及通行地沟三种形式。地沟敷设有关尺寸要求见表5-46。沟底应有不小于0.002的坡度并坡向集水坑。沟盖板之间及周边要用水泥砂浆或沥青封缝防水。

表5-46 地沟敷设有关尺寸 （单位：mm）

名称 地沟类型	地沟净高	人行通道宽	管道保温表面与沟壁净距	管道保温表面与沟顶净距	管道保温表面与沟底净距	管道保温表面间净距
通行地沟	≥1.8	≥0.6	≥0.2	≥0.2	≥0.2	≥0.2
半通行地沟	≥1.2	≥0.5	≥0.2	≥0.2	≥0.2	≥0.2
不通行地沟			≥0.1	≥0.05	≥0.15	≥0.2

注：当必须在沟内更换钢管时，人行通道宽不应小于管道外径加0.1m。

2）图5-76为半通行地沟断面布置示意图，表5-47为相应参考尺寸。具体做法以施工图为准。

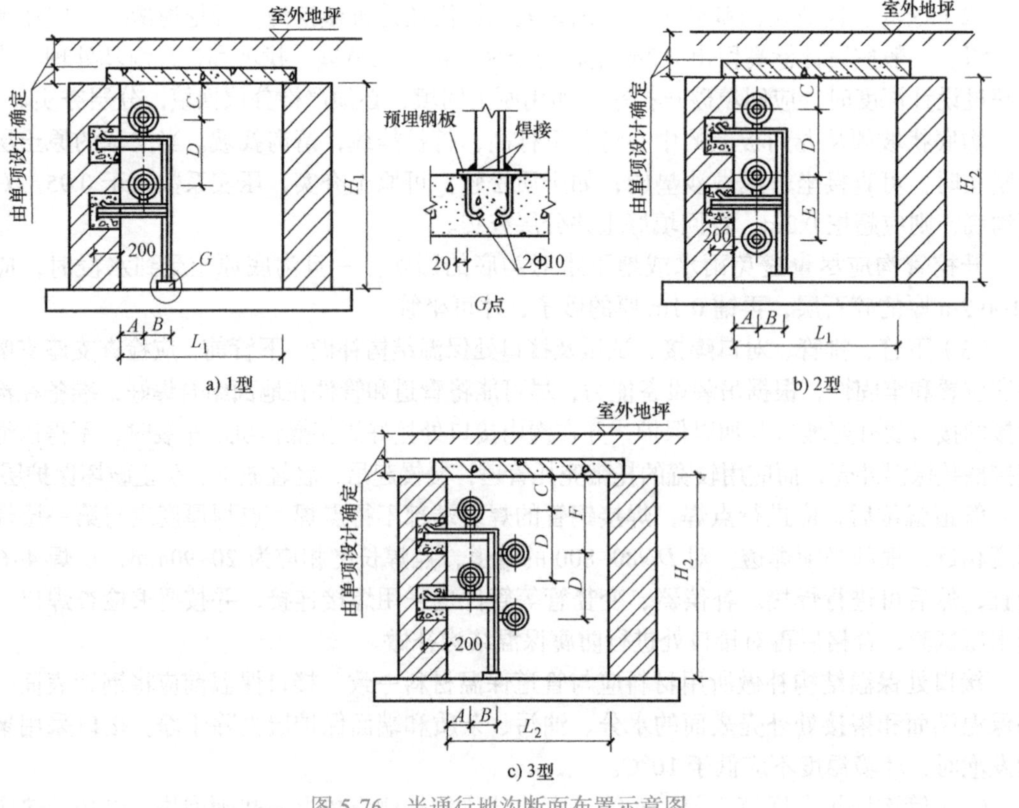

图5-76 半通行地沟断面布置示意图

表 5-47　半通行地沟断面布置尺寸　（单位：mm）

最大管径 *DN*	≤25	32	40	50	65	80	100	125	150	200	250
A	150	150	150	180	180	200	200	220	240	300	320
B	120	120	120	120	150	160	170	200	230	260	280
C	180	180	190	190	210	220	240	260	280	310	350
D	290	290	290	310	340	380	400	450	480	510	640
E	300	300	300	300	310	360	400	440	450	480	500
F	295	320	325	345	385	410	445	490	530	580	670
L_1，H_1	1200						1200			1400	
L_2，H_2	1200						1400			1600	
1、2 型横竖支架	∟40×4				∟50×5			∟65×6			
2 型槽钢支架	[5				[8			[10			
3 型横竖支架	∟50×5				∟65×5			∟80×7			

3）地沟内布管原则：半通行与不通行地沟支架敷设时，管径大且保温的管道布置在最下层，上层则布置管径小或不保温的管道。

2. 管道安装

地沟敷设供热管道安装的一般工艺流程是：管道找坡、支架定位→支架制安→管道预组对→下管上架→对口焊接→补偿器安装→试压、冲洗→管道防腐保温→试运行。

1）支架的生根宜配合土建进行预留孔洞或预埋钢板。支架形式应按设计要求及相关标准图确定，支架横梁标高尺寸可根据管径、坡度、管座高度等因素确定，并应挂线弹出管道安装中心线。

2）管道在沟上的预组对应考虑支架形式，下管方式等因素，管道上架后的对口、点焊、校正、施焊等工作应尽量采用活口焊接。活动支架的高度经调正后，按一定偏心距与管道焊牢。

3）方形补偿器冷拉时的接口位置可选在距补偿器弯曲起点 2~3m 处的直管段上，如图 5-77 所示。冷拉的方法可拉可顶。图 5-78 为用双头螺栓制作的冷拉器，将冷拉器固定在要对口的两管端头，旋紧双头螺栓，逐渐对合两管口至所需焊接缝隙后点焊，取掉冷拉器即可施焊。图 5-79 为利用旋紧螺母使螺杆位移以撑开补偿器来实现冷拉的工具。

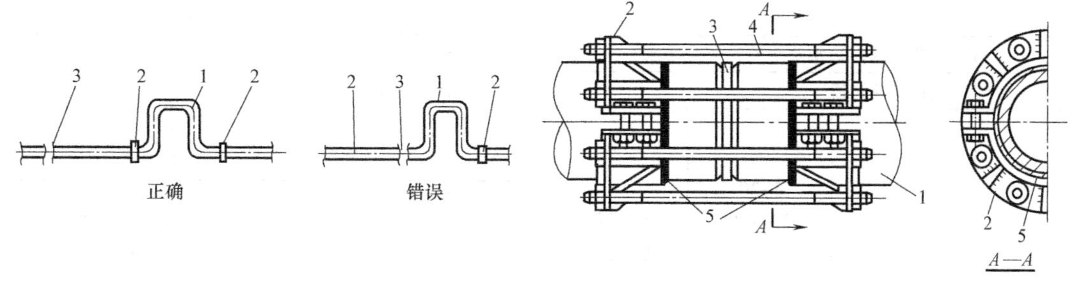

图 5-77　方形补偿器冷拉接口位置

1—补偿器　2—焊口　3—冷紧口 3—冷紧口

图 5-78　双头螺栓冷拉器

1—管道　2—对开卡箍　3—木垫环　4—双头螺栓　5—挡环

四、架空敷设管道安装

1. 架空敷设的支架类型及要求

架空敷设特点是管道受自然气候侵蚀较严重，对保温层，特别是保护层要求较高。目前常用铝箔保护层、石棉灰壳保护层等。按支架高度不同，分为低支架（0.5~1m）、中支架（2.5~4m）、高支架（4.5~6m）三种形式。支架多用钢筋混凝土结构或钢结构，如图5-80所示。

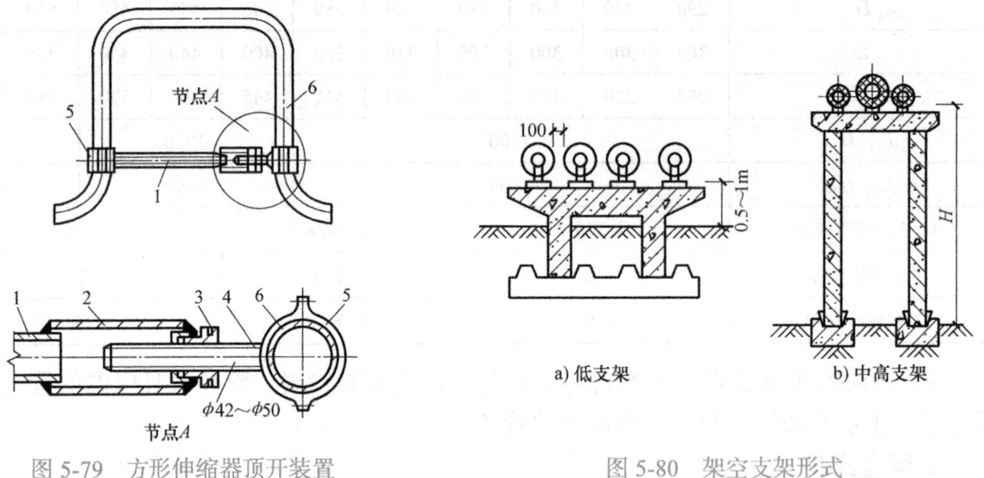

图5-79 方形伸缩器顶开装置

1—拉杆 2—短管 3—调节螺母 4—螺杆 5—卡箍 6—补偿器

图5-80 架空支架形式

架空敷设的供热管道安装高度，当设计无规定时，应符合以下要求（以保温层外表面计算）：人行地区，不小于2.5m；通行车辆地区，不小于4.5m；跨越铁路，距轨顶不小于6m。架空供热管道与建筑物等的净距要求见表5-48。

当支架已完成，管道滑动支座、固定支座、导向支座均已预制成型，材料、机具已齐备，补偿器已预制或组装完成时，即可进行管道安装。

表5-48 架空供热管道与建筑物、构筑物及电线间水平及交叉垂直最小净距

（单位：m）

序号	名称			水平净距	垂直净距
1	一、二级耐火等级建筑物			允许沿外墙	
2	铁路			距轨外侧3.0	距轨顶：电气机车为6.5 蒸汽及内燃机车为6.0
3	公路边缘、边沟边缘或铁路堤坡脚			0.5~1.0	距路面4.5
4	人行道路边缘			0.5	距路面2.5
5	架空输电线路		千伏以下（电线在上）	导线最大偏风时	导线最低处
		1		1.5	1.0
		1~20		3.0	3.0
		35~110		4.0	4.0
		220		5.0	5.0
		380		6.0	6.0
		500		6.5	6.5

2. 架空管道安装

架空管道安装工艺流程一般如下：按设计坐标检测支座（支架）位置 →安装支座（支架）、找正找坡→管道、管件、附件组装、连接→吊装→管道管件、阀件、补偿器安装→试压、冲洗→防腐、保温。

（1）支架的检查与验收　对土建施工的支架标高、平面坐标及强度等参数要用仪表仪器进行校核验收，支架预埋件的位置、标高均要确定。

（2）画线及预组装　在验收后的管道支架预埋钢板顶面上挂通线，按要求弹画出管道中心线，同时测量并记录各支架顶面与管中心标高的差值，以便用管道高支座调整管道安装标高。

地面上的预组装是架空管道施工的关键技术环节，必须经施工方案做出全面细致的规划，以尽量减少管道上架后的空中作业量。预组装包括管道端部接口平整度的检查，管道坡口的加工，三通、弯管、变径管的预制，法兰的焊接，法兰阀门的组装等。同时，各预制管件应与适当长度的直管组合成若干管段，以备管段吊装，预组装管段的长度应按管道刚度条件、吊装条件等因素综合考虑。某些管道防腐、保温工作，也应尽量在地面上完成。

（3）吊装准备　按预定的吊装方案，准备吊装机具，在中高支架处应搭设操作平台，以保证高空作业的安全。

（4）挂坡度线安装高支座　在挂线两端的支架顶面上，按已弹出的管道安装中心线，临时焊接挂线用圆钢并使其垂直于中心线，在圆钢上挂坡度线逐一安装高支座，并使高支座底部与挂线相吻合。对符合坡度要求的高支座，先向热伸长的方向斜偏 1/2 热伸长量，点焊就位，再对不符合要求的高支座重新焊接或在支座下加斜垫铁进行调整，直到符合坡度要求。

（5）管道的吊装就位　在管段预组装后，即可进行预制管段的吊装工作。吊装时应先吊装阀门、三通和弯管的预组装管段，使三通、阀门、弯管中心线处于设计位置上，以下的管道安装工作变为各管件间直线管道的安装。为便于对口，可在接口处设置临时搭接板，管道 $DN \geqslant 300$mm 时，宜在一管端部点焊角钢搭接板，$DN < 300$mm 时可用弧形托板，如图 5-81 所示。图 5-82 为专制夹持固定器示意图。对大口径管道可用内对口器，目前国内定型产品为油压传动，使用效果好，用内对口器组装管道，可不进行定位焊。

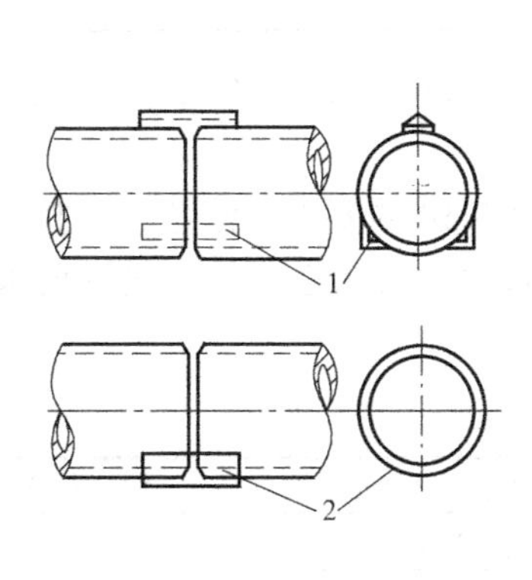

图 5-81　搭板对口示意图

1—搭接板　2—弧形托板

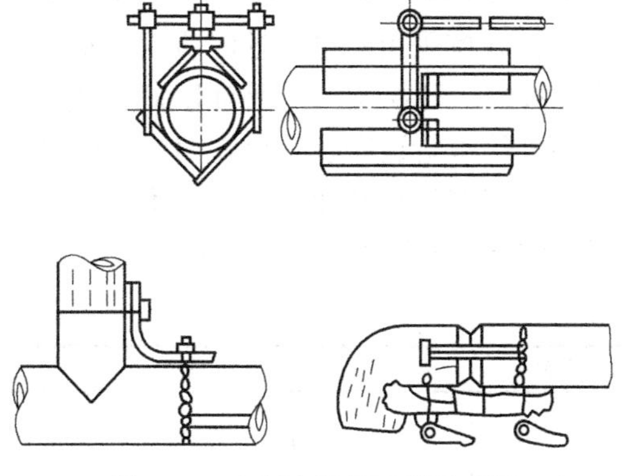

图 5-82　专制夹持固定器示意图

管道安装的点焊、焊接、保温结构补做等工序如前所述。

管道焊接后，铲去活动支架高支座下的临时点焊缝，将高支座与管道焊接牢固。

任务六 室外给排水管道的安装

一、概述

室外给水管道通常采用塑料管、复合管、非镀锌钢管、镀锌钢管或给水铸铁管，室外排水管道多采用排水铸铁管、钢筋混凝土管或塑料管。室外给排水管道一般采用埋地敷设，个别情况下采用地沟敷设（如随暖沟敷设、湿陷性黄土地区检漏沟敷设等）。

室外给排水管道与其他管线、建筑的净距一般不应小于表5-49的规定，表中净距是指管外壁距离，管道交叉设套管时指套管外壁距离，直埋热力管指保温壳外壁距离。管线埋深应在当地冰冻线以下0.15m，行车道下管线覆土深度不小于700m。无冰冻地区，埋地时管顶的覆土深度不小于500mm。

表5-49 室外给排水管道与其他管线、建筑的净距（单位：m）

	给水管		污水管		雨水管	
	水平	垂直	水平	垂直	水平	垂直
给水管	0.5~1.0	0.1~0.15	0.8~0.15	0.1~0.15	0.8~0.15	0.1~0.15
污水管	0.8~ 1.5	0.1~0.15	0.8~0.15	0.1~0.15	0.8~0.15	0.1~0.15
雨水管	0.8~ 1.5	0.1~0.15	0.8~0.15	0.1~0.15	0.8~0.15	0.1~0.15
低压煤气管	0.5~1.0	0.1~0.15	1.0	0.1~0.15	1.0	0.1~0.15
直埋式热水管	1.0	0.1~0.15	1.0	0.1~0.15	1.0	0.1~0.15
热力管沟	0.5~1.0		1.0		1.0	
乔木中心	1.0		1.5		1.5	
电力电缆	1.0	直埋 0.5 穿管 0.25	1.0	直埋 0.5 穿管 0.25	1.0	直埋 0.5 穿管 0.25
通信电缆	1.0	直埋 0.5 穿管 0.15	1.0	直埋 0.5 穿管 0.15	1.0	直埋 0.5 穿管 0.15
通信及照明电缆	0.5		1.0		1.0	

管槽开挖采用机械开挖时应人工清底，地基土若被扰动应原土夯实或做其他处理。管槽定位放线、开挖及沟槽断面等前已述及。

室外给水管道安装的允许偏差和检验方法应符合表5-50的要求。法兰、卡扣、卡箍等接口应安装在检查井或地沟内，不可埋在土壤中。钢管埋地防腐必须符合设计要求，一般情况下防腐层厚度不小于3mm。

表5-50 室外给水管道安装的允许偏差和检验方法

项次	项目			允许偏差 /mm	检验方法
1	坐标	铸铁管	埋地	100	拉线和尺量检查
			敷设在沟槽内	50	
		钢管、塑料管、复合管	埋地	100	
			敷设在沟槽内	40	

（续）

项次	项目			允许偏差 /mm	检验方法
2	标高	铸铁管	埋地	± 50	拉线和尺量检查
			敷设在沟槽内	± 30	
		钢管、塑料管、复合管	埋地	± 50	
			敷设在沟槽内	± 30	
3	水平管纵横向弯曲	铸铁管	直段（25m 以上）起点至终点	40	拉线和尺量检查
		钢管、塑料管、复合管	直段（25m 以上）起点至终点	30	

室外给水管网水压试验压力为工作压力的 1.5 倍，但不小于 0.6MPa。检验方法：管材为钢管、铸铁管时，试验压力下 10min 内压力降不大于 0.05MPa，然后降至工作压力进行检查，压力应保持不变，且不渗不漏为合格；管材为塑料管时，试验压力下稳压 1h，压力降不大于 0.05MPa，然后降压至工作压力进行检查，压力应保持不变，不渗不漏为合格。给水管道竣工后，必须对管道进行冲洗，饮用水管道还应在冲洗后进行消毒，满足饮用水卫生要求。

室外排水管道安装的允许偏差和检验方法应符合表 5-51 的规定。管道埋设前必须做灌水试验和通水试验，具体方法是：按排水检查井分段试验，试验水头应以试验段上游管顶加 1m 水柱，时间不少于 30min，逐段观察，管接口应无渗漏。

表 5-51　室外排水管道安装的允许偏差和检验方法

项 次	项 目		允许偏差 /mm	检验方法
1	坐标	埋地	100	拉线
		敷设在地沟内	50	尺量
2	标高	埋地	± 20	用水平仪拉线和尺量
		敷设在地沟内	± 20	
3	水平管道纵横向弯曲	每 5m 长	10	拉线尺量
		全长（两井间）	30	

管沟回填时，管顶上部 200mm 以内应用砂子或无块石、无冻块的土，不得用机械回填；管顶上部 200~500mm 范围内不得回填直径大于 100mm 的块石和冻土块。上部用机械回填时，机械不得在管沟上行走。

二、室外给水管道安装

1. 室外给水铸铁管道安装

室外给水铸铁管采用承插连接，可用石棉水泥接口、青铅接口、胶圈接口等方式，石棉绒不应用于饮水管道。以水泥接口为例，其安装工序为：安装准备→清扫管膛→管道、管件、阀门就位→挖工作坑→对口、打口→养护→试压、冲洗、消毒→回填。

（1）安装准备、清扫管膛　按施工图、技术交底进行管基、坐标、平直度检查。清扫管膛，将承口内及插口外的飞刺、铸砂等铲净，烤掉沥青漆，再用钢丝刷除去污物。

（2）管道等就位、挖工作坑　将阀门、管件稳放在规定位置，作为基准点，而后布管，承口朝向来水方向。根据管道尺寸，挖好工作坑，如图 5-83 及表 5-52 所示。

（3）对口连接

1）铸铁给水管道承插捻口连接的对口间隙不小于 3mm，最大间隙不得大于表 5-53 的规定，管径较大时宜用倒链或吊车对口。铸铁管沿直线敷设，承插捻口连接的环型间隙应符合表 5-54 的要求。沿曲线敷设时，每个接口允许有 2% 的转角。

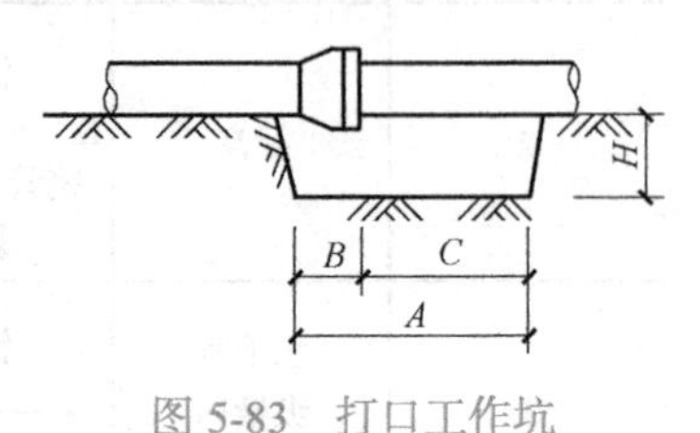

图 5-83　打口工作坑

表 5-52　工作坑尺寸

管道直径 /mm	宽度 /m	A/m	B/m	C/m	H/m
75~250	0.8	0.8	0.2	0.6	0.3
300~500	1.4	1.2	0.3	0.9	0.4

表 5-53　铸铁管承插捻口的对口最大间隙

管径 /mm	沿直线敷设 /mm	沿曲线敷设 /mm
75	4	5
100~250	5	7~13
300~500	6	14~22

表 5-54　铸铁管承插捻口的环型间隙

管 径 /mm	标准环型间隙 /mm	允许偏差 /mm
75~200	10	+3　−2
250~450	11	+4　−2
500	12	+4　−2

2）采用水泥捻口时，捻口用的油麻填料必须清洁，捻实后其深度占间隙深度的 1/3。捻口用水泥强度不应低于 32.5MPa，接口水泥面凹入承口边缘深度不大于 2mm。当安装地点有侵蚀性地下水时，应在接口处涂沥青防腐层。

3）采用橡胶圈接口的管道，每个接口最大偏转角不得超过表 5-55 的规定。在土壤或地下水对橡胶圈有腐蚀的地段，回填土前应用沥青胶泥、沥青油麻或沥青锯末封闭橡胶圈接口。

表 5-55　橡胶圈接口最大允许偏转角

公称直径 /mm	100	125	150	200	250	300	350	400
允许偏转角度	5°	5°	5°	5°	4°	4°	4°	3°

2. 室外给水塑料管道安装

室外给水塑料管道的常用管材有 PE、PP-R、PB、PVC-U 给水管，相应连接方法为热（电）熔连接和承插粘接。

电熔连接是采用内埋电阻丝的专用电熔管件，通过专用设备，控制内埋于管件中电阻丝的电压、电流及通电时间，使其达到熔接目的的连接方法。电熔连接方式有电熔承插连接、电熔鞍形连接，如图 5-84 所示。

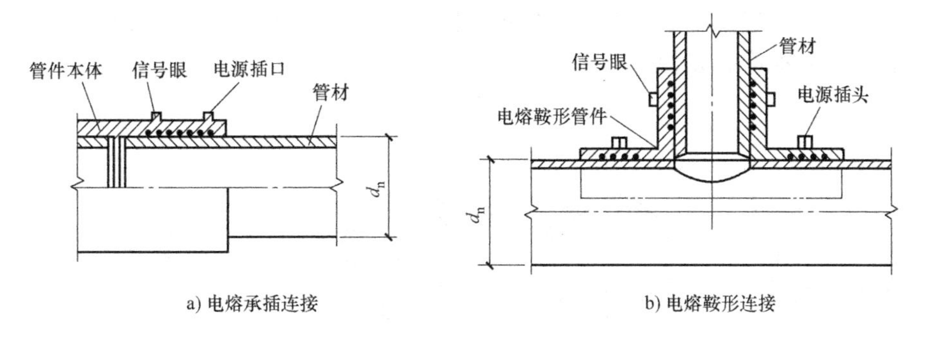

图 5-84　电熔连接示意图

在沟槽开挖、沟槽基础处理按设计要求完成后，管道安装工序为：安装准备→清扫管膛→管道、管件、阀门就位→连接试压、冲洗、消毒→回填。安装要点如下：

1）采用承插式接口时，宜人工布管且在沟槽内连接；槽深大于 3m 或管外径大于 400mm 的管道，宜用非金属绳索兜住管节下管；严禁将管节翻滚抛入槽中。

2）采用电熔、热熔接口时，宜在沟槽边上将管道分段连接后以可靠的吊具平稳将管道移入沟槽，且管道表面不得有明显的划痕。

3）承插式柔性接口连接宜在当日温度较高时进行，插口端不宜插到承口底部，应留出不少于 10mm 的伸缩空隙，插入前应在插口端外壁做出插入深度标记；插入完毕后，承插口周围空隙均匀，连接的管道平直。

4）电熔连接、热熔连接应在当日温度较低或接近最低时进行，电热设备的温度控制、时间控制必须严格按接头的技术指标和设备的操作程序进行。接头处应有沿管节圆周平滑对称的外翻边，内翻边应铲平。

用于室外生活给水或生活、消防共用的塑料管、管件、附件等必须符合国家有关质量卫生标准。

三、室外排水管道安装

室外排水管道一般均采用开槽埋设，管沟开挖做法与本项目任务五相似。室外排水管道的坡度必须符合设计要求，严禁无坡或倒坡。管道埋设前必须做灌水试验和通水试验，排水应畅通，无堵塞，管接口无渗漏。

（1）管道基础处理　对于原状的地基不应受扰动，当地基土被扰动时，可原土夯实或 3 ∶ 7 灰土、碎石等填充夯实，压实系数大于 0.95。

（2）刚性接口处混凝土基础垫枕形式　一般情况下，刚性管道基础不需通长做混凝土基础垫层，只在接口处做基枕。常见形式如图 5-85 所示，基础长度为 300~400mm。图中 90° 混凝土基础垫适用于地下水位在管底以下，管顶覆土为 0.7~2.5m，不在车道下的次要管道和临时管道。135° 及 180° 混凝土基础垫适用于管顶覆土为 2.6~4.0m 的管道。基垫的尺寸由设计决定。

（3）钢筋混凝土排水管接口做法 对于钢筋混凝土管，多采用抹带接口。图 5-85 为水泥砂浆抹带接口和钢丝网水泥砂浆抹带接口，前者适用于雨水管道，后者适用于污水管道。其中抹带及填缝均采用 1 : 2.5 水泥砂浆，钢丝网为 20 号 10mm × 10mm 镀锌网，埋入混凝土内的长度为 100~150mm（当 $D \geqslant$ 700mm 时取最大值）。在基础和管外壁于抹带相接处混凝土表面应凿毛刷净，以便于粘接。

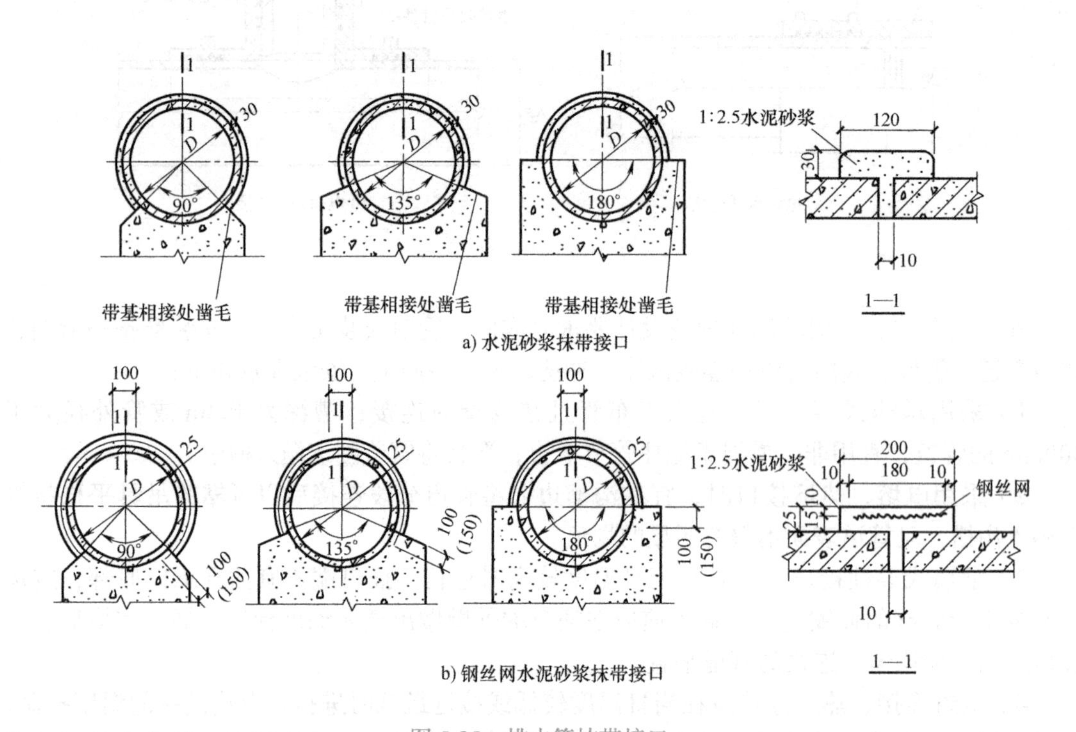

图 5-85 排水管抹带接口

图 5-86 为沥青麻布接口，属于柔性接口，适用于无地下水，地基不均匀沉降不严重的排水管道，沥青麻布三层四度，采用 4 号沥青，麻布搭接长度为 150mm。冷底子油重量比为 4 号沥青：汽油 =3 : 7。管径 D 为 150~1000mm，带宽尺寸 k 为 280~330mm。

（4）塑料排水管道接口做法 塑料排水管道种类较多，接口做法主要有承插弹性橡胶圈连接、胶黏剂连接、热（电）熔连接、电熔挤出焊接连接等方法。

图 5-87 为聚乙烯（PE）双壁波纹塑料排水管道胶圈连接及与不同管材配套使用的各种弹性橡胶圈断面形式，插入时通常使用拉紧器，并要在密封圈上涂润滑剂，以防止插入过程中损坏胶圈。

对于塑料排水管道，由于是柔性管道，依据“管土共同工作”理论，如采用刚性管座基础将破坏围土的连续性，从而引起管壁应力突变，并可能超出管材的极限抗拉强度导致破坏。同样，不容许对塑料排水管道进行局部封包也是为了防止管壁产生应力集中。

（5）排水管道密闭性试验 污水、雨污水合流管道必须进行密闭性试验，相关施工验收规范对不同管材管道的最大允许渗水量有明确规定。图 5-88 为排水管道密闭性试验示意图。

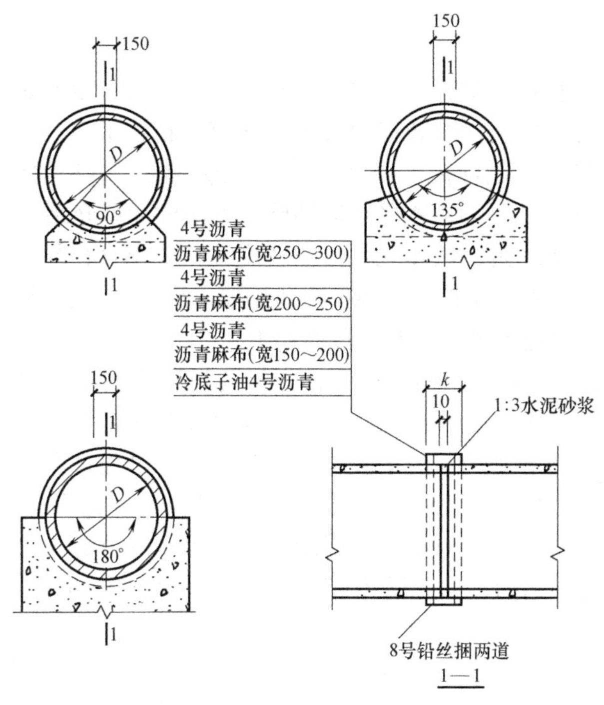

图 5-86　沥青麻布接口

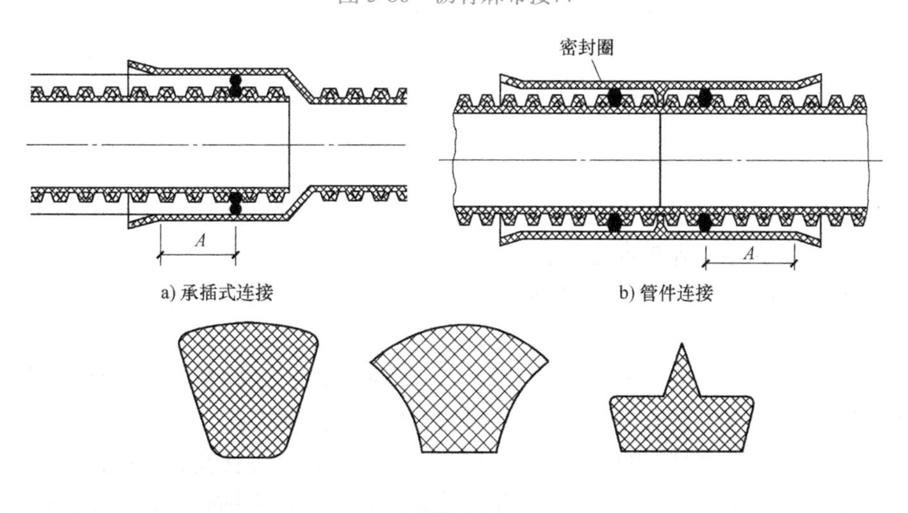

c) 胶圈截面形式

图 5-87　聚乙烯（PE）双壁波纹塑料排水管道胶圈连接

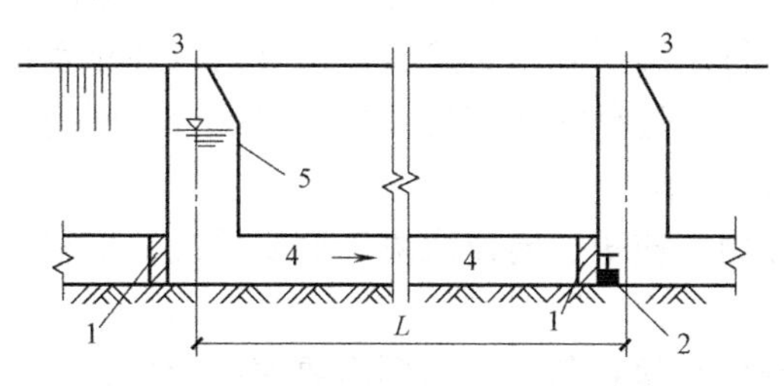

图 5-88　排水管道密闭性试验示意图

1—闭水堵头　2—放水管和阀门　3—检查井　4—闭水管段　5—规定闭水水位

四、室外管道工程不开槽施工方法——定向钻方法简介

目前，室外管道工程不开槽施工方法有多种，如顶管法、定向钻法、盾构法等。其中水平定向钻敷管技术是一种现代非开挖敷设管道的施工新技术，是对环境影响最小的施工方法，主要用于各种管道穿越河流、公路、铁路等障碍物，最长的穿越施工可达上千米，穿越管道直径可达 300mm。下面对水平定向钻施工方法做简单介绍。

水平定向钻的基本原理是：按预先设定的轨迹钻一个小直径导向孔，随后在导向孔出口端的钻杆头部安装扩孔器回拉扩孔，当扩孔达到要求后，在扩孔器的后端连接旋转接头、拉管头和管道，回拉敷设地下管道。基本过程如下：

1）钻先导孔（图 5-89a）：定向钻机在钻先导孔过程中利用膨胀土、水、气混合物来润滑、冷却和运载切削下来的土到地面。钻孔曲线由放置在钻头后端钻杆内的电子测向仪进行测量并将测量结果传导到地面的接收仪，这些数据经过处理和计算后，以数字的形式显示在显示屏上，该电子装置主要用来监测钻杆方向和倾角（钻头在地下的三维坐标），将测量到的数据与设计的数据进行对比，以便确定钻头的实际位置与设计位置的偏差，并将偏差值控制在允许的范围之内，如此循环直到钻头按照预定的导向孔曲线在预定位置出土。

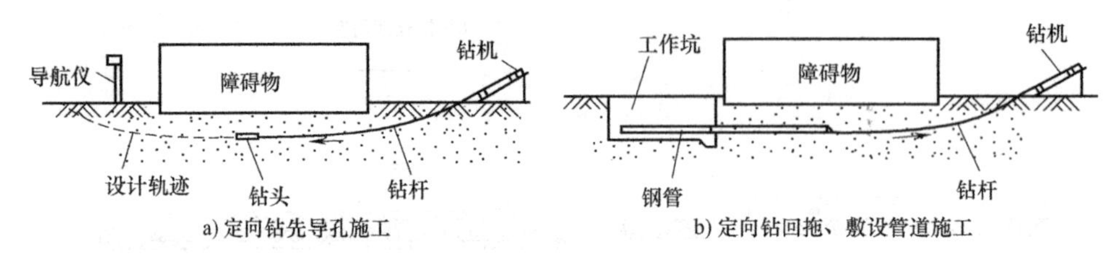

图 5-89 定向钻施工示意图

无压管道从竖向曲线过度至直线后，应结合检查井、入土点、出土点位置综合考虑设置控制井，并应在导向孔钻进前完成控制井施工。

偏差矫正应及时，且采用小角度逐步纠偏，钻孔的轨迹偏差不得大于终孔直径，超出误差允许范围宜退回进行纠偏。

2）回扩（预扩孔）：先导孔施工完成后，一般采用回扩，即在拉回钻杆的同时将先导孔扩大到合适的直径以方便安装成品管道，此过程也称为预扩孔，依最终成孔尺寸决定扩孔次数。分次扩孔时每次回扩的级差宜控制在 100~150mm，终孔孔径宜控制在会拖管节外径的 1.2~1.5 倍。将导向孔扩大的同时要将大量的泥浆用泵打入钻孔，以保证钻孔的完整性和不塌方，并将切削下的岩屑带回到地面。

3）回拖、敷设管道（图 5-89b）：预扩孔完成以后，待回拖管道应在出土点一侧沿管道轴线方向组对连接，进行防腐层施工、接口检验合格，并预水压试验合格，即可回拖入钻孔。回拖由钻机完成，这一过程同样需要大量泥浆配合。回拖过程要连续进行直到扩孔器和成品管道自钻机一侧破土而出。

钻机的给进力、起拔力、扭矩、转速取决于地质情况，应根据设计要求和施工方案组织实施。

定向钻施工时可在地面直接钻斜孔，钻到需要深度后再转变，入土段和出土段应为直线钻进，其直线长度宜控制在 20m 左右。钻头钻进的方向是可控的，钻杆可转弯，最小转

弯半径应为30~42m。最小转弯半径取决于铺设管的管径和材料，一般管径较大或管道柔性较差时，转弯半径应加大，管道牵引回拖时要平直。

不论是哪一种不开槽施工方法，都应做必要的地质调查，以确保施工顺利进行。

任务七 燃气管道的安装

一、概述

1. 燃气

燃气是指所有的天然和人工的气体燃料，其组成包括可燃气体（各种碳氢化合物 C_nH_m、氢气 H_2、一氧化碳 CO）、惰性气体（氮气 N_2 及其他不活泼气体）、混杂气体（水蒸气 H_2O、二氧化碳 CO_2、氧气 O_2、氨气 NH_3、氰化氢 HCN、硫化氢 H_2S）等。人工燃气按其成因又分为焦炉气、水煤气、发生炉气、裂解气、液化石油气等。

燃气组成中的 CO、H_2S、NH_3、HCN 都是有毒气体，燃气中许多有害气体对金属有腐蚀性，如硫化氢同金属作用生成硫化铁，易造成燃气泄漏；二氧化碳在高温下能腐蚀钢，氢在高温下扩散能穿透金属。

燃气在空气中达到一定浓度时遇明火会发生爆炸，不同组分的燃气在空气中的燃爆极限不同。引起爆炸的可燃气体含量范围称为爆炸极限。为及时发现燃气泄漏，城市燃气必须加臭。燃气在输配过程中，有些组分如水蒸气会凝结成水（低温下结冰），萘（$C_{10}H_8$）会结晶析出沉积于管壁，煤焦油及其他杂质也会造成管道阻塞。故在燃气管中，常需设置排凝水装置、吹扫、热洗装置。

2. 燃气管道安装的一般要求

1）室外燃气管道常采用钢管、铸铁管或高、中密度聚乙烯塑料管，室内燃气管道应采用热浸镀锌钢管，见表5-1。

2）燃气管道上的阀门应逐个进行外观检查，强度试验压力为阀门公称压力的1.5倍，严密性试验压力为阀门公称压力。室外管道一般选用闸阀、球阀、油密封旋塞阀或蝶阀，室内管道一般选用旋塞阀或球阀。

3）镀锌钢管采用螺纹连接，用聚四氟乙烯胶带密封。非镀锌钢管可采用焊接或法兰连接，法兰密封材料为石棉橡胶垫片或柔性石墨复合垫片。焊缝应按设计要求进行射线探伤及超声波探伤。

4）燃气管道采用承插胶圈接口时，橡胶圈应选用耐燃气腐蚀的丁腈橡胶，外观应均匀、质地柔软，无气泡、重皮。胶圈物理性能应符合表5-56的要求。胶圈端面尺寸可按表5-57选用。

表5-56 燃气用胶圈的物理性能

含胶量（%）	邵氏硬度（度）	拉应力/（N/m²）	伸长率（%）	永久变形（%）	老化系数（70℃，72h）
≥65	45~55	$\geqslant 1.6\times10^7$	≥500	<25	≥0.8

表 5-57 胶圈端面尺寸 （单位：mm）

承口与插口间的空隙	8	9	10	11	12	13
胶圈断面直径	17	18	19	21	22	23

5）燃气管道按工作压力 P 可分为三类：

高压燃气管道：A、$0.8\text{MPa} < P \leqslant 1.6\text{MPa}$

B、$0.4\text{MPa} < P \leqslant 0.8\text{MPa}$

中压燃气管道：A、$0.2\text{MPa} < P \leqslant 0.4\text{MPa}$

B、$0.005\text{MPa} < P \leqslant 0.2\text{MPa}$

低压燃气管道：$P \leqslant 0.005\text{MPa}$

地下燃气管道与相邻管道或建筑物、构筑物基础之间的水平净距、垂直净距不应小于表 5-58 的要求。

表 5-58 地下燃气管道与相邻管道或建筑物、构筑物基础之间的水平净距、垂直净距 （单位：m）

项目		水平净距					垂直净距
		低压	中压		高压		
			A	B	A	B	
建筑物基础		0.7	2.0	1.5	6.0	4.0	—
给水管		0.5	0.5	0.5	1.5	1.0	0.15
排水管		1.0	1.2	1.2	2.0	1.5	0.15
电力电缆		0.5	0.5	0.5	1.5	1.0	0.15
通信电缆	直埋	0.5	0.5	0.5	1.5	1.0	0.50
	在导管内	1.0	1.0	1.0	1.5	1.0	0.15
其他燃气管道	$DN \leqslant 300\text{mm}$	0.4	0.4	0.4	0.4	0.4	0.15
	$DN > 300\text{mm}$	0.5	0.5	0.5	0.5	0.5	0.15
热力管	直埋	1.0	1.0	1.0	2.0	1.5	0.15
	在管沟内	1.0	1.5	1.5	4.0	2.0	0.15
电杆（塔）的基础	$\leqslant 35\text{kV}$	1.0	1.0	1.0	1.0	1.0	—
	$> 35\text{kV}$	5.0	5.0	5.0	5.0	5.0	—
通信照明电杆（至电杆中心）		1.0	1.0	1.0	1.0	1.0	—
铁路钢轨		5.0	5.0	5.0	5.0	5.0	1.20
有轨电车钢轨		2.0	2.0	2.0	2.0	2.0	1.00
街树（至树中心）		1.2	1.2	1.2	1.2	1.2	—

6）地下燃气管道最小覆土厚度不应小于 0.6m，车行道下不应小于 0.8m。管道穿越热力管沟、隧道或其他沟槽时，必须将燃气管道敷设在套管内，套管伸出构筑物外壁不小于 0.1m，且钢套管应防腐，套管两端应用柔性防腐、防水材料密封。

二、室内燃气管道的安装

室内低压燃气管道及器具工作压力不大于 0.005MPa。通常遵循以下安装工艺流程：准备、预制加工→引入管安装→立管安装→支管安装→管道试压、吹洗→气表安装→防腐、刷油。

（1）引入管安装　燃气引入管尽量从室外引入，而不应从地下室引入。图 5-90 的做法适用于北方寒冷地区，管材采用无缝钢管、煨制弯头。穿墙处应预留孔洞，并考虑建筑物最大沉降量。图中砖砌保护井也可用换代产品专用保护罩来替代，人工煤气的引入管不应小于 *DN*25mm。

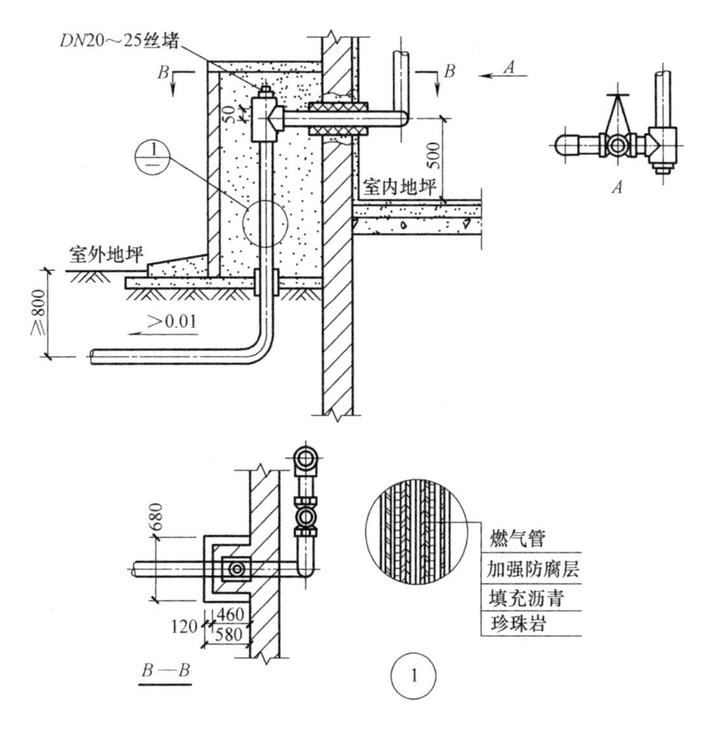

图 5-90　燃气引入管做法

（2）立管、支管安装

1）室内燃气管道应明装，穿墙、穿楼板处须加装钢套管，且应填塞沥青麻丝后用沥青封口。

2）室内燃气管道和电气设备、相邻管道之间的净距应不小于表 5-59 的要求。

表 5-59　室内燃气管道和电气设备、相邻管道之间的净距　（单位：mm）

管道和设备		与燃气管道的净距	
		平行敷设	交叉敷设
电气设备	明装的绝缘电线或电缆	250	100①
	暗装的或放在管道中的绝缘电线	50（从所做的槽或管道的边缘算起）	10
	电压小于 1000V 的裸露电线的导电部分	1000	1000
	配电盘或配电箱	300	不允许
相邻管道		应保证燃气管道和相邻管道的安装、安全维护和修理	20

① 当明装电线与燃气管道交叉净距小于 100mm 时，电线应加绝缘套管；绝缘套管的两端应各伸出燃气管道 100mm。

3）室内燃气管道安装的允许偏差和检验方法应满足表5-60的要求。

表5-60 室内燃气管道安装的允许偏差和检验方法

<table>
<tr><th>项次</th><th colspan="3">项 目</th><th>允许偏差/mm</th><th>检验方法</th></tr>
<tr><td>1</td><td colspan="3">坐标</td><td>10</td><td rowspan="2">用水平尺，直尺、拉线和尺量检查</td></tr>
<tr><td>2</td><td colspan="3">标高</td><td>±10</td></tr>
<tr><td rowspan="4">3</td><td rowspan="4">水平管道纵横方向弯曲</td><td rowspan="2">每米</td><td>管径小于或等于100mm</td><td>0.5</td><td rowspan="4">用水平尺，直尺、拉线和尺量检查</td></tr>
<tr><td>管径大于100mm</td><td>1</td></tr>
<tr><td rowspan="2">全长（25m以上）</td><td>管径小于或等于100mm</td><td>不大于13</td></tr>
<tr><td>管径大于100mm</td><td>不大于25</td></tr>
<tr><td rowspan="2">4</td><td rowspan="2">立管垂直度</td><td colspan="2">每米</td><td>2</td><td rowspan="2">吊线和尺量检查</td></tr>
<tr><td colspan="2">全长（5m以上）</td><td>不大于10</td></tr>
<tr><td>5</td><td>进户管阀门</td><td colspan="2">阀门中心距地面</td><td>±15</td><td rowspan="3">尺量检查</td></tr>
<tr><td rowspan="3">6</td><td rowspan="3">煤气表</td><td colspan="2">表底部距地面</td><td>±15</td></tr>
<tr><td colspan="2">表后面距墙表面</td><td>5</td></tr>
<tr><td colspan="2">中心线垂直度</td><td>1</td><td>吊线和尺量检查</td></tr>
<tr><td>7</td><td>煤气嘴</td><td colspan="2">距炉台表面</td><td>±15</td><td>尽量检查</td></tr>
<tr><td rowspan="3">8</td><td rowspan="3">管道保温</td><td colspan="2">厚度</td><td>$+0.1\delta$
-0.05δ</td><td>用钢针刺入保温层检查</td></tr>
<tr><td rowspan="2">表面平整度</td><td>卷材或板材</td><td>5</td><td rowspan="2">用2m靠尺和楔形塞尺检查</td></tr>
<tr><td>涂抹或其他</td><td>10</td></tr>
</table>

（3）管道试压、吹洗

1）试验介质应为空气或氮气，在常温下进行。住宅燃气管道在未安装燃气表前用7kPa的气压对总进气管阀门到表前阀门之间的管道进行严密性试验，10min内压力不降为合格。接通燃气表后用3kPa气压对总进气管阀门到用具前的管道进行严密性试验，5min压力不降为合格。

2）对食堂的低压燃气管道，强度试验压力为0.1MPa，用肥皂水检漏。无漏气，同时试验压力无明显下降，则为合格。严密性试验压力为10kPa，观察1h，压力降不超过600Pa为合格。

3）管道试验完毕，可做吹扫，但不可带燃气表进行。吹扫介质为压缩空气或氮气，吹扫时应有充足流量。

（4）燃气表的安装

1）燃气表应有出厂合格证、生产许可证，且距出厂日期不应超过四个月，如超过则应经法定检测单位检测。

2）燃气表安装高度：高位表距地高度不小于 1.8m，中位表高度不小于 1.4m。图 5-91 为户内燃气表安装示意图。

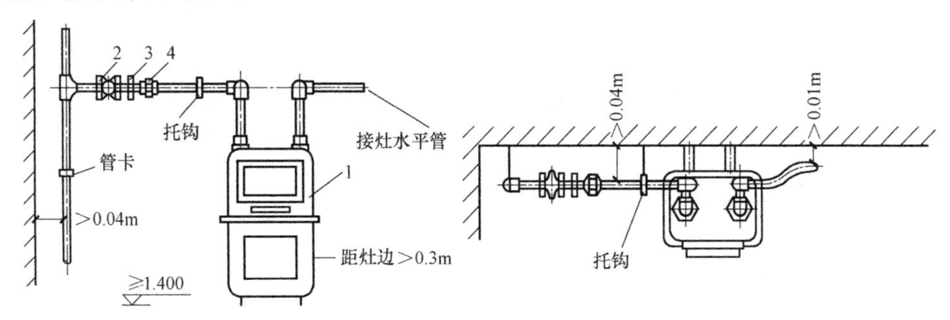

图 5-91　户内燃气表安装示意图

1—燃气表　2—紧接式旋塞　3—外丝接头　4—活接头

3）燃气表与周围设施最小净距要求见表 5-61。

表 5-61　燃气表与周围设施最小净距

设施	低压电器	家庭灶	食堂灶	开水灶	金属烟囱	砖烟囱
水平距离 /m	1.0	0.3	0.7	1.5	0.6	0.3

（5）防腐刷油　按设计要求进行。

三、室外燃气管道的安装

（1）小区内燃气管道的安装工艺　小区范围内燃气管道安装通常按以下工艺流程进行：管内外清扫及防腐处理→沟边排管、预制→挖工作坑→下管、找正、调直→测、找坡度→接口→临时封堵→试压。

（2）套管与检漏管的安装　燃气管道不得已穿越铁路、公路干线、地沟时，或必须通过建筑物时，以及埋深过浅时，应设置套管，如图 5-92 所示，套管可采用钢管或铸铁管，管径比燃气管大 100mm 以上。检漏管常用 *DN*40 的镀锌钢管，一端焊在套管上，一端装管箍，上丝堵时应加涂黄油以便拆卸。检漏管与焊口均应进行加强防腐处理，套管内燃气管道防腐等级应与管道防腐标准一致，焊缝做 100% 超声波无损探伤检查。检漏管应按设计要求装在套管一端或两端各装一个。

（3）放散管的安装　燃气管道上放散管的作用是管道投入运行时排净管内空气或燃气与空气的混合气，检修时则放掉管内燃气。把放散管装在最高点和干管每个截断阀门之前（按供气方向），放散管上装球阀，正常运行时须关闭。

（4）排水器的安装　排水器用于排除凝水，其排水管也可作为修理时的吹扫管和置换通气之用。图 5-93 为低压排水器安装示意图。排水器装毕，应采用环氧煤沥青做加强级防腐。图中保护罩多用铸铁定型产品（与图 5-92b 相同），定期用真空槽车或泵抽出凝水。凝水缸及管件安装后，应同管线一起进行强度及严密性试验。

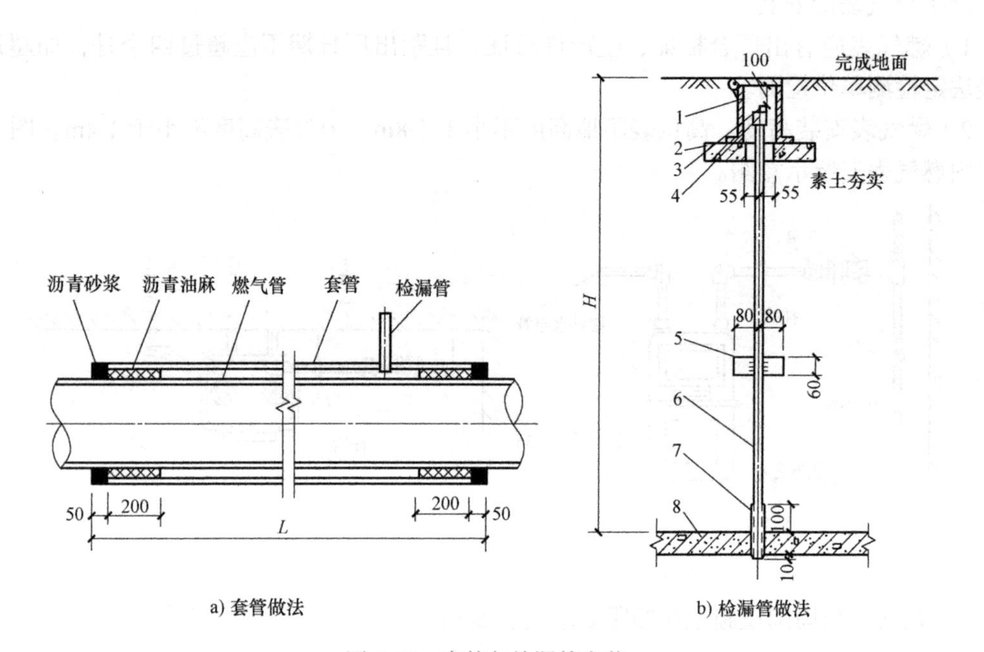

图 5-92 套管与检漏管安装

1—铸铁护罩 2—基座 3—丝堵 4—管箍 5—钢板 6—钢管 7—套管 8—沟盖板

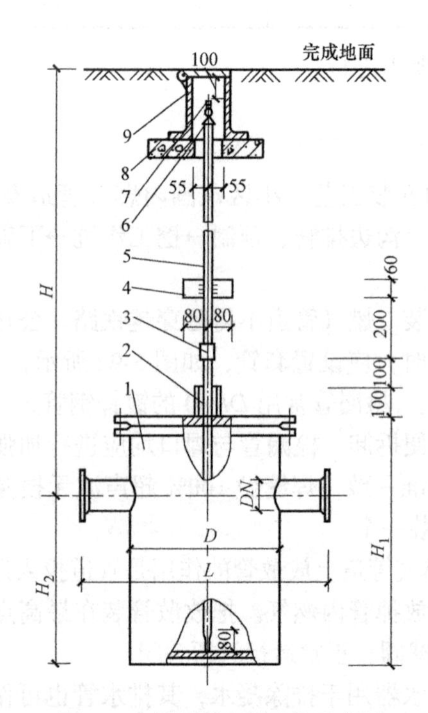

图 5-93 低压排水器安装示意图

1—凝水缸 2—套管 3—管箍 4—钢板 5—抽水管

6—旋塞 7—丝堵 8—基座 9—护罩

（5）室外燃气管道绝缘防腐的要求　目前，埋地燃气管道绝缘防腐层做法主要有石油沥青防腐层、环氧煤沥青防腐层、煤焦油磁漆防腐层、聚乙烯胶黏带防腐层、聚乙烯热塑涂层等，应根据埋设地点土壤腐蚀情况、管道重要程度、土壤中杂散电流情况来决定防腐做法及等级。对绝缘防腐层的基本要求如下：

1）应有良好的防水性、化学稳定性，并且有一定的机械强度。

2）保持结构连续完整，且涂层易于修补。

3）具有良好的电绝缘性，耐击穿电压强度不低于电火花检测仪检测的电压标准。

4）材料价格低廉、便于施工。

具体防腐做法将在本书项目七中介绍。

复习思考题

5-1　哪些管道穿墙、穿楼板时必须加装套管？套管有何作用？套管安装应注意什么问题？

5-2　弄清楚抗震缝、伸缩缝、沉降缝的含意，进而分析“三缝”对穿越管道的影响及管道安装时应采取的措施。

5-3　卫生器具安装时，土建等专业应具备什么条件？举例说明哪些卫生器具安装时需要其他专业的配合。

5-4　哪些室外管道多采用直埋敷设？对埋地管材有何要求？回填时应注意什么问题？试举出由于回填不合理产生不良后果的实例。

5-5　通过实物分析绘出某卫生器具留洞尺寸及管道配件草图，并与其他同学交流。

5-6　通过实物观摩、使用，掌握膨胀螺栓、胀塞、射钉的性能及原理、安装要点。

5-7　管道系统试压与制品试压有何区别？压力表在系统中装设位置不同，对系统试验压力有无影响？

5-8　分析、归纳各种管道连接情况下的管道变径做法。

5-9　哪些散热器需现场组对？哪些不需要现场组对？这种差异会对安装产生什么影响？

5-10　哪些管道的活动支座需要偏心安装？其偏心距如何确定？

5-11　焊接钢管采用冲压弯头时，应注意什么问题？试比对各个公称直径下焊接钢管与无缝钢管的外径尺寸并进行归纳。

5-12　柱型散热器进出水支管同侧连接时，补芯、堵头应如何选择？异侧进出连接时又如何？试将由16片柱型落地安装的散热器（同侧连接）所用材料及零配件统计出来。

5-13　试分析管道系统采用水压试验和采用气压试验的差异，说明工程中尽可能采用水压试验的原因。

5-14　通过本项目的学习，试归纳施工技术课与各门专业课之间的关系。

5-15　分析管道安装过程中，钢管焊接与钢管丝接在人工消耗、材料消耗、机械消耗方面的差异。

5-16　为什么散热器安装时长丝加根母可代替活接头使用？什么场合用活接头好？什么场合必须用长丝加根母？

5-17　总结、归纳各种管道系统试压要求及合格的标准。

5-18　分析、归纳、总结本项目中各种管道系统安装的共性及特点，试指出安装过程的关键环节。

5-19　一般情况下，管道预组装后再进行安装可提高功效，试举例说明预组装的合理长度与哪些因素有关。

5-20 室外燃气管道放散管的安装位置有何要求？

5-21 管道支架在填充墙上安装时，应采用哪些局部处理措施来保证支架牢固？

5-22 分析、归纳我国南方、北方气候差异对管道安装工艺产生的影响。

☆职业素养提升要点

观看室内、外给排水管道安装质量事故的相关视频，认识到水是生命之源，是人类宝贵的自然资源，理解人与自然和谐共生的涵义，积极践行“绿水青山就是金山银山”理念。

项目六
民用锅炉及其附属设备的安装

案例导入

小张的公司承接了一民用热水锅炉的安装项目，锅炉型号 SHL29-1.25/150/90-A Ⅱ，为散装锅炉。锅炉厂将锅炉运输到了施工现场，小张作为技术负责人，带领施工员，会同建设单位、监理及设备供应商进行开箱检查，发现锅炉的受热面管子表面有磨损痕迹，管子已被磨穿，于是在设备开箱检查中做好了记录，按退货处理，责成设备供应商重新供货。在安装检查中，发现锅炉钢架的垂直度不满足现行国家标准《锅炉安装工程施工及验收标准》（GB 50273—2022）的规定。如果你是小张，你会如何控制锅炉的安装质量？

任务一 散装锅炉的安装

锅炉属于受压容器，在一定的温度和压力下运行，且内外部受到各种不同介质的腐蚀，工作条件十分恶劣。要保证锅炉能够安全运行，首先锅炉安装施工过程必须遵守受压容器安装的标准，确保锅炉的安装质量。为此，安装用于工业、民用、区域供热额定工作压力小于或等于 3.82MPa 的固定式蒸汽锅炉及额定出水压力大于 0.1MPa 的固定式热水锅炉和有机热载体锅炉时，应遵照《锅炉安装工程施工及验收规范》（GB 50273）的规定。锅炉本体及辅助设备的管道安装，应遵照《工业金属管道工程施工规范》（GB 50235）的规定。

散装锅炉安装规范

一、概述

（一）锅炉安装的工艺流程

散装锅炉安装工艺流程如下：

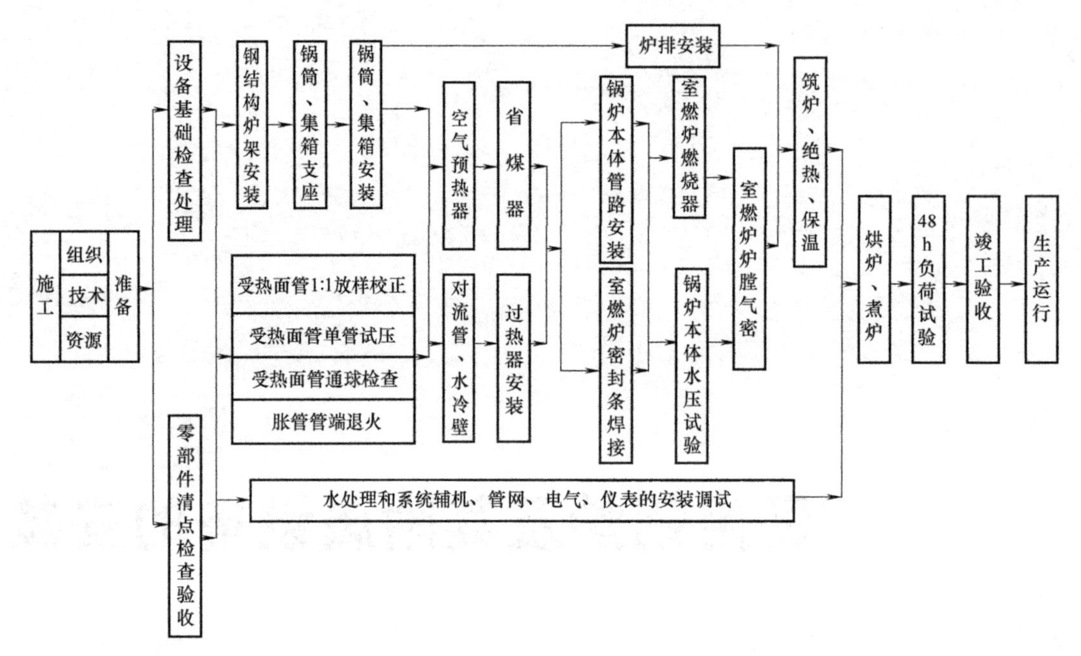

以上工艺流程，在实际安装锅炉时，应针对锅炉的具体型号，对工艺流程进行调整。如在安装层燃炉时一般应取消“密封条焊接”“燃烧器”“炉膛气密”等工作节点；在安装室燃炉时应取消“炉排安装”工作节点。

（二）锅炉安装前的准备工作

现场的锅炉安装是比较复杂的、技术性要求很高的工作。为了确保锅炉安装质量和保证安装的进度，必须在安装做好一系列的安装准备工作。安装前主要的准备工作如下。

1. 技术准备

组织有关人员熟悉施工图、锅炉安装使用说明书、施工验收规范、准备与安装相关的技术资料等。同时深入现场，了解工程概况，电力、供水、土建施工进度，设备到货时间，建设单位的协作能力等情况。

2. 劳动组织及人员配备

锅炉安装是一项比较复杂的技术性工作，涉及管道工、钳工、焊工、起重工、筑炉工、电气仪表工等多个工种，并且对各专业工种的技术操作水平要求较高，因此应配备技术水平较高、有一定安装施工经验的技术人员和工人担任安装任务。同时还需要较强的技术组织和管理班子。

3. 材料及设备的准备

材料和设备供应是保证安装施工进度的重要环节，安装工程所需的材料、设备，应以施工组织设计中的材料和设备计划以及施工进度计划为准，按照规格、数量分期分批供应。对于自行加工的附件、设备应及早安排加工。

凡由建设单位供应的材料、设备，应会同建设单位及有关人员，根据装箱清单进行开箱清点检查验收。对于设备中的缺件和伤损、锈蚀情况，经建设单位通知厂方设法解决。对已验收的材料和设备应按工序先后分类存放，不能入库的大型设备，应做好防雨、防潮措施。

4. 施工机具的准备

锅炉安装应准备好以下主要施工机具：

吊装机具：卷扬机、手拉葫芦、油压千斤顶、独立桅杆、滑轮等。

胀管机具：锯管机、磨管机、电动胀管机或手动胀管机、退火用化铅槽等。

量测工具：钢卷尺、水准仪、经纬仪、游标卡尺、内径百分表、热电偶温度计、硬度计、线坠、胶管水平仪等。

安全工具：排风扇、行灯变压器等。

对需要自行加工的机具应提早安排加工。对大型设备和运输起重设备如汽车、起重机等，也应拟定使用计划，以便及时调用。

5. 施工现场准备

施工现场准备主要包括施工用水、用电线路的敷设，施工用临时设施的搭建，材料及设备堆放场地的整理，操作场地和操作平台的准备等。

施工现场的用水用电，可敷设临时管线，在满足使用要求的情况下，必须保证安全可靠。施工现场用电必须满足《施工现场临时用电安全技术规范》（JGJ 46）的规定。电线不准直接放在钢架上，锅筒内的照明灯只能用橡皮电缆从行灯电压器接出，电压为 12V。

施工设施布置应考虑施工过程的先后顺序。如锅炉受热面管校正平台应设置在管道堆放场附近，一般用厚度为 12mm 的钢板铺设台面，下面垫以型钢或枕木，并用水准仪校正。

打磨管道的机械和工作台应设置在锅炉附近，不能影响锅炉的安装操作，且便于装配管时随时修理管端为宜。

退火炉应设置在管道堆放场与锅炉房之间，避免露天设置。退火炉附近应砌一个深约 400mm 的灰池，并装好干燥的石棉灰或干石灰，以备退火时管道冷却用。

其他生产和生活设施应根据方便工作、安全、防火等原则，按施工组织设计中的总平面图布置，统筹规划，妥善设置。

二、钢架和平台的安装

锅炉钢架安装在混凝土基础上，是锅炉的骨架、锅炉的主要承重构件。

（一）基础的验收与画线

锅炉的基础一般是由土建单位施工，锅炉安装单位验收。

1. 基础的验收

基础的验收应该按照《混凝土结构工程施工质量验收规范》（GB 50204）的有关规定进行。基础验收的内容包括：外观检查验收；相对位置及标高验收；基础本身几何尺寸及预埋件的验收；基础抗压强度的检验四部分。钢筋混凝土设备基础的允许偏差应符合表 6-1 的规定。检查钢筋混凝土的标号和强度是否符合设计要求。

表 6-1　钢筋混凝土设备基础的允许偏差

项　目	允许偏差 /mm	
纵轴线和横轴线的坐标位置	20	
不同平面的标高	0 −20	
立柱基础面上的预埋钢板和锅炉各部件基础平面的水平度	每米	5
	全长	10
平面外形尺寸	±20	

（续）

项　目		允许偏差 /mm
凸台上平面外形尺寸		0 −20
凹穴尺寸		+20 0
预留地脚螺栓孔	中心线位置	10
	深度	+20 0
	孔壁垂直度	10
预埋地脚螺栓	顶部标高	+20 0
	中心距	±2

2. 基础的画线

画线时应先画出平面位置基准线和标高线，即先画出纵向基准中心线、横向基准中心线和标高基准线三条基准线。纵向基准中心线、横向基准中心线可以确定锅炉的平面位置，标高基准线可以确定锅炉的立面位置。纵向基准中心线可选用基础纵向中心线或锅筒定位中心线，横向基准中心线可选用前排柱子中心线、锅筒定位中心线或炉排主动轴定位中心线。

基础的验收与画线

（1）要求　锅炉基础画线应符合下列要求：

1）纵向基准中心线和横向基准中心线应相互垂直。

2）相应两柱子定位中心线的间距允许偏差为 ±2mm。

3）各组对称四根柱子定位中心点的两对角线长度之差不应大于 5mm。

（2）步骤　下面以一实例说明锅炉基础画线的步骤。

1）复测土建施工时确定的锅炉基础中心线为 OO'，确定该线与锅炉房的相对位置是否符合设计要求。如果符合设计要求，确定为锅炉安装的纵向基准中心线；经复测如发现土建确定的纵向基准中心线有出入，应略做调整后，从炉前至炉后将纵向基准中心线画在基础上。

2）在锅炉前立柱中心线（或锅炉前墙边缘）画一条与纵向基准中心线 OO' 相垂直的直线 NN'，作为锅炉安装的横向基准线。

3）用等腰三角形法检查纵向基准中心线 OO' 与横向基准中心线 NN' 是否相互垂直。具体做法是：以 NN' 与 OO' 的交点 D 为中心点，在 NN' 线上的适当长度分别截取 $AD=DB$。在 OO' 线上任取一点 C，连接 AC 及 BC，$\triangle ABC$ 便成为一个等腰三角形。如果测得 $AC=BC$，则说明 $NN' \perp OO'$，如果 $AC \neq BC$，则需要调整 NN'，直到 $AC=BC$ 为止。

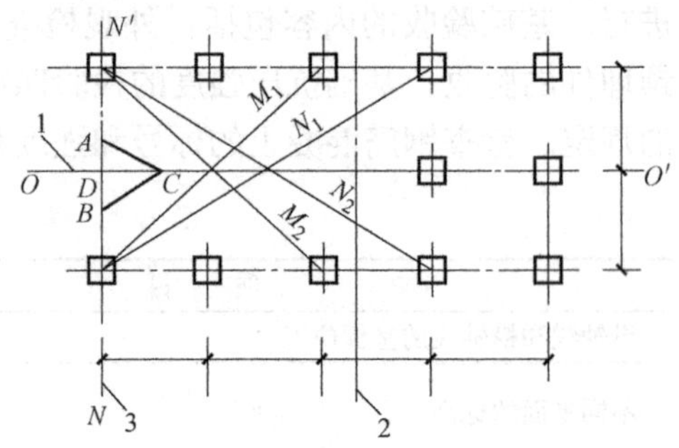

图 6-1　锅炉基础上画线

1—纵向安装中心线　2—横向安装中心线　3—炉前横向中心线

4）如果 $NN' \perp OO'$，则可把 NN' 和 OO' 作为纵、横向基准线，按照各条线与基准线的垂直或平行关系，将各立柱中心线和辅助中心线画出来。

5）各线画好后，可用拉对角线的方法，检查画线的准确度。在图 6-1 中，如果 $M_1=M_2$、

$N_1=N_2\cdots$，则说明所画的线是准确的。然后，将已画好的基准线和辅助中心线的两端用红油漆标在周围的墙上，以供安装时检查测量时使用。

6）在各立柱的安装位置上，画出立柱底板的矩形轮廓线，如图 6-2 所示。将立柱的中心线延长到轮廓线外，用油漆标在基础上，靠基础边缘的一端可标在基础的侧面上，以便安装立柱时调整对中。

7）经复测土建施工的标高无误差后，以此为基准，在基础四周的墙和柱子上 1m 高处用油漆标处几个基准标高点，作为锅炉安装用的标高基准线。

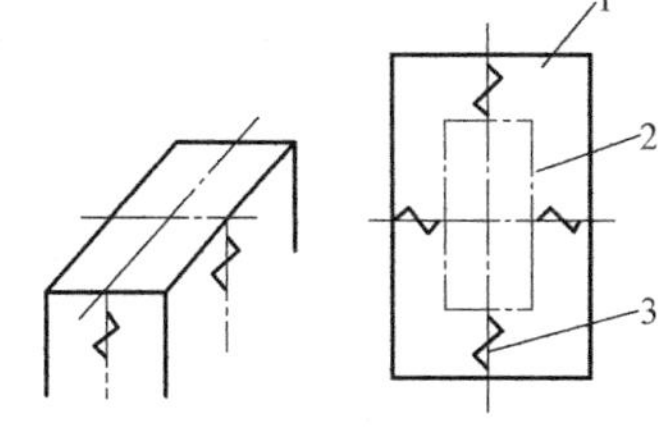

图 6-2　钢柱中心标志

1—锅炉基础　2—钢柱底板轮廓线　3—标志

（二）锅炉钢架的安装

锅炉钢架是整个锅炉的骨架，几乎承受着锅炉的全部重量，并起着决定锅炉的外形尺寸和保护锅炉炉墙的作用。其安装质量的好坏，直接影响着锅筒、集箱、水冷壁和过热器的安装，还会增加砌筑炉墙的难度，影响炉墙的正确性。

基础画线的步骤

1. 钢架构件的检查和校正

（1）钢架构件的检查　钢架在安装前，应按照施工图清点构件数量，并对柱子、梁等主要构件进行几何尺寸的检查，其变形偏差不应超过表 6-2 的规定，否则均应进行校正处理。

表 6-2　钢架主要构件长度和直线度的允许偏差　（单位：mm）

构件的复检项目		允许偏差
立柱的长度 l_Z/m	$l_Z \leqslant 8$	0 −4
	$l_Z > 8$	+2 −6
梁的长度 l_L/m	$l_L \leqslant 1$	0 −4
	$1 < l_L \leqslant 3$	0 −6
	$3 < l_L \leqslant 5$	0 −8
	$l_L > 5$	0 −10
立柱、梁的直线度		长度的 1/1000，且不大于 10
框架长度 l_K/m	$l_K \leqslant 1$	0 −6
	$1 < l_K \leqslant 3$	0 −8
	$3 < l_K \leqslant 5$	0 −10
	$l_K > 5$	0 −12

（续）

构件的复检项目		允许偏差
拉条、支柱长度 l_{zz}/m	$l_{zz} \leqslant 5$	0 −3
	$5 < l_{zz} \leqslant 10$	0 −4
	$10 < l_{zz} \leqslant 15$	0 −6
	$l_{zz} > 15$	0 −8

注：框架包括护板框架、顶护板框架或其他矩形框架。

立柱和横梁直线度用拉线法检查。首先沿构件长度画出若干个1m的等分点，在构件的两端焊上与构件垂直的钢筋柱，在钢筋柱上挂钢丝，使$f_m=f_m'$，如图6-3所示。自钢丝面至构件面上的各等分点量尺，如量测得$f_a=f_b=f_c=\cdots=f_n$，则构件平直；如不相等，则可计算出直线度，即量尺的最大值减去最小值，即为构件的直线度。

立柱和横梁扭转值的检查方法如图6-4所示。在构件的四个角上焊与构件垂直的钢筋柱，两对角线拉钢丝并钢丝等高，如果两钢丝的中心点重合，则构件无扭曲；如两中心点不重合，则可计算出扭转值，即量得两中点线距离L的一半，即为构件的扭转度。

其他项目的检查如图6-5所示。

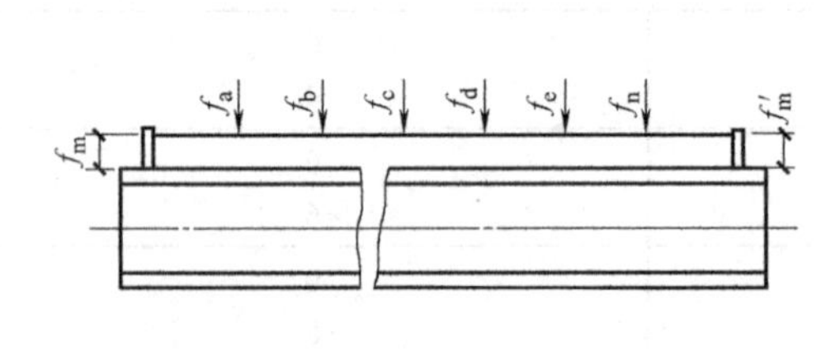

图6-3 拉线法检查构件直线度

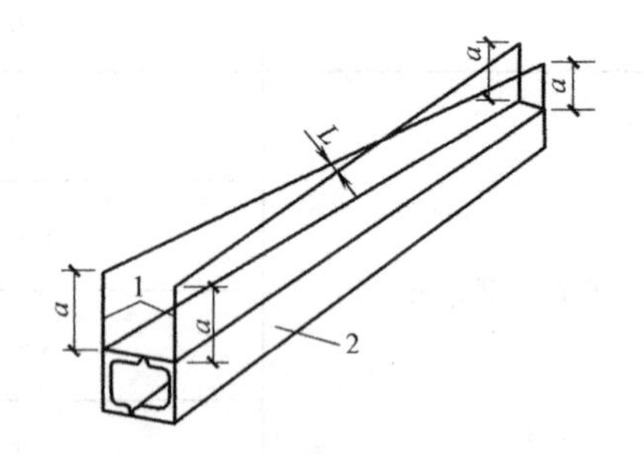

图6-4 构件扭转值的检查

1—钢筋柱 2—构件

检查钢材的外观，应无重皮、龟裂、严重腐蚀等现象，承重部位焊口外观质量应符合规范的规定。

（2）钢架的校正　钢架校正的常用方法有冷态校正、热态校正两种。

1）冷态校正。冷态校正是在常温下施加外力的校正。由于冷态校正施力大，受到施力机具的限制，适合于构件断面尺寸小、变形小的场合。

冷态校正可分为机械校正和手工校正两种方法。机械校正常采用校直机或千斤顶，校

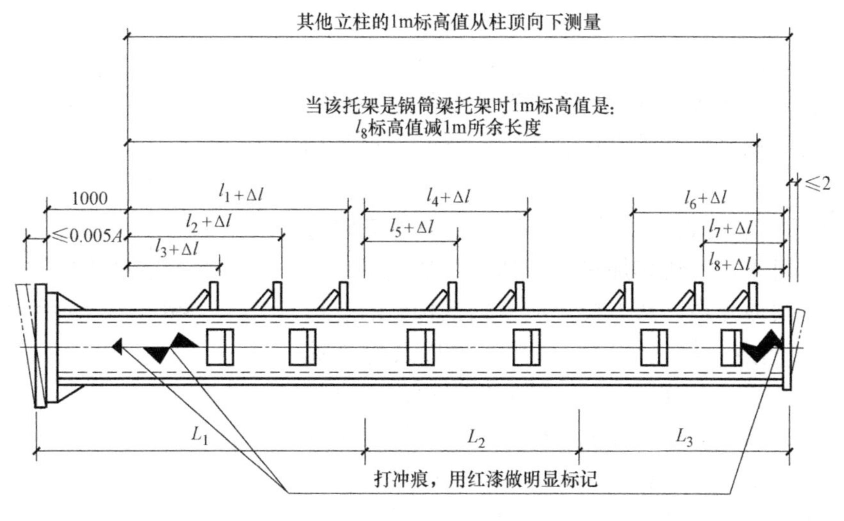

图 6-5　钢架的检查

直机校正如图 6-6 所示，千斤顶校正如图 6-7 所示。机械校正容易控制，施力均匀，对材质几乎没有影响。分段顶压的压力计算公式为

$$p=\frac{48EJF}{L^3} \tag{6-1}$$

式中　p——分段顶压的压力（N）;

E——被校正构件材料的弹性模量（N/cm^2）;

J——被校正构件材料的断面惯性矩（cm^4），由型材的力学性能表查得；

F——被校正构件在校正处的直线度（cm）;

L——被校正构件在校正处两等点距离（cm）。

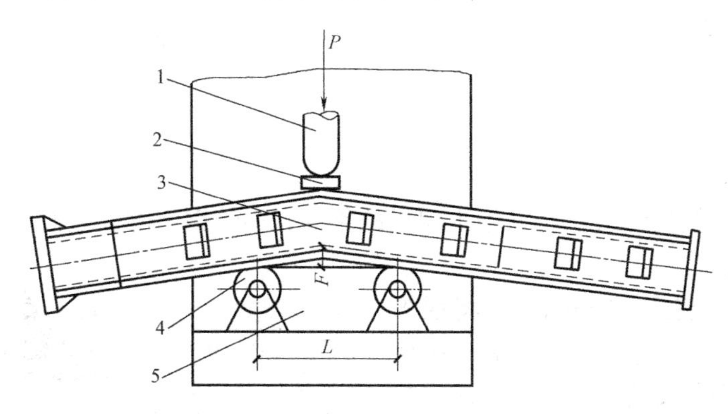

图 6-6　用校直机校正钢构件示意图

1—压头　2—承压垫板（硬度低于被校正件的硬度）　3—弯曲构件　4—承压轮　5—校直机平台

按式（6-1）计算出的压力选择合适的机具，以保证校正的安全性。

没有校直机或千斤顶时，也可以采用手工校正，手工校正常采用大锤校正法，操作时应使锤面与构件表面平行，防止表面出现凹坑、裂纹等损伤。

注意碳素钢在环境温度低于 −16℃、低合金钢在环境温度低于 −12℃时，不得进行冷态

校正。

2）热态校正。热态校正是使构件弯曲段均匀加热到一定温度，然后再施加外力、自然冷却或用水激冷的校正方法。对于构件刚性较大且属于低碳钢时，可采用热态校正。

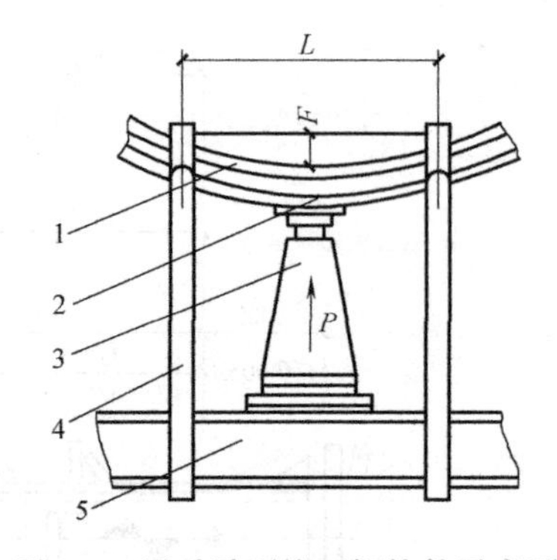

图 6-7 用千斤顶校正钢构件示意图

1—弯曲构件 2—承压垫板（硬度低于被校正件的硬度） 3—千斤顶 4—拉杆 5—承压梁（其刚性强度应大于被弯曲件）

热态校正可采用烘炉加热，但禁止使用含硫磷过高的燃料，也可采用乙炔焰加热。用加热炉加热时，采用的燃料为木炭或焦炭。热态校正应根据钢构件的变形程度选择好加热点、加热范围、加热温度以及冷却速度。加热点、加热范围如图 6-8、图 6-9 所示，用烘炉加热的加热长度要控制在 1.0m 左右，用乙炔焰加热的加热长度要控制在 0.5m 左右，如果变形长度较长，可分段加热校正。如用火焰加热，钢材的加热温度必须低于 950℃，用水激冷时，必须在钢材加热点呈黑紫色（600℃以下）时用水激冷，防止淬硬。

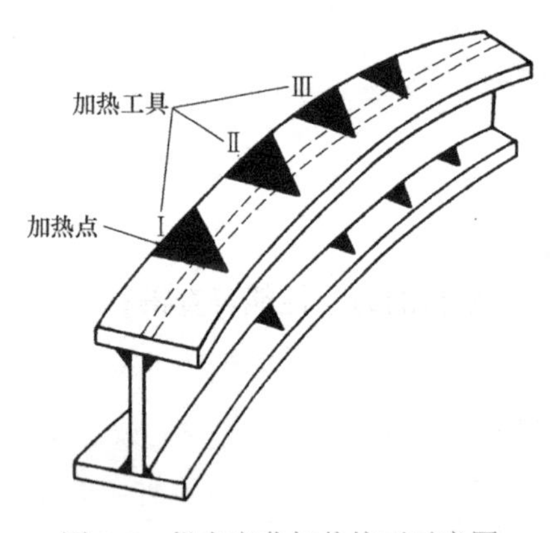

图 6-8 纵向弯曲加热校正示意图

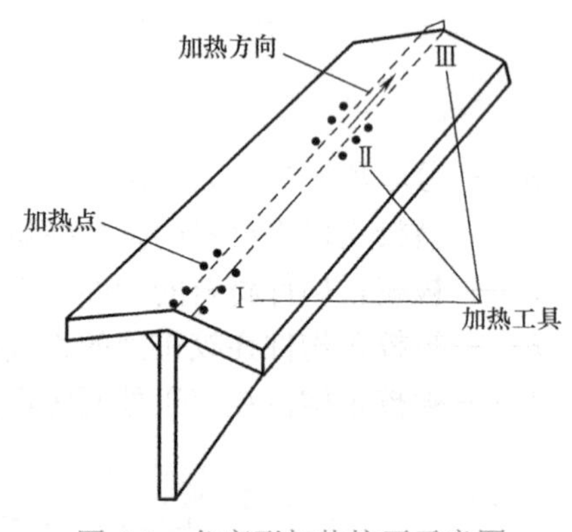

图 6-9 角变形加热校正示意图

2. 钢架的安装

根据锅炉钢架结构形式，结合施工现场的条件，锅炉钢架的安装有预组装安装法、单件安装法两种方法。

（1）预组装安装法（图 6-10） 将锅炉的前后墙或两侧墙的钢架，预先组装成组合件，然后将各组合件安装就位，拼装成完整的钢架。预组装安装法是在组装平台上进行的，在组装前，应在组装平台上放出钢架组装轮廓线，在立柱的轮廓线外边线焊接限位角钢，将各组合件依照顺序吊装到组装平台上，找正找平后，立即拧紧螺栓或点焊，待组合件所有尺寸都符合表 6-3 的要求后，再

图 6-10 预组装安装法

进行焊接。具体安装顺序如下：首先将立柱及主梁吊装到轮廓线上，以支撑锅筒的任一根柱子为基准，用水准仪测其他立柱上的 1m 标高线，要求 1m 标高线在一条线上，立柱对应的上面高度一致，对角线相等，然后将立柱与组装平台临时点焊，防止组装零件时，立柱位移；其次以先上下、后中间的顺序组装横梁，再组装梯子平台，最后组装斜拉撑及其他附件，如图 6-11 所示。

表 6-3　钢架安装的允许偏差和检测位置

<table>
<tr><th colspan="2">项目</th><th>允许偏差 /mm</th><th>检测位置</th></tr>
<tr><td colspan="2">各立柱的位置</td><td>± 5</td><td>—</td></tr>
<tr><td colspan="2">任意两柱子间的距离</td><td>间距的 1/1000，且不大于 10</td><td>—</td></tr>
<tr><td colspan="2">立柱上的 1m 标高线与标高基准点的高度差</td><td>± 2</td><td>以支撑锅筒的任一根立柱作为基准，然后测定其他立柱</td></tr>
<tr><td colspan="2">各立柱相互间标高之差</td><td>3</td><td>—</td></tr>
<tr><td colspan="2">立柱的铅垂度</td><td>高度的 1/1000，且不大于 10</td><td>—</td></tr>
<tr><td colspan="2">各立柱相应两对角线的长度之差</td><td>长度的 1.5/1000，且不大于 15</td><td>在柱脚 1m 标高和柱顶处测量</td></tr>
<tr><td colspan="2">两立柱间在铅垂面内两对角线的长度之差</td><td>长度的 1/1000，且不大于 10</td><td>在立柱的两端测量</td></tr>
<tr><td colspan="2">支撑锅筒的梁的标高</td><td>0
−5</td><td>—</td></tr>
<tr><td colspan="2">支撑锅筒的梁的水平度</td><td>长度的 1/1000，且不大于 10</td><td>—</td></tr>
<tr><td colspan="2">其他梁的标高</td><td>± 5</td><td>—</td></tr>
<tr><td rowspan="3">框架两对角线长度</td><td>框架边长≤ 2500mm</td><td>≤ 5</td><td rowspan="3">在框架的同一标高处或框架两端处测量</td></tr>
<tr><td>2500mm ＜框架边长≤ 5000mm</td><td>≤ 8</td></tr>
<tr><td>框架边长＞ 5000mm</td><td>≤ 10</td></tr>
</table>

安装钢架时，将每一片组合件各立柱底板对准基础上的轮廓线就位，经初步找正后用带有花篮螺钉的钢丝绳拉紧，待各组合件拼装后再进行调整。调整先从对准位置开始，然后找正标高、垂直度和横梁水平度，最后复找各立柱上水平面内或下水平面内相应两对角线的长度，并使之符合表 6-3 的要求。符合要求后，应点焊固定，待全部调整合格后，并检查无误后可进行焊接。焊接完毕后，尚需进行复测。

预组装安装法的优点是：可减少高空作业，有利于安全施工，提高工作效率和加速工程进度，多用于大型锅炉承重钢架的安装中。

（2）单件安装法（图 6-12）　多用于中小型锅炉承重钢架的安装中。单件安装法的安

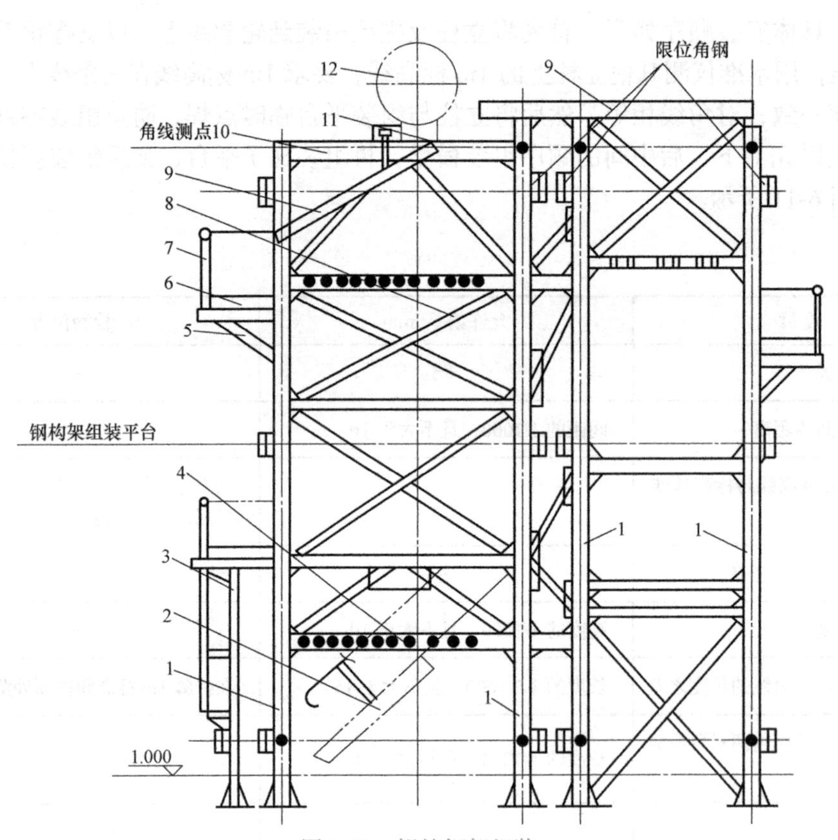

图 6-11 锅炉钢架组装

1—构架立柱 2—斜梯 3—煤斗支架 4—水冷壁钢梁 5—平台支架 6—平台 7—栏杆 8—斜撑 9—炉顶护板梁 10—横梁 11—锅筒支座 12—锅筒

图 6-12 单件安装法

装工序为：立柱与横梁的画线→立柱的安装→横梁的安装→立柱与基础的固定。

1）立柱与横梁的画线。经检查、校正合格后的立柱、横梁，均应用油漆弹画出其安装中心线。立柱底板也应画出其安装十字中心线，并与立柱面上的中心线相对应。画线时，注意不得用立柱底板中心弹画立柱中心线，而应用立柱四个面的中心线的引下线，确定底板的中心十字线。画线后，为防止线磨掉，应在立柱支横梁上、中、下部位各打上冲孔标记，以保持其定线的准确。

以立柱顶端与最上部支撑锅筒的上托架设计标高，确定上托架的安装位置，并焊好上托架。上托架面的标高可比设计标高低 20~40mm，作为立柱底部及上托架面上加整铁时的调整余地。按立柱上各托架的设计间距，画线使各托架定位并逐个焊接牢固，用以支撑各加固横梁，注意焊接各横梁托架时，不要使方向搞错。

从上托架顶面的设计标高下返至设计标高 1m 处，在立柱上弹画出 1m 设计标高线，作为安装时控制和校正立柱安装标高的基准线，在立柱底板上画出立柱的安装十字中心线。

以基础四周标定的标高基准点为基准，在基础周围的墙上、柱上各用油漆标出若干个 1m 标高基准点，作为安装时量测标高的基准。

2）立柱的安装。在立柱画线及各托架焊接后，即可吊装立柱。单根立柱的吊装可用独立桅杆，通过钢丝绳、滑轮组由卷扬机牵引起吊，或在屋架下挂手动葫芦起吊。起吊时应缓慢平稳，轻起轻放，以免碰撞引起立柱变形。放置时立柱底板中心线应对准基础上划定的立柱安装中心线，用缆风绳将立柱拉紧固定在各侧墙上。

立柱就位后，应进行安装位置、标高及垂直度的检测和调整。用撬辊拨调立柱底板，使立柱底板上十字线与基础上立柱安装十字线对准；用水准仪或胶管水平仪检测立柱安装标高，使立柱上 1m 标高线与墙上 1m 标高线处于同一安装水平面上。如不水平，可调整立柱底板下的斜垫铁使其水平。每根立柱下的垫铁数量不应超过三块，并应均称放置于立柱底板下。调整好后，应将垫铁间用电焊固定在一起。

自制的胶管水平仪由一根长度适当的软胶管，两端各插上一根玻璃管组成，胶管内充满水。量测时，将两玻璃管分别放在墙上和立柱上的 1m 标高线上，如图 6-13 所示。

立柱安装垂直度的检测和调整方法是：先在立柱顶端焊一直角形钢筋，在立柱相互垂直的两个面各挂一线坠（为使线坠不晃动，可使线坠及部分垂线插入水桶内），取立柱顶部、中部、下部三处量尺，如垂线与立柱面的量测间距相同，则立柱安装垂直度无偏差；如三处量得尺寸不同，则最大尺寸差值即为立柱安装的垂直度偏差值。当偏差值超过表 6-3 的规定时，应用缆风绳上的拉紧螺栓调整其垂直度，直至符合要求为止，如图 6-14 所示。

3）横梁的安装。在对应的两立柱安装并调整合格后，应立即安装支撑锅筒的横梁。将横梁吊放在上托架上，调整横梁中心线使之对准立柱中心线，用水平尺检测横梁安装的水平度，必要时在托架上加垫铁找平，横梁调整水平后点焊或用螺栓与立柱固定。在相邻两立柱调整合格并安好横梁后，立即用同法安装侧面的连接横梁，使已安装并调整合格的四根立柱及其横梁连成整体，以进一步加固稳定。按此顺序及方法安装，直至钢架安装完毕。每组横梁安装后，应用对角线法拉线或尺量复测其安装位置的准确性。整体承重钢架组装后，应全面复测立柱、横梁的安装位置、标高，并进一步调整使之符合表 6-3 的规定。将立柱底板下及横梁下的斜垫铁点焊固定。需要注意的是，横梁的安装必须是安装一件找正一件，不允许在未找正的构件上安装下一件。

4）立柱与基础的固定。立柱与基础的固定有三种方法：一种是用地脚螺栓灌浆固定，要求柱底板与基础表面之间的灌浆层厚度不宜小于 50mm，在整体焊接完成后再次紧固地

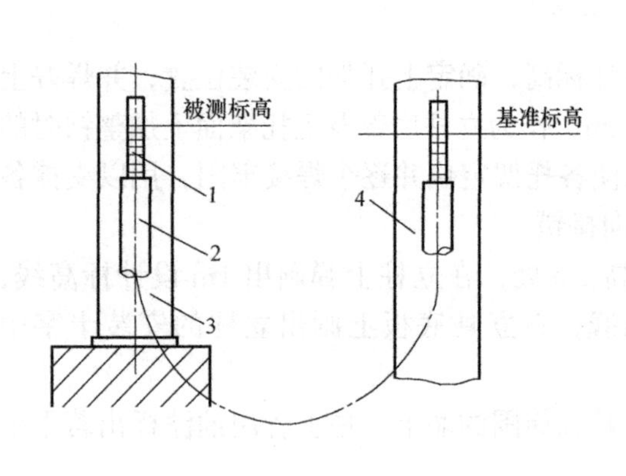

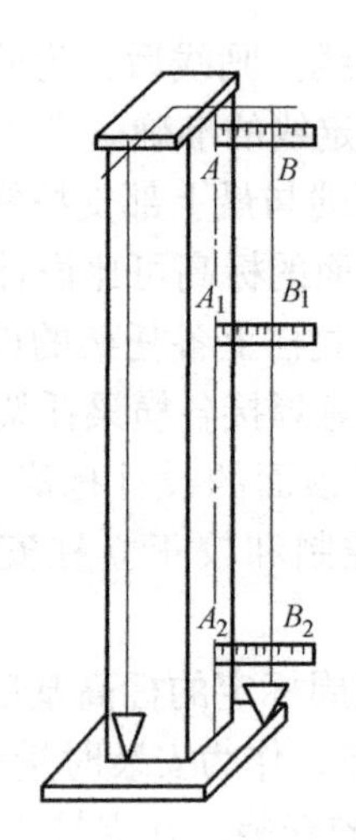

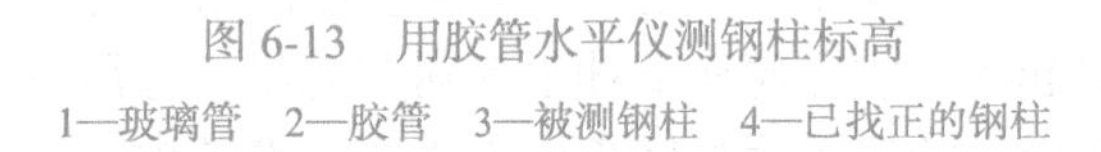
图 6-13 用胶管水平仪测钢柱标高

1—玻璃管 2—胶管 3—被测钢柱 4—已找正的钢柱

图 6-14 挂拉线测钢柱垂直度示意图

脚螺栓，之后将螺母少量点焊在地脚板上，二次浇灌前，先将基础与底板接触处冲洗干净，用小木板在底板四周围成模板，浇灌时应注意捣实，使混凝土填满底板与基础间的空隙，在混凝土凝固期内，应注意洒水养护，每昼夜养护次数不少于3次，冬季进行二次浇灌时应注意防冻，或在混凝土内添加防冻剂，以保证浇灌质量；另一种是钢架立柱与基础面上预埋钢板连接时，应用焊接固定，即将立柱底板四周牢固地焊接在预埋钢板上；第三种是立柱与预埋钢筋焊接固定，要求将全部预埋钢筋用乙炔火焰加热到950℃以下，压弯与柱脚立筋贴紧，双面焊接，焊接长度大于钢筋直径6~8倍。

（三）平台和扶梯的安装

在不影响其他安装工作的情况下，为使安装施工方便，部分操作平台和扶梯可在承重钢架组装后进行安装，妨碍安装操作的部分可留待以后安装。平台扶梯的安装有组合安装、单件安装两种方法。由于其型钢断面尺寸较小，组合件重量一般不会很大，故多采用组合安装法以加快施工速度。

平台安装时首先在托架上平台安装位置的边线上点焊限位角钢，然后将平台吊装到位，测量其标高，找正找平，最后焊接平台；扶梯立柱应垂直安装，间距应符合设计规定，设计无明确要求时，取1~2m为宜，立柱间距应均匀分布，转角处应加装一根立柱。栏杆的转角要圆滑美观，不得割焊成直角形。构件的切口棱角、焊口毛刺应打磨光滑。支撑平台的构件安装应牢固，平台面钢板应铺得平齐，平台面上的构件不得任意割孔，必须切割时，应首先考虑补强加固。平台、扶梯及踏步板应铺防滑钢板。

钢架的安装

三、锅筒与受热面管道的安装

锅筒、集箱的安装必须在锅炉承重钢架安装完毕，基础的二次浇灌强度达到75%以上后方可进行。

（一）锅筒、集箱的检查与画线

锅筒、集箱吊装前应进行如下检查：

1）锅筒、集箱表面和焊接短管应无机械损伤，各焊缝及其热影响区表面应无裂纹、未熔合、夹渣、弧坑和气孔等缺陷。

2）锅筒、集箱两端水平和垂直中心线的标记位置应正确，当需要调整时，应根据其管孔中心线重新标定或调整。

3）胀接管孔壁的表面粗糙度不应大于 12.5μm，且不应有凹痕、边缘毛刺和纵向刻痕；管孔的环向或螺旋形刻痕深度应不大于 0.5mm，宽度应不大于 1mm，刻痕至管孔边缘的距离应不小于 4mm。

4）胀接管孔的直径、圆度、圆柱度的允许偏差见表 6-4。

表 6-4 胀接管孔的直径、圆度、圆柱度的允许偏差 （单位：mm）

管孔直径		32.3	38.3	42.3	51.3	57.5	60.5	64.0	70.5	76.5	83.6	89.6
允许偏差	直径	+0.28 0				+0.34 0					+0.46 0	
	圆度	0.14				0.15					0.19	
	圆柱度	0.14				0.15					0.19	

上述内容的检查应逐项进行，并做出详细记录。特别是管孔的检查，应按照上下锅筒图纸，画出管孔位置的平面展开图，将胀管孔编号为“排”和“序”，注意上下锅筒的编号要一致。发现的设备问题应会同建设单位、监理单位共同解决，或拟定解决方案，征得锅炉监察部门同意后方能施工；属于设备制造问题，应由建设单位与制造厂联系解决。

锅筒检查合格后，即可进行锅筒的画线。画线是按锅筒上的中心线冲孔标记。在锅筒的两侧弹画出纵向中心线，在锅筒的前后两端面上弹画出水平与垂直的中心十字线，作为锅筒安装时检测安装位置、标高的基准。

为控制锅筒在横梁支座上的安装位置，还应在锅筒底部弹画出与支座接触的十字中心线。画线的方法是：连接锅筒前后端面上下冲孔点，弹画出锅筒底部纵向中心线；自锅筒长度的中点向前后端面各量支座间距的 1/2，即得到支座安装的中心点；但活动支座的一端还应扣除锅筒受热伸长量，这样，即可将锅筒与支座安装接触的十字中心线弹画在锅筒的弧形面上，作为锅筒安装就位的基准线。

（二）锅筒的安装

1. 锅筒支座的安装

不同型号的锅炉，其锅筒的支撑形式不一样。常用的锅筒支撑方法有锅筒放在支座上支撑和锅筒由吊环固定在钢架的横梁上支撑两种，采用上锅筒设置支座支撑还是下锅筒设置支座支撑，应视具体锅炉的设计而定。

锅筒支座有固定支座和滑动支座两类。固定支座多为铸铁材料制成，呈弧形；滑动支座多为带双层滚柱的滑动支座，如图 6-15 所示。其固定框架与承重横梁焊死，以限定支座的位移范围，上滚柱是保证锅筒纵向位移，下滚柱是保证锅筒横向位移，由支座上部的弧形部分是锅筒的支撑面。

（1）清洗并检查 滑动支座安装前应解体清洗，并按以下几项检查：

1）拆卸后用清洗剂清洗上滑板和下滑板及滚柱。

2）用游标卡尺测量滚柱的直径和锥度，并做好记录。

3）用平尺检查底板和上滑板的平直度，并做好记录。

4）将支座的弧形部位与锅筒表面做吻合性检查，接触长度不得少于圆弧长的70%。局部间隙不应大于2mm，同时不接触部分在圆弧上应均匀分布，不得集中在一个地方。否则应用手提电动砂轮机进行打磨，使之接触良好。

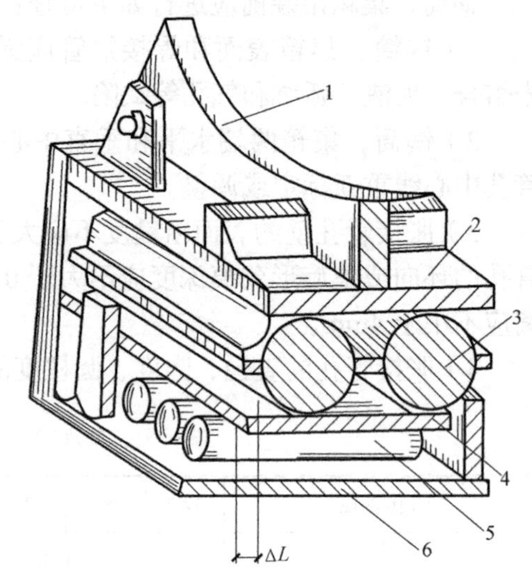

图6-15 锅筒滑动支座立体断面图

1—支座与锅筒接触面 2—上滑板
3—纵向滑动的滚柱 4—中间滑板
5—横向滑动的滚柱 6—下滑板

（2）组装 以上各环节均合格后，进行支座的组装：

1）在支座底板上弹画出安装十字中心线。

2）按图纸要求组装支座的零件和垫片，留出足够的膨胀间隙。安装上滚柱应偏向锅筒中间，当锅筒受热伸长时，滚柱能处于居中位置。

3）将上下两层滚柱之间临时点焊固定，待锅筒安装结束后再削去点焊处。

4）支座组装时应保持各活动接触面的干净，防止异物进入各活动接触面。滚柱应涂上干净的钙基脂润滑剂，组装后应遮盖。

5）检查滚柱与滑板的接触情况，要求滚柱与滑板的接触长度应不小于全长的70%。同时应无摆动和卡阻现象，如果达不到要求应研磨或更换滚柱。

支座安装前应先在安装支座的横梁上画线，定出前后支座应安装位置线。先将与锅筒外皮接触的支座凹弧中心垂直引到支座底板上，标出支座纵横中心线，然后根据锅炉钢架立柱中心线，在锅筒支撑横梁上画出锅筒支座的纵横中心线，再将组装好的支座吊放于承重横梁上，使支座底板上的纵横中心线与横梁上支座纵横中心线对准，用胶管水平仪或水准仪检测支座的标高及水平度，偏差用支座下的斜垫铁调整，测量固定支座与滑动支座凹弧立板面对角线 L_1 与 L_2 差值，差值应小于5mm，如图6-16所示。当安装标高及水平度同时调整合格后，将支座底板连同垫铁一道与横梁焊接固定。

2. 临时支撑结构（临时支座）的准备

对于由受热面管束支撑的锅筒的安装，为了保证能安全、方便找正锅筒的位置，需要准备好临时支座。临时支撑结构形式如图6-17所示。它由角钢或槽钢制成弧形支撑座，用螺栓固定于钢架横梁上，弧形支座面应与下锅筒外壁圆弧相吻合，要求接触面局部间隙不应大于2mm。锅筒吊装就位时，临时支座与其接触面处应衬以石棉绳。

当上下锅筒及其连接管束均已安装完毕，燃烧室开始砌筑时，方可拆除临时支座。拆除时，严禁用锤击敲打，防止震动锅筒影响管束胀接强度和严密性。

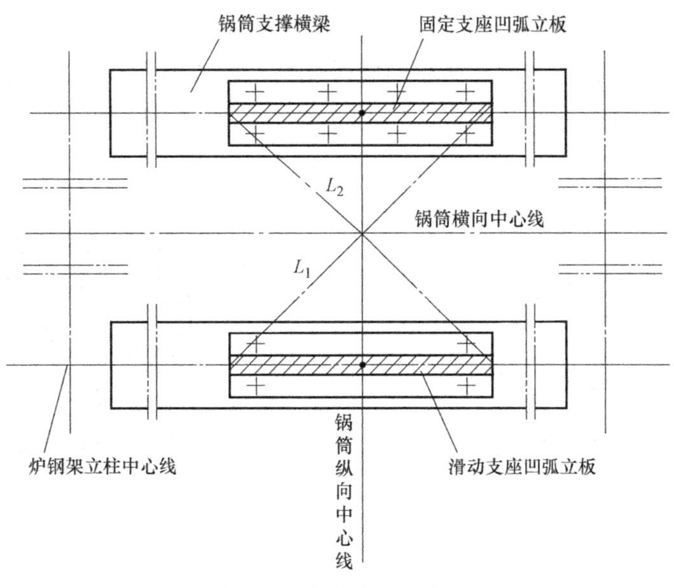

图 6-16　锅筒支座的安装

当锅筒采用吊挂于上部承重横梁上时，应对吊装的吊环、拉杆进行超声波探伤检测，是否有裂纹、重皮等缺陷，对吊杆螺栓、螺母丝扣清洗检测，涂上二硫化钼等耐高温润滑剂，吊环应与锅筒外壁圆弧接触良好。

3. 锅筒、集箱的吊装

由于受现场施工条件的限制，锅筒、集箱的搬运和吊装，常常不便采用大型吊装机械而采用电动卷扬机辅助以滚杠等进行水平运输，用桅杆起重吊装。按锅炉房的建筑不同，以下几种吊装方案可供选用参考。

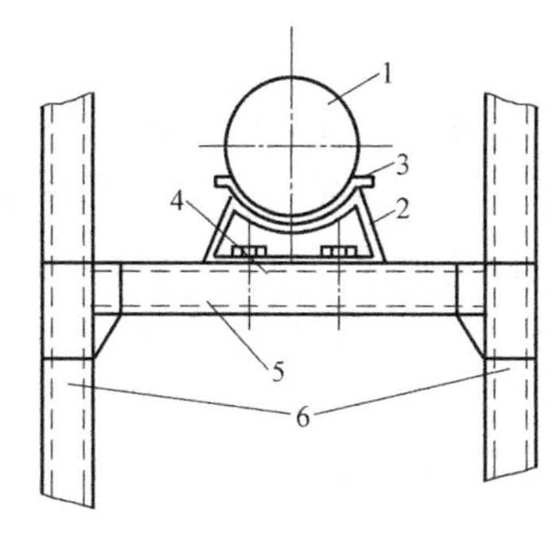

图 6-17　锅筒安装用临时支撑结构形式

1—锅筒　2—临时支撑座　3—石棉绳　4—螺栓　5—横梁　6—立柱

（1）单层式锅炉房　锅炉直接安装在地坪基础上，基础高度在 0.5m 以下，锅筒、集箱的单件重量在 4t 以下。对于这种锅炉房，吊装可由独立桅杆完成。整体快装锅炉甚至可用卷扬机直接靠坡道拉上基础，而不需吊装。

（2）双层式锅炉房　锅炉本体安装在标高约 4m 的基础上，炉底带有出灰室，如图 6-18 所示，安装锅炉台数一般为 1~4 台，蒸发量为 6.5~10t/h；锅筒重量不超过 5t。由于锅炉安装在高度约 4m 的基础上，通常用人字桅杆起重机将锅筒吊运至二层平台，再用卷扬机、滚杠搬运到位，最后用独立桅杆起重机吊装锅筒和集箱。

（3）多层式锅炉房　这类锅炉房的布置比较接近于小型电站锅炉房。锅炉本体安装在 4.5~5m 高的基础上，附属设备安装于各层地坪上，如图 6-19 所示，锅筒重量可达 7t；安装高度达 16m。对于这类锅炉房，较为经济而又便利的施工方法是设置可旋转的悬臂式起重机，起重机的主杆可利用锅炉房建筑骨架，完成锅筒集箱的搬运、吊装和找正。

无论是上述哪种情况，锅筒、集箱的吊装顺序一般都是先上锅筒的吊装就位及找正，后下锅筒的吊装就位及找正，最后是集箱的吊装及找正。锅筒吊装采用钢架内自下而上的吊装方法，这就要求在吊装前先将锅筒牵拉至钢架内指定位置。吊装时，钢丝绳在锅筒上应捆扎牢固，防止滑移，捆绑位置应不妨碍锅筒就位，并与管座保持一定距离。禁止利用锅筒、集箱上的短管、管孔和滑动密封面做绑扎点，或捆绑在管座上吊装，禁止直接在锅筒、集箱壁上焊接吊耳和加固支架等，凡钢丝绳与锅筒、集箱直接接触部分应垫橡胶板或木板，以防锅筒、集箱表面受损伤。

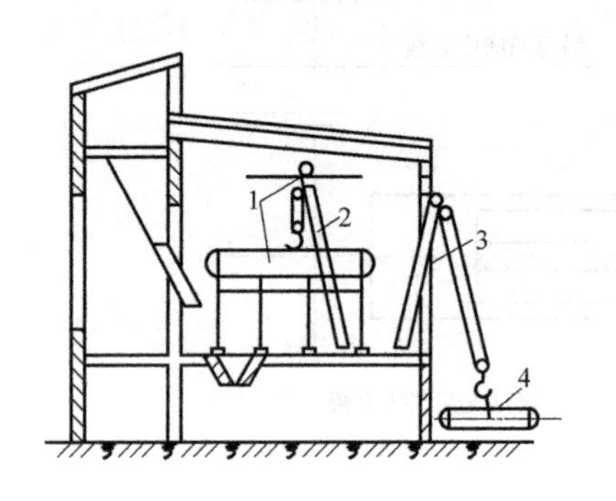

图 6-18 双层式锅炉房的吊装

1—上汽泡 2—独立桅杆起重机 3—人字桅杆起重机 4—下汽泡

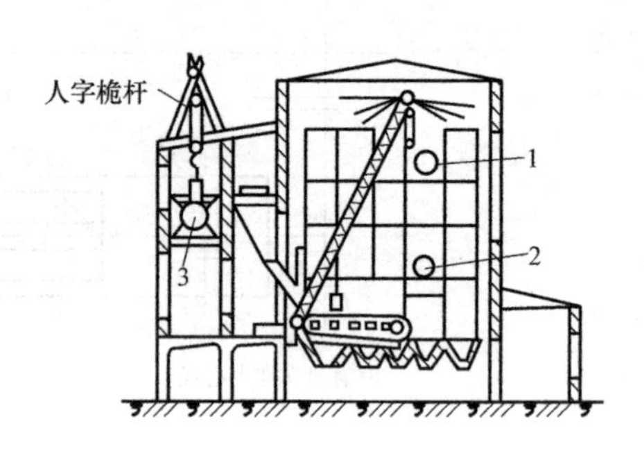

图 6-19 多层式锅炉房的吊装

1—上锅筒 2—下锅筒 3—除氧器

4. 锅筒、集箱的找正

锅筒、集箱的找正与调整顺序是：先上锅筒，再下锅筒，最后是集箱。可先调整永久性支座的锅筒，然后再调整有临时性支座的锅筒，最后调整集箱的位置。找正与调整后的锅筒、集箱安装允许偏差应符合表 6-5 的规定，表中的相应尺寸如图 6-20 所示。

表 6-5 找正与调整后的锅筒、集箱安装允许偏差 （单位：mm）

项　目	允许偏差
主锅筒的标高	± 5
锅筒纵向和横向中心线与安装基准线的水平方向距离	± 5
锅筒、集箱全长的纵向水平度	2
锅筒全长的横向水平度	1
上下锅筒之间水平方向距离 a 和垂直方向距离 b	± 3
上锅筒与上集箱的轴心线距离 c	± 3
上锅筒与过热器集箱的水平距离和垂直距离 d、d'，过热器集箱之间的水平距离和垂直距离 f、f'	± 3
上下集箱之间的距离 g，上下集箱与相邻立柱中心距离 h、l	± 3
上下锅筒横向中心线相对偏移 e	2
锅筒横向中心线和过热器集箱横向中心线相对偏移 s	3

注：锅筒纵向和横向中心线两端所测距离的长度之差不应大于 2mm。

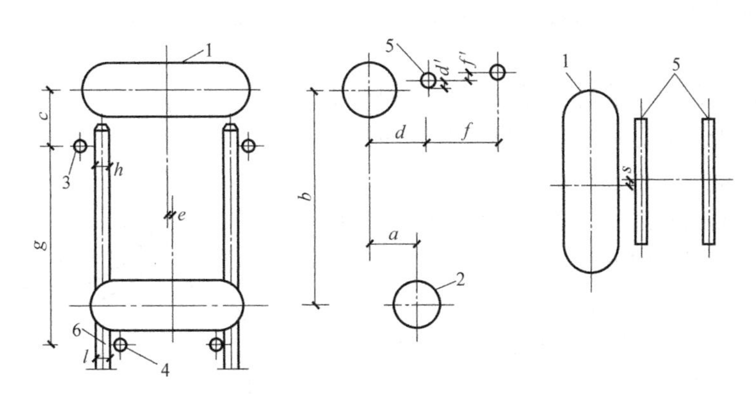

图 6-20　锅筒、集箱间的距离

1—上锅筒（主锅筒）　2—下锅筒　3—上集箱　4—下集箱　5—过热器集箱　6—立柱

（1）锅筒纵横向位置及垂直度的找正　锅筒纵横向位置及垂直度的找正一般采用投影法。如在锅筒前后两端面上部冲孔处吊线锤，线锤的尖端略高于基础面，测量线锤在基础面上的投影点与基础上基准线的距离，如前后线锤尖端投影点与基础上划定的纵向中心上的距离为零，则表明锅筒安装的横向位置正确；如果出现偏差，则可通过移动支座底板位置的方法，使之正确。

（2）锅筒安装水平度及标高的找正　以侧墙上 1m 标高基准点为准量尺。具体方法为：将胶管水平仪的一端玻璃管水平面对准侧墙上锅筒安装标高点，另一端玻璃管分别在锅筒前后端面水平线上量测，如两测点均能和墙上玻璃管水位保持平齐，则锅筒安装的水平度及安装标高同时正确；如出现偏差，可用锅筒支座下的垫铁加以调整。

以上锅筒纵横向安装位置、垂直度、水平度及标高的找正与调整必须同时符合表 6-5 中的规定，锅筒的安装方为合格。

需要指出的是：锅筒找正时，应考虑锅筒在热运行状态下的热伸长量，在常温下安装的锅炉，锅筒应向其热伸长的相反方向偏移热伸长量的一半。锅筒热伸长量的计算公式为

$$s = 0.12 l \Delta t + 5 \tag{6-2}$$

式中　s——锅筒热伸长量（mm）；

l——锅筒长度（m）；

Δt——锅筒内工作介质温度与安装时环境温度之差（℃）。

下锅筒、集箱的找正方法同上锅筒。

（3）锅筒、集箱间相对位置的检测　锅筒、集箱单体安装符合要求后，其相对位置（距离、中心距等）一般不再检测，如需检测，可用吊线法结合尺量检测水平相对位置偏差，用胶管水平仪或水准仪检测垂直相对位置偏差，使其符合表 6-5 的规定。

（三）受热面管道的安装及焊接

受热面管道的安装一般由管道的检验与校正、胀接管端的退火与打磨、管束的选配与挂装、管道的胀接或焊接等工序组成。

1. 受热面管道的检验与校正

锅炉受热面管道为弯管，随设备供货。由于运输、装卸、保管不善等原因，可能出现

伤损、变形、缺件等情况，因此在安装前必须按锅炉厂提供的装箱单进行清点、检验及校正工作。

1）管道表面不应有重皮、裂纹、压扁和严重锈蚀等缺陷。当管道表面有刻痕、麻点等其他缺陷时，其深度不应超过管道公称壁厚的 10%。

2）胀接管口的端面倾斜度不应大于管道公称外径的 1.5%，且不大于 1mm。

3）合金钢管应逐根进行光谱检查。

4）受热面管排列应整齐，局部管段与设计安装位置偏差不宜大于 5mm。

5）弯管的外形检查及校正应在校管平台上进行。在平稳牢固的水平平台上按锅炉制造厂提供的锅炉本体图，将锅筒及弯管的侧截面图，按实际尺寸绘制在平台上，放样尺寸误差不应大于 1mm，并沿绘出的线打上样冲眼，在每根管的外边缘轮廓线的上下各焊上至少两对限位角钢，如图 6-21 所示。将受热面管逐根摆到放样图上逐一检查，外形与放样线的偏差应符合表 6-6 中的规定，相应尺寸如图 6-22 所示。否则应经校正后再与放样图进行检查。偏差的校正可用乙炔焰局部烘烤加热校正，加热温度应低于 800℃，加热校正的管道应埋入干石棉灰内，使其缓缓冷却。校正后的管道与放样实线应吻合，局部间隙不应大于 2mm，并应进行试装检查。

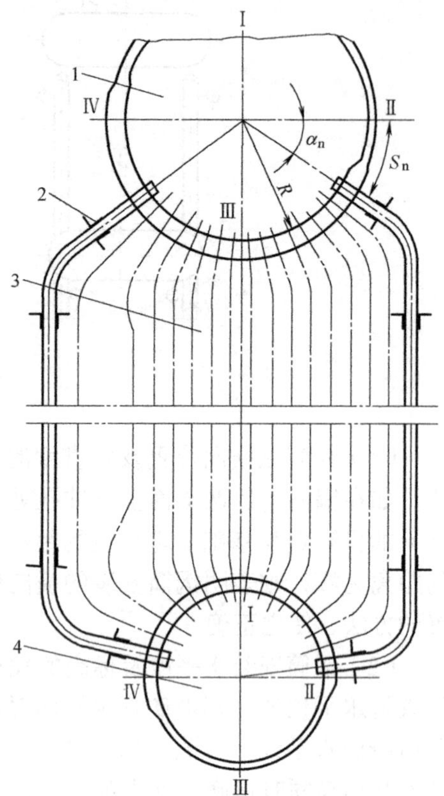

图 6-21 平台受热面管的放样图

1—上锅筒 2—限位角钢
3—对流管束 4—下锅筒

表 6-6 外形与放样线偏差表 （单位：mm）

管道种类	管端长度偏差 Δl	管端偏移 Δb	管端中间偏移 Δc
受热面管	≤3	≤3	≤5
连接管	≤3	≤3	≤10

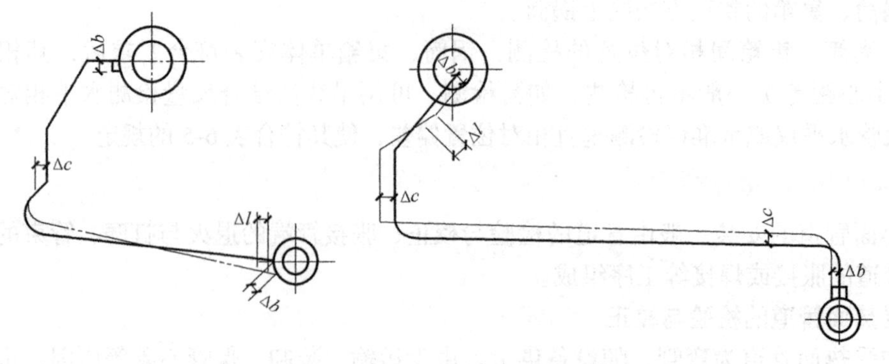

图 6-22 用放样图检查受热面管

6）受热面管道应做单管水压试验。受热面管在制造、运输、校正等过程都有可能影响管道的严密性。试验压力参照《锅炉安装工程施工及验收规范》（GB 50273）中的有关规定选取。试验介质多用自来水，实验环境温度应高于5℃，试验用水的温度因高于露点温度并低于70℃，水压试验以不渗漏为合格。合格后的管道应压缩空气将管内积水吹扫干净。

7）受热面管道公称外径不大于60mm时，其对接接头和弯管应做通球检查，以检查其整体椭圆度。通球用钢球或硬质木球，其直径应符合表6-7、表6-8的规定。需要注意的是：通球所用的球要逐一编号，严格管理，防止球遗忘在管内，通球试验应在管道校正后进行，通球试验后的管道应有可靠的封闭措施。

表 6-7　对接接头通球直径　（单位：mm）

管道公称内径	≤ 25	> 25~40	> 40~55	> 55
通球直径	≥ 0.75d	≥ 0.80d	≥ 0.85d	≥ 0.90d

注：d为管道公称内径。

表 6-8　弯管通球直径

R/D	1.4 ≤ R/D ≤ 1.8	1.8 ≤ R/D ≤ 2.5	2.5 ≤ R/D ≤ 3.5	R/D ≥ 3.5
通球直径 /mm	≥ 0.75d	≥ 0.80d	≥ 0.85d	≥ 0.90d

注：1. D为管道公称外径；d为管道公称内径；R为弯管半径。
2. 试验用球宜用不易产生塑性变形的材料制造，试验用钢球的制造直径偏差为 −0.2mm。

2. 胀接管端的退火

管端退火的目的在于减小管道的硬度，相对增加其塑性变形的能力，在胀接时不致产生脆裂。因此，在胀管前，管道应进行退火，但管端硬度小于管孔壁的硬度时，可不退火，不得用烟煤等含硫、磷较高的燃料直接加热管道进行退火。

施工现场的管端退火有地炉直接加热退火、铅浴法加热退火、远红外线加热退火和电感应加热退火四种方法。由于地炉直接加热退火不均匀，劳动强度大且需要经验丰富的工人操作，所以现在比较少采用。铅浴法加热退火因其加热温度均匀稳定，操作简便易于掌握，管壁不氧化等优点，所以目前采用较多，但是铅熔化后产生的气体对人体健康有害，需要有严格的劳动保护措施。本书着重介绍铅浴法加热退火。

采用铅浴法加热退火时，需要用厚钢板焊制深度大于300mm、长宽满足每批投入管道数量要求的熔铅锅，使用焦炭或煤将锅内纯度不低于99.9%的铅熔化，用0~1000℃范围的热电偶温度计测温，将锅内温度控制在600~650℃，如无热电偶温度计，一般用铝导线掺入铅液中检查温度，如铝线熔化，则温度约为600~650℃，铅液表面覆盖20mm左右厚石棉灰或草木灰，管端退火长度为100~150mm。退火操作时，先把管端泥砂污物拭净，并使管端保持干燥，用木塞将不加热的另一端堵死，防止冷空气侵入。当熔铅锅内的温度达到要求时，将数根管道管端100~150mm插入铅液中，加热时间为10~15min，取出管道立即插入干燥的石棉灰或石灰中，插入深度应在350mm以上，使其缓缓冷却。铅浴法退火全部操作过程中，严禁水与铅液接触，避免发生爆炸事故，操作者应穿工作服、戴手套、眼镜，做好防护工作，防止铅中毒和铅液伤人。

3. 管端与管孔的清理

管端与管孔的清理包括清除管端和管孔的表面油污和管端打磨两部分。管端和管孔表面油污的清理主要用汽油清洗管端外皮和用钢刷、圆锉清理管内壁，内壁的清理长度应大于100mm。管端打磨是为清除管道表面的氧化层、锈斑、沟纹等，以保证胀管质量。管端打磨在退火后进行，可用人工打磨或机械打磨。管端打磨长度至少应比管孔壁厚50mm，打磨后的管端应全部露出金属光泽，其壁厚应不少于公称壁厚的90%，表面应保持圆滑，无起皮、凹痕、裂纹和纵向刻痕等缺陷，否则应更换管道。

人工打磨是将管道垫上破布夹在压力钳上，用中粗平锉沿管表面圆弧走向打磨，将管端表面的锈层、斑点、沟纹等锉掉，再用细平锉打磨残留锈点，最后用细砂纸沿圆弧方向精磨，打磨均应注意打磨操作的走向，防止出现沿管轴方向的纵向沟纹，掌握打磨深度，防止过度打磨。

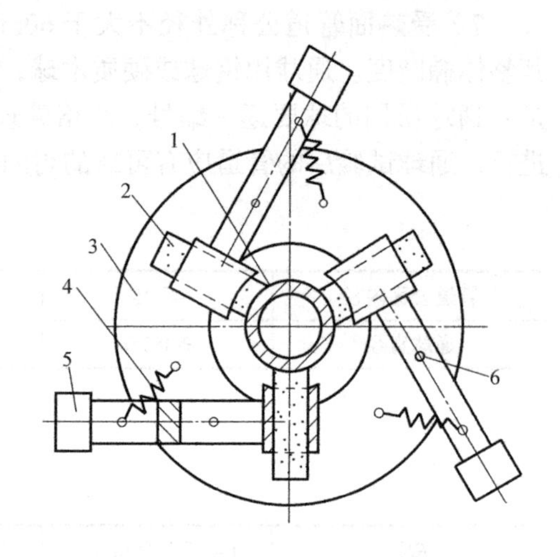

图6-23 管端机械打磨示意图
1—被打磨管端 2—砂轮磨块 3—圆盘 4—弹簧 5—重块 6—轴

机械打磨在打磨机上进行，如图6-23所示。打磨时，将管道插入磨盘内，露出打磨长度后用夹具将管道固定，启动机器，磨盘旋转即可进行打磨。打磨机磨盘上装有三块砂轮块，磨盘转动时，靠离心力作用使配重块向外运动，将砂轮块压紧在管壁上，靠砂轮片旋转实现管道打磨。停车后，离心力消失，靠弹簧拉力使砂轮块脱离管壁，则可停止打磨。

管端打磨后，应用游标卡尺量测其外径及内径，列表登记，并标注于管端以备选配时应用，最后在打磨管端涂以防腐油包扎并妥善保管。

4. 管道的选配

管道与管孔的选配过程是保证胀接质量的关键技术环节，为了提高胀管的质量，应按照不同管外径选配相适应的管孔，使全部管道与管孔间的间隙都比较均匀。因此，在选配前，根据所测得的管道外径与管孔直径进行比较来选配。选配的原则是在同一规格管道中，较大外径的管道装配在管孔平面图上较大孔径的管孔上，这样，胀管的扩大程度就相差不大，使选配后各装配间隙尽可能均匀一致，胀接管端的最小外径不得小于表6-9的规定，间隙值不应大于表6-10的规定。

表6-9 胀接管端的最小外径 （单位：mm）

管道公称外径	32	38	42	51	57	60	63.5	70	76	83	89
管道最小内径	31.35	37.35	41.35	50.19	56.13	59.10	62.57	69.00	74.84	81.77	87.71

表6-10 胀接管孔与管端的最大间隙 （单位：mm）

管道公称外径	32~42	51	57	60	63.5	70	76	83	89
最大间隙	1.36	1.41	1.50	1.50	1.53	1.60	1.66	1.90	1.90

5. 管道的胀接

（1）胀接原理　胀管的作用是使管道与锅筒之间形成牢固而又严密的胀口，实际上是管端在锅筒的管孔内进行冷态扩张。在胀管的过程中，胀管器的胀珠对管孔壁产生一个径向压力，使管壁的金属被挤压，产生了永久的塑性变形，管孔发生弹性变形，也产生极少量的塑性变形。当胀管达到要求，径向压力撤销后，被胀大的管道外径基本保持不变，而管孔却力图恢复原形，产生持久稳定地弹性收缩，从而将管端牢牢地箍紧，使管口牢固而又严密。

管道的胀接有一次胀接法、两次胀接法两种方法。一次胀接法是指只用翻边胀管器一次完成胀接；两次胀接法是指先用固定胀管器进行初胀，使管道扩大到与管孔消除间隙后，再换用翻边胀管器复胀。两种胀接均应以达到计算的胀管率要求后，才可结束胀接。

1）固定胀管。固定胀管是指将管道用初胀管器初步固定在锅筒上的胀接方法，主要应用于受热面基准管胀接中。

安装上下锅筒间的对流管束时，应先在锅筒两端和中间安装基准管。安装基准管的作用一是定位，为下一步连续安装对流管提供定位依据，以免使锅炉产生位移；另一个作用是核对管道在管孔中的露出长度，以及管端和管孔的垂直情况。安装基准管的方法是：对于长的锅筒，在每排上安装 3~5 根基准管，其中在锅筒的两端各装一根，其余在中部，基准管要装成扇形，形成垂直于锅筒纵向中心线的管排。用固定胀管器固定，管距误差不大于 3mm。通过基准管的安装，可以确定各排管道的管端是否需要切割以及切割的长度。需要注意的是，不允许采用氧气 - 乙炔焰切割管道。

固定胀管时，先固定上端，后固定下端。将固定胀管器插入管内，其插入深度应使胀壳上端与管端保持 10~20mm，然后推进并转动胀杆，胀珠随胀杆的转动而转动，胀杆会沿外壳的内孔向里推进，使得管道扩大，待管道与管孔间的间隙消失后，再扩大 0.2~0.3mm。

基准管安装好后，就可以从中间向两端或从两边向中间胀接安装其他对流管。每挂装一根管道时，管端垂直管孔壁，管端能轻快自由地插入上下管孔，切不可施力强行插入。施力强行插入管孔时，管道和管孔间必然存有接触应力，使胀接在有外力作用下进行，其胀接强度及严密度将难以保证，胀接的偏移、断裂等质量事故也有可能发生。管道挂装前，应将锅筒管孔处的防锈油用四氯化碳清洗干净，用刮刀沿管孔圆周方向刮去毛刺，再用细砂纸沿管孔圆周方向打磨，直至管孔全部露出金属光泽。量测管孔各孔孔径并记录于锅筒管孔展开图上。

2）翻边胀管。翻边胀管是在固定胀管完成后，将管道进一步扩大并翻边，使管端与管孔紧密结合。翻边胀管应在固定胀管完成后尽快进行，避免因间隙生锈而影响胀管质量。

（2）胀管器　管道胀接的工具为胀管器。胀管器根据其胀杆推进方式，可分为自进式和螺旋式两种，目前常用的是自进式胀管器。根据胀杆的动力来源可分为人工手动胀管和机械胀管两种。自进式胀管器有固定胀管器（初胀胀管器）、翻边胀管器两种，其构造如图 6-24 所示。两种胀管器均由外壳、外壳上沿圆周方向相隔 120° 分布的胀珠巢、胀杆、胀珠组成。胀杆和胀珠均为锥形，胀杆的锥度为 1/25~1/20，胀珠的锥度为胀杆锥度的一半，即 1/50~1/40，因此在胀接过程中，胀珠与管道内壁的接触线总是与管道轴线平行，使管道呈圆柱形扩胀而不会产生锥度。两种胀管器的区别在于，固定胀管器的胀珠巢中放入的是直胀珠，而翻边胀管器的胀珠巢内放入的是翻边胀珠，胀接时能将管口翻边形成

12°~15° 的斜角，而呈现喇叭口状。

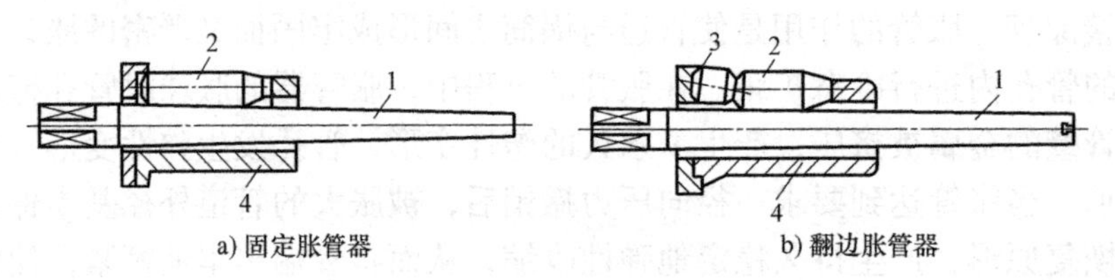

a) 固定胀管器　b) 翻边胀管器

图 6-24 自进式胀管器

1—胀杆 2—直胀珠 3—翻边胀珠 4—外壳

胀管器应根据被胀管的内外径和管孔壁厚来选择，以确保胀管的质量，因此在使用胀管器之前，应进行检查：

1）胀管器的适用范围应符合管道终胀内径和管孔壁厚的要求。即将胀杆向里推，使胀珠尽量向外，形成的切圆直径应大于管道终胀内径；胀珠的长度应等于锅筒壁厚加伸入锅筒两倍的长度。

2）胀杆和胀珠不直度不应大于 0.1mm；胀杆和直胀珠的圆锥度应相配，即直胀珠的圆锥度应为胀杆圆锥度的一半；同一胀管器各胀珠巢的斜度应相等，底面应保持在同一平面上。

3）胀珠的工作表面硬度应不低于 HRC52，胀杆的工作表面硬度应比胀珠工作表面硬度高 HRC6~10。

4）翻边胀珠与直胀珠串装轴向总间隙应小于 1mm；胀珠不得从胀珠巢中掉出，且胀杆放下至最大限度时，胀珠应能自由转动。

在使用胀管器时，胀杆和胀珠都应涂以适量黄油。每胀完 15~20 个胀口后，应用煤油清洗一次，重新涂黄油后使用，但应防止油流入管道与管孔的间隙内。对于损伤了的胀杆及胀珠应及时更换，不可勉强延续使用。

（3）胀管率　胀管率是胀接管道的扩胀程度。胀管时，管端和管孔因受到径向压力而同时受压挤产生变形，当扩胀至最佳程度时，管壁与管孔间达到最理想的强度和严密度。如再继续施胀，管孔将由弹性变形向塑性变形转化，管孔对管端的弹性收缩作用力将减弱，同时胀接管管壁的过量减薄也将使胀口强度下降，严密度也随之下降，这种现象称为超胀或过胀。相反，如胀接不足，即未达到最佳胀管程度时，胀口的强度及严密度也将不足。

胀管率的计算方法有两种，一种是内径控制法，另一种是外径控制法，施工单位常用外径控制法。计算公式如下

$$H_n=\frac{d_1-d_2-\delta}{d_3}\times 100\% \tag{6-3}$$

$$H_w=\frac{d_4-d_3}{d_3}\times 100\% \tag{6-4}$$

式中 H_n——采用内径控制法时的胀管率（%）；

H_w——采用外径控制法时的胀管率（%）；

d_1——胀完后管道的实测内径（mm）；

d_2——未胀时管道的实测内径（mm）；

d_3——未胀时管孔的实测直径（mm）；

d_4——胀完后紧靠锅筒外壁处管道实测外径（mm）；

δ——未胀时管孔与管道实测外径之差（mm）。

额定工作压力小于或等于2.5MPa、以水为介质的固定式锅炉，内径胀管率H_n一般应控制在1.3%~2.1%的范围，外径胀管率H_w一般应控制在1.0%~1.8%的范围内。

（4）胀接的注意事项及质量要求

1）正式胀管前，应进行试胀工作，检查试胀式样，确定合理的胀管率，且应对胀接的试样进行检查、比较、观察，其胀口端应无裂纹，胀接过渡部分应均匀圆滑，喇叭口根部与管孔结合状态应良好，并应检查管孔壁与管道外壁的接触印痕和啮合状况，管壁减薄和管孔变形状况，并应确定合理的胀管率和控制胀管率的完整的施工工艺。

2）管端装入管孔，应立即进行胀接。胀管时环境温度应在0℃以上，以防止胀口产生冷脆裂纹。

3）管端伸出管孔的长度应满足表6-11的规定。

表6-11　管端伸出管孔的长度　（单位：mm）

管道公称外径	32~63.5	70~89
伸出长度	6~11	8~12

4）胀管过程中应严防油、水和灰尘进入胀接面间。胀接后，管端不应有起皮、皱纹、切口和偏斜等缺陷。

5）管口应扳边，扳边起点应与锅筒表面平齐，扳边角度应为12°~15°。

6）胀管器滚柱数量不宜少于4只，胀管应用专用工具测量，胀杆和滚柱表面应无碰伤、压抗、刻痕等缺陷。

7）经水压试验确定需要补胀的胀口，应在放水后立即进行补胀，补胀次数不应多于2次。

胀管工艺

8）胀口补胀前应复胀口内径，确定补胀率，按式（6-5）计算，补胀后，胀口的累计胀管率为补胀前的胀管率与补胀率之和，当采用内径控制法时，累计胀管率应在1.3%~2.1%范围内；当采用外径控制法时，累计胀管率应在1.0%~1.8%范围内。

$$\Delta H=\frac{d_1'-d_1}{d_3}\times 100\% \tag{6-5}$$

式中　ΔH——补胀率（%）；

d_1'——补胀后管道内径（mm）；

d_1——补胀前管道实测内径（mm）；

d_3——未胀时的管孔实测内径（mm）。

9）同一锅筒上的超胀管口的数量不得大于胀接总数的4%，且不得超过15个，其最大胀管率在采用内径控制法控制时，不得超过2.8%，在采用外径控制法控制时，不得超过2.5%。

6. 管道的焊接

受热面管道及锅炉本体范围内的管道焊接工作，应符合国家现行标准《水管锅炉》

（GB/T 16507）和《锅壳锅炉》（GB/T 16508）的规定。管道的对接焊缝应在管道的直线部分，焊缝到弯管起弯点的距离不应小于50mm；同一根管道上的焊缝间距不应小于300mm；长度不大于2m的管道，焊缝不应多于1个；大于2m且不大于4m的管道，焊缝不能多于2个；大于4m且不大于6m的管道，焊缝不应多于3个，其余类推。

受热面焊接时，应满足以下规定：

1）锅炉受压元件焊接之前，应编制焊接工艺指导书，并进行焊接工艺评定。焊接工艺评定符合要求后，应编制用于施工的焊接作业指导书。

2）受热面管道的对接接头，当材料为碳素钢时，除接触焊对接接头外，可免做检查试件；当材料为合金钢时，在同钢号、同焊接材料、同焊接工艺、同热处理设备和规范的情况下，应从每批产品上切取接头数的0.5%作为检查试件，且不得少于一套试样所需接头数。锅筒、集箱上管接头与管道连接的对接接头、膜式壁管道对接接头等在产品接头上直接切取检查试件确有困难时，可焊接模拟的检查试件代替。

3）受热面管道及其本体管道的焊接对口，内壁应平齐，其错口不应大于壁厚的10%，且不应大于1mm。对接焊接管口的端面倾斜度应满足表6-12的规定。

表6-12 对接焊接管口的端面倾斜度 （单位：mm）

管道公称外径	≤108		>108~159	>159
端面倾斜度	手工焊	≤0.8	≤1.5	≤2.0
	机械焊	≤0.5		

4）管道由焊接引起的变形，其直线度应在距焊缝中心50mm用直尺进行测量，其允许偏差应符合表6-13的规定。

表6-13 焊接管直线度的允许偏差 （单位：mm）

管道公称外径	允许偏差	
	焊缝处1m范围内	全长
≤108	≤2.5	≤5
>108		≤10

5）管道一端为焊接，另一端为胀接时，应焊接后胀接。

四、其他设备及附件的安装

1. 过热器的安装

根据过热器的结构形式不同和到货情况，其安装方法可分为单件安装和组合安装，组合安装是将过热器管道与集箱在地面组合架上组装成整体进行吊装安装；单件安装是先将过热器集箱安装找正之后，再进行蛇形管的组对焊接。组合安装高空作业工作量小，安装进度快、质量易于保证，但应采用可靠的吊装方法。下面介绍单件安装方法。

（1）集箱的安装找正 检查过热器集箱支撑梁的标高和水平度是否符合图纸要求，合格后将集箱吊运到支撑梁上就位，初步找正后进行固定，然后进行集箱位置的找平、找正工作。

1）集箱的纵向中心位置的找正。集箱就位后，根据在炉顶画出集箱的纵向支座的中心，用吊线锤方法进行检查，在集箱两端吊线锤并使其与集箱铅垂中心线重合，若线锤的尖端指正在集箱支座定位线上，则说明集箱的纵向中心线位置是正确的。

2）集箱横向中心位置的找正。首先在炉顶钢架上画出锅炉横向中心线，然后在集箱横向中心线上吊线锤，调整线锤的尖端指正在炉顶钢架上的锅炉纵向对称中心线上，集箱的横向中心位置即为合格。

3）集箱位置的标高找正。首先在集箱两侧画出水平中心线，并校正无误，做好标志；然后以集箱水平中心线为准，调整其与炉顶钢架的高度为设计要求的高度。

4）集箱的水平找正。用胶管水平仪在集箱两端的水平中心线上进行检查、校对。

5）集箱与锅筒相对位置的找正。集箱自身位置找正完成之后，用钢直尺测量距离及拉对角线的方法，测量校核集箱与锅筒、集箱与集箱之间的相对位置，应符合图纸要求，然后将集箱做临时固定，再进行蛇形管与集箱的连接工作。

（2）蛇形管的安装

1）蛇形管的组对。首先在过热器支撑梁上设置临时支架，然后将蛇形管吊放在临时支架上，按设计要求与集箱上管座或管孔对口焊接。对口前先以边管为基准，测量调整蛇形管管距与集箱上管座或管孔相符，并将两边管与集箱管座对口点焊，对口时预留以保证焊透，管中心保持在一条直线上，不得有错口、别劲及强行组对现象。边管组对点焊后，依次将中间的其他管道组对点焊好。

2）焊接。过热器蛇形管与集箱的对接焊接，按照现行《现场设备、工业管道焊接工程施工规范》（GB 50236—2011）相应的规定和经过验证的焊接工艺进行焊接。

3）过热器集箱和蛇形管全部安装完成之后，拆除临时支架，进行全面检查，其安装尺寸、质量应达到规定，合格后要按要求将集箱固定端螺栓固定，活动端螺栓松开，使其能膨胀自由。

（3）过热器组装的注意事项

1）蛇形管与上部集箱焊接时，一定要将管道临时吊住或托住，以减少焊口处的拉力，防止焊口红热部分的管壁被拉薄变形。

2）蛇形管排下部弯管的排列应整齐，否则有可能因顶住后水冷壁折焰角上斜面，而影响其膨胀时的自由伸缩。

3）当蛇形管采用合金钢管时，应注意严防错用钢种，并且在管道校正加热时，注意控制加热温度，使其符合钢种特性。

4）蛇形管与集箱集中施焊时，应采用间隔跳焊，防止热力集中产生大的变形；当采用胀接连接时，应符合有关胀接的规定。

过热器单件安装的允许偏差应符合表6-14的规定。

表6-14　过热器单件安装的允许偏差　（单位：mm）

检验项目	允许偏差
管道最外缘与其他管道的距离	±3
蛇形管垂直度	高度的1/1000

（续）

检验项目	允许偏差
蛇形管自由端	±10
蛇形管个别不平整度	20
蛇形管总宽度偏差	<10

2. 省煤器的安装

省煤器按其制造材质可分为铸铁式和钢管式；铸铁肋片管式（非沸腾式）省煤器一般用在中小型锅炉上；而蛇形钢管式（沸腾式）省煤器则多用在大型锅炉上。下面介绍铸铁肋片管式（非沸腾式）省煤器的安装方法。

省煤器组装过程为：首先在基础上安装省煤器支撑架，然后在支撑架上将单根省煤器管通过法兰弯头组装成省煤器整体。

支撑架的安装质量决定着省煤器安装位置的正确与否。根据表6-15的规定，对省煤器支撑架的安装质量进行认真的检测与校正后，方可进行省煤器的组装。

表6-15 支撑架安装的允许偏差 （单位：mm）

项　目	允许偏差
支撑架的水平方向位置	±3
支撑架的标高	0 −5
支撑架的纵向和横向水平度	长度的1/1000
支撑架的两对角线长度	3

铸铁省煤器安装前，必须认真对省煤器管、法兰弯头进行如下检查：

1）安装前，应逐根管进行水压试验。管道的长度应相等，其不等长度的允许偏差为±1mm。

2）省煤器管、法兰弯头的法兰密封面应无径向沟槽、裂纹、歪斜、凹坑等缺陷。密封面表面应清理干净，直至露出金属光泽。

3）每根铸铁省煤器管上破损的翼片数不应大于该根翼片数的5%；整个省煤器中有破损翼片的根数不应大于总根数的10%；且每片损坏面积不大于该片总面积的10%。

省煤器组装的顺序是先连接肋片管（法兰直接连接）使其成为省煤器管组，再用法兰弯头把上下、左右的管组连通。省煤器组装时，应选择长度相近的肋片管组装在一起，以保证弯头连接时的严密性；相邻两肋片管的肋片，应按图纸要求相互对准或交错，如图纸无明确要求，则应使其相互对准在同一直线上。组装时，法兰密封面之间应衬以涂有石墨粉的石棉橡胶板垫片，拧紧螺母前，在肋片管方形法兰四周的槽内再充填石棉绳，以增加法兰连接的严密性，全部肋片管组装并经检测合格后，即可用法兰弯头将肋片管串通。法兰螺栓必须从里向外穿，并用直径为10mm的钢筋将上下两螺栓点焊牢固，以防拧紧螺母时螺栓转动打滑。

3. 空气预热器的安装

工业锅炉多用管式空气预热器，常用的管式空气预热器由管径为40~51mm、壁厚为1.5~2mm的焊接钢管或无缝钢管制成，管道两端焊在上下管板的管孔上，形成方形管箱。下面简单介绍管式空气预热器的安装。

（1）安装前的检查　检查管道与管板的焊缝质量，应无裂纹、砂眼、咬肉等缺陷，管板应做渗油试验，以检验焊缝的严密性，不严密的焊缝应补焊处理。管道内部应用钢丝刷拉扫，或用压缩空气吹扫，以清除污物。

（2）支撑框架的安装　管式空气预热器安装在支撑框架上，支撑框架必须首先安装完好，并应严格控制其安装质量。支撑框架安装好后，在支撑梁上画出各管箱的安装位置边缘线，并在四角焊上限位短角钢，使管箱就位准确迅速。在管箱与支撑梁的接触面上垫10mm厚的石棉带，并涂上水玻璃以使接触密封。

（3）管箱的吊装与就位　起吊管箱应缓慢进行，使其就位于支撑架上的限位角钢中间，再找正与找平。

（4）伸缩节的安装　伸缩节的安装是在预热器找正合格后进行。按设计要求将伸缩节与预热器对口焊接，组对时调整边缘对齐，间隙符合焊接要求后，用卡具卡紧点焊。然后采用分中对称、间隙跳焊方法进行焊接。避免因焊接温度过高造成变形，导致漏风。焊完后调整伸缩节法兰使其平整符合要求。预热器伸缩节对口焊完后，按图样要求安装进出风口和风管。

（5）空气试漏　预热器伸缩节、进出风管安装完成后，用压缩空气或热风进行试漏工作，调整风压达到设计要求，用肥皂水涂在胀缩节接口、进出风口等连接部位，检查无泄漏现象为合格。

（6）安装防磨套管　插入式防磨套管与管孔配合应紧密适当，一般用手稍加用力即可插入为准，其露出高度应符合设计要求。

（7）预热器安装注意事项

1）预热器外壳与护墙应保持一定间隙，以便热胀时伸缩。

2）预热器上方无伸缩节（补偿器）时，应留出适当的膨胀间隙；如有伸缩节时，应连接良好，使其受热时能自由膨胀，不得有变形和泄漏现象。

3）预热器安装后，安装的允许偏差应满足表6-16中的规定。

4）在温度高于100℃区域内的螺栓、螺母上应涂上二硫化钼油脂、石墨机油或石墨粉。

表6-16　管式空气预热器安装的允许偏差　（单位：mm）

项目	允许偏差
支承框架水平方向的位置	±3
支承框架水平度，全长	3
支承框架的标高	0 −5
预热器垂直度	高度的1/1000

4. 炉排的安装

目前广泛使用的有往复炉排及链条炉排。下面介绍链条炉排的安装。

链条炉排通过基础上有关的预埋钢板、预埋地脚螺栓，安装在由型钢构件和墙板组成的钢骨架上，中间横布风室，墙板前后各装一根轴，前轴和变速齿轮箱连接，靠此主动轴上的链轮拖动炉排自前向后移动。链条炉排一般按如下顺序进行安装：

（1）安装前的准备工作　链条炉排安装前的准备工作包括：炉排构件组装前的加工偏差检查及校正，基础画线。炉排构件的加工偏差应符合表6-17的规定，对超过偏差规定的构件应进行校正及修整。炉排安装前应对基础上有关预埋钢板、预埋地脚螺栓及安装孔等进行认真检查，如存有缺陷应及时消除。

表6-17中的相应参数如图6-25所示。

表6-17　链条炉排安装前的检查项目和允许偏差

项目		允许偏差/mm
型钢构件的长度	≤5m	±2
	>5m	±4
型钢构件	直线度	长度的1/1000，且全长应小于等于5
	旁弯度	
	挠度	
各链轮中分面与轴线中点间的距离		±2
同一轴上相邻两链轮齿尖前后错位		2
同一轴上任意两链轮齿尖前后错位	横梁式	2
	鳞片式	4

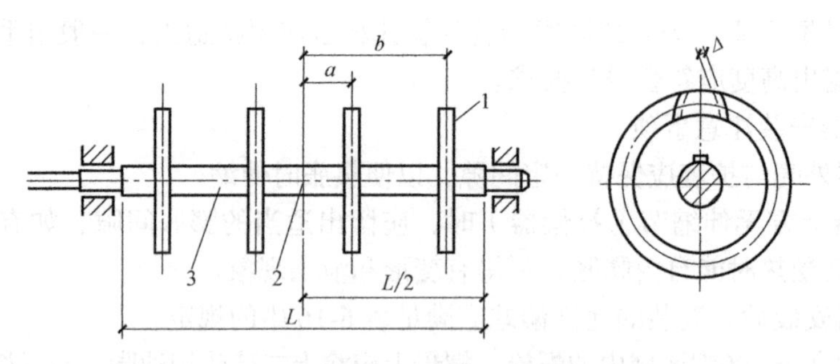

图6-25　链轮与轴线中间点的距离

1—链轮　2—轴线中点　3—主动轴

基础画线的方法及要求与锅炉基础的画线相同，其偏差不应超过2mm。

（2）炉排下导轨及墙板支撑座的安装　下导轨前高后低，导轨及其支架都处于倾斜状态。根据设计给定的导轨前后标高，在下导轨横梁的两端的支撑台上，拉两条细钢丝作为检查混凝土基础标高、预埋螺栓位置和横梁及下导轨安装的找正基准线。下导轨及墙板支撑座应按图纸规定的位置进行安装。在安装时，根据所拉细钢线使下导轨、墙板支撑座定位并进行调整。使各导轨处在同一平面上，并保持相同的斜度。左右两侧各墙板支撑座应保持相同的标高和水平度。

此外，墙板支撑座在布置定位时，还应考虑在长度和宽度方向都能有膨胀的余地。下导轨及墙板定座的安装位置均已符合要求后，对各墙板支撑座进行二次浇灌，同时安装下导轨。

（3）炉排架的安装　炉排架是炉排的骨架。安装的顺序是先安装墙板、连接梁、隔板，再安装上导轨及两侧密封件。

墙板的安装是在墙板支座混凝土强度达到 75% 以上后进行的。墙板的安装是炉排骨架安装的重点环节。鳞片式炉排、链带式炉排、横梁式炉排的允许偏差应符合表 6-18 的规定，往复炉排安装的允许偏差必须应符合表 6-19 的规定。

表 6-18　鳞片式炉排、链带式炉排、横梁式炉排的允许偏差

项目			允许偏差 /mm
炉排中心位置			2
左右支架墙板对应点高度差			3
墙板的垂直度，全高			3
墙板间的距离	≤ 5m		3
	> 5m		5
墙板间两对角线的长度	≤ 5m		4
	> 5m		8
墙板框的纵向位置			5
墙板顶面的纵向水平度			长度的 1/1000，且不大于 5
两墙板的顶面相对高度差			5
各导轨的平面度			5
相邻两导轨的距离			± 2
前轴、后轴的水平度			长度的 1/1000，且不大于 5
鳞片式炉排	相邻	两导轨间上表面相对高度	2
	任意		3
	相邻导轨间距		± 2
链带式炉排支架上摩擦板工作面的平面度			3
横梁式炉排	前、后、中间梁之间高度		≤ 2
	上下导轨中心线位置		≤ 1

注：1. 墙板的检测点宜选在靠近前后轴或其他易测部位的相应墙板顶部，打冲眼测量。
2. 各导轨及链带式炉排支架上摩擦板工作面应在同一平面上。

表 6-19　往复炉排安装的允许偏差

项目		允许偏差 /mm
两侧板的相对标高		3
两侧板间的距离	≤ 2m	+3 0
	> 2m	+4 0
两侧板的垂直度，全高		3
两侧板间两对角线的长度之差		5

两侧墙板安装完后，应以炉排前后轴中心线为准，在墙板上打出检测冲眼，量测冲眼的对角线长度，以检测两侧墙板安装位置的正确程度，其偏差应满足表 6-18、表 6-19 中的

规定。为防止墙板漏风，在墙板对接面上可加石棉垫。需要注意的是，前后、左右侧墙板各不相同，不能互换。

上部导轨直接支撑和控制炉排的平稳运行，因此导轨单体直线度必须小于1/1000，同时必须保证导轨的四个角在用一平面内，一般采用胶管水平仪进行测量。

侧密封的主要作用是防止风从左右侧墙和左右上导轨之间直接吹入炉膛。安装时，侧密封块纵向应平直，允许偏差为1/1000，不直的要调整或修磨；两侧密封块与冷态时炉排间隙为8~10mm。

（4）炉排前后轴的安装 炉排前后轴安装于两侧墙板的轴承座孔内。为保证轴安装后转动灵活，运转正常，安装前应对轴承进行拆洗，洗净污垢并加入润滑脂；用压缩空气吹洗后轴承冷却水管。为了使炉排适应长期处于高温下运行的特点，安装前后轴时需要留出一定的径向和轴向膨胀间隙。具体做法是：在远离炉排减速器一侧的前后轴的轴承与墙板支撑座的接触处留5~8mm或按设计要求的轴向膨胀间隙，前轴与轴承间应有0.12~ 0.58mm的径向间隙；后轴与轴承间应有0.53~1.05mm的径向间隙。在安装连接前轴与减速器的联轴器时，也应在两个半联轴器间留有3~4mm左右的膨胀间隙，否则当轴受热膨胀后会使减速器的蜗杆和蜗轮咬合不良，严重时会因顶轴而损坏设备。

炉排前后轴就位找正，以炉前基准线为准，进行轴瓦的调整及轴轮的调整，一般前后轮的中心距应是可调的，即前轴固定，后轮可调。安装时应使两轴中心距处于较短的位置，待链条安装后，再调整两轮中心距，同时将链条拉紧。要严格调整前后轴的平行度，其不平行度偏差不应大于3mm，对角线不等长度偏差不应大于5mm，否则炉排运行时容易跑偏，轴的密封及轴承要清洗并重新加好润滑油，安装时要按图纸要求，调整好轴承与密封装置之间的间隙，安装后用手盘车能自由转动为宜。伸入炉墙的一端应加装套管以保护轴端。

（5）传动链条的安装 在上导轨安装并检测合格后安装链条。在锅炉操作平台或其他平整的混凝土地面上，将链条用倒链拉直，在拉紧状态下，逐根测量其长度，在同一炉排上，各根链条的相对长度之差不应大于8mm，并检查链条质量，要求结节铆接后，两端铆头完整，不得有毛口、裂纹等缺陷。

将链条按长度编号，将较长的放在炉排中间，依次两侧递减，排列其安装位置。用卷扬机牵引套装链条，先由炉前向炉后方牵引，待链条套装在后轴上的链轮后，再由炉后向炉前牵引，最后在炉前接头成型。

当所有链条都套装在链轮上以后，随即在炉前前轴处安装链条间的铸铁辊子、套管和拉杆。辊子就位不能使用强制手段，以使安装后能自由转动。应调整辊子安装的松紧度使之处于最佳状态，即最紧时辊子与下导轨的间隙不大于5mm，最松时棍子与下导轨刚刚接触。

辊子装好后，利用炉排松紧调节装置将炉排拉紧，启动减速器进行传动链条的试运转，以检查各根链条的安装和传动情况是否良好，如发现抖动、碰撞、跑偏、卡住等现象，应及时找出原因，采取相应措施予以消除。

（6）炉排片的安装 炉排片在组装前应做检查，必要时应将铸铁炉排片的毛刺磨平，以消除组装时的缺陷。

鳞片式炉排片的组装是在炉排平面上进行的。组装顺序是从炉前逐排向炉后组装；组装每一排时是从一边装向另一边，直到组装完毕。一般炉排片是5块一组，装于两块炉排片夹板之间。安装时应将一块不带炉排片的夹板先装在链条上，再将另一块装有炉排片的夹板装在链条上。要注意炉排片的安装方向，使其符合图纸及运转方向，不可装反，习惯上把炉排片夹板较长的一端朝着运转的反方向。

链带式炉排片的组装一般在炉前搭设的平台上进行的。组装时，按每档内炉排片的片数组装，用长销钉连接。组装后用手动葫芦拖入炉膛，逐档镶接形成炉排整体。炉排片的安装应该平直，间隙均匀。

链条炉排安装完毕，并与减速箱等传动装置连接后，在燃烧室砌筑前应进行冷态试运转。冷态试运转运行时间，链条炉排不应小于8h；往复炉排不应小于4h。链条炉排试运转速度不应少于两级，在由低速到高速的调整阶段，应检查传动装置的保护机构动作；炉排转动应平稳，无异常声响、卡住、抖动和跑偏等异常现象，炉排片应翻转自如、无突起现象，滚柱转动灵活，与链轮啮合平稳，无卡住现象，润滑油和轴承的温度正常，则为安装合格。

5. 吹灰器的安装

吹灰器以锅炉产生的饱和蒸汽为工质，清除受热面管束间的聚积烟灰，以保证运行的传热效果及延长管束等受热面的使用寿命。吹灰器有链式和枪式两种。水冷壁管束的吹灰常用枪式吹灰器；对流管束的吹灰常用链式吹灰器。

吹灰器安装前应检查吹灰管有无弯曲，链轮传动装置的动作是否灵活，确认无缺陷方可安装。吹灰管应水平安装并与烟气流向相垂直，安装位置与设计位置的允许偏差为±5mm，喷管全长的水平度应不大于3mm，吹灰管上的喷孔应处于管排空隙的中间，以保证蒸汽不直接喷射在管道表面上。吹灰器管路应有坡度，并能使凝结水通过疏水阀流出，管路的保温应良好。安装过程应与炉墙砌筑紧密配合，砌入炉墙内的套管和管座应平整、牢固，周围与墙接触部位应用石棉绳密封。吹灰管用焊接于受热面管道上的管卡固定牢固。

6. 安全阀的安装

安全阀是锅炉本体的重要附件之一，额定蒸发量大于0.5t/h的蒸汽锅炉、额定蒸发量大于或等于4t/h且未装设可靠的超压联锁保护装置的蒸汽锅炉、额定热功率大于28MW的热水锅炉，至少应装两个安全阀。安装时均直接安装于锅筒相应的接管管座上。省煤器的安全阀则应安装于省煤器进出水口处的管路上。

安全阀的安装应符合下列要求：

1）安全阀应逐个进行严密性试验，试验介质为清水，试验压力为工作压力的1.25倍，以密封面不漏水为合格。

2）锅筒和过热器安全阀的整定压力应符合表6-20的规定。

表6-20　安全阀的整定压力　（单位：MPa）

工作设备		安全阀的整定压力
蒸汽锅炉	额定工作压力≤0.8	工作压力加0.03
		工作压力加0.05
	额定工作压力为0.8~3.82	工作压力的1.04倍
		工作压力的1.06倍
热水锅炉		工作压力的1.10倍，且不应小于工作压力加0.07
		工作压力的1.12倍，且不应小于工作压力加0.10

注：1. 省煤器安全阀整定压力应为装设地点工作压力的1.1倍。

2. 表中的工作压力，对于脉冲式安全阀是指冲量接出地点的工作压力，其他类型的安全阀是指安全阀装设地点的工作压力。

3. 热水锅炉上必须有一个安全阀按表6-20中较低的整定压力进行调整。

3）安全阀必须垂直安装，并应装设有足够截面的排气管，其管路应畅通，并直通至安全地点；排气管底部应装有疏水管；省煤器的安全阀应装排水管。

4）锅炉的安全阀在锅炉严密性试验后，必须进行最终的调整；省煤器的安全阀始启压力为装设地点工作压力的1.1倍；调整应在严密性试验前用水压的方法进行。

5）安全阀调整检验合格后，应做好标记，并加锁或铅封。

7. 水位表的安装

水位表有玻璃管和玻璃板式两种。水位计与锅筒有三种连接形式，即与锅筒壁直接连接、与锅筒的引出管相连接、与锅筒上接出的水表柱相连接。由于采用与锅筒壁直接连接时，受锅筒高温壁的热影响，水位表容易造成损坏，故应用较少。而后两种连接方法则应用较多。

水位表的安装应符合下列要求：

1）玻璃管（板）式水位表的标高与锅筒正常水位线的允许偏差为 ±2mm，表上应标明“最高水位”“最低水位”和“正常水位”标记。

2）电接点水位表应垂直安装，其设计零点应与锅筒正常水位相重合。

3）连通管路的布置应能使管路中的空气排尽。

4）额定蒸发量大于0.5t/h的锅炉、额定蒸发量大于2t/h且未装水位示控装置的锅炉、未装两套各自独立的远程水位测量装置的锅炉、电加热锅炉、未装设可靠壁温联锁保护装置的贯流式工业锅炉，应装设两个彼此独立的水位表，以便相互校核锅炉水位。

5）水位表上下接头的中心线，应对准在一条直线上。

6）有裂纹的玻璃管或玻璃板不得安装。

7）水位表应安装在便于观察的地方，要有良好的照明条件，并易于检修和冲洗。

8）玻璃管水位表安装时，将玻璃管先插入水表座内用手轻轻转动，使玻璃管上下两端中心线垂直后，填好石棉绳再拧紧压盖。

9）内浮筒液位计和浮球液位计的导向管或其他导向装置必须垂直安装，并应使导向管内液体流动通畅，法兰短管连接应保证浮球能在全程范围内自由活动。

8. 压力表的安装

压力表的安装应符合下列要求：

1）新装的压力表必须经过计量部门校验合格，铅封不允许损坏，不允许超过校验使用年限。

2）锅筒压力表表盘上应标有表示锅炉工作压力的红线。压力表最小表盘不得小于100mm。

3）压力表应安装于便于观察和吹洗的位置，且不应受高温、冻结的影响。

4）压力表管路不得保温。

5）应有表弯管，其弯管内径钢管不应小于10mm，铜管不应小于6mm，压力表和表弯管之间应装三通旋塞。

6）就地安装的压力表不应固定在有强烈震动的设备和管道上。

7）测量低压的压力表或变送器的安装高度宜与取压点的高度一致；测量高压的压力表安装在操作岗位附近时，宜距地面1.8m以上，或在仪表正面加护罩。

8）压力表应安装在便于观察和吹扫的位置。

五、系统试压及烘炉、煮炉

1. 锅炉的水压试验

当锅炉本体、辅助受热面及本体附件均已安装完好时，即可进行锅炉本体的水压试验。

锅炉本体水压试验是重要的安装环节，施工单位应请建设单位、设计单位、监理单位和政府职能部门的有关代表亲临试验现场，审核试验方案，检查试验条件和试验过程，当试验结束合格时，各方代表应在《锅炉水压试验记录》表上签署意见。

（1）水压试验前的准备工作　在水压试验前，应做好以下准备工作：

1）确定试验范围。

2）试验范围内受热面及锅炉本体管路的管道支架安装要牢固。

3）对锅筒、集箱等受压部（元）件进行内部清理和表面检查。受热面管道已经通球试验合格；密封人孔和手孔应用临时橡胶板做垫，而不要用锅炉厂带来的石棉橡胶垫圈。

4）检查水冷壁管，对流管束及其他管道应畅通。

5）检查胀口和焊口的外观质量，主要是清理胀口和焊口附近的污物与铁锈，同时为便于检查胀口和焊口，可搭设必需的脚手架，并配备照明，备好手电筒等。

6）安全阀不能与锅炉一起进行水压试验，以防止损坏失灵，拆下上锅筒和过热器集箱上的安全阀，用足够厚的盲板堵死，在锅炉的最高处装好临时排气管。

7）接通试验进水管，装好试压泵，装设好排水管道和放空管。试压泵应置于锅炉下部，以利于下部进水顶部排气。在上锅筒或过热器出口、集箱和试验泵出口应最少安装两只试验用压力表，额定工作压力大于或等于 2.5MPa 的锅炉，压力表的精度等级应不低于 1.6 级。额定工作压力小于 2.5MPa 的锅炉，压力表的精度等级不应低于 2.5 级。压力表经过校验应并合格，其表盘量程应为试验压力的 1.5~3 倍。

8）检查锅炉阀门、安全阀、排污阀等本体附件法兰连接质量；螺栓应完整并无松动；用于试验时与管道系统隔绝的阀门，应经核验以保证有可靠的严密性；检查阀门的和闭情况，使排污阀、放水阀处于关闭状态，锅炉顶部排气阀应处于开启状态。

9）下锅筒安装用的临时支座，试验前应拆除干净。

（2）水压试验　打开锅筒上部排气阀，向锅炉缓慢注水，注水过程中应勤于检查，当最高处的空气阀出水时应关闭放气阀，隔一段时间后再打空气阀，见水后再关闭，直到炉内空气全部排尽。锅炉满水后，进行系统查漏，无漏水后，开始均匀升压，并用试压泵控制升压速度，每分钟不超过 0.2MPa。当压力升至 0.4MPa 时，应停止升压，再次对系统查漏，若无渗漏再继续升压。当压力缓缓升至工作压力时，停止升压，对各部位进行全面检查，各部分应无漏水或破裂、变形；受压元件金属壁和焊缝上应无水珠和水雾，胀口处不应有向下流动的水珠，如发现法兰、人孔、手孔垫片有泄露时，应再次拧紧法兰螺栓，但拧紧法兰螺栓时应注意安全，防止螺栓螺母脱落崩出伤人，若无漏水或变形等异常情况，然后继续升压至试验压力，保持 5min，其间压力下降不应超过 0.05MPa，回降至工作压力，关闭进水阀进行全面仔细检查，检查期间压力应保持不变，受压元件金属壁和焊缝上，应无水珠和水雾，胀口不应滴水。锅炉受压部件没有肉眼可见的残余变形，则水压试验合格。锅炉水压试验的试验压力应符合表 6-21、表 6-22 的规定。

表 6-21 锅炉本体水压试验的试验压力 （单位：MPa）

锅筒工作压力	试验压力
<0.8	锅筒工作压力的1.5倍，但不小于0.2
0.8~1.6	锅筒工作压力加0.4
>1.6	锅筒工作压力的1.25倍

注：试验压力应以锅筒或过热器集箱的压力表为准。

表 6-22 锅炉部件水压试验的试验压力 （单位：MPa）

部件名称	试验压力
过热器	与本体试验压力相同
铸铁省煤器	省煤器工作压力的1.5倍
钢管省煤器	锅筒工作压力的1.5倍

若焊口处有水雾、水滴或漏水，应将缺陷部位铲去重新焊接，不允许采用堆焊方法补焊；胀口漏水应根据具体情况，结合胀接记录进行补胀，补胀次数最多为两次；如因超过胀管率规定值而漏水时，则应换管重新胀接。焊口、胀口经修理后，仍应进行一次水压试验，直至达到合格标准为止。

锅炉水压试验合格后，排净试验用水（立式过热器内的积水可用压缩空气吹干），及时办理水压试验的验收手续。

（3）水压试验的注意事项

1）水压试验的环境温度不应低于5℃，当环境温度低于5℃时，应有防冻措施。

2）试验用水的水温应高于周围空气的露点温度，最高温度不应超过70℃。

3）水压试验结束或中途放水，应先开最高处的放空阀，保持其常开后再开排污阀，防止造成受压件负压破坏。

2. 烘炉

烘炉是在锅炉本体及附设设备、工艺管道全部安装完成，水压试验合格，炉墙砌筑和管道保温防腐全部结束并经验收合格后进行的。

烘炉可按具体情况采用火焰烘炉、蒸汽烘炉等方法，其中以火焰烘炉使用较多。

（1）烘炉前应具备下列条件

1）锅炉本体及其附属装置、工业管道全部安装完毕，水压试验合格，炉墙砌筑和管道保温防腐全部结束，并经检验合格；炉膛、烟风道膨胀缝内部清理干净，无杂物，外部脏物已清除干净。

2）锅炉及其水处理、汽水、排污、输煤、除渣、送风、除尘、照明、循环冷却水等系统均应经试运转，且符合随机技术文件规定。烘炉所用的热工及电气仪表安装完毕，单校合格，模拟联校合格。

3）锅筒和集箱上的膨胀指示器已经装好并在冷状态下调到零位。

4）按技术文件的要求选好炉墙的测温点或灰浆取样点，并准备好温度计及取样工具，当技术文件中对测温点无特殊规定时，应设在如下位置：燃烧室侧墙中部，炉排上方1.5~2m处；燃烧器上方1~1.5m处。

5）有旁通烟道的省煤器应关闭主烟道挡板，使用旁通烟道；无旁通烟道时，省煤器循环管路上阀门开启。

6）向锅炉注水前，打开锅炉上所有排气阀和过热器集箱上疏水阀，向锅炉注入经过处理的软化水至正常水位；水位计应清晰、正确。

7）管道、风道、烟道、灰道、阀门及挡板应标明介质流动方向、开启方向和开度指示。

8）准备好木柴、煤等燃料，用于链条炉炉排上的燃料不得有铁钉、铁器，准备好各种工具。

9）编制好烘炉方案及烘炉温升曲线，向参加烘炉人员交底，备好记录用表报。

（2）火焰烘炉的方法　火焰烘炉又称为燃料烘炉，是用木柴、重油或柴油、煤块等燃料燃烧产生的热量来进行烘炉，这种方式对各种类型的锅炉都适用。在烘炉前先向锅炉注水至正常水位，开启炉门和烟道闸板，启动引风机 5~10min，将炉膛和烟道内的潮气及灰尘排除后停止引风机。在链条炉的炉排中部或煤粉炉冷灰斗的中部架设临时的箅子，和炉墙保持一定距离，初期先烧木柴，然后引燃煤块，开始时，用小火烘烤，自然通风，炉膛负压保持在 20~30Pa，渐渐燃烧旺盛，再逐步提高炉膛负压，加强燃烧，以烘干锅炉后部炉墙，必要时，可启动引风机。烘炉过程中温升应平稳，并按过热器后（或相当位置）的烟气温度测定控制温升，对于重型炉墙第一天温升不超过 50℃，以后每天温升不超过 20℃，后期烟气温度不应超过 220℃；对于砖砌轻型炉墙温升每天不应大于 80℃，后期烟气温度不应超过 160℃；耐火浇筑料炉墙温升每小时不应大于 10℃，后期烟气温度不应超过 160℃，在最高温度范围内的持续时间不应小于 24h。当炉墙特别潮湿时，应适当减慢温升速度，并且延长烘炉时间。

烘炉期间，锅炉一直处于无压运行状态。当压力升至 0.2MPa 时，应打开安全阀排汽；水位保持正常水位，烘炉开始的 2~3d，可间断开连续排污阀排污，烘炉的中后期应每隔 4h 开启排污阀排污。排污时先注水至最高水位，排污至正常水位。应定期转动炉排，防止炉排过热烧坏。应紧闭炉门、看火门等以保持炉内负压及维持炉温。

烘炉时间应根据锅炉类型、砌体湿度和自然通风干燥程度确定，散装重型炉墙锅炉宜为 14~16d，整体安装的锅炉宜为 4~6d。

烘炉以达到下列规定之一时为合格：

1）炉墙灰浆试样法：在燃烧室两侧墙中部，炉排上方 1.5~2m 处，或燃烧器上方 1~1.5m 处和过热器两侧墙的中部，取黏土砖，外墙砖的丁字交叉缝处的灰浆样品各 50g 测定，其含水率均应小于 2.5%。

2）测温法：在燃烧室两侧墙的中部，炉排上方 1.5~2m 处，或燃烧器上方 1~1.5m 处，测定外墙砖墙表面向内 100mm 处的温度应达到 50℃，并继续维持 48h，或测定过热器两侧墙黏土砖与绝热层接合处温度应达到 100℃，并继续维持 48h。

3. 煮炉

煮炉的目的在于清除锅炉受热面内表面的铁锈、油渍和水垢，从而保证运行中汽水品质。

煮炉的原理为：在锅炉中加入碱水，碱溶液和锅内油垢起皂化作用而生成沉渣，在沸腾炉水作用下脱离锅炉金属壁而沉于底部，最后经排污排出。煮炉可在烘炉末期，当炉墙内外墙红砖灰浆含水率降到 10% 或外墙砖墙表面向内 100mm 处的温度应达到 50℃、过热器两侧墙黏土砖与绝热层接合处温度应达到100℃时即可进行，此期间为烘炉、煮炉同时进行。煮炉时间依锅炉大小、锈垢情况、炉水碱度变化情况确定，一般为48~72h。煮炉的最后2h宜使压力保持在额定工作压力的75%。

煮炉方法为：煮炉前加药配方及加药量应符合设备技术文件的规定，如无规定，则按表6-23的规定处理。将药在水箱内调成规定浓度的溶液，搅拌均匀使药品完全溶解，除去杂质物后，通过另外装设的加药泵及管路一次性注入锅筒内。注意加药时锅水应在最低水位，禁止将药物直接投入锅筒，煮炉时药水不应进入过热器。配置和加入药液时，应穿工作服，戴橡皮手套和防护眼镜等安全措施。加热升温使锅炉内产生蒸汽，维持10~12h，此期间可通过安全阀排汽，煮炉的最后24h宜使压力保持在额定工作压力的75%左右，以保证煮炉效果。

表6-23 煮炉时的加药配方

药品名称	每 m^3 水的加药量/kg	
	铁锈较薄	铁锈较厚
氢氧化钠（NaOH）	2~3	3~4
磷酸三钠（$Na_3PO_4 \cdot 12H_2O$）	2~3	2~3

注：1. 药量按100%的纯度计算。
2. 无磷酸三钠时，可用碳酸钠代替，用量为磷酸三钠的1.5倍。
3. 单独使用碳酸煮炉时，每立方米水中加6kg碳酸钠。

煮炉期间应定期从锅筒和水冷壁下集箱处取炉水水样，进行水质分析，当炉水碱度低于45mol/L时，应补充加药。取样应平均每小时进行一次。

煮炉结束后，应交替进行持续上水和排污，直到水质达到运行标准；然后应停炉排水，冲洗锅炉内部和曾与药物接触过的管道和附件，打开人孔、手孔，清理锅筒内部，检查排污阀有无堵塞现象。

检查锅炉和集箱内壁有无油垢，擦去锅筒和集箱内壁的附着物后，金属表面无锈斑，管路和阀门无堵塞，则为煮炉合格。当发现不符合要求时，应按上述方法再次煮炉，直至合格为止。

4. 锅炉试运行

（1）锅炉试运行应具备的条件

1）要求炉墙、拱旋、水冷壁、集箱、锅筒内外及看火孔、人孔、吹灰孔等均完好无缺陷，管道无焊瘤或堵塞。锅筒内、炉内、烟道内检查无人，无杂物后，封闭锅筒人孔，集箱手孔。

2）锅炉的燃料运输、除灰除渣、供水、供电等都必须满足锅炉满负荷连续运转的需要。

3）对于单体试运作、烘炉、煮炉过程中发现的问题及故障完全排除，修复或更换，使设备均处于备用状态。汽水管道各阀门应处于升火前位置。

4）满负荷试运行应由持有司炉工合格证的人员分班承担操作。同时可由建设单位有经验的司炉人员进行指导，来熟悉各系统的流程及操作方法。

（2）点火升压

1）明确试运行的程序和分工，职责落实到各岗，要严格遵守操作规程进行操作。

2）启动给水泵，打开给水阀，将已处理好的软化水送入锅内，进水温度不高于40℃，接近规定水位时，关闭给水阀门，待锅内水位稳定后，要注意观察水位的变化，不应上升或下降。水位升高说明给水阀门泄漏，应关住给水阀门，设法修好。水位下降说明锅炉有泄漏，应查明原因做妥善处理。

3）将炉膛门、烟道门打开进行自然通风15min后，锅炉必须在小风、微火、汽门关闭、安全阀或放气阀打开的条件下将炉膛内装好的燃料点着，炉火逐渐加大，炉膛温度均匀上升，炉墙与金属受热面缓慢受热均匀地膨胀。

4）为使燃烧室内水冷壁管受热均匀，防止热偏差，应将集箱的排污阀门打开1~2次，排除高温热水，使炉水均匀上升。

5）升火时应将过热器出口联箱上的疏水阀打开，以冷却过热器，当正常送汽后再关闭。

升火后由于水温上升体积膨胀而水位将逐渐升高，所以要注意观察水位，使水位经常在正常水位表液面上下各50mm范围内波动。水位表至少每班冲洗一次。当发现水位表液面停止波动时，也需进行一次冲洗。水位表中水位一旦消失，无法判明缺水或满水时，应用“叫水”方法判明情况，在此以前不允许贸然补水或排污。

6）新锅炉生火时间不得少于4~6h，短期停止运行的锅炉应为2~4h。

7）锅炉燃烧工况逐渐稳定后，可以缓慢地进行升压和增加负荷，升压速度一般控制在0.59~0.78MPa/h左右。

（3）升压和升压过程中的检查及定压工作

1）当锅炉内气压上升，打开的放气阀或安全阀冒出蒸汽时，应立即关闭放气阀或安全阀。

2）当锅炉压力开始升至0.05~0.1MPa时，应进行水位计的冲洗工作，每班不得少于一次，并用标准长度的扳手重新拧紧各部分的螺栓。

3）当压力升至0.15~ 0.2MPa时，要关闭锅筒及过热器集箱上的空气阀门，并冲洗压力表导管和检查压力表的工作性能，并复核两压力表的压力差值。

4）锅炉继续加热压力升至0.3~0.4MPa时，对锅炉范围内的阀门、法兰、人孔、手孔和其他连接部位的螺栓进行一次热状态下的紧固。同时，检查排污阀是否堵塞。

5）随着压力升高，微微开启汽阀，对锅炉房母管进行暖管，并对人孔、手孔、阀门和法兰等封密的严密性检查。同时也要注意检查锅筒、集箱、管路和支架等膨胀的情况。

6）在锅炉启动过程中锅水蒸发、水位下降，应向锅内补水；补水时应小量地连续给水，以保证运行安全。

7）气压升至工作压力，再次进行全面检查。

8）安全阀定压。对有过热器的锅炉，过热器上的安全阀应按较低压力调整，以保证过热器出口的安全阀先开启，使蒸汽不断流经过热器，而保证过热器不被烧坏。一般安全阀定压及调整时，先定锅筒上安全阀的开启压力，并先将其中一个按较高压力值调整，另一个则按较低压力值调整。

（4）运行调整工作

1）当空气预热器出口温度超过120℃时，即可进入冷空气。在锅炉投入运行后才能开启通往省煤器的烟道门，关闭旁通烟道，如果无旁通烟道应关闭省煤器循环管阀门。

2）按锅炉机组设计参数调整输煤、炉排、鼓引风、除渣设备工况；调试自动控制、信号系统及仪表工作状态应符合设计要求。

对于风量的调节要使炉膛上部烟气负压不超过0~30Pa范围，使锅炉完全不漏烟；风量的调节是要使炉内保持一个经济合理的过剩空气系数；风量的调节是否合理，还可用观察火焰颜色来估量。风量合适时，火焰呈亮黄色；风量不足时，火焰呈暗黄、暗红或有绿色火苗；风量过大时，火焰发白刺眼，呈白黄色。

任务二 快装锅炉、燃油燃气锅炉的安装

一、快装锅炉的安装

快装锅炉的安装项目有：锅炉本体安装，平台扶梯、螺旋除渣机、省煤器、鼓风机、风管、引风机、传动装置、除尘器、管道、阀门及仪表、烟囱等的安装。

1. 锅炉本体的安装工艺

（1）基础验收与放线　基础的验收与放线做法与本项目任务一内容类似，不再重复。锅炉基础的允许偏差和检验方法见表6-24。

表6-24　锅炉基础的允许偏差和检验方法

<table>
<tr><th>项次</th><th colspan="2">项目</th><th>允许偏差/mm</th><th>检验方法</th></tr>
<tr><td>1</td><td colspan="2">基础坐标位置</td><td>20</td><td>经纬仪、拉线和尺量</td></tr>
<tr><td>2</td><td colspan="2">基础各不同平面的标高</td><td>0，-20</td><td>水准仪、拉线和尺量</td></tr>
<tr><td>3</td><td colspan="2">基础平面外形尺寸</td><td>20</td><td rowspan="3">尺量检查</td></tr>
<tr><td>4</td><td colspan="2">凸台上平面尺寸</td><td>0，-20</td></tr>
<tr><td>5</td><td colspan="2">凹穴尺寸</td><td>+20，0</td></tr>
<tr><td rowspan="2">6</td><td rowspan="2">基础上平面水平度</td><td>每米</td><td>5</td><td rowspan="2">水平仪（水平尺）和楔形塞尺检查</td></tr>
<tr><td>全长</td><td>10</td></tr>
<tr><td rowspan="2">7</td><td rowspan="2">竖向偏差</td><td>每米</td><td>5</td><td rowspan="2">经纬仪或吊线和尺量</td></tr>
<tr><td>全高</td><td>10</td></tr>
<tr><td rowspan="2">8</td><td rowspan="2">预埋地脚螺栓</td><td>标高（顶端）</td><td>+20，0</td><td rowspan="2">水准仪、拉线和尺量</td></tr>
<tr><td>中心距（根部）</td><td>2</td></tr>
<tr><td rowspan="3">9</td><td rowspan="3">预留地脚螺栓孔</td><td>中心位置</td><td>10</td><td rowspan="2">尺量</td></tr>
<tr><td>深度</td><td>-20，0</td></tr>
<tr><td>孔壁垂直度</td><td>10</td><td>吊线和尺量</td></tr>
<tr><td rowspan="4">10</td><td rowspan="4">预埋活动地脚螺栓锚板</td><td>中心位置</td><td>5</td><td rowspan="2">拉线和尺量</td></tr>
<tr><td>标高</td><td>+20，0</td></tr>
<tr><td>水平度（带槽锚板）</td><td>5</td><td rowspan="2">水平尺和楔形塞尺检查</td></tr>
<tr><td>水平度（带螺纹孔锚板）</td><td>2</td></tr>
</table>

（2）锅炉的运搬　快装锅炉由于质量较大，现场运搬常用卷扬机为动力，采用滚运的方法。首先选择好搬运路线，确定锚点位置，固定好卷扬机，并在搬运路线上铺上枕木承

压道。搬运时，用千斤顶将锅炉的前端顶起，直接塞入滚杠及道木即可进行滚运。在前进过程中，随时倒滚杠和道木。

（3）锅炉就位　当锅炉运输到基础上后，不撤滚杠先进行找正，使锅炉的炉排前轴中心线与基础前轴中心基准线相吻合，锅炉纵向中心线应与基础纵向中心线基准相吻合。达到要求后，用道木或木方将锅炉一端垫好，用两个千斤顶将锅炉的另一端定顶起，撤出滚杠，落下千斤顶，使锅炉的一端落在基础上，再用千斤顶将锅炉另一端顶起、就位，撤出剩余的滚杠，落下千斤顶，使锅炉全部落在基础上。

锅炉就位后，应进行校正，校正的方法用千斤顶校正，直到达到允许偏差范围内。

（4）锅炉找平　用经纬仪、拉线、吊线和尺量测量锅炉安装的坐标、标高、中心线和垂直度；不符合要求时，可以通过垫铁来调整，符合要求后，将垫铁用点焊焊成一体。锅炉安装的允许偏差和检验方法见表 6-25。

表 6-25　锅炉安装的允许偏差和检验方法

项次	项目		允许偏差 /mm	检验方法
1	坐标		10	经纬仪、拉线和尺量
2	标高		±5	水准仪、拉线和尺量
3	中心线垂直度	卧式锅炉炉体全高	3	吊线和尺量
		立式锅炉炉体全高	4	吊线和尺量

（5）炉排安装　快装锅炉的炉排有链条炉排和往复炉排两个类型，炉排的安装应符合设备技术文件的规定。组装链条炉排安装的允许偏差和检验方法见表 6-26，往复炉排安装的允许偏差和检验方法见表 6-27。

表 6-26　组装链条炉排安装的允许偏差和检验方法

项次	项目		允许偏差 /mm	检验方法
1	炉排中心位置		2	经纬仪、拉线和尺量
2	墙板的标高		±5	水准仪、拉线和尺量
3	墙板的垂直度，全高		3	吊线和尺量
4	墙板间两对角线的长度之差		5	钢丝线和尺量
5	墙板框的纵向位置		5	经纬仪、拉线和尺量
6	墙板顶面的纵向水平度		长度 1/1000，且≤5	拉线、水平尺和尺量
7	墙板间的距离	跨距≤2m	+3，0	钢丝线和尺量
		跨距＞2m	+5，0	
8	两墙板的顶面在同一水平面上相对高差		5	水准仪、吊线和尺量
9	前轴、后轴的水平度		长度 1/1000	拉线、水平尺和尺量
10	前轴、后轴和轴心线相对标高差		5	水准仪、吊线和尺量
11	各轨道在同一水平面上的相对高差		5	水准仪、吊线和尺量
12	相邻两轨道间的距离		±2	钢丝线和尺量

表 6-27 往复炉排安装的允许偏差和检验方法

<table>
<tr><th>项次</th><th colspan="2">项目</th><th>允许偏差 (mm)</th><th>检验方法</th></tr>
<tr><td>1</td><td colspan="2">两侧板的相对标高</td><td>3</td><td>水准仪、吊线和尺量</td></tr>
<tr><td rowspan="2">2</td><td rowspan="2">两侧板间距离</td><td>跨距≤ 2m</td><td>+3，0</td><td rowspan="2">钢丝线和尺量</td></tr>
<tr><td>跨距 > 2m</td><td>+4，0</td></tr>
<tr><td>3</td><td colspan="2">两侧板的垂直度，全高</td><td>3</td><td>吊线和尺量</td></tr>
<tr><td>4</td><td colspan="2">两侧板间对角线的长度之差</td><td>5</td><td>钢丝线和尺量</td></tr>
<tr><td>5</td><td colspan="2">炉排片的纵向间隙</td><td>1</td><td rowspan="2">钢板尺量</td></tr>
<tr><td>6</td><td colspan="2">炉排两侧的间隙</td><td>2</td></tr>
</table>

（6）炉底的密封 锅炉支架的底板与基础之间必须用水泥砂浆堵严，并在支架的内侧与基础之间用水泥砂浆抹成斜坡。

（7）平台、栏杆安装

1）安装平台：平台安装要水平，平台与支撑的连接螺栓要拧紧。

2）安装平台扶手和栏杆：平台扶手要垂直于平台，将螺栓拧紧。

3）爬梯的安装：爬梯上端与平台用螺栓连接，找正后将下端焊在锅炉支架上。

2. 附属设备安装

（1）省煤器的安装 安装前要认真检查外壳箱板是否平整，有无碰撞损坏；连接弯头的螺栓有无松动；要仔细检查省煤器管法兰四周嵌填的石棉绳是否严密、牢固。省煤器在安装前要进行水压试验，试验压力参见表 6-22。

安装时，在支架上穿好地脚螺栓，将省煤器支架吊装到基础上，调整支架位置，使其水平误差在 ±3mm 范围，标高误差在 ±5mm 范围，支架的纵横方向的不平度小于 1/1000。再将省煤器安放在支架上。检查省煤器烟气，进口法兰与锅炉烟气出口法兰的标高、距离及螺栓孔是否相符，再调整省煤器支架座保证安装要求。省煤器找正好后，按图纸要求将下部槽钢与支架焊接和浇灌混凝土。

（2）除渣机的安装 以螺旋除渣机为例，安装螺旋除渣机的步骤为：先按图放设备线和预埋地脚螺栓，校对螺栓孔相对位置，有两次浇灌时，待水泥凝固强度达到要求后，再行安装。安装时，先将除渣机从安装孔斜放在基础坑内，然后将漏灰接口安装在锅炉底板的下部，安装锥形渣斗，并上好连接漏灰接板与渣斗之间的螺栓，吊起除渣机的筒体与锥形渣斗连接好，锥形渣斗下口的长方形法兰与除渣机筒体长方形的法兰之间，应加橡胶垫或油浸石棉盘根绳密封，拧紧后不得漏水，将自来水管接入渣斗内。安装除渣机底部的轴承底座，并与螺旋轴同心，最后调整好安全离合器的弹簧，扳动蜗杆使螺旋轴转动灵活，并检查有无碰壳现象。

（3）炉排的变速箱安装 变速箱就位及找正找平：将垫铁放在画好基准线及清理好预留

孔的基础上，靠近地脚螺栓预留孔；将变速箱上好地脚螺栓（螺栓露出螺母1~2扣），吊装在垫铁上，变速箱纵横中心与基础纵横中心基准线相吻合；根据炉排输入轴的位置和标高进行找正找平，用水平仪和更换垫铁厚度或打入楔形铁的方法加以调整。同时还应对联轴器进行找正，以保证变速箱输出轴与炉排输入轴对正同心。用卡箍及塞尺的方法对联轴器找同心。

设备找平找正后，即可进行地脚螺栓孔灌注混凝土。灌注时应捣实，防止地脚螺栓倾斜。待混凝土强度达到75%以上时，方可拧紧地脚螺栓，在紧螺栓时应进行水平度的复核。无误后将机内加足机油准备试运转。

变速箱安装完成后，联轴器的连接螺栓暂不安装，先进行变速箱单独试运转，试运转前先拧松离合器的弹簧压紧螺母，齿轮箱内加入机油至油标线。把扳把放到空档上，接通电源，对电动机试运行。检查电动机运转方向是否正确和有无杂音，电动机温升时候正常，正常后将离合器由低速到高速进行试运转，无问题后安装好联轴器的螺栓，配合炉排冷态试运转。在运行过程中调整好离合器的压紧弹簧能自动弹起。

（4）鼓风机、引风机的安装　风机在安装前，必须根据图纸和清单，核对现场的设备、型号、参数是否相符。

安装时，检查基础的位置是否符合图纸要求。无误后将装好地脚螺栓的风机吊到基础上就位，风机位置的找正应以风机的转子为中心，其标高不大于 ±5mm，风机的纵横中心线位置偏差不大于10mm，使主轴处于水平状态。再应以风机为基准，进行电动机连接并找正。电动机应在单独试转符合要求后再进行安装。最后对底座地脚螺栓进行二次灌浆。待混凝土强度达到75%时再复查风机是否水平，符合要求后，将地脚螺栓紧固。

风机试运转，但必须在无荷载的情况下进行。先进行电动机的点动，检查风机转向是否正确，有无摩擦和震动，无问题后进行试运转。检查轴承温升不得高于40℃，轴承盖不得高于70℃。

阀门、水位计的安装，烘炉、煮炉可参见散装锅炉的安装。

二、燃油燃气锅炉的安装

1. 安装前的检查

1）检查锅炉筒体的外观质量，查看锅炉铭牌上的型号和技术参数，有无合格证书，特别要注意锅炉的安装和使用要求。

2）检查并清理锅炉附件、仪表、阀门的数量，并逐个检查其质量。

3）检查基础表面，要求基础表面水平，在基础表面涂刷一层沥青。在涂刷沥青的混凝土基础上，画出锅炉底板的圆周线，其圆心与基础圆同心，还要画出两条通过圆心的垂直线，其中一条线应与锅炉安装的燃烧器中心线平行，以便保证锅炉安装的正确位置。

2. 锅炉就位

在就位前，把锅炉运至锅炉基础附近，再安装支架和手动葫芦，通过拉动手动葫芦把锅炉本体慢慢置于混凝土基础上已画好的圆周线上，并使安装燃烧器的垂直中心线与基础上所要求的垂直线平行。锅炉安放在基础的正确位置上后，再用线锤检查其垂直度，达到所规定的要求为止。

3. 附属设备的安装

锅炉本体安装完毕后，再安装其他附属设备，如燃油用的油箱、供水泵、软化水设备、除气设备、各种阀门、各种仪表、水位计、燃烧器等，直至它们符合安装要求。

4. 安装注意事项

燃油燃气立式锅炉安装时应注意锅炉本体、附件、阀门、仪表、油泵、燃烧器不受破损，严禁施工人员对锅炉本体乱敲乱打，使锅炉表面变形和防腐绝热层破坏；应对锅炉附件、阀门、仪表、燃烧器等轻拿轻放，采用正确的安装工具进行安装。

复习思考题

6-1 简述散装锅炉安装的工艺流程。

6-2 锅炉安装前的施工准备工作有哪些？

6-3 试述散装锅炉基础画线的过程。

6-4 锅炉钢架起什么作用？它对整个锅炉安装有何重要意义？

6-5 怎样检查立柱、横梁的弯曲？

6-6 钢架的校正方法有哪几种，各种方法的具体做法怎样？

6-7 锅炉钢架的安装方法有哪些？

6-8 锅炉钢架的立柱如何对接？对接时应注意哪几方面？

6-9 试述锅筒找正的顺序和方法。

6-10 立柱与基础的固定方法有哪些？如何固定？

6-11 试述管道的胀接原理。

6-12 试述炉排的安装工艺。

6-13 锅炉为什么要进行水压试验？试验压力为多少？试验的范围如何确定？

6-14 烘炉煮炉的目的是什么？

6-15 试述燃油燃气锅炉的安装工艺。

☆职业素养提升要点

熟悉锅炉燃料的特点，厘清“清洁能源”的概念，学习习近平总书记生态文明思想的理论体系，将“绿色发展”理念落到实处。

项目七
管道及设备的防腐与保温

案例导入

小张的公司承接了一个室外供热管网的节能改造项目，在踏勘现场时发现，管网采用通行地沟敷设，管道的外保温严重破损，需要重做管道外保温；管网的跑冒滴漏现象严重，需要更换阀门。小张责成施工员就管道外保温编写施工工艺。如果你是施工员，你会怎么编写节能改造施工工艺？

任务一 管道及设备的防腐

腐蚀主要是材料在外部介质影响下所产生的化学作用或电化学作用，使材料破坏和质变。一般情况下，金属与氧气、氯气、二氧化硫、硫化氢等干燥气体或汽油、乙醇、苯等非电解质接触所引起的腐蚀都是电化学腐蚀。对金属材料的腐蚀，化学腐蚀和电化学腐蚀均有影响。

防腐的方法很多，如采取金属镀层、金属钝化、阴极保护及涂料工艺等，在管道及设备的防腐方法中，采用最多的是涂料工艺。

防腐施工应按《工业设备及管道防腐蚀工程施工规范》（GB 50726—2011）和《工业设备及管道防腐蚀工程施工质量验收规范》（GB 50727—2011）的规定进行。

一、除锈

为了增加油漆的附着力和防腐效果，在涂刷底漆前，必须将管道或设备表面的锈渍和污物清除干净，并保持干燥。常用的除锈方法有：

1. 人工除锈

人工除锈常用的工具有：钢丝刷、砂轮块、砂纸、破布、刮刀、锉刀等。对于管道和设备表面的氧化皮、铸砂，一般用砂轮块、刮刀、锉刀除掉，对于油脂、焊渣、泥砂以及浮锈等污物，用钢丝刷刷磨，对于钢管的内表面除锈，可用圆形钢丝刷来回拉擦，然后再用砂纸磨光，最后用破布或棉纱擦净，使之露出金属光泽为合格。人工除锈劳动强度大，消耗工时多，效率低；但其工具简单，操作方便灵活，目前仍被广泛采用。

2. 机械除锈

机械除锈有除锈机除锈和喷砂法除锈两种，喷砂除锈应用较多，适用于大批量管材的集中除锈。

使用除锈机除锈时，应先用砂轮块、刮刀、锉刀将管道和设备表面的氧化皮、铸砂去掉，然后再放在除锈机内反复除锈，直到露出金属本色为止。

喷砂法除锈的原理是用0.4~0.6MPa的压缩空气将粒径为0.5~2.0mm的干燥洁净天然砂喷射在金属表面上，靠砂子的冲击力撞击金属表面的锈层、氧化皮使之松散而脱落，露出金属光泽。喷砂装置如图7-1所示。喷砂方向应与风向一致，喷枪喷嘴和金属表面成70°角，并距金属表面200~250mm左右。

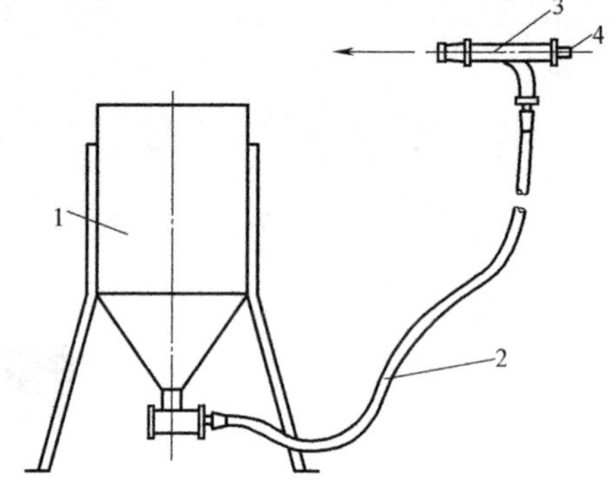

图7-1 喷砂装置

1—储砂罐 2—橡胶管 3—喷枪 4—空气接管

天然砂应选用质坚有棱的金刚砂、石英砂或硅质河砂，其含水量不应大于1%，Sa3级和Sa $2\frac{1}{2}$级不得使用河砂。

进行喷砂处理时，基体表面温度应高于露点温度3℃，当温度差值低于3℃时，喷砂作用应停止。

喷砂法除锈效率高，能除去金属表面锈层、氧化皮层等，还能使金属表面呈现出均匀细微的麻点，增加涂料和金属间的附着力。喷砂除锈操作简便，除锈质量好，但喷砂过程要产生大量的灰尘，为了减少灰尘，可采用喷湿砂的方法来除锈，但是必须要在水中加缓蚀剂。

喷射或抛射除锈基体表面处理质量等级分为Sa1，Sa2、Sa $2\frac{1}{2}$、Sa3四级。手工或动力工具除锈基体表面处理质量等级分为St2和St3两级。

喷射或抛射除锈和手工或动力工具除锈的基体表面处理质量等级标准应符合现行国家标准《涂覆涂料前钢材表面处理　表面清洁度的目视评定　第1部分：未涂覆过的钢材表面和全面清除原有涂层后的钢材表面的锈蚀等级和处理等级》（GB/T 8923.1—2012）的有关规定。

二、防腐涂料及防腐做法

1. 防腐涂料

（1）涂料的组成　涂料是一种高分子胶体混合物溶液，由成膜物质、溶剂、颜料和填料三部分组成。涂料在物体表面涂刷后，其溶剂部分逐渐挥发散去，其余不挥发部分干结成膜。

成膜物质又称黏结剂，是涂料的基础材料。它能将颜料和填料粘接在一起，形成牢固附着在物体表面的漆膜，使涂料表面具有光泽和一定弹性。漆膜的性质主要取决于成膜物质的性能。常用的成膜物质有天然树脂、酚醛树脂、过氯乙烯树脂、环氧树脂、沥青、干性植物油等。

溶剂又称稀料，它是挥发性的液体，能溶解和稀释成膜物质，在涂料中占一定的比例。当涂料固化成膜后，它全部挥发到大气中去，不残留在漆膜内。其主要作用是用来调节涂料的黏度，便于施工，还可增加涂料储存的稳定性，被涂物件表面的湿润性，使涂层有较好的附着力，以及使漆膜有良好的流平性。常用的稀释剂有汽油、松节油、甲苯、二甲苯、乙醇、香蕉水等。

颜料和填料：颜料是一种微细粉末状有色物质，它不溶于水或油等液体介质中，而能均匀地分散在液体介质中。当涂于物体表面时，呈现一定的色层，具有一定的遮盖力、着色力。其主要作用是增加漆膜的厚度和提高漆膜的强度、耐磨性、耐化学腐蚀能力。根据用途不同，有防止金属生锈的耐腐蚀颜料（红丹、铁红等）、耐高温颜料（铝粉、铝酸钙等）、示温颜料（可逆性变色颜料）、发光和荧光颜料等。

（2）管道及设备防腐常用涂料及其选择　管道及设备防腐常用涂料有红丹防锈漆、铁红防锈漆、铁红醇酸底漆、灰色防锈漆、锌黄防锈漆、环氧红丹漆、磷化底漆、厚漆、油性调和漆、铝粉漆、生漆、过氯乙烯漆、耐酸瓷漆、沥青漆等。如何正确地选择和使用涂料，对保证管道及防腐的质量和应用效果都是十分重要的。选择涂料时应注意以下因素：

1）根据管道及设备周围腐蚀介质的种类、性质、浓度和温度，选择相适应的涂料。如酸性介质可采用酚醛树脂漆；碱性介质应采用环氧树脂漆。

2）根据被涂物表面材质不同，选择相适应的涂料。如红丹防锈漆适用于钢铁表面，但不适用于铝表面，对铝表面应采用锌黄防锈漆。

3）考虑施工条件的可能性。如对无高温处理条件的施工现场，不应采用烘干型的合成树脂材料，而应选用加有固化剂的合成树脂材料，以利于冷态下固化成膜。

4）按管道内输送介质温度不同，选择相适应的涂料。

2. 管道及设备防腐的防腐结构

管道防腐的防腐层结构有涂料防腐和特殊防腐两种。

（1）涂料防腐　涂料防腐是在管道表面涂刷防腐涂料以防腐蚀，其涂层结构应由设计确定。一般分为底漆、面漆、罩面漆三层涂层，有的涂层结构可以不用罩面漆。

底漆是直接喷刷在金属表面的涂料层。要求涂料具有附着力强、防腐、防水性能良好的特点。对黑色金属表面，可采用红丹防锈漆、铁红防锈漆、铁红醇酸防锈漆等；对有色金属表面，宜采用锌黄防锈漆、磷化底漆等做底漆涂料。底漆一般喷刷 1~2 遍。

面漆是涂在底漆上的涂层，其主要作用是保护底漆不受损害。要求面漆涂料具有耐光性、耐气候变化和覆盖能力强等特点，如灰色防锈漆、各色调合漆、各色瓷漆等。面漆除了满足以上要求外，其不同颜色也起着不同性质及用途的辨别作用。面漆一般喷刷不少于两遍。

罩面漆是为增加涂料层的耐腐蚀性，延长涂料层的使用寿命，在面漆上可再涂 1~2 遍的无色清漆。清漆的品种应根据周围介质的性质，选用适合的涂料，以满足诸如耐酸、耐碱等要求，必要时还可增加罩面漆的涂层遍数。

（2）特殊防腐　埋设于土壤或焦渣内的钢管应采用特殊防腐。特殊防腐的结构见表 7-1。它有正常、加强、特加强三种结构形式。其中，正常防腐适用于一般土壤；加强防腐适用于在焦渣内或腐蚀性土壤中埋设钢管时的防腐；特加强防腐适用于管道在工厂厂区、铁路或电车轨道下土壤中埋设时的防腐。

表 7-1 特殊防腐的结构

防腐层层数序号（从金属表面起）	正常防腐层	加强防腐层	特加强防腐层
1	冷底子油	冷底子油	冷底子油
2	沥青涂层	沥青涂层	沥青涂层
3	外包保护层	加强保护层（封闭层）	加强保护层（封闭层）
4		沥青涂层	沥青涂层
5		外包保护层	加强包扎层（封闭层）
6			沥青涂层
7			外包保护层
防腐层厚度不小于 /mm	3	6	9
厚度允许偏差 /mm	-0.3	-0.5	-0.5

3. 涂料防腐施工

涂料防腐的施工方法有手工涂刷、喷涂两种。涂刷或喷涂前应将涂料搅拌均匀，如有漆皮或粒状物，应用细铜纱网过滤。根据涂刷或喷涂不同的施工方法，选择适合涂料特性的稀释剂，将涂料稀释至适当的黏稠度。

（1）手工涂刷　手工涂刷是用毛刷等简单工具将涂料涂刷在管道或设备的表面上。这种方法操作简单，适应性强，但效率低，涂刷质量受操作者技术水平的影响很大，因此适用于工程量不大的防腐工程中。手工涂刷应分层涂刷，每层应往复进行，纵横交错，保持涂层的均匀，不得有漏涂现象。

（2）喷涂　喷涂的原理是用空压机产生的压缩空气，通过喷枪喷嘴时产生高速气流，将涂料罐内的涂料引射混合成雾状，喷涂于管道及设备的表面。这种方法的特点是漆膜厚度均匀，表面平整、效率高、涂料消耗少。在喷涂时，调整好涂料的黏稠度和压缩空气的压力，其所用空气压力一般为 0.2~0.4MPa，保持喷嘴和金属表面的距离，当表面是平面时，一般为 250~350mm；当表面是圆弧面时，一般为 400mm 左右为宜。喷嘴移动应均匀，速度一般为 10~15m/min。喷枪喷射出的漆流应与喷漆面垂直。喷涂所用的工具为喷枪，如图 7-2 所示。

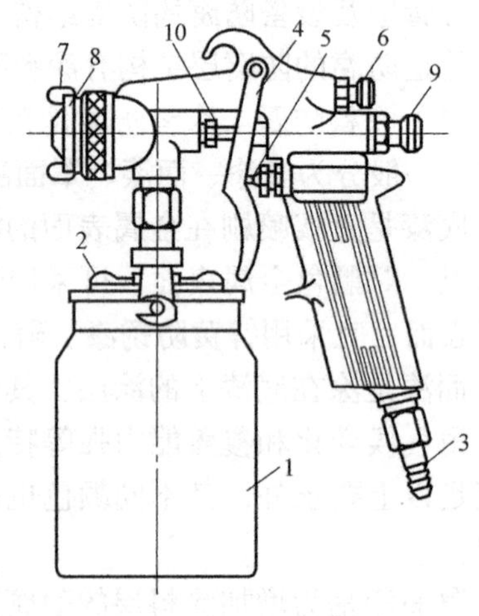

图 7-2　喷枪

1—漆罐　2—轧兰螺钉　3—空气接头　4—扳机　5—空气阀杆　6—控制阀　7—空气喷嘴　8—螺母　9—螺栓　10—针塞

每遍涂层不宜太厚，以 0.3~0.4mm 为宜，不得有流挂和漏涂现象。每涂一遍待干燥后，应用砂纸将涂层打磨平整后，再喷涂下一遍。喷涂的涂层较薄，为提高每次喷涂涂层厚度，可采用提高涂料温度的方法来代替稀释剂使涂料的黏度降低。一般涂料在加热至 70℃时，和冷喷涂相比，可以节省约 2/3 的稀料。

喷涂时，操作环境应保持清洁。施工环境温度宜为 10~30℃，相对湿度不宜大于 85%，或被喷涂的基体表面温度应比露点温度高 3℃。

4. 埋地管道的防腐——特殊防腐施工

埋地管道的腐蚀主要是由于土壤的酸性、碱性、潮湿等原因所引起的。埋地管道的防腐的方法主要采用沥青涂料，防腐层主要由冷底子油、石油沥青玛琋脂、防水卷材及牛皮纸组成。

沥青是一种有机胶结构，具有良好的黏结性，不透水和不导电，能抵抗稀酸、稀碱、盐、水和土壤的侵蚀，价格低廉，但是不耐氧化剂，与有机溶液接触要发生腐蚀。

（1）冷底子油　冷底子油是特殊防腐的底层结构，用 30 号甲建筑石油沥青与无铅汽油按 1 ：2.25~1 ：2.5 的比例配置，先将沥青打碎成 1.5kg 以下的小块，放入干净的沥青锅内，逐步升温并搅拌，使温度保持在 180~200℃范围内，熬 1.5~2h，直到不产生气泡，表明脱水完毕，然后降温至 100~120℃左右，按比例与汽油完全调匀即可。

（2）石油沥青玛琋脂　石油沥青玛琋脂是在沥青中按 3 ：1 的比例加入填料（如高岭土）熬制而成的。具体做法是：将 30 号甲建筑石油沥青或 30 号甲与 10 号建筑石油沥青的混合物加热升温至 180~200℃，逐渐加入预热到 120~140℃的高岭土，并搅拌均匀，测试其软化点、延伸率、针入度等指标，以满足有关要求为合格。

（3）防水卷材　防水卷材一般采用矿棉纸油毡或浸有冷底子油的玻璃网布，呈螺旋形缠包在热沥青玛琋脂层上，每圈之间有 10~20mm 的搭边，前后两卷材的搭接长度为 80~100mm，并用热沥青玛琋脂将接头粘合。

（4）牛皮纸　牛皮纸每圈之间应有 15~20mm 搭边，前后两圈的搭接长度不得小于 100mm，接头用热沥青玛琋脂或冷底子油粘合。牛皮纸也可以用聚氯乙烯塑料布来代替。

特殊防腐施工时应注意下列问题：

1）冷底子油应在管道表面清理后的 24h 内涂刷，涂刷应均匀一致，涂刷厚度一般为 0.1~0.15mm。

2）沥青粘接材料应涂抹在已干燥的冷底子油层上，涂抹温度应保持在 160~180℃，如施工时环境温度高于 30℃，沥青温度可降至 150℃。沥青粘接层的涂抹厚度应均匀，表面连续而无气泡，断缝粘接良好。

任务二　管道及设备的保温及其保护层安装

保温又称绝热，包括保温和保冷两个方面，即为减少系统热量向外传递的保温和减少外部热量传入系统的保冷。

一、常用保温材料及施工方法

1. 保温材料

保温材料应具有热导率小，密度小（一般在 450kg/m^3 以下）、有一定机械强度（一般能承受 0.3MPa 以上的压力）、吸湿率低、抗水蒸气渗透性强、耐热、不燃、无毒、无臭味、不腐蚀金属、能避免鼠咬虫蛀、不易霉烂、经久耐用、施工方便、价格便宜等特点。

实际的保温材料不可能全部满足如上要求。这就需要根据具体保温工程情况，首先考虑材料的性能、工作条件和施工方案等因素。例如，低温系统应首先考虑保温材料的密度小、热导率小、吸湿率低等因素；高温系统应首先考虑保温材料在高温下的热稳定性。对运行中有震动的管道和设备，应选用强度较好的保温材料，以免因震动导致保温材料破碎；对间歇运行的系统，应采用热容量小的保温材料等。

目前，常用的保温材料有岩棉、玻璃棉、矿渣棉、珍珠岩、硅藻土、石棉、水泥蛭石、碳化软木、聚苯乙烯泡沫塑料、聚氨酯泡沫塑料等。

2. 保温结构的组成

保温结构一般由防锈层、保温层、防潮层（对保冷结构而言）、保护层、防腐层及识别标志层等构成。

保温结构和保冷结构所用的防锈层材料是不同的，保温结构用防锈漆涂料，保冷结构用沥青冷底子油或其他防锈力强的涂料，直接涂刷于干燥洁净的管道或设备表面上，以防止金属受潮后产生锈蚀。

防潮层的作用是防止水蒸气或雨水渗入保温层，设置在保温层的外面。防潮层目前常用材料有沥青及沥青油毡、玻璃丝布、聚乙烯薄膜、铝箔等。

保温材料

保护层的主要作用是保护保温层或防潮层不受机械损伤，改善保温效果，外表美观，设置在保温层或防潮层外面。保护层常用材料有石棉石膏、石棉水泥、玻璃丝布及金属薄板等。

保温结构最外面的防腐蚀及识别标志层，其作用在于保护保护层不被腐蚀，一般采用耐气候性较强的涂料直接涂刷在保护层上，同时又为区别管道内的不同介质，常用不同颜色的涂料涂刷，所以防腐蚀层同时起识别标志作用。

3. 保温层的施工

保温层的施工方法取决于保温材料的形状和特性。常用的保温方法有以下几种形式。

（1）涂抹法保温　涂抹法保温适用于膨胀珍珠岩、膨胀蛭石、石棉白云石粉、石棉纤维等不定型的散状材料。保温施工时，将所用材料按一定比例用水调成胶泥状，加入黏结剂，如水泥、水玻璃、耐火黏土等，或再加入促凝剂（氟硅酸钠或霞石安基比林），加水混拌均匀，成为塑性泥团，用手或用工具采用分层涂抹，即第一层用较稀的胶泥涂抹，其厚度为5mm，以增加胶泥与管壁的附着力；第二层用干一些的胶泥涂抹，厚度为10~15mm，以后每层涂抹厚度为15~25mm。每层涂抹均应在前一层干燥后进行，直到要求的厚度为止。其结构如图7-3所示。涂抹法保温整体性好，保温层和保温面结合紧密，且不受保温物体形状的限制，多用于热力管道和设备的保温。

（2）绑扎法保温　绑扎法保温适用于预制保温瓦或板块料，用镀锌铁丝将保温材料绑扎在管道的防锈层表面上，其结构如图7-4所示。

保温施工时，先在保温材料块的内侧抹5mm的石棉粉或石棉硅藻土胶泥，以使保温材料与管壁能紧密结合，对于矿渣棉、玻璃棉、岩棉等矿纤材料预制品，因为它们的抗湿性能差，可不涂抹胶泥，然后将保温材料绑扎在管壁上。

绑扎保温材料时，应将纵向接缝错开，横向接缝应上下布置，如一层预制品不能满足要求而采用双层结构时，双层绑扎的保温材料应内外盖缝，第一层必须平整，不平整时，矿纤材料用同类纤维状材料填平，其他保温材料用胶泥抹平，第一层表面平整后方可进行第二层保温预制品的绑扎。如保温材料为管壳，应将纵向接缝设置在管道的两侧。非矿纤材料制品的所有接缝均应用石棉粉、石棉硅藻土粉等配成胶泥填塞，而矿纤材料制品应采用干接缝。制冷管道及设备保温采用硬质或半硬质隔热层管壳时，管壳之间的接缝不应大于 2mm，并用胶接材料将缝填满。

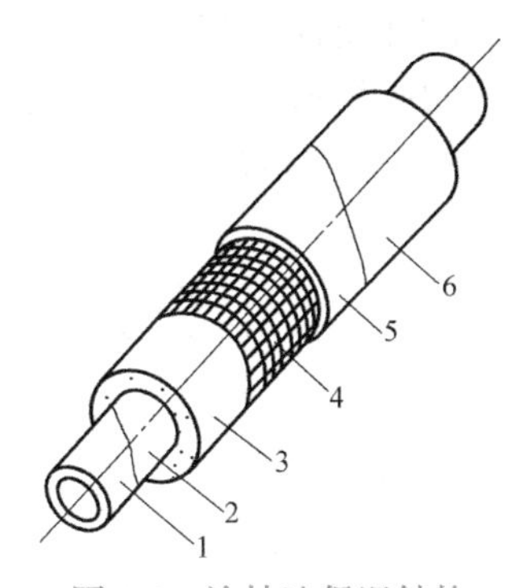

图 7-3 涂抹法保温结构

1—管道 2—防锈漆 3—保温层
4—铁丝网 5—保护层 6—防腐漆

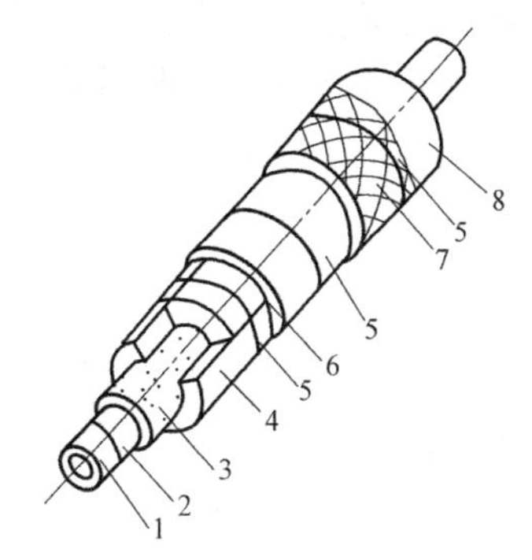

图 7-4 绑扎法保温结构

1—管道 2—防锈漆 3—胶泥 4—保温材料
5—镀锌铁丝 6—沥青油毡 7—玻璃丝布
8—防腐漆

绑扎用镀锌铁丝直径一般为 1~1.2mm，对硬质绝热制品绑扎间距不应大于 400mm，对半硬质绝热制品绑扎间距不应大于 300mm，对软质绝热制品绑扎间距宜为 200mm，且每块预制品至少应绑扎两处，每处绑扎铁丝不应少于两圈，绑扎接头不应过长，应嵌入预制品接缝处，以便抹入接缝处。对于有震动的部位应加强绑扎。不得采用螺旋式缠绕绑扎。

（3）粘贴法保温 粘贴法保温也适用于各种加工成型的保温预制品，它用黏结剂与保温物体表面固定，多用于空调和制冷系统的保温，如图 7-5 所示。

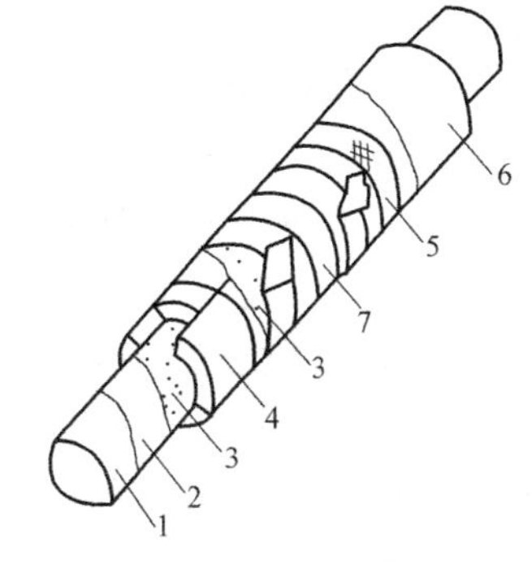

图 7-5 粘贴法保温结构

1—风管 2—防锈漆 3—黏结剂
4—保温材料 5—玻璃丝布
6—防腐漆 7—聚乙烯薄膜

选用黏结剂时，对一般保温材料可用石油沥青玛琋脂做黏结剂。对聚苯乙烯泡沫塑料保温材料制品，不能用热沥青或沥青玛琋脂做黏结剂，而应用聚氨酸预聚体（即 101 胶）或醋酸乙烯乳胶、酚醛树脂、环氧树脂等材料做黏结剂。

涂刷黏结剂时，要求粘贴面及四周接缝上各处黏结剂均匀饱满，厚度宜为 2.5~3mm。粘贴保温材料时，应将接缝相互错开，错缝的做法同绑扎法保温。

（4）缠包法保温 缠包法保温适用于矿渣棉毡、玻璃棉毡等保温材料。保温施工时，先根据管径的大小将保温材料裁成适当宽度条带，以螺旋状包缠到管道的防锈层表面，如图 7-6a 所示；或者按管道的外圆周长加上搭接宽度，把保温材料剪成适当纵向长度的条块，将其平包到管道的防锈层表面，如图 7-6b 所示。缠包保温棉毡时，如棉毡的厚度达不到厚度要求时，可适当增加缠包层数，直至达到保温厚度要求为止。棉毡的横向接头应紧密，所有接缝应用矿渣棉或玻璃棉填塞，纵向接缝应放在管道顶部，棉毡搭接宽度应适当，一般可按保温层外径大小，选择为 300~500mm。最后再用直径为 1~1.4mm 的镀锌铁丝绑扎紧，绑扎铁丝应不少于两圈，间距应不大于 150~200mm，当保温层外径大于 500mm 时，还应加镀锌铁丝网缠包，再用镀锌铁丝扎牢。

缠包法保温的施工必须边缠、边压、边抽紧，使保温后的密度符合设计要求。一般矿棉毡缠包后的密度不应小于 150~200kg/m^3，玻璃棉毡缠包后的密度不应小于 100~130kg/m^3，超细玻璃棉毡缠包后的密度不应小于 40~60kg/m^3。

（5）套筒式保温　套筒式保温是将矿纤材料加工成型的保温筒直接套在管道上的一种保温方法。施工时，只要将保温筒上的轴向切口扒开，借助矿纤材料的弹性便可将保温筒紧紧地套在管道上。对保温筒的横向接口和切口，可用带胶铝箔带粘合，如图 7-7 所示。

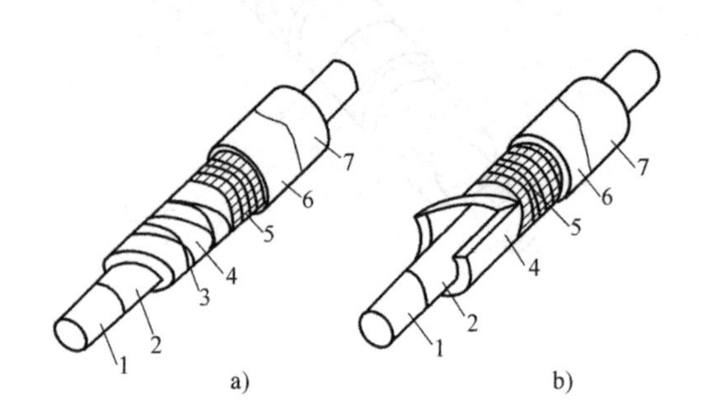

图 7-6　缠包法保温结构

1—管道　2—防锈漆　3—镀锌铁丝　4—保温毡　5—铁丝网　6—保护层　7—防腐漆

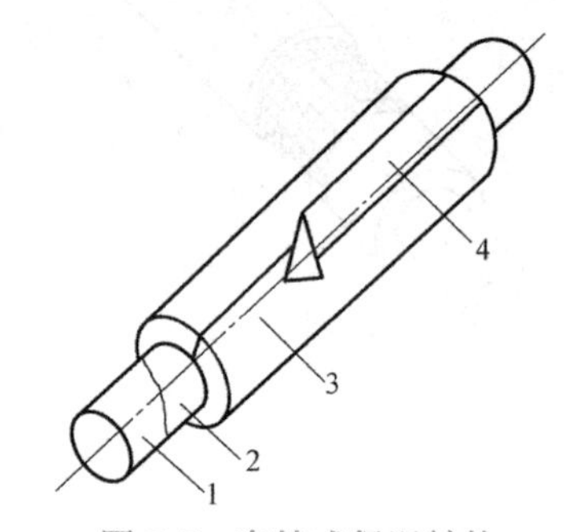

图 7-7　套筒式保温结构

1—管道　2—防锈漆　3—保温筒　4—带胶铝箔带

为便于现场施工，保温筒在工厂生产时，多在表面涂有一层胶状保护层，因此，对一般室内管道保温时，可不需再设外保护层。这种施工方法简便，工效高。

（6）聚氨酯硬质泡沫塑料保温　聚氨酯硬质泡沫塑料由聚醚和多元异氰酸酯加催化剂、发泡剂、稳定剂等原料按比例配制发泡而成。保温施工时，把原料组合成两组（A 组和 B 组，或称黑液、白液），A 组为聚醚和其他原料的混合液，B 组为异氰酸酯，两种液体均匀混合在一起，即发泡生成硬质泡沫塑料。

聚氨酯硬质泡沫塑料一般采用现场发泡，其施工方法有喷涂法和灌注法两种。喷涂法的施工工艺是先配置少量的 A 组、B 组混合液体进行试喷，观察喷涂的效果，控制发泡时间，发泡时间以喷涂在垂直面上不下滴为宜，从而得出正确的配方和发泡时间，掌握施工操作方法后，再将 A 组、B 组混合均匀的液体用喷枪喷涂到被保温物体的表面上。灌注法的施工工艺同样需要试灌，得出正确的配方、发泡时间和施工操作方法后，然后再将 A 组、B 组混合均匀的液体灌注到需要成型的空间或事先安置的模具内，经发泡膨胀充满整个空间。

当采用聚氨酯硬质泡沫塑料预制保温管时，需要在现场补做管道接口处的保温结构。施工现场具体的做法是：管道连接试压合格后，取直径与预制保温管保护层塑料管相同、长度等于补做接口长度（一般保温管预制时，留 250~300mm 不保温长度，则接口长度一般为 500~600mm）的硬聚氯乙烯塑料管，将其沿轴向剖切为两半圆，套在补做接口处，用焊接法将纵向剖切及径向连接处焊牢，再用压力为 20kPa 的压缩空气试压，用肥皂水试漏合格后，从塑料管顶部钻的灌注口灌入 A 组、B 组均匀混合液，待发泡硬化后，将灌注口、排气口打入锥形硬质塑料堵头并焊死。

聚氨酯硬质泡沫塑料保温材料的吸水率极小，耐腐蚀，易成型，易与金属和非金属粘接，可喷涂也可灌注，施工工艺简单，操作方便，施工效率高，适用于热媒温度为 -100~

120℃的保温工程中；其缺点是异氰酸酯及催化剂有毒，对呼吸道、眼睛和皮肤有强烈的刺激作用。使用和操作时应注意如下事项：

1）聚氨酯硬质泡沫塑料保温不宜在气温低于5℃的情况下施工，否则应对液料加热，其温度在20~30℃为宜。

2）被涂物表面必须清洁干燥，可以不涂防锈层。为便于保温施工后清洗工具和脱取模具，在施工前可在工具和模具表面涂上一层油脂。

3）调配聚氨酯混合液时，应随用随调，不能隔夜，防止原料失效。调制A、B组混合液均应按原料供应厂提供的配方及操作规程等技术文件资料进行。

4）采用喷涂时宜选发泡较快些的原料调制混合液，对灌注法时宜选用发泡较慢些的原料调制发泡液，以保证有足够的操作时间。在同一温度下，发泡的快慢主要取决于原料的配方。

5）异氰酸酯及其催化剂等原料均系有毒物质，操作时应载防毒面具、防毒口罩、防护眼镜、橡皮手套等防护用品，以防中毒和影响人体健康。

（7）钉贴法保温　钉贴法保温是矩形风管常采用的一种保温方法，它用保温钉代替黏结剂将泡沫塑料保温板固定在风管表面上。

保温钉形式较多，如图7-8所示。

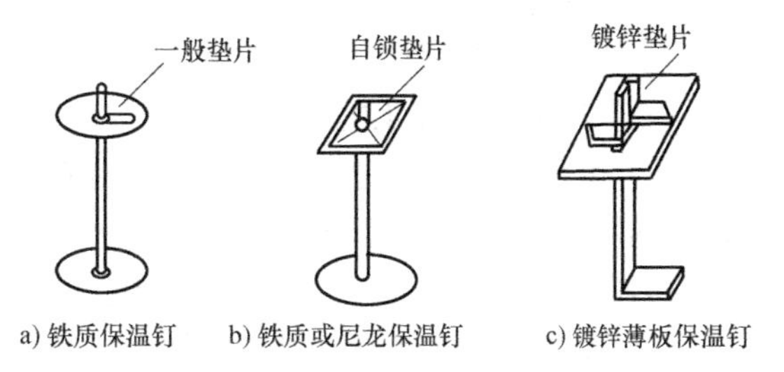

图7-8　保温钉的形式

保温钉与风管、部件及设备表面的连接应采用粘接或焊接形式，不得采用抽芯铆钉或自攻螺丝等破坏风管严密性的固定方法。固定保温钉的黏结剂宜为不燃材料；保温钉粘接前应做粘接强度试验，其粘接力应大于25N/cm^2；保温钉的长度应满足压紧绝热层固定压片的要求。粘接时风管和保温钉的粘接面均应清洁干燥，粘接应牢固可靠。粘接后应按黏结剂的要求保证固化时间，宜为12~24h，稳固后方可覆盖绝热材料。矩形风管与设备的保温钉分布应均匀，保温钉数量应符合表7-2的规定，风管的圆弧转角段或几何形状急剧变化的部位，保温钉的布置应适当加密。首行保温钉距绝热材料边沿应小于120mm。

表7-2　风管保温钉数量　（单位：个/m^2）

绝热层材料	风管底面	侧面	顶面
铝箔岩棉保温板	≥20	≥16	≥10
铝箔玻璃棉保温板（毡）	≥16	≥10	≥8

保温钉粘牢后，将保温材料放置在风管表面，用手或木方轻轻拍打保温板，保温钉便穿过保温板而露出，然后套上垫片，将外露部分扳倒（自锁垫片压紧即可）。钉贴法保温结构如图7-9所示。为使保温板牢固地固定在风管上，外表面还应用镀锌铁皮或尼龙带包扎。这种方法的特点是操作简便、功效高，节省黏结剂。

（8）风管内保温　风管内保温是将保温材料置于风管的内表面，用黏结剂和保温钉将其固定，是粘贴法和钉贴法联合使用的一种保温方法，其结构如图7-10所示。

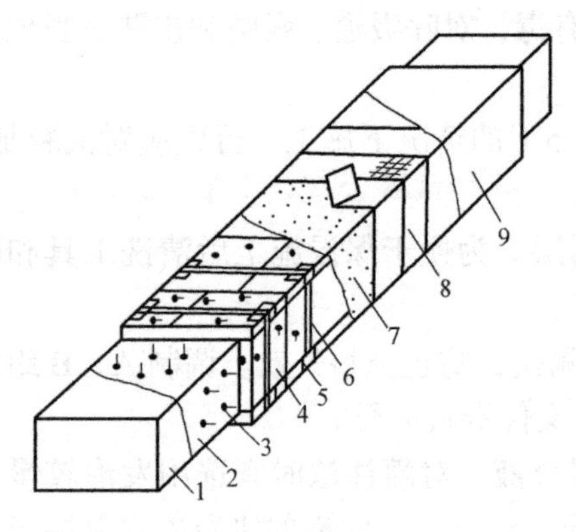

图 7-9 钉贴法保温结构

1—风管 2—防锈漆 3—保温钉

4—保温板 5—铁垫片 6—包扎带

7—黏结剂 8—玻璃丝布 9—防腐漆

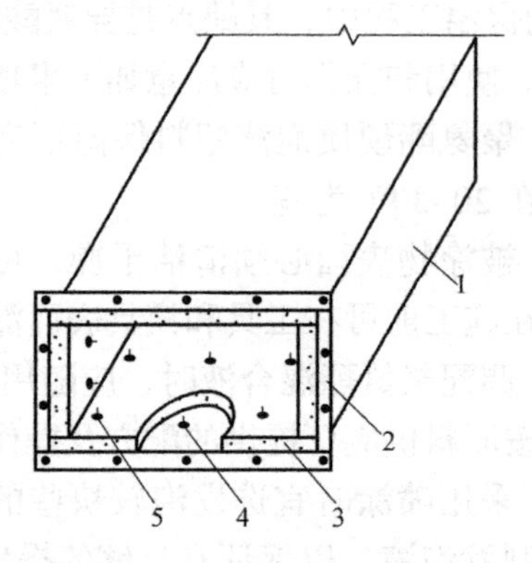

图 7-10 风管内保温结构

1—风管 2—法兰

3—保温棉毡 4—保温钉

5—垫片

风管内保温主要用于高层建筑因空间限制，不便安装消声器而又对噪声要求较高的舒适性空调系统上作消声之用。但是保温材料置于风管的内表面，减少了风管有效的流通面积，增大了系统的阻力。

（9）对保温层施工的技术要求

1）用保温瓦或保温后呈硬质的材料，做热力管道保温时，直管段应每隔 5~7m 留 5mm 的膨胀缝，在弯管处直径小于等于 300mm 时留 20~30mm 的膨胀缝。膨胀缝内应用石棉绳或玻璃棉填塞。设有支撑环的管道，膨胀缝一般置于支撑环下部。

2）管道的弯管部分，当采用硬质材料保温时，如果没有成型预制品，应用切割成虾米腰状的小块拼装在弧形弯管上，如图 7-11 所示。切块的多少应视弯管弯曲程度而定，但最少不得少于 3 块，每块保温材料均应用铁丝与管道绑扎紧固。

3）除寒冷地区室外架空管道及室内防结露管道的法兰、阀门、套筒伸缩器、支架按设计要求保温外，一般的法兰、阀门、套筒伸缩器、支架等一般不做保温，其两侧应留 70~80mm 的膨胀伸缩缝，在保温端部抹成 60°~70° 的斜坡。

4）保温管道支架处应留膨胀伸缩缝，并用石棉绳或玻璃棉填塞。

5）保温层在施工过程中，一定要有防潮、防水措施。

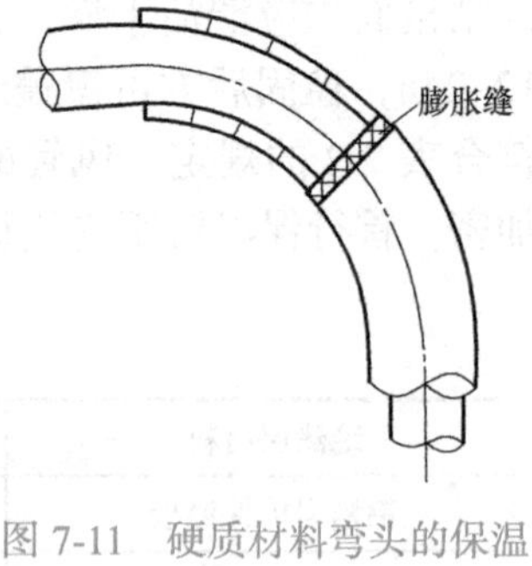

膨胀缝

图 7-11 硬质材料弯头的保温

4. 防潮层的施工

对保冷管道及室外保温管道露天敷设时，均需在保温结构中增设防潮层。常用的防潮层材料有两种，一种是以沥青为主的防潮材料，一种是以聚乙烯薄膜做防潮材料。

（1）防潮材料以沥青为主的防潮层　以沥青为主体材料的防潮层有两种结构。一种是用沥青或沥青玛琋脂粘沥青油毡；一种是以玻璃丝布做胎料，两面涂刷沥青或沥青玛琋脂。用单块包裹法施工包在管道保温层表面上。

以沥青为主体材料的防潮层施工时，先将油毡裁剪成宽度为保温层外圆长度再加搭接宽度 30~50mm 的单块，对于玻璃丝布则裁剪成适当宽度，在保温层上涂刷一层 1.5~2.0mm

厚的沥青或沥青玛琋脂，再包缠油毡或用螺旋缠绕法缠绕玻璃丝布，包缠应自下而上包缠，纵向接缝应设在管道外侧，且搭接口向下，接缝用沥青或沥青玛琋脂封口，外面再用镀锌铁丝绑扎，间距为250~300mm，铁丝接头接平，不得刺破防潮层。当保温层表面不易涂刷沥青或沥青玛琋脂时，可先缠绕一层玻璃丝布后，再涂刷沥青或沥青玛琋脂。缠绕玻璃丝布时，搭接宽度为10~20mm，应边缠边拉紧边整平，缠至布头时用镀锌铁丝扎牢。油毡或玻璃丝布包缠好后，最后在上面刷一层沥青或沥青玛琋脂，厚度为2~3mm。

沥青油毡因过分卷折易断裂，只能用于平面及大直径管道的防潮。而玻璃丝布能用于任意形状的粘贴，故应用范围更广泛。

（2）以聚乙烯薄膜做防潮材料的防潮层　以聚乙烯薄膜作为防潮层是直接将薄膜用黏结剂粘贴在保温层表面，这种方法施工方便。

二、常用保护层施工及做法

无论是保温结构还是保冷结构，都应设置保护层，常用保护层的材料有沥青油毡和玻璃丝布构成的保护层；单独用玻璃丝布缠包的保护层；石棉石膏、石棉水泥等保护层；金属薄板保护层。

（1）沥青油毡和玻璃丝布构成的保护层　先将沥青油毡按保温层（或加防潮层）外圆周长度加搭接长度（一般为50mm）裁剪成块状，包裹在管道上，用镀锌铁丝绑扎紧固，其间距为250~300mm。沥青油毡包裹应自下而上进行，纵向接缝应用沥青或沥青玛琋脂封口，使纵向接缝留在管道外侧，接口朝下。在油毡表面再用螺旋式缠绕的方法缠绕玻璃丝布，玻璃丝布搭接宽度为玻璃丝布宽度的一半，缠绕的起点和终点均应用铁丝扎牢，缠绕的玻璃丝布应平整无皱纹且松紧适当。

油毡和玻璃丝布保护层一般用于室外露天敷设的管道保温，在玻璃丝布表面还应根据需要涂刷一遍耐气候变化的、可区别管内介质的不同颜色涂料。

（2）单独用玻璃丝布缠包的保护层　在保温层或防潮层表面只用玻璃丝布缠绕作为保护层时，其施工方法同上法缠绕，多用于室外不易受到碰撞的管道。当管道未做防潮层而又处于潮湿空气中时，为防止保温材料吸水受潮，可先在保温层上涂刷一道沥青或沥青玛琋脂，然后再缠绕玻璃丝布。

（3）石棉石膏、石棉水泥保护层　采用石棉石膏、石棉水泥、石棉灰水泥麻刀、白灰麻刀等材料做保护层时，均采用涂抹法施工。施工时，先将选用材料按一定比例用水调配成胶泥，将胶泥直接涂抹在如保温层或防潮层上。涂抹时，一般分两次进行。第一次粗抹，厚度为设计厚度的1/3左右，胶泥可干一些，待凝固干燥后，再进行第二次精抹，精抹的胶泥应稍稀一些，精抹必须保证设计厚度，并使表面光滑平整，不得有明显裂纹。涂抹厚度为：保温层（或防潮层）外径小于或等于500mm时为10mm，保温层（或防潮层）外径大于500mm时为15mm。设备、容器不小于15mm。需要注意的是，当保温层（或防潮层）外径大于或等于200mm时，还应在保温层（或防潮层）外先用30mm×30mm~50mm×50mm网孔的镀锌铁丝网包扎，并用镀锌铁丝将网口扎牢，胶泥涂抹在镀锌铁丝网外面。

石棉石膏、石棉水泥保护层一般用于室外及有防火要求的非矿纤材料保温的管道，为防止保护层在冷热应力影响下产生裂缝，可在精抹胶泥未干时，缠绕一道玻璃丝布，使搭接宽度为 10mm，待胶泥凝固干燥后即与玻璃丝布结为一体。

（4）金属薄板保护层　金属薄板保护层一般用厚度为 0.5~0.8mm 的镀锌铁皮或黑铁皮制作，当用黑铁皮时应在内外刷两遍防锈漆。施工时先按管道保护层（或防潮层）外径加工成型，再套在管道保温层上，搭接宽度均保持在 30~50mm，为了顺利排除雨水，纵向接缝朝向视向背面，接缝一般用自攻螺钉固定，先用手提式电钻打孔，打孔钻头直径为螺钉直径的 0.8 倍，螺钉间距为 200mm 左右。禁止用冲孔和其他方式打孔。对有防潮层的保温管不能用自攻螺栓固定，而应用镀锌铁皮卡具扎紧防护层接缝。金属壳保护层工程造价高，主要适用于有防火、美观特殊要求的管道。

复习思考题

7-1　常用的除锈方法有哪些？各有何特点？

7-2　试述埋地管道的防腐施工工艺。

7-3　涂料防腐施工方法有哪些？各有何优缺点？

7-4　防腐施工的技术要求有哪些？

7-5　保温结构由哪些部分组成？各起什么作用？

7-6　常用的保温层施工方法有哪些？各适用于什么场合？

7-7　保温层施工有哪些技术要求？

7-8　保护层施工有哪些方法？应满足什么样的技术要求？

7-9　了解国家及地方性节能标准、规范和规程中对设备及管道保温的相关要求。

☆职业素养提升要点

学习管道设备的保温施工，观看保温施工质量事故的视频，强化节能意识，从生活中发现节能减排的切入点，提高节能减排的自觉性和主动性。

项目八 起重搬运的基本知识

案例导入

小张的公司承接了一个机电工程安装项目，包含一个制冷机房的安装，但工期很短。根据现场情况和周边资源供应情况，小张决定制冷机房的安装采用装配式。施工员先建立制冷机房设备管道的BIM模型，按照BIM模型，分解出每段管道的加工尺寸，加工厂按加工尺寸加工管段，在工厂中将管道加工组装成段，运输到机房，在机房内组装。由于制冷机重量超过了10kN，起重吊装制冷机属于危大工程，因此小张责成施工员编制吊装制冷机的专项施工方案。如果你是施工员，你会怎么编写专项施工方案？

在暖卫与通风空调工程施工中，起重吊装与搬运工作，是施工过程中不可缺少的一项重要工作。例如，锅炉设备的吊装就位，大直径管道的装卸、搬运与安装，风机、除尘器和空调机组的搬运和吊装等，都离不开起重搬运工作。

对于不同重量的各种设备，在移动和起吊过程中，都必须使用适当的起重运输机具，采用相应的起重运输方法。就通常所说，起重是把所要安装的设备或管通等，从地面起吊（或推举）到空中，再放到设备预定安装的位置上的过程；搬运是把设备沿着地面水平或有较小坡度移动的过程。也就是说，把设备进行垂直运输或水平运输，称为设备的起重和搬运。

任务一 设备的起重吊装

无论管道或设备的搬运、移动或安装，都要借助一些工具和运用起重吊装方法，能够大大减少体力劳动强度和提高劳动生产率，加快安装速度。

起重吊装工作分为机械起重与人工两大类。机械起重与吊装，主要是利用各种起重吊装机械和运输机械来进行操作的；人工起重与搬运，则主要是由有经验的起重工人使用各种工具和简单机械设备来进行操作，以完成设备的起重与搬运工作。

一、起重常用索具与吊具

1. 常用索具

绳索及附件在起重工作中是用来捆绑、搬运和提升设备的，通称为索具。常用的吊索有麻绳、尼龙绳、钢丝绳。

（1）麻绳　麻绳是起重作业中常用的一种绳索，它具有轻便、柔软，易捆绑等优点；但强度较低，易磨损、破断和腐蚀。因此在起重吊装作业中只适用于吊装小型设备及管道，或用作溜绳等辅助作业。

麻绳的种类较多，按使用的原料不同可分为：用龙舌兰麻制成的白棕绳，用大麻制成的线麻绳，用龙舌兰麻和萱麻各半再掺入10%大麻制成的混合绳三种。其技术性能见表8-1，使用时可根据具体情况选用。

在已知麻绳的破断拉力后，即可计算出麻绳的许用拉力。其计算公式如下

$$P=\frac{P_P}{K} \tag{8-1}$$

式中　P——麻绳的许用拉力（N）；

P_P——麻绳的破断拉力（N）；

K——麻绳的安全使用系数，一般人工操作时取K=5；当穿滑轮组起吊设备时取K=5；作为缆风用时取K=6；作吊索用时取$K \geqslant 6$；重要处取K=10。

旧绳的允许拉力取新绳的40%~60%。

表8-1　机制麻绳的技术性能

直径/mm	延伸率（%）	股组织径（系）数	白棕绳		混合绳		线麻绳	
			质量/kg	破断拉力/N	质量/kg	破断拉力/N	质量/kg	破断拉力/N
10	—	3×3	15	3040	16	3990	20	—
13	—	5×3	28	4410	30	5785	26	8630
16	—	8×3	42	9800	47	10200	38	12415
19	14	10×3	50	13780	65	—	62	16280
22	22	14×3	72	14700	84	—	80	18015
25	29	20×3	100	21560	118	216140	109	31400
28	38	28×3	120	28460	145	—	140	40747
32	25	32×3	165	—	180	—	136	47778
38	22	42×3	212	—	239	—	—	—

注：表中所列质量为每盘218m的质量，未填写数字者为未做试验的项目。

当施工现场缺少麻绳资料时，可采用下列经验公式估算麻绳的许用拉力

$$P=8d^2 \tag{8-2}$$

式中　P——麻绳的许用拉力（N）；

d——麻绳的直径（mm）。

由于麻绳容易磨损和腐烂，在使用前必须认真检查。对表面磨损不大的可降级使用，局部损伤严重的可截去损伤部分，插接后继续使用，断丝的禁止使用。使用后的麻绳应妥

善保存，防止潮湿和油污及化学物品的腐蚀。

（2）尼龙绳　尼龙绳和涤纶绳质轻、柔软、耐油、耐虫蛀、耐酸，并具有弹性，可减少冲击力，而且具有较强的抗水性能。尼龙绳常用于软金属制品、加工精度较高的设备零部件和表面不许损伤的设备起运与吊装，也是起重作业中常用的绳索之一。

（3）钢丝绳　钢丝绳又称钢索，它是指至少有两层钢丝围绕着一个中心钢丝或多股围绕一个绳芯螺旋捻制而成的结构。钢丝绳有多股钢丝绳和单捻钢丝绳两种。钢丝绳具有自重轻、强度高、耐磨损、断面相等、挠性好，弹性大，能承受冲击荷载，破断前有断丝的预兆，工作可靠，在高速下运转平稳无噪声等优点。因此在起重吊装作业中广泛使用。但由于刚性较大，不易弯曲，使用时要增大卷筒和滑轮的直径，因而相应地增加了卷筒和滑轮的尺寸和重量。

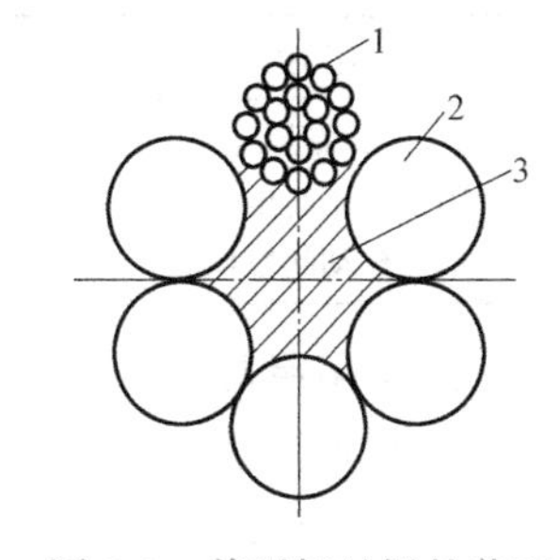

图 8-1　普通钢丝绳的截面

1—钢丝　2—由钢丝绕成的绳股　3—绳芯

普通结构的钢丝绳是由强度为 1400~2000N/cm^2、直径为 0.4~3mm 的高强度钢丝捻制成钢丝绳股（称为子绳），再由子绳绕浸油的植物纤维绳芯捻成钢丝绳，如图 8-1 所示。如 6×19+1 钢丝绳，是由 6 股子绳，每股有 19 根高强度的钢丝组成，1 是指有一根绳芯。绳芯是由中心钢丝或棉、麻、石棉等浸油纤维制成的。

钢丝绳的破断拉力与钢丝绳的直径、结构（几股几丝）及钢丝的强度有关，其计算公式为

$$P=K\sum P_i \tag{8-3}$$

式中　P——钢丝绳破断拉力（N）；

$\sum P_i$——钢丝绳破断拉力总和（N），可在有关表中查得，如 6×37+1 钢丝绳可见表 8-2；

K——换算系数，6×19+1 钢丝绳取 0.85；6×37+1 钢丝绳取 0.82；6×61+1 钢丝绳取 0.80。

表 8-2　6×37+1 钢丝绳的主要数据

直径 /mm		钢丝总截面积 / mm^2	参考质量 /（kg/100m）	钢丝绳公称抗拉强度 /MPa				
钢丝绳	钢丝			1400	1550	1700	1850	2000
				钢丝破断拉力总和（不小于）/N				
8.7	0.4	27.88	26.21	39000	43200	47300	51500	55700
11.0	0.5	43.57	40.96	60900	67500	74000	80600	87100
13.0	0.6	62.74	58.98	87800	97200	106500	116000	125000
15.0	0.7	85.39	80.27	119500	132000	145000	157500	170500
17.5	0.8	111.53	104.80	156000	172500	189500	206000	223000
19.5	0.9	141.16	132.70	197500	218500	239500	261000	282000
21.5	1.0	174.27	163.80	243500	270000	296000	322000	348500
24.0	1.1	210.87	198.20	295000	326500	358000	390000	421500
26.0	1.2	250.95	235.90	351000	388500	426500	464000	501500
28.0	1.3	294.52	276.80	412000	466500	500500	544500	
30.0	1.4	341.57	321.10	478000	529000	580500	631500	
32.5	1.5	392.11	368.60	548000	607500	666500	725000	
34.5	1.6	446.13	419.40	624500	691500	758000	825000	
36.5	1.7	503.64	473.40	705000	780500	856000	931500	
39.0	1.8	564.63	530.80	790000	875000	959500	1040000	
43.0	2.0	697.08	655.30	975500	1080000	1185000	1285000	
47.5	2.2	843.47	792.90	1180000	1305000	1430000		
52.0	2.4	1003.80	943.60	1405000	1555000	1705000		
56.0	2.6	1178.07	1107.40	1645000	1825000	2000000		
60.5	2.8	1366.28	1284.30	1910000	2115000	2320000		
65.0	3.0	1568.43	1474.30	2195000	2430000	2665000		

钢丝绳的允许拉力计算公式为

$$S=P/K_1 \tag{8-4}$$

钢丝绳的安全系数 K_1 按表 8-3 取值。

表 8-3 钢丝绳的安全系数

用途	安全系数	用途	安全系数
作缆风	3.5	作吊索，无弯曲时	6~7
用于手动起重设备	4.5	作捆绑吊索	8~10
用于机动起重设备	5~6	用于载人的升降机	14

2. 常用吊具

在起重吊装作业中，为了便于物体的吊挂，需采用各种形式的吊具。常用的吊具有卸扣、吊钩、吊环和平衡梁等几种。其中平衡梁是用于特殊情况下吊装使用的吊具，其他三种则是一般吊装工程常用的吊具。

（1）卸扣 卸扣又称卡环，是起重吊装作业中应用最广又较灵便的连接工具，用来连接起重滑轮和固定吊索等用。其结构简单，扣卸方便，操作安全可靠。卸扣可分为销子式和螺旋式两种，其结构如图 8-2 所示。

卸扣的强度主要取决于弯环部分的直径，在使用中可按下式进行估算选择

$$Q=60d^2 \tag{8-5}$$

式中 Q——容许使用载荷（N）;

d——卸扣弯环直径（mm）。

卸扣在使用时，应注意采用正确的使用方法，以免影响其强度。其使用方法如图 8-3 所示。

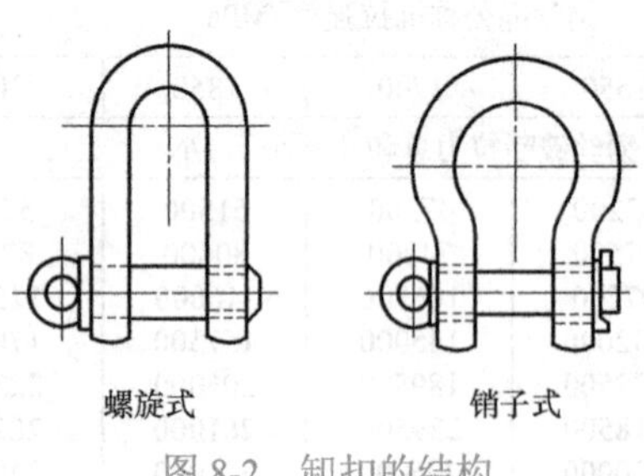

图 8-2 卸扣的结构

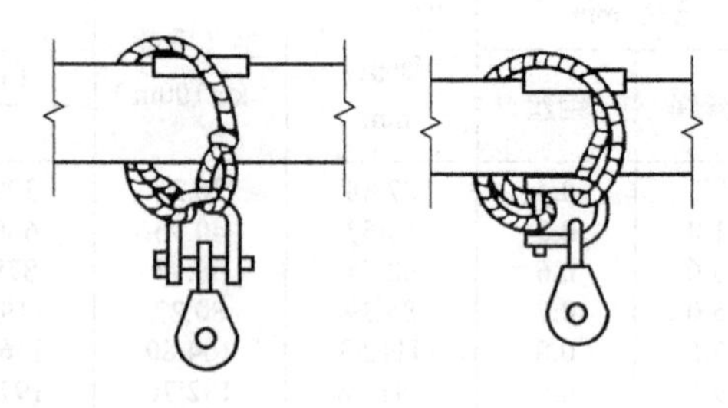
图 8-3 卸扣的使用方法

（2）吊钩 吊钩是起重机械和滑轮上配置的一种吊挂工具，分单面钩和双面钩两种，其结构如图 8-4 所示。单面钩是最常用的一种吊钩，结构简单，使用方便；双面钩则受力均匀，起重量大。钩体采用优质钢材锻造或冲压而成，表面应光滑、无裂纹、刻痕、锐角、接缝等现象。使用前应进行严格检查，当发现缺陷或磨损量超过 10% 时，可停止使用或降低载荷使用。

（3）吊环 吊环是一种闭式环形吊具，受力情况优于吊钩，且无脱钩的危险，但穿挂吊索不太方便，故在普通吊装作业中较少使用。其结构如图 8-5 所示。

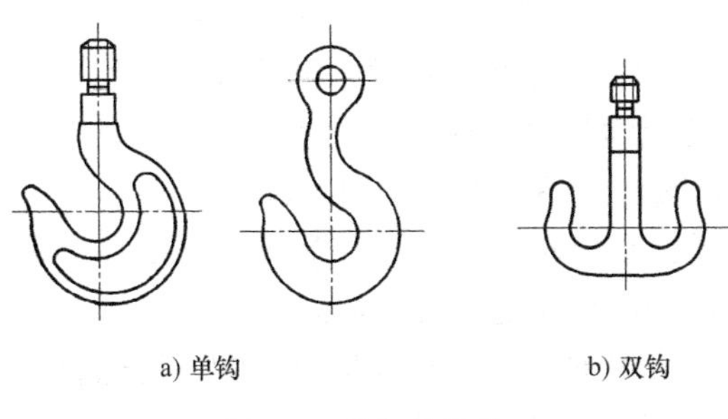

图 8-4　吊钩的结构

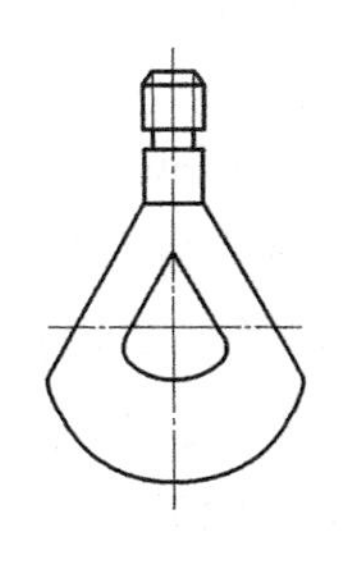

图 8-5　吊环的结构

二、滑轮与滑轮组

1. 滑轮

滑轮又称滑车、滑子，是一种结构简单、携带方便，具有改变牵引方向、省力等特点的起重工具。在起重与吊装作业中，广泛使用滑轮和卷扬机或绞磨配合，进行各种起重与搬运工作。滑轮按作用不同，可分为定滑轮、动滑轮、导向滑轮和平衡滑轮几类，如图 8-6 所示。

（1）滑轮的构造　滑轮由吊钩、拉杆、夹板、中央枢轴和滑轮等主要部件组成。图 8-7 为单轮开口滑轮的构造图。

滑轮的拉杆由优质钢板制成，和中央枢轴同为主要受力部件，滑轮在中央枢轴上可以自由转动，为了减少摩擦，延长轴与轮的使用寿命，可在滑轮孔内装上铜制滑动衬套或滚动轴承，滑轮的外缘加工成半圆形的钢丝绳导向槽，为了防止钢丝绳跑出滑轮槽外，卡入滑轮与拉杆之间，在滑轮两侧装有夹板保护。

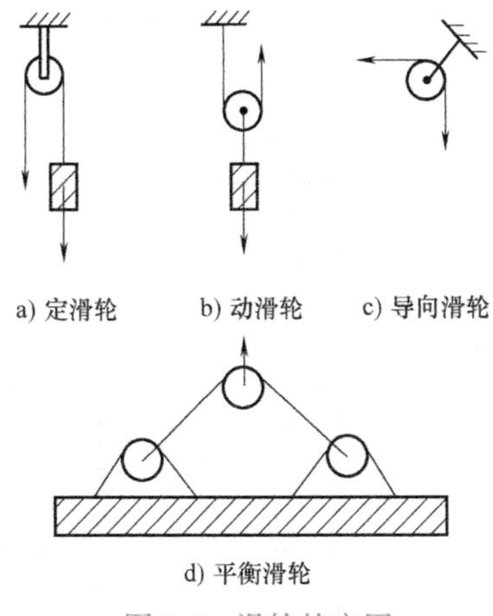

图 8-6　滑轮的应用

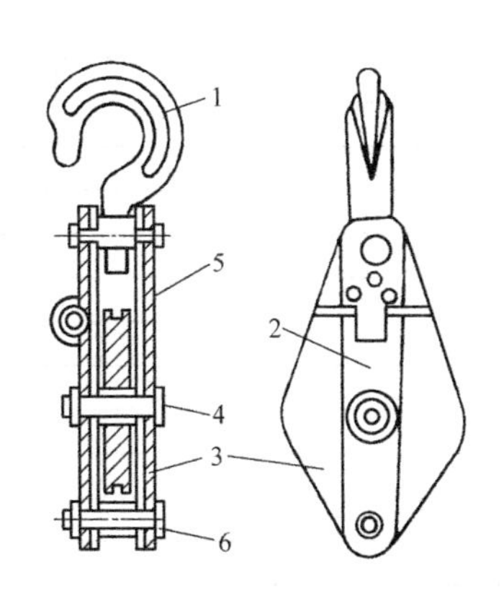

图 8-7　单轮开口滑轮的构造图

1—吊钩　2—拉杆　3—夹板

4—中央枢轴　5—滑轮　6—横拉杆

（2）滑轮的应用　在起重与吊装作业中，根据不同的需要选择不同作用的滑轮，其用途和特点如下：

1）定滑轮。定滑轮是安装在固定位置的滑轮，起重吊装时用来支持绳索运动，轮子转动而滑轮的位置不变。其特点是：可改变绳索的牵引方向（力的方向），而不改变绳索的牵引速度，也不省力，绳子的拉力等于物重与滑轮摩擦阻力之和，如图 8-6a 所示。

2）动滑轮。动滑轮是安装在牵引绳上的滑轮。起重吊装时，滑轮和被牵引的物件一起升降或移动。其特点是：可以省力，可改变绳索的牵引速度，而不改变绳索的牵引方向和力的方向，绳的拉力为物重的一半加滑轮自重和摩擦阻力，如图 8-6b 所示。

3）导向滑轮。导向滑轮安装在固定位置，滑轮转动而滑轮位置不变。其特点是：能改变力的方向和牵引方向，不省力也不改变绳的牵引速度，如图 8-6c 所示。

（3）滑轮直径的选用与匹配　选择滑轮，可根据钢丝绳直径进行匹配，滑轮直径 D 和钢丝绳直径 d 的匹配关系见表 8-4。表中以黑框线包络的区域为最常使用的匹配范围。

表 8-4　滑轮直径的选用系列与匹配　　（单位：mm）

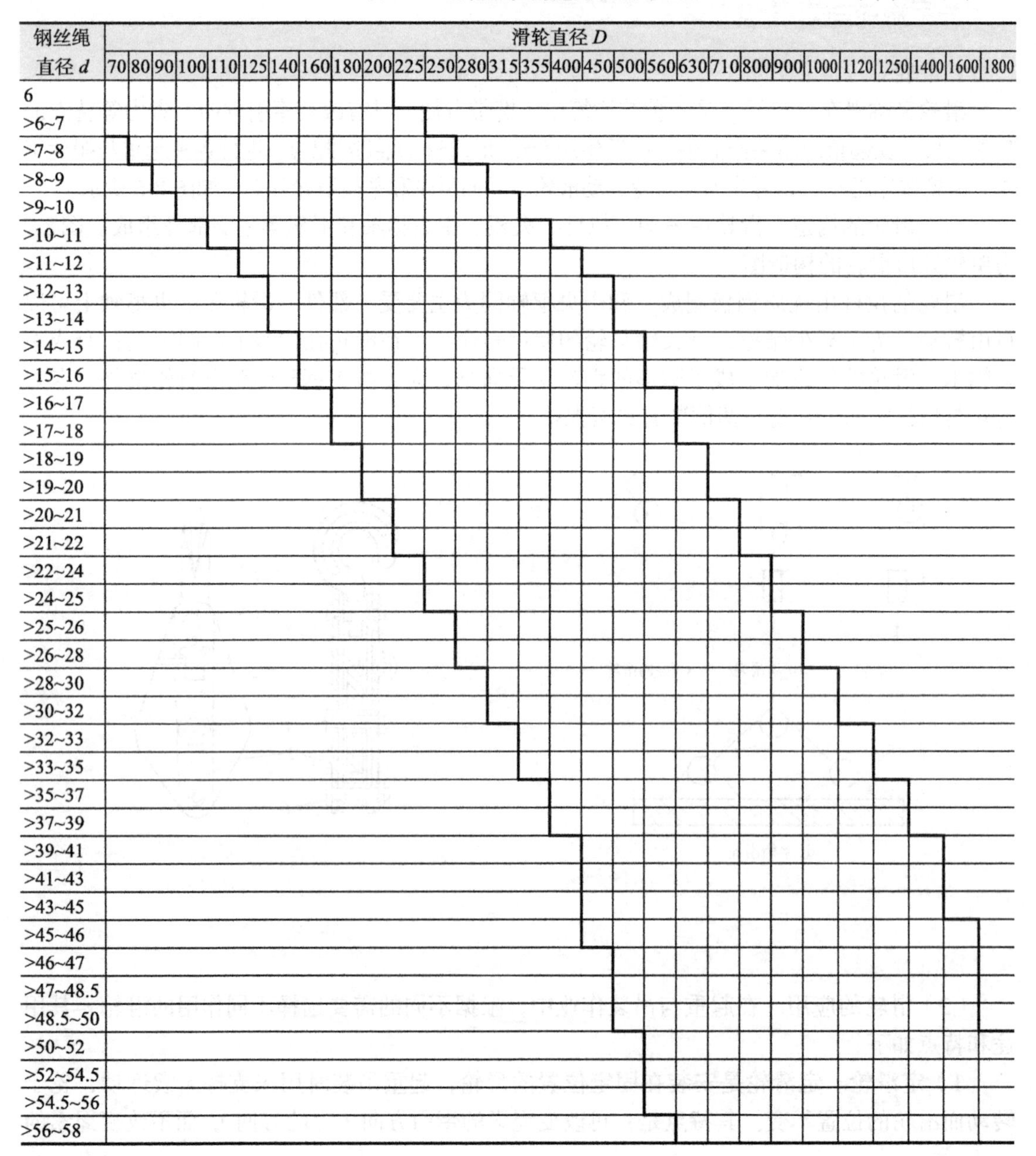

钢丝绳	滑轮直径 D																												
直径 d	70	80	90	100	110	125	140	160	180	200	225	250	280	315	355	400	450	500	560	630	710	800	900	1000	1120	1250	1400	1600	1800
6																													
>6~7																													
>7~8																													
>8~9																													
>9~10																													
>10~11																													
>11~12																													
>12~13																													
>13~14																													
>14~15																													
>15~16																													
>16~17																													
>17~18																													
>18~19																													
>19~20																													
>20~21																													
>21~22																													
>22~24																													
>24~25																													
>25~26																													
>26~28																													
>28~30																													
>30~32																													
>32~33																													
>33~35																													
>35~37																													
>37~39																													
>39~41																													
>41~43																													
>43~45																													
>45~46																													
>46~47																													
>47~48.5																													
>48.5~50																													
>50~52																													
>52~54.5																													
>54.5~56																													
>56~58																													

滑轮起重量通常是指滑轮的额定起重量。滑轮起重量与滑轮直径大小和数量多少有关，滑轮直径越大，数量越多，则起重量越大，反之则越小。起重量都标注于滑轮夹板的铭牌上，使用时应按铭牌标明的起重量使用，并配用相当直径的钢丝绳。

当施工现场无技术资料时，常用以下经验公式估算滑轮起重量

$$Q=0.1nD^2 \tag{8-6}$$

式中　Q——滑轮的安全起重量（kg）；

D——滑轮直径（mm）；

n——滑轮个数。

利用上式计算出的滑轮起重量，一般为原额定起重量的54%~72%，故称为安全起重量。

2. 滑轮组

滑轮组是由一定数量的定滑轮和动滑轮通过绳索穿绕而组成的滑轮组合体，多用于设备的起吊和运输。滑轮组按使用目的，可分为省力滑轮组和增速滑轮组两类。省力滑轮组的特点是：可以省力，也可以改变力的方向，但起吊速度减慢，起吊时间增加。常用的省力滑轮组有单联滑轮组和双联滑轮组两种，如图8-8所示。单联滑轮组由一个牵引绳头和一个牵引设备组成；双联滑轮组则有两个牵引绳头，分别引向两个卷扬机，也可引向一个卷扬机。双联滑轮组中的平衡滑轮，是用来调节两个滑轮组运转时受力不均引起的不平衡现象，当两个牵引设备的牵引力和速度相等时，平衡滑轮则不转动。增速滑轮组与省力滑轮组相反，是将重物固定在绳索一端，牵引力作用在动滑轮的吊钩上，可以达到增加起吊速度的目的。这种滑轮组虽然能增速，可缩短起吊时间，但牵引力增大较多，因此，在生产实践中很少使用。

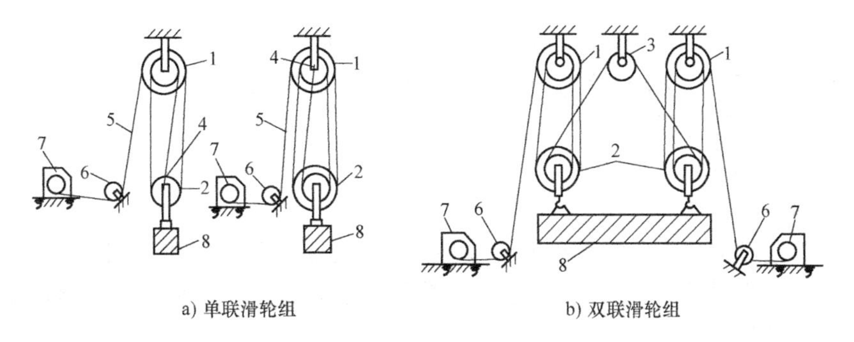

图8-8　省力滑轮组

1—定滑轮　2—动滑轮　3—平衡滑轮　4—死头　5—跑绳　6—导向滑轮　7—牵引设备　8—重物

三、千斤顶

千斤顶又称举重器、顶重器，是一种常用的起重机械，其结构简单，携带方便，工作可靠，能用很小的力把较重的设备准确地升降和移动一定距离。但因其工作行程不大，当需要把物体顶升到较大高度时，常常需要与枕木承顶相配合，分几次顶升才能完成。

千斤顶有齿条式、螺旋式、液压千斤顶几种，当前，以液压千斤顶使用最为广泛。常用的YQ型液压千斤顶的技术性能见表8-5。

表8-5 YQ型液压千斤顶的技术性能

型 号	起重量 /t	起重高度 /mm	最低高度 /mm	手柄长度 /mm	操作力 /N	自重 /kg	底座尺寸 /mm
YQ-3	3	130	200	620	230	3.8	130×80
YQ-5A	5	160	235	620	320	5.5	130×90
YQ-8	8	160	240	620	365	7.0	140×110
YQ-16	16	160	250	850	280	13.8	170×140
YQ-20	20	180	285	1000	280	20.0	170×130
YQ-32	32	180	290	1000	310	29.0	200×160
YQ-50	50	180	300	1000	310	43.0	230×190

液压千斤顶由活塞、活塞缸、贮液室、液泵、进液阀、出液阀和回液阀等主要部件构成，如图8-9所示。

液压千斤顶的工作原理和油压机相似。操作时，先用手柄将回液阀7关闭，然后向上提起手柄1，使液泵2的活塞上升，此时单向进液阀3打开，出液阀4关闭，贮液室8中的油液通过进液阀3进入油泵，将手柄1向下压时液泵2的活塞即下压，油液压力使单向进液阀3关闭，使出液阀打开，液泵中的油液即被压入活塞缸5中，推动活塞6上升，将重物顶起。工作完毕，打开回液阀7，活塞缸中的油液即流回贮液室8中，活塞6则自行下降。

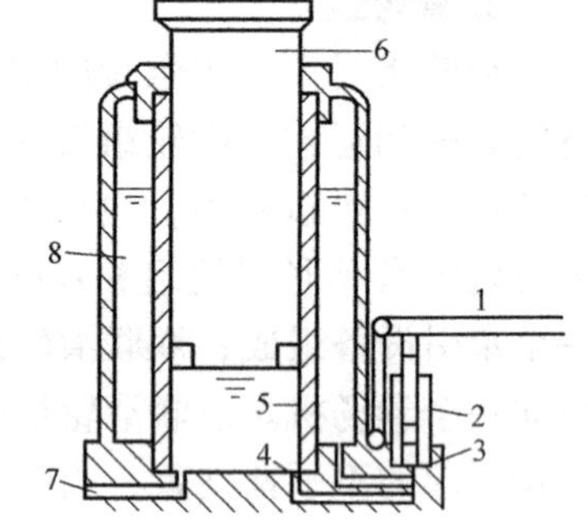

图8-9 液压千斤顶

1—手柄 2—液泵 3—进液阀 4—出液阀 5—活塞缸 6—活塞 7—回液阀 8—贮液室

液压千斤顶用的液压剂，多为黏性较小的锭子油或变压器油。

（1）千斤顶的选择 应根据工作条件和特点来选择不同形式的千斤顶。当重物的顶升高度要求较大时，则应选择行程较大的千斤顶；当操作净空有限时，则由净空高度来选定千斤顶的最小高度。无论采用何种类型千斤顶，其起重量必须大于重物的重量。

（2）使用注意事项

1）千斤顶不得超负荷使用。

2）使用前应详细检查各零部件有无损坏，活动是否灵活，以确保安全。

3）千斤顶放置位置应正确，使之与被顶物件保持垂直，底座下面应垫以木板，以免工作时发生沉陷和歪斜。

4）重物与顶头之间应垫以木板防止滑动。

5）千斤顶的顶升高度不得超过规定长度，当无标志时，其顶升高度不应超过螺杆或活塞总高的3/4。

6）在操作时，不得随意加长千斤顶的手柄，且应均匀用力，平稳起升。

7）顶升时，应随重物的上升及时在重物下垫保险木垫，以防止千斤顶倾斜或回油而引起重物突然下降，造成事故。

8）同时使用几台千斤顶来顶升一件重物时，宜选用同一型号的千斤顶，并应统一步调，统一起升速度，避免重物倾斜或个别千斤顶超载。

（3）千斤顶的保养 千斤顶在使用前应进行清洗和检查，并保证液压剂的清洁，防止单向阀回油，平时应定期涂油清洗，并存放在干燥无尘的地方，下垫木板防潮，上部用油毡纸或塑料布盖好。

四、手动葫芦（倒链）

“葫芦”是一种常用的起重运输机具，按驱动方式分为手动、气动和电动葫芦几种，施工现场多采用手动葫芦。

1. 手动葫芦的性能及特点

手动葫芦又称手拉葫芦、倒链、手动链式起重机等，是起重与吊装作业中最常用的一种轻便起重吊装机具。它适用于小型设备和重物的短距离吊装和牵引，具有结构紧凑、操作简单、体积小、重量轻，携带方便、用力小、效率高及使用平稳等特点，起重量一般不超过 10t，最大的也可以达到 20t；起吊高度为 2.5~5m，特制的可达 12m，由 1~2 人即可操作，其提升速度将随着起重量的增加而相对减慢，一般 1~10t 的 HS 型手拉葫芦，起重速度为 0.60~0.11m/min；既可垂直起吊，也可以水平或倾斜使用。

2. 分类与构造

手动葫芦的种类较多，按其操作方法可分为手拉葫芦和手扳葫芦两种；按结构形式又可分为链条式和钢丝绳式两种。

钢丝绳式手扳葫芦，因其起重量较小，在起重作业中较少使用，但起吊高度可任意延长，在高层建筑的外装修工程中则应用较广。

链条式手拉葫芦，按传动方式又可分为蜗杆式手拉葫芦和齿轮式手拉葫芦。

（1）蜗杆式手拉葫芦　蜗杆式手拉葫芦起重量一般为 0.5~10t，起升高度可达 10m。由于其传动比较大，机械效率则较低，且因体积较大，零件也易磨损，故目前已很少使用。

（2）齿轮式手拉葫芦　齿轮传动的手拉葫芦应用较为广泛，其型号有 HS 型、WA 型和 SBL 型等几种。其中 HS 型制造较多，使用普遍，颇受用户的欢迎，如图 8-10 所示。其结构紧凑，自重较轻，效率高达 90%，起重量为 0.5~20t，操作灵活稳定且省力。HS 型系列手拉葫芦共有 11 种规格，其技术性能见表 8-6。

图 8-10　HS 型齿轮式手拉葫芦

1—棘爪　2—手链轮　3—棘轮　4—摩擦片　5—制动器座　6—手拉链条　7—挂钩　8—片齿轮　9—四齿短轴　10—花键孔齿轮　11—起重键轮　12—五齿长轴　13—起重链条

3. 使用注意事项

1）使用前应详细检查各部件是否良好，传动部分是否灵活，并注意观察其铭牌注明的起重性能。

2）不得超载使用，以免损坏葫芦发生坠落事故。

3）操作时，必须将葫芦挂牢，缓慢升吊重物，待重物离地后，停止起吊进行检查，确定安全无误时，方可继续起吊。

4）使用中，拉链子的速度要均匀，不要过猛过快，注意防止拉链脱槽、卡住。

倒链

表 8-6 HS 型系列手拉葫芦的技术性能

型 号	HS0.5	HS1	HS1.5	HS2	HS2.5	HS3	HS5	HS7.5	HS10	HS15	HS20
起重量 /t	0.5	1.0	1.5	2.0	2.5	3.0	5.0	7.5	10.0	15.0	20.0
起升高度 /m	2.5	2.5	2.5	2.5	2.5	3.0	3.0	3.0	3.0	3.0	3.0
手拉力 /N	195	310	350	320	390	350	390	395	400	415	400
净重 /kg	9.5	10	15	22	25	26	36	48	68	105	150

5）葫芦不宜在作用荷载下长时间停放，必要时应将手拉链拴在起重链上，以防自锁失灵发生事故。

6）传动部分应经常注油润滑，以减少磨损，但切勿将润滑油渗进摩擦胶木片中，以防止自锁失灵。

五、绞磨

绞磨又称绞车或绞盘，是一种结构简单的人工卷扬机具，主要适用于起重量不大，起重速度要求不快，没有电源及其他起重机械的吊装或搬运工作中。

1. 构造及工作原理

绞磨的构造如图 8-11 所示，是由磨轴、磨杆、卷筒（鼓轮）、反转制动器、磨架等主要部件构成的。

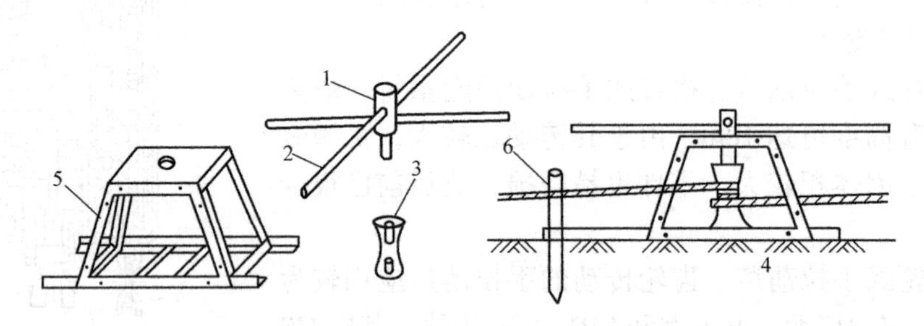

图 8-11 绞磨的构造

1—磨轴 2—磨杆 3—卷筒 4—反转制动器 5—磨架 6—地锚

工作时，将钢丝绳的受力端头在卷筒上由上向下绕 4~6 圈，然后用人拉紧在卷筒上绕出的钢丝绳头，当用力推动磨杆使卷筒转动时，拉紧的钢丝绳和卷筒的摩擦力，使钢丝绳随卷筒的转动而卷出，拉绳人不断拉紧绳头并随时倒出，如此连续不断地工作，以进行设备的牵引或提升。

绞磨的结构简单，工作平稳，使用方便，适应性强，但使用的人力较多，且劳动强度较大。

2. 牵引力的计算

根据力矩平衡原理，绞磨的牵引力计算公式为

$$P=\frac{npR}{Kr} \tag{8-7}$$

式中　P——绞磨的牵引力（N）；

n——推绞磨的人数；

p——每人的平均推力（N）；

R——推力作用点至磨轴中心距离（m）；

K——绞磨的阻力系数，一般取 1.2；

r——卷筒的平均半径（m）。

由上式可以看出，推绞磨的人越多，磨杆越长，则牵引力就越大；但磨杆加长，推磨人走的路线增长，卷筒转速减小，则牵引速度就减慢。

3. 使用注意事项

1）使用绞磨时，首先要平整场地，将绞磨用地锚牢固地拉住，磨架不得产生倾斜和悬空现象。

2）绞磨前的第一个导向滑轮与绞磨卷筒中心，基本上应在同一个水平线上。

3）绞磨上应有防止倒转的制动装置，且使用灵活，以防反转伤人发生事故。

4）绞磨工作时，如发现有夹绳现象，应停止工作进行检查，待故障排除后，方可继续工作。

5）绞磨由多人操作，推绞磨时应有专人指挥，统一行动，统一步调，不允许嬉笑打闹。

6）负责拉绳的人，应随时将钢丝绳拉紧，并将钢丝绳及时盘好，停止工作时，应将钢丝绳固定在地锚上，为确保安全，可在绞磨后方设一木桩，将钢丝绳在木桩上绕一圈后，再由人力拉紧。

六、卷扬机

卷扬机是起重与吊装作业中常用的主要设备。它具有结构简单、制造容易、使用方便、操作灵活等特点。按驱动的方式可分为手动卷扬机和电动卷扬机两种。

1. 手动卷扬机

手动卷扬机又称手摇绞车。它的结构比较简单，容易操作，便于搬运，一般用于施工条件较差和偏僻无电源地区。

手动卷扬机的构造如图 8-12 所示，主要由机架、卷筒，传动齿轮、摩擦制动器、止动棘轮和手柄等组成。起重量一般为 0.5~10t，设有 1~2 个手摇手柄，可由 1~4 人操作，每个人作用在手柄上的力为 150N 左右。

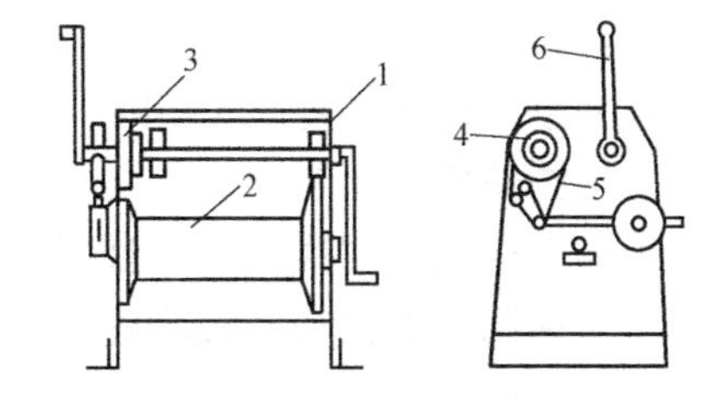

图 8-12　手动卷扬机的构造

1—机架　2—卷筒　3—传动齿轮　4—止动棘轮　5—摩擦制动器　6—手柄

2. 电动卷扬机

电动卷扬机的分类方法及种类较多，如按卷筒数目分，可分为单筒卷扬机和双筒卷扬机两种；按牵引速度分，可分为快速（30~130m/min）卷扬机和慢速（7~13m/min）卷扬机；按工件原理分，可分为可逆式电动卷扬机（图 8-13）和摩擦式电动卷扬机等。

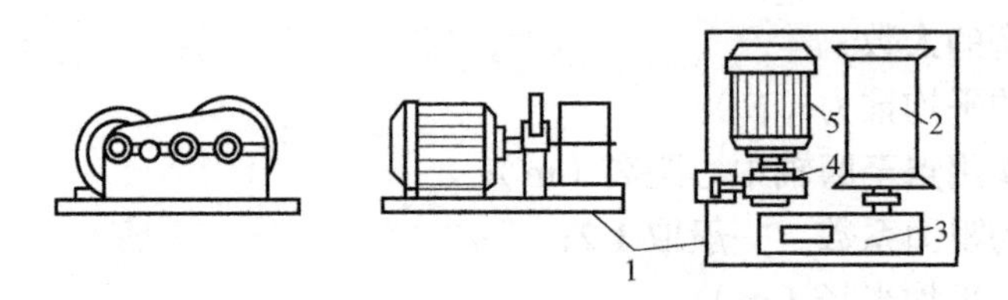

图 8-13 可逆式电动卷扬机

1—机座 2—卷筒 3—减速器 4—电磁闸瓦制动器 5—电动机

3. 卷扬机的使用与维护

1）卷扬机不得超负荷使用。

2）卷扬机应安装在地面平坦，没有障碍物，便于操作者和指挥者观察的地方。

3）卷扬机的固定应坚实牢靠，可根据施工现场的条件，固定在建筑物上或地锚上，并保证其平稳，防止吊装时移动或倾斜。

4）钢丝绳应从卷筒下方绕入，当绕到卷筒中心时，应与卷筒的中心线垂直，当绕到卷筒的两侧时，钢丝绳与卷筒中心的偏斜角应不大于2°，即卷筒距导向滑轮的距离，应大于15倍卷筒的长度。

5）钢丝绳在卷筒上固定应牢固，工作时，钢丝绳在卷筒上的留余量不应少于3圈。

6）操作人员应经过专门训练，熟悉机械的构造和性能，精通吊装指挥信号，能熟练地操作机械，并做到慢起慢落，安全运行。

7）卷扬机露天安装时，应搭设雨篷，并在卷扬机下垫以木板，以达到防雨、防潮、防晒等保护设备的目的。

8）卷扬机在使用前，应严格检查各部件的转动是否正常，制动装置是否安全可靠，减速器及其他部位润滑油是否缺少，以保证正常运转。

9）卷扬机的电气设备应有接地装置，电气开关等操作装置应配有保护罩，以保证人身的安全。

七、桅杆

桅杆是一种简单的起重机构，在无条件运用吊车等起重机械时，往往采用桅杆起重。

桅杆按结构和吊装形式不同，分为独脚桅杆、人字桅杆和桅杆式起重机。

1. 独脚桅杆（图 8-14）

独脚桅杆简称“拔杆”“抱杆”。按制作材料的不同，可分为木独脚桅杆、钢管独脚桅杆和用型钢制作的格构式独脚桅杆等。木独脚桅杆的起重高度在15m以内，起重量在20t以下；钢管独脚桅杆的起重高度一般在25m以内，起重量在30t以下；格构式独脚桅杆的起重高度可达70m以上，起重量可达100t以上。

2. 人字桅杆（图 8-15）

用两根钢管、圆木或格构式钢架组成人字形架，架顶可以采用绑扎或铰接并悬挂滑轮组。桅杆两脚距离约为高度的$\frac{1}{3}\sim\frac{1}{2}$，并在下部系防滑拉紧绳（或杆），桅杆顶部要有5根以上的缆风绳，它可以和绞磨及卷扬机联合使用。

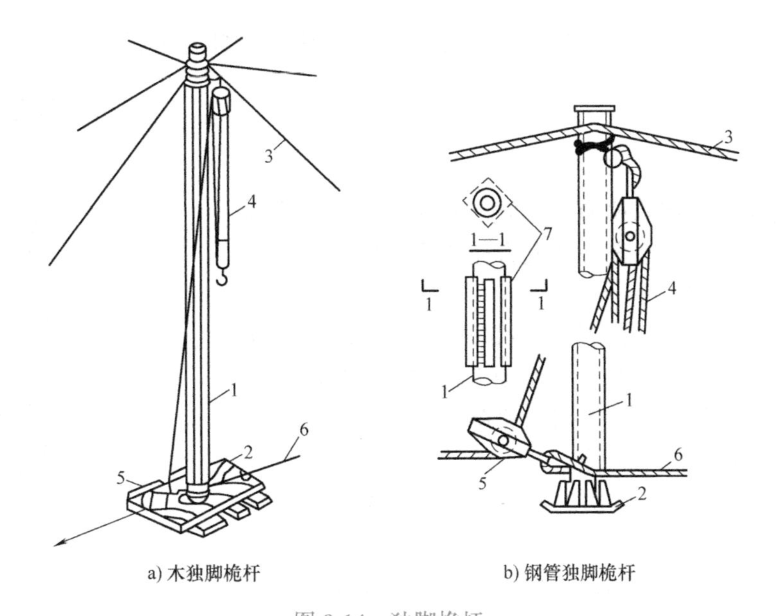

图 8-14 独脚桅杆

1—桅杆 2—支座 3—缆风绳 4—起重滑车组 5—导向滑车 6—牵索 7—加固角钢

3. 三脚架及四脚架

对于直径较大的管道下地沟，可采用挂有滑车的三脚或四脚架，图 8-16 为带滚轮的四脚架。在地沟槽上相隔一定距离横放一条枕木，将管道放置在枕木上，再将三脚架或四脚架跨沟设置，用滑车将管道微微吊起后，抽去枕木，将管道放入沟内。

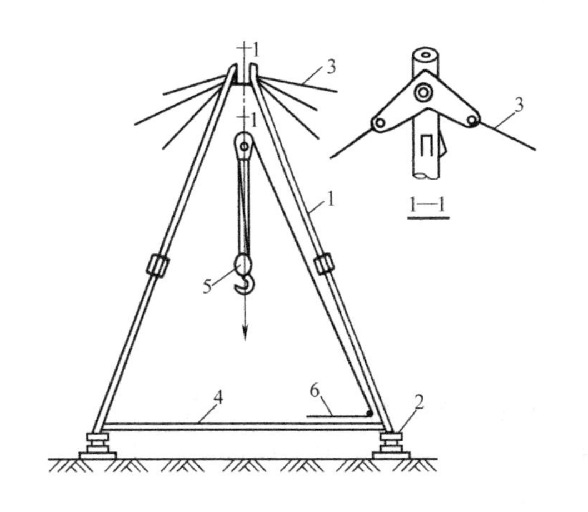

图 8-15 钢管人字桅杆

1—钢管 2—支座 3—缆风绳
4—横拉绳 5—滑车组 6—通向卷扬机

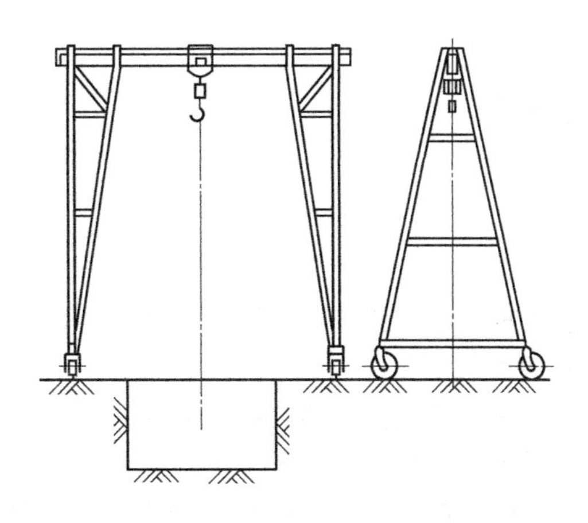

图 8-16 带滚轮的四脚架

4. 桅杆式起重机

图 8-17 为一台型钢格构桅杆式起重机。吊杆铰接在桅杆的下端，或者和桅杆分别安装在底盘上，底盘可以是固定式的，也可以做成可旋转式。

用圆木制作的桅杆式起重机起重量为 5t，可吊装小型构件，用钢管制作的桅杆起重机起重量达 10t 左右，可吊装较大型设备，用钢格构式桅杆起重机可吊装 15t 以上的大型设备。

八、起重机

安装工程常用的起重机有汽车式、轮胎式和履带式起重机三种类型，用于大型设备及大直径的管道吊装。

1. 汽车式起重机

汽车式起重机俗称汽车吊，它的起重机构及旋转盘安装在载重车的底盘上，起重机设动力控制室，与汽车驾驶室分开。底盘两侧设置四个可以升降的支撑盘作为支撑点，增强起重时机器的稳定性。

汽车式起重机行驶速度快，机动灵活，转移迅速方便。

2. 轮胎式起重机

轮胎式起重机行驶与起重合用一套动力装置，车身采用大轮胎和大轮间距，底盘两侧设外伸支撑点，稳定性好，起重量大。它的行驶速度低于汽车式起重机。

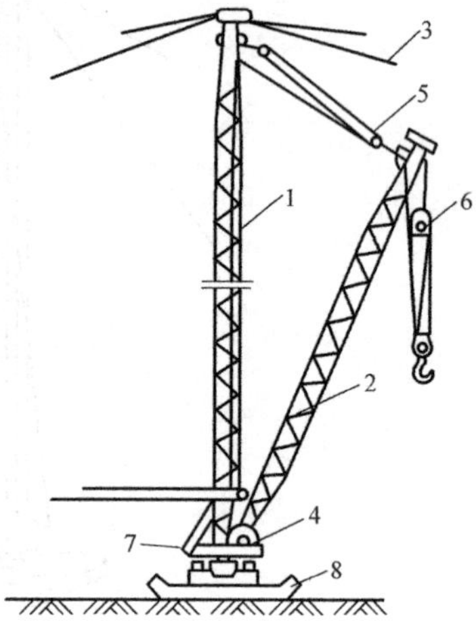

图 8-17 型钢格构桅杆式起重机
1—桅杆 2—起重杆 3—缆风绳 4—转盘 5—变幅滑动组 6—起重滑车组 7—回转索 8—底盘

3. 履带式起重机

履带式起重机履带行驶机构和起重机构分别设置，起重臂、动力装置、卷扬机和操纵室装置在旋转盘上，能旋转 360° 角，履带既是行驶机构，起重时也起支座作用。

履带式起重机起重能力较大，可达到 100t，它可在高低不平及泥泞松软的施工场地或道路行驶，自重较大，行驶速度慢，履带对道路有破坏作用。

任务二 设备的装卸与搬运

一、现场设备搬运和装卸的基本方法

施工现场常用的搬运和装卸方法有以下两类。

1. 滚移法

（1）滚杠搬运法 滚杠搬运是短距离搬运较重设备常用的施工方法，如图 8-18 所示。它是将设备放在旱船（排子）上，旱船下垫入滚杠，滚杠下搭设走道，通过牵引设备使设备滚动前移；在快装锅炉的搬运和就位中，常使用此法。

（2）卷移法 卷移法也属于滚移法的一种，它是利用绳索拉（溜放）卷，使圆筒状重物做升落移动，在室外地沟敷管（下管）时，常用此法将管道卷落入沟，如图 8-19 所示。

2. 滑移法

滑移法和滚杠搬运法相比，只是在上下走道之间不垫滚杠，靠牵引力克服设备滑动摩擦阻力来搬运设备。施工现场的设备卸车常用此法。为使设备易于滑动，最好使用钢排子或钢木排子托放重物，用钢轨做下走道。

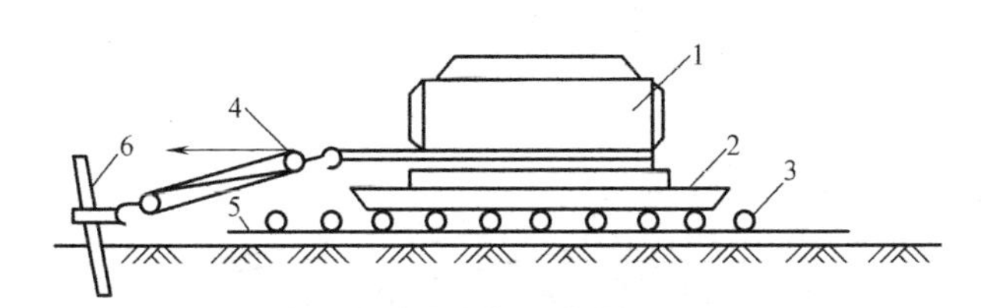

图 8-18 滚杠搬运

1—重物 2—排子 3—滚杠 4—滑轮组 5—下滚道 6—锚桩

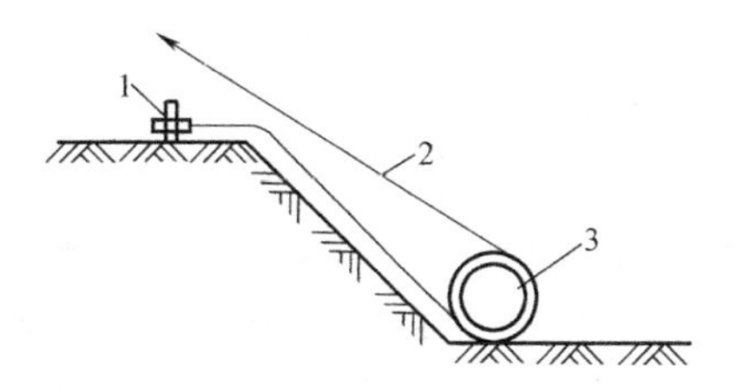

图 8-19 卷移法下管

1—地锚 2—拉绳 3—管道

二、滚杠搬运

1. 滚杠搬运的主要装置

（1）排子 排子用槽钢或方木做成船形，上置重物，下部作为移动的上走道。

（2）下走道（滚道） 铺于地面上的滚道，可用方木、木板、型钢材料，视重物重量而定。当地面具有一定硬度时，也可直接以地面做下走道。

（3）滚杠 滚杠为垫在上下走道之间，用来产生滚动的滚动轴。滚杠多采用无缝钢管制作，其长度应比下走道间宽 200~400mm，滚杠的直径、数量、布设间距与荷载大小、滚道宽度有关，应由计算来确定。但滚杠之间的距离最小应保持 150mm 以上，以保证滚动顺利。

（4）滑轮组 滑轮组用以省力和控制移动速度。

（5）牵引设备 牵引设备有倒链或卷扬机。

（6）钢丝绳 钢丝绳用作牵引绳索。

（7）辅助工具 辅助工具有撬杠、大锤等，用于控制和调整移动方向，调整滚杠位置等。

常用钢管滚杠规格见表 8-7。

表 8-7 常用钢管滚杠规格

承重量 /kN	300 以下	300~400	400~500
无缝钢管 /mm	$D76\times10$	$D89\times11$	$D108\times12$

2. 滚杠搬运的操作方法及注意事项

1）使用滚杠搬运设备时，应有专人负责指挥，并设专人传递和布置滚杠及下滚道。

2）滚杠应按计算数量和规定间距摆布整齐，需要转弯时，可将滚杠摆成扇形，采用撬杠和大锤等调整。

3）下走道板放置时，应有 300~500mm 长的搭接长度，且应在同一水平高度。

4）布置滚杠人员不得戴手套操作，摆放和调整滚杠时，大拇指在外，其他四指放在滚杠筒内，以免压伤手指。

5）牵引绳索的位置不应过高，以保证设备搬运时平稳移动，当设备较高，重心不稳时，可适当拴几根溜绳。

6）在斜坡道上搬运时，应在设备牵引的反方向设置溜绳滑轮组，以防设备自行滚动。

三、设备的装卸

在施工场地和机械条件许可情况下，尽量使用起重机械进行装卸：如场地狭窄或没有起重机械时，可对较重的大型设备采用滚移法（滚杠搬运法），对较轻的设备采用滑移法进行装卸作业。

图8-20为利用滚杠搬运法进行设备卸车的示意图。卸车时，先用枕木搭设和车辆一样高的斜坡走道，并设置好牵引设备和滑轮组等机具，用千斤顶把设备顶起，放入滚杠、排子和下走道，在设备的前面用牵引滑轮组牵引，后面用溜放滑轮组拖住，为保证设备平稳移动，溜放滑轮组应缓慢均匀地放开，两侧应有专人摆放滚杠，并在斜坡道上撒些砂子防止滚杠下滚。

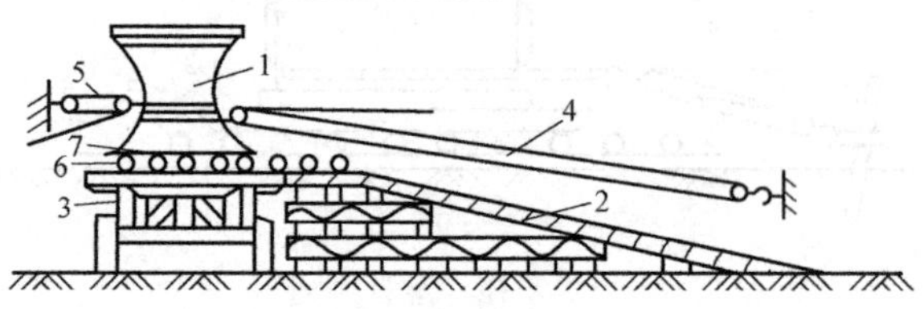

图8-20 滚杠搬运卸车法

1—设备 2—枕木坡道 3—车辆 4—牵引滑轮组 5—溜放滑轮组 6—滚杠 7—排子

用滚杠搬运法装车时，施工程序相反，牵引方向改为向上，且不设溜绳滑轮组，改用两根麻绳溜绳即可。

复习思考题

8-1 何谓起重和搬运？

8-2 起重搬运常用的吊索有哪些？各自有什么特点和用途？

8-3 如何确定钢丝绳的破断拉力、安全系数和许用拉力？

8-4 在起重吊装作业中，常用的吊具有哪些？各自有什么作用及特点？

8-5 滑轮主要由哪些部件组成？

8-6 按滑轮的作用不同，可将滑轮分成几类？各自有什么作用和特点？

8-7 怎样计算滑轮的起重量？

8-8 滑轮组按使用目的可分为哪两类？各自特点是什么？

8-9 简述液压千斤顶的结构特点和工作原理。

8-10 如何选择千斤顶？使用时有何注意事项？

8-11 简述手拉葫芦的适用场合及其特点。

8-12 使用绞磨时有哪些注意事项？

8-13 桅杆按结构和吊装形式不同可分为几类？试述其各自特点。

8-14 安装工程常用的起重机有哪几类？

8-15 试述施工现场常用的两种搬运和装卸方法。

☆职业素养提升要点

起重吊装过程复杂，施工难度较大，在实际操作中应特别注意保护施工人员及周边居民的人身安全，对自己和他人的生命负责。

参考文献

[1] 张东放 . 通风空调工程识图与施工 [M]. 北京：机械工业出版社，2020.

[2] 田娟荣 . 通风与空调工程 [M].2 版 . 北京：机械工业出版社，2019.

[3] 常澄 . 建筑设备 [M]. 北京：机械工业出版社，2018.

[4] 黄翔 . 空调工程 [M].3 版 . 北京：机械工业出版社，2017.